大学数学信息化教学丛书

高等数学

（上册）（第二版）

张明望　沈忠环　杨雯靖　主编

科学出版社

北　京

内 容 简 介

本书第二版遵照教育部高等学校大学数学课程教学指导委员会关于高等数学课程教学的基本要求,在第一版的基础上修订而成. 本次修订广泛吸取教学研究成果及读者反馈意见,调整一些重要概念的论述,优化部分习题配置,使内容更精炼,系统更完整,便于教学.

本书采用"纸质教材+数字资源"的出版形式,分上、下两册出版. 上册内容为函数与极限、导数与微分、微分中值定理与导数的应用、不定积分、定积分及其应用、常微分方程六章;下册内容为向量代数与空间解析几何、多元函数微分法及其应用、重积分、曲线积分与曲面积分、无穷级数五章. 书末附有部分习题答案与提示.

本书可作为高等院校理工科各专业高等数学的教材,也可作为其他相关专业参考用书.

图书在版编目(CIP)数据

高等数学. 上册/张明望, 沈忠环, 杨雯靖主编. —2 版. —北京:科学出版社, 2019.8

(大学数学信息化教学丛书)

ISBN 978-7-03-062019-4

Ⅰ. ①高… Ⅱ. ①张…②沈…③杨… Ⅲ. ①高等数学—高等学校—教材 Ⅳ.①O13

中国版本图书馆 CIP 数据核字(2019)第 161859 号

责任编辑:谭耀文 张 湾/责任校对:高 嵘
责任印制:彭 超/封面设计:苏 波

科学出版社 出版

北京东黄城根北街 16 号
邮政编码:100717
http://www.sciencep.com

武汉市首壹印务有限公司印刷
科学出版社发行 各地新华书店经销
*

开本:787×1 092 1/16
2019 年 8 月第 二 版 印张:17 3/4
2019 年 8 月第一次印刷 字数:413 000
定价:52.00 元
(如有印装质量问题,我社负责调换)

第二版前言

本书第二版遵照教育部高等学校大学数学课程教学指导委员会关于高等数学课程教学的基本要求，在第一版的基础上修订而成. 本次修订广泛吸取教学研究成果及读者反馈意见，采用"纸质教材+数字资源"的方式对教材的内容进行了整体设计，力争使本书更适合教学模式改革的要求. 本书这次再版主要具有以下特点：

（1）以"$\varepsilon\text{-}N(\varepsilon\text{-}\delta)$"极限理论为基础展开编写，在保持数学学科本身的科学性、系统性的前提下，恰当处理有关定理的严谨性与适用性问题.

（2）在"互联网+"的时代背景下，为了适应大学数学教学模式改革的要求，本书针对高等数学部分知识点、方法及应用案例，融入微视频，使线上、线下课程教学有机结合. 围绕着本书的网络教学平台的资源建设也将同步进行，并不断维护及更新.

（3）调整习题配备，使其具有明显的层次性.

（4）为与中学数学衔接，将反三角函数、极坐标及常见平面曲线的图形等内容作为附录，放在本书上册.

本书由张明望、沈忠环和杨雯靖主编. 参加编写的主要人员有朱永刚、张小华、张明珠、张渊渊、陈东海、陈继华、周意元、赵守江、崔盛等. 全书由杨雯靖、沈忠环负责统稿，张明望负责审阅.

三峡大学理学院、教务处和教材供应中心对本书的编写与出版给予了大力支持，对此表示衷心的感谢！

由于编者水平有限，书中难免有不妥之处，敬请广大读者批评指正.

编　者
2019 年 4 月

第一版前言

本书是为理工科各专业编写的教材，分为上、下两册.上册包括一元函数微分学、一元函数积分学和微分方程，下册包括空间解析几何与向量代数、多元函数微分学、多元函数积分学和无穷级数论.这些理论与方法为解决自然科学和工程技术领域的相关问题提供了有力的工具.

本书具有以下特点：

第一，按照精品课程教材的要求，努力反映国内外高等数学课程改革和学科建设的最新成果，从实例出发，引入微积分的一些基本概念，在保持数学学科本身的科学性、系统性的同时，简化了一些概念的叙述和烦琐的数学推理.同时，对于那些学生必需的基本理论、基本知识和基本技能，我们则不惜篇幅，力求解说清楚，使学生容易接受和理解.另外，本书还着重介绍了有关理论、方法在科学技术领域的应用，使学生了解数学与实际问题的紧密联系，以及学习数学对后续课程的重要性.

第二，第一章以张景中院士提出的非ε极限理论为基础展开编写.所谓非ε极限理论，就是用科学严谨而又易于为学生接受的方式讲述极限概念的一种理论.这种理论不讲述ε语言，讲述方式也不同于ε极限理论由极限到无穷小再到无穷大的次序，而是由无穷大到无穷小再到极限的次序来讲述极限理论.我们的教学实践表明，教学效果良好.

第三，第五章将定积分的基本概念、基本计算方法以及定积分的应用等知识点整合在一起，使教材的结构得到优化.

第四，为了适应大学数学改革以及创新人才培养模式的要求，也为了将数学实验引入课堂，本书在每一章中，针对相关内容，引入了 Mathematica 进行微积分的基本计算，并且利用 Mathematica 强大的数值计算功能和图形功能，演示、验证了微积分的概念和理论.

第五，本书的习题按节配备，每章后面有总习题，总习题中有填空题、选择题、计算题以及证明题.题目遵循循序渐进的原则，既注意到对基本概念、基本理论和基本方法的考查，又注重加强对概念的理解和一些解题技巧的训练.另外，为了更好地与中学数学教学相衔接，本书将极坐标系简介作为附录，放在本书的最后.

本书不仅可供高等学校理工类学生作为教材使用，也可供其他学科学生选用或参考.

本书由张明望、沈忠环和杨雯靖主编.参加编写的主要人员有：朱永刚、赵克健、张小华，另外，崔盛、陈将宏等也参与了一部分后期的编写工作.全书由杨雯靖、沈忠环负责统稿，张明望负责审阅.

三峡大学理学院、教务处和教材供应中心对本书的编写与出版给予了大力支持，对此我们表示衷心的感谢！

由于编者水平有限，书中难免有不妥甚至错误之处，敬请广大读者批评指正.

编　者

2012 年 5 月

目　　录

第一章 函数与极限

函数是数学的基本概念之一,是高等数学(微积分)的主要研究对象.极限概念是微积分的理论基础,极限方法是高等数学的基本分析方法.因此,掌握、运用好极限方法是学好高等数学的关键.连续是函数的一个重要性态.本章将介绍函数、极限与连续的基本知识和有关的基本方法,为今后的学习打下必要的基础.

第一节 函 数

一、预备知识

1. 集合

集合是数学中的基本概念之一,几乎所有的数学分支都与集合密切相关,我们所学的这门课与实数集就是紧密相关的.虽然我们在这里只能给出其描述性定义,但这并不影响它在本课程及其他数学课程中的地位和它发挥的作用.一般地,由事物组成的集体,无论它们是由其成员直接表示出来的,还是由其成员所具有的某些本质属性表示出来的,都称为集合.例如,我们能够说"正在这里听课的所有同学的集合""所有整数的集合"等.集合也常称为集.

某事物 a 是集合 A 的一个成员,则称 a 为 A 的一个元素,记作 $a \in A$.若事物 a 不是 A 的元素,记作 $a \notin A$.显然,对于任一个集合 A 和任一元素 a,$a \in A$ 与 $a \notin A$ 有且仅有一个关系成立.

注 若一个集合只有有限个元素,就称为有限集;否则称为无限集.

若能写出集合 A 的所有元素,则我们用一个括号将它们括起来表示这个集合,如由元素 $a_1, a_2, \cdots, a_n$ 组成的集合,可记作

$$A = \{a_1, a_2, \cdots, a_n\}.$$

例如,$A = \{1, 3, 7\}$,$B = \{11, 23, 45, 85, 77\}$.这种表示集合的方法称为枚举法.而对不易用枚举法表示的集合,通常用以下记号表示:设集合 A 由具有某种性质 P 的元素 x 所组成,就记作

$$A = \{x \mid x \text{具有性质} P\}.$$

例如，$\mathbf{N} = \{n \mid n$ 为自然数$\}$ 代表全体自然数组成的集合，$\mathbf{R} = \{x \mid x$ 为实数$\}$ 代表全体实数所组成的集合，$\mathbf{Z} = \{x \mid x$ 为整数$\}$ 代表全体整数所组成的集合，$\mathbf{Q} = \{x \mid x$ 为有理数$\}$ 代表全体有理数所组成的集合. 我们约定，这几个记号在本门课程中是固定的. 这种表示集合的方法称为描述法. 若集合 A 的任一元素都是集合 B 的元素，即若 $x \in A$，则 $x \in B$，就称集合 A 是集合 B 的子集，记作 $A \subseteq B$ 或 $B \supseteq A$. 若 $A \subseteq B$ 且 $A \neq B$，则称集合 A 是集合 B 的真子集，记作 $A \subset B$ 或 $B \supset A$. 例如，

$$\mathbf{N} \subset \mathbf{Z}, \quad \mathbf{Z} \subset \mathbf{Q}, \quad \mathbf{Q} \subset \mathbf{R}.$$

若 $A \subseteq B$，且 $B \subseteq A$，则称集合 A 等于集合 B，记作 $A = B$.

不含任何元素的集合称为空集，记作 $\varnothing$. 空集是任何集合的子集. 在研究具体问题时，若考虑的集合总是某个特定集合的子集，则称这个特定的集合为全集.

2. 区间与邻域

区间和邻域是我们以后常要用到的两个特殊数集. 区间分为有限区间和无限区间.

设 $a, b \in \mathbf{R}$，且 $a < b$，有限区间有以下几种形式：

(1) 开区间 (a, b)，即数集 $\{x \mid a < x < b\}$；

(2) 闭区间 $[a, b]$，即数集 $\{x \mid a \leqslant x \leqslant b\}$；

(3) 半开半闭区间 $[a, b)$ 与 $(a, b]$，分别对应数集 $\{x \mid a \leqslant x < b\}$ 与 $\{x \mid a < x \leqslant b\}$.

以上区间对应数轴上的一段线段，如图 1-1 所示.

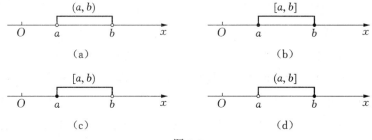

图 1-1

设 $a \in \mathbf{R}$，无限区间有以下几种形式：

(1) 无限开区间 $(-\infty, a)$ 与 $(a, +\infty)$，分别对应数集 $\{x \mid x < a\}$ 与 $\{x \mid x > a\}$，这里，记号 $-\infty$ 和 $+\infty$ 分别读作"负无穷大"和"正无穷大"；

(2) 无限闭区间 $(-\infty, a]$ 与 $[a, +\infty)$，分别对应数集 $\{x \mid x \leqslant a\}$ 与 $\{x \mid x \geqslant a\}$；

(3) 全体实数的集合 $\mathbf{R}$ 也常记作区间 $(-\infty, +\infty)$，它在几何上对应整个数轴.

以上无限开区间和无限闭区间在数轴上如图 1-2 所示.

邻域也是一个经常用到的概念. 设 $a \in \mathbf{R}$，$\delta \in \mathbf{R}$ 且 $\delta > 0$，数集 $\{x \mid |x - a| < \delta\}$ 称为点 a 的 δ 邻域，记作 $U(a, \delta)$. 点 a 叫作该邻域的中心，δ 叫作该邻域的半径，如图 1-3 所示.

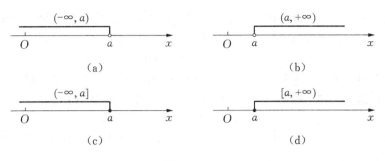

图 1-2

因为 $|x-a|$ 表示点 x 与点 a 的距离，所以 $U(a,\delta)$ 表示与点 a 距离小于 δ 的一切点 x 的集合. 点 a 的 δ 邻域去掉中心后，称为点 a 的去心邻域，记作 $\overset{\circ}{U}(a,\delta)$，即

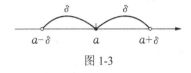

图 1-3

$$\overset{\circ}{U}(a,\delta) = \{x \mid 0 < |x-a| < \delta\}.$$

二、函数的概念

1．变量与函数

在介绍函数概念之前，我们先介绍变量. 变量就是在某一过程中可以取不同值的量. 相反，在某一过程中保持不变的量称为常量.

通常用字母 a,b,c 等表示常量，用字母 x,y,z,u,v,t 等表示变量.

在自然现象中，对同一个问题，往往同时出现几个变量，而这些变量又是相互联系、相互依赖的，以下就两个变量的情形举几个例子(多于两个变量的情形以后在下册讨论).

例 1-1　在自由落体运动中，路程 s 随时间 t 的变化而变化，它们之间的依赖关系由公式

$$s = \frac{1}{2}gt^2$$

表示，当 t 在 $[0,T]$ 内任意取定一个数值时，由上式就可确定 s 的相应数值.

例 1-2　设有半径为 r 的圆，考虑圆内接正 n 边形的周长 S_n(图 1-4)，由初等数学知识易知 $S_n = 2nr\sin\dfrac{\pi}{n}$，此式表达了圆内接正 n 边形周长 S_n 与边数 n 之间的相互依赖关系.

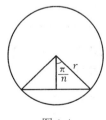

图 1-4

上面两个例子都反映了同一过程中有着相互联系的两个变量，当一个量在某个数集中变化时，按一定的规则，另一个量有唯一的一个值与它对应，函数概念正是从这一事实中抽象出来的.

定义 1-1 设 $\varnothing \subset D \subseteq \mathbf{R}$，若有一个对应规则 f，使对于 D 内每一个实数 x，都能由 f 唯一地确定一个实数 y，则称对应规则 f 为定义在 D 上的一个函数，记为

$$y = f(x) \ (x \in D),$$

其中 x 称为自变量，y 称为因变量. 数集 D 称为函数的定义域，记为 $D(f)$. $f(x)$ 称为 x 所对应的函数值，全体函数值的集合称为函数的值域，记为 $R(f)$，即

$$R(f) = \{y \mid y = f(x), \ x \in D\}.$$

例如，例 1-1 确定了一个定义在区间 $[0, T]$ 上的以 t 为自变量的函数，例 1-2 确定了数集 $\{n \mid n \in \mathbf{N}, n \geqslant 3\}$ 上以 n 为自变量的函数.

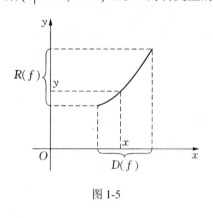

图 1-5

注 如果一个函数是用一个数学式子给出的，则其定义域约定为使这个式子有意义的自变量所取值的全体. 两个函数相同是指它们有相同的定义域和对应法则.

对函数 $y = f(x)$，任取 $x \in D(f)$，对应函数值 $y = f(x)$，这样，以 x 为横坐标，y 为纵坐标就确定了 xOy 平面上的一点，点集

$$C = \{(x, y) \mid y = f(x), \ x \in D(f)\}$$

一般描述出一条平面曲线，称为 $f(x)$ 的图形，如图 1-5 所示.

2. 函数的表示法

表示函数的方法主要有三种.

1) 解析法

当函数的对应法则用方程式给出时，称这种表示函数的方法为解析法(分析法)，如例 1-1 和例 1-2，这种方法是表示函数的主要方法.

有时一个函数在其定义域的不同部分用不同的解析式表示，如以下例子:

$$f(x) = \operatorname{sgn} x = \begin{cases} 1, & x > 0, \\ 0, & x = 0, \\ -1, & x < 0. \end{cases}$$

此函数称为符号函数，其定义域 $D(f) = (-\infty, +\infty)$，值域 $R(f) = \{1, 0, -1\}$，如图 1-6 所示.

这种在自变量的不同变化范围中，对应法则用不同数学式子表示的函数，称为分段函数.

2) 列表法

若函数 $f(x)$ 可用一个含有自变量 x 与对应的函数值 $f(x)$ 的表格来表示，则称这种表示函数的方法为列表法. 通常所用的三角函数表、对数表等可视为用列表法表达的函数.

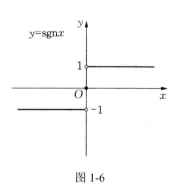

图 1-6

3) 图像法

由图像给出函数的对应法则的方法称为图像法.

有些函数不能用上述三种方法表示, 只能给予描述(参见下面的狄利克雷(Dirichlet)函数).

3. 几个特殊的函数

(1) 取整函数 $y=[x]$, $[x]$ 表示不超过 x 的最大整数. 对于取整函数 $y=[x]$(图 1-7), 可以证明: 对任意的实数 x, 有不等式

$$[x] \leqslant x < [x]+1.$$

(2) 狄利克雷函数:

$$y = D(x) = \begin{cases} 1, & x \text{是有理数}, \\ 0, & x \text{是无理数}. \end{cases}$$

狄利克雷函数与我们初等数学中熟悉的函数有所不同, 它不是用一个解析表达式给出的, 也无法画出它的图形, 但它的确反映了函数的本质: 函数是变量与变量之间的对应关系.

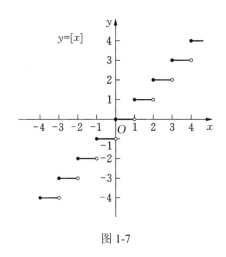

图 1-7

三、函数的主要性质

1. 有界性

设函数 $f(x)$ 的定义域为 $D(f)$, $D \subseteq D(f)$, 若存在常数 M, 对一切 $x \in D$, 总有 $f(x) \leqslant M$(或 $f(x) \geqslant M$), 则称 $f(x)$ 在 D 上有上界(或下界), 称数 M 为它的上界(或下界). 若函数 $f(x)$ 在 D 上既有上界又有下界, 则称 $f(x)$ 是 D 上的有界函数, 否则, 称 $f(x)$ 是 D 上的无界函数. 因此, 若 $f(x)$ 是 D 上的有界函数, 则存在某正数 M, 使对一切 $x \in D$, 恒有 $|f(x)| \leqslant M$ 成立.

例如, 函数 $f(x) = \sin x$, $g(x) = \operatorname{sgn} x$ 在 $(-\infty, +\infty)$ 上是有界函数, 而函数 $f(x) = x^3$ 在 $(-\infty, +\infty)$ 上是无界函数, 函数 $f(x) = x^2$ 在 $(-\infty, +\infty)$ 上仅有下界.

有界函数图像的特点是它完全落在平行于 x 轴的两条直线 $y = \pm M$ 之间.

2. 单调性

设函数 $f(x)$ 的定义域为 $D(f)$, $D \subseteq D(f)$, 如果对任意 $x_1, x_2 \in D$, 且 $x_1 < x_2$, 都有 $f(x_1) < f(x_2)$(或 $f(x_1) > f(x_2)$), 则称函数 $f(x)$ 在 D 上是单调增加(或单调减少)的, 或者称 $f(x)$ 是 D 上的单调递增(或单调递减)函数, 单调递增函数和单调递减函数统称为单调函数.

例如, 函数 $y = x^2$ 在 $(-\infty, 0)$ 上单调减少, 在 $(0, +\infty)$ 上单调增加, 而在 $(-\infty, +\infty)$ 上不是单调的. 函数 $y = x^3$ 在 $(-\infty, +\infty)$ 上是单调增加的, 如图 1-8 和图 1-9 所示. 符号函数和取整函数均不是单调递增函数.

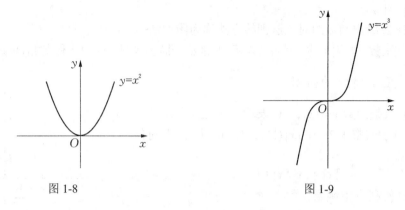

图 1-8   图 1-9

3．奇偶性

设 函 数 $f(x)$ 的 定 义 域 $D(f)$ 为 关 于 原 点 对 称 的 数 集，即 若 $x \in D(f)$，则 $-x \in D(f)$．如果对于任一点 $x \in D(f)$，有

$$f(-x) = f(x),$$

则称函数 $f(x)$ 是偶函数，如果对于任一 $x \in D(f)$，有

$$f(-x) = -f(x),$$

则称函数 $f(x)$ 是奇函数．

例如，函数 $y = x^2$，$y = |x|$ 是偶函数；函数 $y = x^3$，$y = \text{sgn}\, x$ 是奇函数；函数 $y = [x]$ 既不是奇函数又不是偶函数；既奇又偶的函数只有 $y = 0$．

奇函数的图像关于原点对称，偶函数的图像关于 y 轴对称，如图 1-10 和图 1-11 所示．

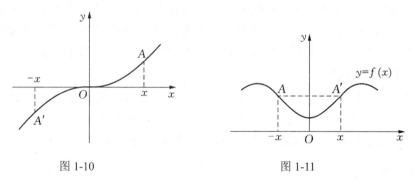

图 1-10   图 1-11

4．周期性

设函数 $f(x)$ 的定义域为 $D(f)$，如果存在正数 T，使对任意 $x \in D(f)$，有 $x + T \in D(f)$，且

$$f(x + T) = f(x)$$

成立，则称 $f(x)$ 为周期函数，称 T 为 $f(x)$ 的周期．由定义知道，若 T 为 $f(x)$ 的周期，则 nT 也为其周期．通常，我们称 T 为 $f(x)$ 的周期，是指 T 是 $f(x)$ 的最小正周期．例如，三

角函数 $\sin x$，$\cos x$ 是以 2π 为周期的函数，三角函数 $\tan x$，$\cot x$ 是以 π 为周期的函数．除三角函数外，还有许多其他周期函数，如我们前面介绍的狄利克雷函数也是周期函数．事实上，不难验证，任何正有理数都是它的周期．

周期函数在每个周期上的图形相同．

四、反函数与复合函数

1．反函数

在函数的定义中，有两个变量，一个自变量，一个因变量．然而在实际问题与数学问题中，哪个是自变量，哪个是因变量，并不是绝对的，应按所研究的具体问题而定．例如，自由落体运动，其运动方程为

$$s = \frac{1}{2}gt^2，\quad t \in [0,T]，\tag{1-1}$$

其中 g 为常量，于是由时间 t 可算出路程 s．可是，如果问题是由路程 s 来确定所需要的时间 t，那么就要由式(1-1)解出 t，把它表示为 s 的函数

$$t = \sqrt{\frac{2s}{g}}，\quad s \in [0,H]，\tag{1-2}$$

这里 H 是物体开始下落时与地面的距离．

这表明，在一定的条件下，函数的自变量与因变量可以相互转化．这样得到的新函数，就称为原来那个函数的反函数，如式(1-2)是式(1-1)的反函数．

定义 1-2　设函数 $y = f(x)$ 的定义域为 $D(f)$，值域为 $R(f)$，若对每一个 $y \in R(f)$，$D(f)$ 中有唯一值 x 使 $f(x) = y$，于是在 $R(f)$ 上确定了一个函数，此函数称为函数 $y = f(x)$ 的反函数，记作

$$x = f^{-1}(y)，\quad y \in R(f)．\tag{1-3}$$

注　若 $y = f(x)$ 有反函数，则按 f 建立了 $D(f)$ 与 $R(f)$ 之间的一一对应关系．

由定义可知，$f(x)$ 也是函数 $f^{-1}(y)$ 的反函数，或者说它们互为反函数，而且前者的定义域与后者的值域相同，前者的值域与后者的定义域相同．

习惯上用 x 表示自变量，用 y 表示因变量，因此，式(1-3)又常记为

$$y = f^{-1}(x)，\quad x \in R(f)．\tag{1-4}$$

因为式(1-3)与式(1-4)有相同的定义域 $R(f)$ 和相同的对应关系 f^{-1}，故它们表示同一函数．

在同一坐标系中，$y = f(x)$ 的图像与 $y = f^{-1}(x)$ 的图像关于直线 $y = x$ 对称，如图 1-12 所示．

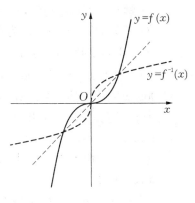

图 1-12

2．复合函数

先看一个实例，运动物体的动能是速度的函数：$E = \frac{1}{2}mv^2$，而速度 v 又是时间 t 的函数，对于自由落体运动，这个函数是 $v = gt$，于是动能 E 是时间 t 的函数：$E = \frac{1}{2}mg^2t^2$．

一般地，两个函数的复合函数的定义如下．

定义 1-3　设 $y = f(u)$，$u \in D(f)$ 和 $u = \varphi(x)$，$x \in D(\varphi)$ 是两个已知函数，且 $D(f) \bigcap R(\varphi) \neq \varnothing$，则称函数

$$y = f[\varphi(x)], \quad x \in \{x \mid \varphi(x) \in D(f)\}$$

为由函数 $y = f(u)$ 与 $u = \varphi(x)$ 复合而成的复合函数，其中 $f(u)$ 称为外层函数，$\varphi(x)$ 称为内层函数，y 称为因变量，x 称为自变量，而 u 称为中间变量．

由定义可知，复合函数 $f[\varphi(x)]$ 的定义域为 $\{x \mid \varphi(x) \in D(f)\}$．例如，$y = u^2$，$u = \sin x$，得复合函数 $y = \sin^2 x$，其定义域为 $(-\infty, +\infty)$．

当且仅当 $D(f) \bigcap R(\varphi) \neq \varnothing$ 时，两个函数才能进行复合，如 $y = \arccos u$，$u \in [-1, 1]$ 与 $u = 2 + x^2$，$x \in (-\infty, +\infty)$ 就不能进行复合．

一般地，书写复合函数时不一定写出其定义域，默认对应的函数链顺次满足构成复合函数的条件．函数也可以由三个或者三个以上函数复合而成．例如，$y = \sqrt{u}$，$u = \tan v$，$v = \frac{x}{2}$，则得复合函数 $y = \sqrt{\tan \frac{x}{2}}$．

与函数复合过程相反，有时需要分析所给函数可看成由哪些函数复合而成．例如，$y = \sqrt{1 - x^2}$ 可以看成由两个函数 $y = \sqrt{u}$，$u = 1 - x^2$ 复合而成；$y = \sqrt{1 + \sin^2 x}$ 可以看成由三个函数 $y = u^{\frac{1}{2}}$，$u = 1 + v^2$，$v = \sin x$ 复合而成．

五、初等函数

中学数学课程中已经讨论过下列几类函数：

(1) 幂函数，$y = x^\alpha$（α 为常数）；

(2) 指数函数，$y = a^x$（$a > 0, a \neq 1$）；

(3) 对数函数，$y = \log_a x$（$a > 0, a \neq 1$），在科技中常用的以 e 为底的对数函数 $y = \log_e x$ 叫作自然对数函数，简记作 $y = \ln x$；

(4) 三角函数，常用的三角函数有 $y = \sin x$，$y = \cos x$，$y = \tan x$，$y = \cot x$，$y = \sec x$，$y = \csc x$ 等；

(5) 反三角函数，常用的反三角函数有 $y = \arcsin x$，$y = \arccos x$，$y = \arctan x$，$y = \text{arccot } x$ 等．

以上五类函数统称为基本初等函数．虽然我们在中学已经学过基本初等函数的概念、性质及其图像，但它们在高等数学中仍然非常重要，且影响深远．

由常数及基本初等函数经过有限次的加、减、乘、除四则运算或有限次的函数复合运算所构成并且能用一个数学式子表示的函数，称为初等函数．在这门课程中遇到的多为初等函数．例如，

$$y = \sqrt{1-x^2}, \quad y = \sqrt{x + \ln^2 x}, \quad y = \frac{\sin x}{1 + \tan 3x}, \quad y = \sqrt{3-x} + \arcsin\frac{3-2x}{5}$$

等都是初等函数．而分段函数一般不是初等函数，如符号函数就不是初等函数．

利用 Mathematica 软件，很容易作出初等函数的图形．在直角坐标系中，用 `Plot[]` 可绘出单变量函数在指定区间上的图形．`Plot[]` 语句格式的一般形式为

$$\boxed{\texttt{Plot[f,\{x,xmin,xmax\},选项]}}$$

生成区间 `[xmin, xmax]` 上按选项定义值绘制的单变量函数 $f(x)$ 的图形；

$$\texttt{Plot[\{f1,f2,…\},\{x,xmin,xmax\},选项]}$$

在区间 `[xmin, xmax]` 上按选项定义同时绘制函数 $f_1(x), f_2(x), \cdots$ 的图形．

在 Mathematica 主工作窗口中输入：

```
Plot[(1-x^2)^0.5,{x,-1,1}]
Plot[{Sin[x],ArcSin[x]},{x,-0.5*Pi,0.5*Pi}]
```

输出图形如图 1-13 和图 1-14 所示.

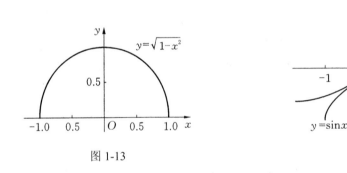

图 1-13　　　　　　　　　　　　　　图 1-14

习　题　1-1

1. 求下列函数的定义域.

(1) $y = \log_2(\log_3 x)$；

(2) $y = \sqrt{3-x} + \arcsin\frac{3-2x}{5}$；

(3) $y = \frac{1}{1-x^2} + \sqrt{x+2}$；

(4) $y = \frac{\lg(3-x)}{\sin x} + \sqrt{5+4x-x^2}$．

2. 若 $f(x)$ 的定义域是 $[0, 3a](a > 0)$，求 $f(x+a) + f(x-a)$ 的定义域.

3. 用分段函数表示函数 $y = 3 - |x-1|$.

4. 证明：

(1) 函数 $y = \dfrac{x}{x^2+1}$ 在 $(-\infty,+\infty)$ 上是有界的;

(2) 函数 $y = \dfrac{1}{x^2}$ 在 $(0,1)$ 上是无界的.

5. 验证函数 $y = \dfrac{1-x}{1+x}$ 的反函数是它本身.

6. 求函数 $y = \cos(x-3)$ 的最小正周期.

7. 验证下列函数在区间 $(0,+\infty)$ 内是单调增加的.

(1) $y = 2^{x-1}$;　　　　　　　　(2) $y = x + \ln x$.

8. 设

$$\varphi(x) = \begin{cases} |\sin x|, & |x| < \dfrac{\pi}{3}, \\ 0, & |x| \geqslant \dfrac{\pi}{3}. \end{cases}$$

求 $\varphi\left(\dfrac{\pi}{6}\right), \varphi(-2)$, 作出函数 $y = \varphi(x)$ 的图形.

9. 已知 $f\left(x + \dfrac{1}{x}\right) = x^2 + \dfrac{1}{x^2} + 3$, 求 $f(x)$.

10. 判断函数 $y = \ln(x + \sqrt{1+x^2})$ 的奇偶性.

11. 证明: 定义在对称区间 $(-l,l)$ 上的任意函数可表示为一个奇函数与一个偶函数之和 (提示: 考虑 $f(x)+f(-x), f(x)-f(-x)$ 的奇偶性).

12. 设

$$f(x) = \begin{cases} x, & x \geqslant 0, \\ 1, & x < 0. \end{cases}$$

求: (1) $f(x-1)$; (2) $f(x) + f(x-1)$ (写出最终的结果).

13. 在下列各题中, 求由所给函数复合而成的函数, 并求该函数分别对应于给定自变量 x_0 的函数值.

(1) $y = u^2$, $u = \sin x$, $x_0 = \dfrac{\pi}{6}$;　　　　(2) $y = e^u$, $u = x^2$, $x_0 = 1$.

14. 火车站收取行李费的规定如下: 当行李不超过 $50\,\text{kg}$ 时, 按基本运费计算, 如从上海到某地每千克收 0.15 元; 当超过 $50\,\text{kg}$ 时, 超重部分按每千克 0.25 元收费. 试求上海到某地的行李费 $y\,(\text{元})$ 与重量 $x\,(\text{kg})$ 之间的函数关系式, 并画出这个函数的图形.

15. 拟建一容积为 V 的长方形水池, 要求池底为正方形, 如果池底单位面积的造价是四周单位造价的 2 倍. 假定四周单位造价为 $k\,(\text{元/m}^2)$, 试将总造价 $y\,(\text{元})$ 表示成底边长 $x\,(\text{m})$ 的函数, 并确定此函数的定义域.

16. 证明函数 $f(x) = x - [x]$ 为周期函数, 且 $l = 1$ 为最小正周期.

第二节 数列极限的概念与性质

一、数列极限的定义

历史上，极限思想是由求某些实际问题的精确解答而产生的．例如，我国古代数学家刘徽利用圆内接正多边形来推算圆面积的方法——割圆术，就是极限思想在几何学上的应用．又如，《庄子·天下篇》中对"截杖问题"的名言"一尺之棰，日取其半，万世不竭"，其中也隐含了深刻的极限思想．极限是研究变量变化趋势的基本工具，微积分学中许多基本概念，如连续、导数、积分、无穷级数等都是建立在极限的基础之上．极限方法又是研究函数的一种最基本的方法．

为说明一般函数的极限，先引入数列极限的概念．

一个数列是指按照一定顺序排成的一列数 $a_1, a_2, a_3, \cdots, a_n, \cdots$，简记为 $\{a_n\}$，数列中的每一个数称为数列的项，第 n 项 a_n 称为数列的一般项(或通项)．数列也可以视为一个定义在正整数集 $\mathbf{N}^+$ 上的函数：$a_n = f(n)$，$n = 1, 2, \cdots$．

如果对任意 n，总有 $a_n \leqslant a_{n+1}$，则称 $\{a_n\}$ 是单调递增的数列；类似可定义单调递减的数列．两者统称为单调数列．

注 这里的单调数列是广义的，即条件中也包含相等的情形．以后称单调数列均指这种广义单调数列．

如果存在常数 M，对任意 n，总有

$$a_n \leqslant M \quad (\text{或}\, a_n \geqslant M),$$

则称数列 $\{a_n\}$ 有上界(或下界)．

如果存在常数 $M > 0$，对任意 n，数列 $\{a_n\}$ 满足

$$|a_n| \leqslant M,$$

则称数列 $\{a_n\}$ 有界；否则称 $\{a_n\}$ 无界，即如果对任何正数 M，存在一项 a_{n_0}，满足 $|a_{n_0}| > M$．

数列 $\{a_n\}$ 有界当且仅当数列 $\{a_n\}$ 既有上界又有下界．

例如，公差 $d > 0$ 的等差数列是单调递增无上界数列；首项 $a_1 > 0$，公比 $0 < q < 1$ 的等比数列是单调递减有下界数列．

对要讨论的问题来说，重要的是当 n 无限增加时，$a_n = f(n)$ 是否能无限接近某个确定的常数？如果能的话，这个常数等于多少？先看下面几个具体的例子：

(1) $\dfrac{1}{2}, \dfrac{2}{3}, \dfrac{3}{4}, \cdots, \dfrac{n}{n+1}, \cdots$；

(2) $\sqrt{1}, \sqrt{2}, \sqrt{3}, \cdots, \sqrt{n}, \cdots$；

(3) $1, -1, 1, \cdots, (-1)^{n+1}, \cdots$；

(4) $2, \dfrac{1}{2}, \dfrac{4}{3}, \cdots, \dfrac{n+(-1)^{n-1}}{n}, \cdots$．

为发现数列 $\{a_n\}$ 的变化趋势，在Mathematica中，可以利用表格生成函数Table[]和绘图函数ListPlot[]在 xOy 平面上画出数列的散点图．其中表格生成函数的语句格式为

$$\text{Table}[f[n],\{n,min,max\}]$$

生成 n 从 min 变到 max, 步长为 1 的数值表;

$$\text{Table}[f[n],\{n,min,max,step\}]$$

生成n从min变到max, 步长为step的数值表.

利用ListPlot[]和Table[]语句作图, 在Mathematica的主工作窗口中输入:

```
ListPlot[Table[n/(n+1),{n,1,100}]]
ListPlot[Table[n^0.5,{n,1,100}]]
ListPlot[Table[(-1)^(n+1),{n,1,100}]]
ListPlot[Table[(n+(-1)^(n-1))/n,{n, 1,100}]]
```

输出图形如图1-15～图1-18所示.

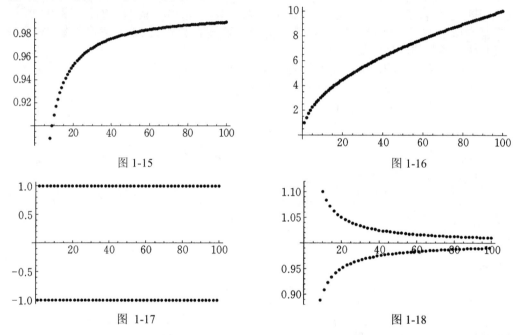

图 1-15　　　　　　　　　　　　　　图 1-16

图 1-17　　　　　　　　　　　　　　图 1-18

从以上图形可以看出, 当n无限增大时, 数列$\{a_n\}$的变化规律可分为三类: 第一类, $\left\{1+\dfrac{(-1)^{n-1}}{n}\right\}$的值无限接近常数 1; 第二类, $\{\sqrt{n}\}$的值无限增大; 第三类, $\{(-1)^{n+1}\}$的值是在 1 与 –1 两点跳动的, 不接近于某一常数.

下面具体考察数列$\left\{1+\dfrac{(-1)^{n-1}}{n}\right\}$, 从前面的讨论知道, 当$n\to\infty$时, $a_n=1+\dfrac{(-1)^{n-1}}{n}$无限地趋近于常数1. a_n与常数1无限接近, 也就是$|a_n-1|$可以任意小, 即当n充分大时, $|a_n-1|=\dfrac{1}{n}$可以小于预先给定的任意小的正数ε.

例如, 令$\varepsilon=\dfrac{1}{100}$, 要使$|a_n-1|<\varepsilon$, 只要$n>100$, 即从第101项开始, 都能使不等式$|a_n-1|<\dfrac{1}{100}$成立.

又如，令 $\varepsilon = \dfrac{1}{10000}$，要使 $|a_n - 1| < \varepsilon$，只要 $n > 10000$，即从第10001项开始，都能使

不等式 $|a_n - 1| < \dfrac{1}{10000}$ 成立.

　　由此可见，无论给定的正数 ε 多么小，总存在着一个正整数 N，使当 $n > N$ 时，不

等式 $|a_n - 1| < \varepsilon$ 都成立. 这就是数列 $\{a_n\} = \left\{ 1 + \dfrac{(-1)^{n-1}}{n} \right\}$ 当 $n \to \infty$ 时无限趋近于1的实

质. 这样的一个常数1，就叫作数列 $\left\{ 1 + \dfrac{(-1)^{n-1}}{n} \right\}$ 当 $n \to \infty$ 时的极限.

　　一般地，有如下数列极限的定义.

　　定义 1-4　设 $\{a_n\}$ 是一个数列，a 是一个常数，如果对于任意给定的正数 ε(无论它

多么小)，总存在正整数 N，使当 $n > N$ 时，不等式 $|a_n - a| < \varepsilon$ 都成立，那么就称数列 $\{a_n\}$

收敛于 a，这个常数 a 称为数列 $\{a_n\}$ 的极限，记为

$$\lim_{n \to \infty} a_n = a \quad (或者 \ a_n \to a \ (n \to \infty)).$$

如果数列 $\{a_n\}$ 的极限不存在，则称数列 $\{a_n\}$ 是发散的.

　　定义 1-4 常称为数列极限的 ε-N 定义.

　　例 1-3　证明 $\lim\limits_{n \to \infty} \dfrac{n + (-1)^{n-1}}{n} = 1$.

　　证　对于任意给定的正数 ε，要使不等式

$$|a_n - a| = \left| \frac{n + (-1)^{n-1}}{n} - 1 \right| = \frac{1}{n} < \varepsilon$$

成立，即 $\dfrac{1}{n} < \varepsilon$，只需 $n > \dfrac{1}{\varepsilon}$ 即可. 于是可取 $N = \left[\dfrac{1}{\varepsilon} \right]$，使当 $n > N$ 时，恒有

$$|a_n - a| = \left| \frac{n + (-1)^{n-1}}{n} - 1 \right| < \varepsilon,$$

即 $\lim\limits_{n \to \infty} \dfrac{n + (-1)^{n-1}}{n} = 1$.

　　例 1-4　证明 $\lim\limits_{n \to \infty} \dfrac{1}{(n+1)^2} = 0$.

　　证　对于任意给定的正数 ε(不妨设 $\varepsilon < 1$)，要使不等式

$$|a_n - a| = \left| \frac{1}{(n+1)^2} - 0 \right| = \frac{1}{(n+1)^2} < \varepsilon$$

成立，只要 $n > \dfrac{1}{\sqrt{\varepsilon}} - 1$. 于是对于任意给定的正数 ε ($\varepsilon < 1$)，取 $N = \left[\dfrac{1}{\sqrt{\varepsilon}} - 1 \right]$，使当 $n > N$

时，恒有

$$|a_n - a| = \left| \frac{1}{(n+1)^2} - 0 \right| < \varepsilon,$$

即　$\lim\limits_{n\to\infty}\dfrac{1}{(n+1)^2}=0$.

例 1-5　证明: 当 $0<q<1$ 时, $\lim\limits_{n\to\infty}q^n=0$.

证　对于任意给定的正数 ε (不妨设 $\varepsilon<1$), 要使不等式

$$|q^n-0|=q^n<\varepsilon$$

成立, 两边取对数得 $n\ln q<\ln\varepsilon$, 即 $n>\dfrac{\ln\varepsilon}{\ln q}$. 于是对于任意给定的正数 ε $(\varepsilon<1)$, 取

$$N=\left[\dfrac{\ln\varepsilon}{\ln q}\right], \text{ 使当 } n>N \text{ 时, 恒有}$$

$$|q^n-0|<\varepsilon,$$

即 $\lim\limits_{n\to\infty}q^n=0$.

类似地可证明, 当 $-1<q<0$ 时, $\lim\limits_{n\to\infty}q^n=0$.

注　(1) 在数列极限的定义中, ε 可以任意给定是很重要的, 因为只有这样, 不等式 $|a_n-a|<\varepsilon$ 才能充分表达出 a_n 与 a 无限接近.

(2) 正整数 N 的确定并不是唯一的, 但一般与 ε 有关.

(3) 数列极限定义只能验证某一个数是否为数列的极限, 不能用来计算数列的极限.

我们可以从几何的角度进一步解释数列极限的定义.

将常数 a 与数列 $a_1,a_2,\cdots,a_n,\cdots$ 在数轴上用它们的对应点表示出来. 若 $\lim\limits_{n\to\infty}a_n=a$, 则对于任意给定的 $\varepsilon>0$, 都存在正整数 N, 使当 $n>N$ 时, $|a_n-a|<\varepsilon$, 即 $a-\varepsilon<a_n<a+\varepsilon$. 也就是说, 从第 $N+1$ 项开始, 数列 $\{a_n\}$ 的所有项全部落在开区间 $(a-\varepsilon,a+\varepsilon)$ 内, 在这个开区间外, 最多只有 $\{a_n\}$ 的有限项 $a_1,a_2,\cdots,a_N$, 如图 1-19 所示.

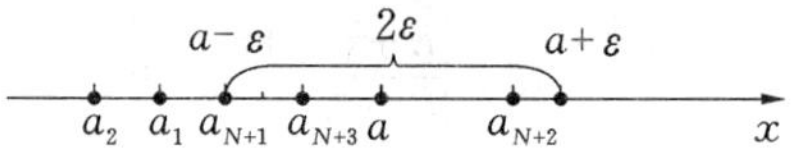

图 1-19

从中可以发现, 极限描述的是数列中数的变化趋势, 因此与数列中某个、前几个的值没有关系.

二、数列极限的性质

下面,我们给出数列极限的几个基本性质.

性质 1-1　(极限的唯一性)若数列 $\{a_n\}$ 收敛,则数列 $\{a_n\}$ 的极限唯一.

证　用反证法. 假设 $\lim\limits_{n\to\infty}a_n=a$, 且 $\lim\limits_{n\to\infty}a_n=b$, $a\neq b$. 由数列极限定义知, 对任意给定的 $\varepsilon>0$, 存在正整数 N_1 和 N_2, 当 $n>N_1$ 时, 有 $|a_n-a|<\dfrac{\varepsilon}{2}$; 当 $n>N_2$ 时, 有

$\left| a_n - b \right| < \dfrac{\varepsilon}{2}$. 取 $N = \max\{N_1, N_2\}$，则当 $n > N$ 时，上述两个不等式同时成立，于是

$$\left| a - b \right| = \left| (a_n - a) - (a_n - b) \right| \leqslant \left| a_n - a \right| + \left| a_n - b \right| < \frac{\varepsilon}{2} + \frac{\varepsilon}{2} = \varepsilon,$$

因为 a, b 是常数，所以 $\left| a - b \right|$ 也是常数，由上述不等式知，常数 $\left| a - b \right|$ 可以比任意小的正数还小，则必有 $\left| a - b \right| = 0$，即 $a = b$. 故收敛数列的极限是唯一的.

性质 1-2 (有界性)若数列 $\{a_n\}$ 收敛,则数列 $\{a_n\}$ 有界.

证 设数列 $\{a_n\}$ 收敛于 a，根据数列极限的定义，对于任意给定的正数 ε，不妨取 $\varepsilon = 1$，存在正整数 N，使对于 $n > N$ 时的一切 a_n，不等式 $\left| a_n - a \right| < \varepsilon = 1$ 都成立. 于是当 $n > N$ 时，

$$\left| a_n \right| = \left| (a_n - a) + a \right| \leqslant \left| a_n - a \right| + \left| a \right| < 1 + \left| a \right|.$$

取 $M = \max\{\left| a_1 \right|, \left| a_2 \right|, \cdots, \left| a_N \right|, 1 + \left| a \right|\}$，则数列 $\{a_n\}$ 中的一切 a_n 都满足 $\left| a_n \right| \leqslant M$. 这就证明了数列 $\{a_n\}$ 是有界的.

注 (1) 性质 1-2 的等价命题是:若数列 $\{a_n\}$ 无界, 则数列 $\{a_n\}$ 发散. 例如, 数列 $\{(-2)^n\}$ 是无界的, 所以发散.

(2) 数列有界只是数列收敛的必要条件, 而非充分条件, 即数列有界也不一定收敛. 例如, 数列 $\{(-1)^n\}$ 有界, 但它发散.

性质 1-3 (保号性)如果数列 $\{a_n\}$ 收敛于 a，且 $a > 0$ (或 $a < 0$)，那么存在正整数 N，当 $n > N$ 时，有 $a_n > 0$ (或 $a_n < 0$).

证 就 $a > 0$ 的情形证明. 由数列极限的定义，对于 $\varepsilon = \dfrac{a}{2} > 0$，存在正整数 N，当 $n > N$ 时，有

$$\left| a_n - a \right| < \frac{a}{2},$$

从而

$$a_n > a - \frac{a}{2} = \frac{a}{2} > 0.$$

推论 1-1 如果数列 $\{a_n\}$ 从某项起有 $a_n \geqslant 0$ (或 $a_n \leqslant 0$)，且数列 $\{a_n\}$ 收敛于 a，那么 $a \geqslant 0$ (或 $a \leqslant 0$).

证 就 $a_n \geqslant 0$ 情形证明. 设数列 $\{a_n\}$ 从 N_1 项起，即当 $n > N_1$ 时，有 $a_n \geqslant 0$. 现在用反证法证明，假设 $a < 0$，则由性质 1-3 知，存在正整数 N_2，当 $n > N_2$ 时，有 $a_n < 0$. 取 $N = \max\{N_1, N_2\}$，当 $n > N$ 时，由假设有 $a_n < 0$；又已知 $a_n \geqslant 0$，矛盾. 所以必有 $a \geqslant 0$.

推论 1-2 若数列 $\{a_n\}, \{b_n\}$ 均收敛，且存在正整数 N_0 使当 $n \geqslant N_0$ 时，$a_n \leqslant b_n$，则

$$\lim_{n \to \infty} a_n \leqslant \lim_{n \to \infty} b_n.$$

证 略.

为了更深入地讨论数列极限，现在介绍一个重要概念——子列.

若在数列

$$a_1, a_2, \cdots, a_n, \cdots$$

中, 保持原来次序任意选取无穷多项, 如

$$a_2, a_5, \cdots, a_{36}, \cdots,$$

这样得到的数列称为数列 $\{a_n\}$ 的子列. 为方便起见, 用另一种下标来表示它. 在选出的子列中, 记第一项为 a_{n_1}, 第二项为 a_{n_2}, $\cdots$, 第 k 项为 a_{n_k}, 这样数列 $\{a_n\}$ 的子列可表示为

$$a_{n_1}, a_{n_2}, \cdots, a_{n_k}, \cdots,$$

简记为 $\{a_{n_k}\}$. 一般项 a_{n_k} 在子列 $\{a_{n_k}\}$ 中是第 k 项, 而在原数列 $\{a_n\}$ 中是第 n_k 项, 因此 $n_k \geq k$.

定理 1-1　若数列 $\{a_n\}$ 收敛于 A, 则 $\{a_n\}$ 的任何子列 $\{a_{n_k}\}$ 都收敛, 且它的极限也等于 A.

证　略.

由定理 1-1 可知, 如果一个数列有一个子列发散, 或者有两个子列收敛于不同的极限, 则这个数列发散. 例如, 数列

$$0, 1, 0, 1, \cdots$$

是发散的, 因为在此数列中, 由奇数项组成的子列和偶数项组成的子列分别收敛于 0 和 1.

习　题　1-2

1. 观察如下数列 $\{a_n\}$ 的变化趋势, 写出它们的极限.

(1)　$a_n = \dfrac{1}{2^n}$;

(2)　$a_n = \dfrac{n}{n+1}$;

(3)　$a_n = n - (-1)^n$;

(4)　$a_n = \sin \dfrac{\pi}{n}$.

2. 用极限定义证明: $\lim\limits_{n \to \infty} \dfrac{n^2 - 2}{n^2 + 2} = 1$.

3. 若 $\lim\limits_{n \to \infty} a_n = a$, 证明 $\lim\limits_{n \to \infty} |a_n| = |a|$, 并举例说明反过来未必成立.

4. 证明: $\lim\limits_{n \to \infty} |a_n| = 0$ 的充分必要条件是 $\lim\limits_{n \to \infty} a_n = 0$.

5. 证明数列 $\left\{ \sin \dfrac{n\pi}{8} \right\}$ 发散.

6. 对于数列 $\{a_n\}$, 若 $\lim\limits_{k \to \infty} a_{2k-1} = a$, $\lim\limits_{k \to \infty} a_{2k} = a$, 证明: $\lim\limits_{n \to \infty} a_n = a$.

第三节　函数的极限

数列可看成自变量为正整数 n 的函数 $a_n = f(n)$, 数列 $\{a_n\}$ 的极限为 a, 即当自变量 n 取

正整数且无限增大($n \to \infty$)时,对应的函数值 $f(n)$ 无限接近数 a. 若不考虑数列极限概念中自变量 n 和函数值 $f(n)$ 的特殊性,可由此引出函数极限的一般概念:在自变量 x 的某一变化过程中,如果对应的函数值 $f(x)$ 无限接近于某个确定的数 A,则称 A 为在该变化过程中函数 $f(x)$ 的极限. 显然,极限 A 是与自变量 x 的变化过程紧密相关的,自变量的变化过程不同,函数的极限就有不同的表现形式. 下面,我们先讨论自变量趋于无穷大时函数的极限,然后讨论自变量趋于某一常数时函数的极限.

一、自变量趋于无穷大时函数的极限

定义 1-5 设函数 $f(x)$ 当 $|x|$ 大于某一正数时有定义,A 是一个常数,如果对于任意给定的正数 ε(无论它多么小),总存在正数 X,使当 x 满足不等式 $|x| > X$ 时,不等式 $|f(x) - A| < \varepsilon$ 都成立,那么就称常数 A 为函数 $f(x)$ 当 $x \to \infty$ 时的极限,记作

$$\lim_{x \to \infty} f(x) = A \ (\text{或} \ f(x) \to A \ (x \to \infty)).$$

定义 1-5 常称为函数极限的 $\varepsilon - X$ 定义.

例 1-6 证明 $\lim\limits_{x \to \infty} \dfrac{1}{x} = 0$.

证 对于任意给定的 $\varepsilon > 0$,要使 $|f(x) - A| = \left| \dfrac{1}{x} - 0 \right| = \left| \dfrac{1}{x} \right| < \varepsilon$ 成立,只需 $|x| > \dfrac{1}{\varepsilon}$ 即可. 因此对任意给定的 $\varepsilon > 0$,取 $X = \dfrac{1}{\varepsilon}$,则当 $|x| > X$ 时,不等式 $|f(x) - A| = \left| \dfrac{1}{x} - 0 \right| < \varepsilon$ 都成立,由定义可知,$\lim\limits_{x \to \infty} \dfrac{1}{x} = 0$.

当 $x \to \infty$ 时函数 $f(x)$ 的极限为 A 的几何意义是:对于任意给定的 $\varepsilon > 0$,作平行于 x 轴的两条直线 $y = A - \varepsilon$ 和 $y = A + \varepsilon$,总存在着正数 X,当 $|x| > X$ 时,函数 $y = f(x)$ 的图形位于直线 $y = A - \varepsilon$ 和 $y = A + \varepsilon$ 之间,如图 1-20 所示.

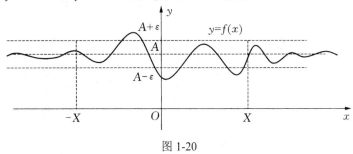

图 1-20

如果 $x > 0$ 且无限增大(记作 $x \to +\infty$),那么只要把上面定义中的 $|x| > X$ 改为 $x > X$,就可得 $\lim\limits_{x \to +\infty} f(x) = A$ 的定义. 同样,如果 $x < 0$ 且 $|x|$ 无限增大(记作 $x \to -\infty$),那么只要把上面定义中的 $|x| > X$ 改为 $x < -X$,就可得 $\lim\limits_{x \to -\infty} f(x) = A$ 的定义.

由上述定义,可以证明:

$\lim\limits_{x \to \infty} f(x) = A$ 的充分必要条件为 $\lim\limits_{x \to -\infty} f(x) = A$ 且 $\lim\limits_{x \to +\infty} f(x) = A$.

例如, 函数 $y = \arctan x$, 借助其图像可知, $\lim\limits_{x \to -\infty} \arctan x = -\dfrac{\pi}{2}$, 而 $\lim\limits_{x \to +\infty} \arctan x = \dfrac{\pi}{2}$,

所以, $\lim\limits_{x \to \infty} \arctan x$ 不存在.

二、自变量趋于常数时函数的极限

先考察函数 $f(x) = 3x + 1$ 当 $x \to 1$ 时的变化趋势. 容易看出, 当 $x \to 1$ 时, 函数无限接近于 4, 可以理解为对于任意给定的正数 ε, 当 $0 < |x - 1| < \dfrac{\varepsilon}{3}$ 时, 不等式 $|f(x) - 4| = |(3x + 1) - 4| = 3|x - 1| < \varepsilon$ 都成立.

下面给出当 $x \to x_0$ 时函数 $f(x)$ 的极限定义.

定义 1-6 设函数 $f(x)$ 在点 x_0 的某一去心邻域内有定义, A 是一个常数, 如果对于任意给定的正数 ε(无论它多么小), 总存在正数 δ, 使当 x 满足不等式 $0 < |x - x_0| < \delta$ 时, 不等式 $|f(x) - A| < \varepsilon$ 都成立, 那么就称常数 A 为函数 $f(x)$ 当 $x \to x_0$ 时的极限, 记作

$$\lim\limits_{x \to x_0} f(x) = A \,(\text{或}\, f(x) \to A \,(x \to x_0)).$$

定义 1-6 常称为函数极限的 ε-δ 定义.

注 定义中的 $0 < |x - x_0|$ 表示 $x \ne x_0$, 说明当 $x \to x_0$ 时 $f(x)$ 是否有极限, 与 $f(x)$ 在点 x_0 处是否有定义无关.

例 1-7 证明 $\lim\limits_{x \to 1} \dfrac{3x^2 - 3}{x - 1} = 6$.

证 对任意给定的正数 ε, 要使 $\left| \dfrac{3x^2 - 3}{x - 1} - 6 \right| < \varepsilon$ 成立, 即

$$\left| \dfrac{3x^2 - 3}{x - 1} - 6 \right| = \left| \dfrac{3(x^2 - 2x + 1)}{x - 1} \right| = 3|x - 1| < \varepsilon,$$

只需 $|x - 1| < \dfrac{\varepsilon}{3}$ 即可.

故对任意给定的正数 ε, 取 $\delta = \dfrac{\varepsilon}{3}$, 使当 $0 < |x - 1| < \delta$ 时, 不等式 $|f(x) - 6| < \varepsilon$ 都成立,

于是 $\lim\limits_{x \to 1} \dfrac{3x^2 - 3}{x - 1} = 6$.

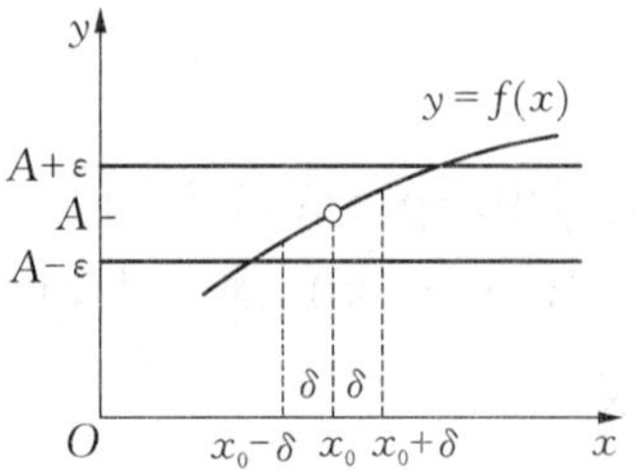

当 $x \to x_0$ 时函数 $f(x)$ 的极限为 A 的几何意义是: 对于任意给定的 $\varepsilon > 0$, 作平行于 x 轴的两条直线 $y = A - \varepsilon$ 和 $y = A + \varepsilon$, 总存在着正数 δ, 当 $0 < |x - x_0| < \delta$ 时, 函数 $y = f(x)$ 的图形位于这两条直线之间, 如图 1-21 所示.

例 1-8 证明 $\lim\limits_{x \to x_0} C = C$, 其中 C 为常数.

图 1-21

证 这里 $|f(x)-A|=|C-C|=0$，对任意给定的 $\varepsilon>0$，可任取 $\delta>0$，当 $0<|x-x_0|<\delta$ 时，都有 $|f(x)-A|=0<\varepsilon$，所以 $\lim\limits_{x\to x_0}C=C$．

例 1-9 证明 $\lim\limits_{x\to x_0}x=x_0$．

证 这里 $|f(x)-A|=|x-x_0|$，对任意给定的 $\varepsilon>0$，可取 $\delta=\varepsilon$，当 $0<|x-x_0|<\delta$ 时，有 $|f(x)-A|=|x-x_0|<\varepsilon$，所以 $\lim\limits_{x\to x_0}x=x_0$．

例 1-10 证明 $\lim\limits_{x\to x_0}(ax+b)=ax_0+b \quad (a\neq 0)$．

证 这里 $|f(x)-A|=|(ax+b)-(ax_0+b)|=|a||x-x_0|$，对任意给定的 $\varepsilon>0$，可取 $\delta=\dfrac{\varepsilon}{|a|}$，当 $0<|x-x_0|<\delta$ 时，有

$$|f(x)-A|=|a||x-x_0|<|a|\cdot\frac{\varepsilon}{|a|}<\varepsilon,$$

所以 $\lim\limits_{x\to x_0}(ax+b)=ax_0+b$．

例 1-11 证明 $\lim\limits_{x\to x_0}\sin x=\sin x_0$．

证 对任意给定的 $\varepsilon>0$，有

$$\left|\sin x-\sin x_0\right|=\left|2\sin\frac{x-x_0}{2}\cos\frac{x+x_0}{2}\right|\leqslant 2\left|\sin\frac{x-x_0}{2}\right|\leqslant 2\left|\frac{x-x_0}{2}\right|=|x-x_0|.$$

因此，要使 $|\sin x-\sin x_0|<\varepsilon$，只要 $|x-x_0|<\varepsilon$，故取 $\delta=\varepsilon$，当 $0<|x-x_0|<\delta$ 时，有 $|\sin x-\sin x_0|<\varepsilon$，所以 $\lim\limits_{x\to x_0}\sin x=\sin x_0$．

同理可证 $\lim\limits_{x\to x_0}\cos x=\cos x_0$．

在定义 1-6 中，极限过程 $x\to x_0$ 包括了 x 同时从 x_0 的左、右两侧趋于 x_0．但是，有时我们只能或只需考虑 x 仅从 x_0 的左侧或右侧趋于 x_0（记为 $x\to x_0^-$ 或 $x\to x_0^+$）时，$f(x)$ 的变化趋势．例如，函数 $y=\sqrt{x-1}$，x 只能从 1 的右侧趋于 1，于是给出如下定义．

定义 1-7 设函数 $f(x)$ 在点 x_0 的右邻域内有定义，A 是一个常数，如果对于任意给定的 $\varepsilon>0$，总存在 $\delta>0$，使当 $0<x-x_0<\delta$ 时，不等式 $|f(x)-A|<\varepsilon$ 都成立，则常数 A 称为函数 $f(x)$ 当 $x\to x_0$ 时的右极限，记作

$$\lim\limits_{x\to x_0^+}f(x)=A\ (\text{或}\ f(x)\to A\ (x\to x_0^+)).$$

类似地，在 $\lim\limits_{x\to x_0^+}f(x)=A$ 的定义中，把 $0<x-x_0<\delta$ 改为 $-\delta<x-x_0<0$，就可得到函数 $f(x)$ 当 $x\to x_0$ 时的左极限的定义，记作

$$\lim\limits_{x\to x_0^-}f(x)=A\ (\text{或}\ f(x)\to A\ (x\to x_0^-)).$$

左、右极限也可以简记为 $f(x_0^-)$、$f(x_0^+)$，统称为单侧极限．

由定义可以证明以下定理．

定理 1-2 设函数 $f(x)$ 在 $\overset{\circ}{U}(x_0,\delta)$ 内有定义，则函数 $f(x)$ 在 $x\to x_0$ 时极限存在的充

分必要条件是函数 $f(x)$ 当 $x \to x_0$ 时的左、右极限都存在且相等, 即

$$\lim_{x \to x_0} f(x) = A \Leftrightarrow \lim_{x \to x_0^-} f(x) = \lim_{x \to x_0^+} f(x) = A .$$

例 1-12　证明函数

$$f(x) = \begin{cases} x-1, & x < 0, \\ 0, & x = 0, \\ x+1, & x > 0 \end{cases}$$

当 $x \to 0$ 时的极限不存在.

证　由定义容易验证:

$$\lim_{x \to 0^-} f(x) = \lim_{x \to 0^-} (x-1) = -1,$$

$$\lim_{x \to 0^+} f(x) = \lim_{x \to 0^+} (x+1) = 1,$$

于是, $\lim\limits_{x \to 0^-} f(x) \ne \lim\limits_{x \to 0^+} f(x)$, 所以 $\lim\limits_{x \to 0} f(x)$ 不存在, 如图 1-22 所示.

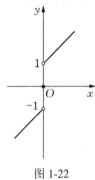

图 1-22

三、函数极限的性质

利用函数极限的定义, 可得函数极限的一些基本性质. 由于按自变量不同的变化过程, 函数极限有不同的形式, 下面仅以 " $\lim\limits_{x \to x_0} f(x)$ " 这种函数极限为例, 给出函数极限的一些性质, 至于其他形式的极限性质, 只要作相应的修改即可.

性质 1-4　(唯一性)若极限 $\lim\limits_{x \to x_0} f(x)$ 存在, 则极限唯一.

证　类似于数列的情形可以证明.

性质 1-5　(局部有界性)若极限 $\lim\limits_{x \to x_0} f(x) = A$, 则函数 $f(x)$ 在 x_0 的某一去心邻域内有界.

证　因为 $\lim\limits_{x \to x_0} f(x) = A$, 对于任意给定的正数 ε, 不妨取 $\varepsilon = 1$, 存在 $\delta > 0$, 使当 $0 < |x - x_0| < \delta$ 时, 不等式 $|f(x) - A| < \varepsilon = 1$ 成立, 于是

$$|f(x)| = |f(x) - A + A| \le |f(x) - A| + |A| < 1 + |A|,$$

令 $M = 1 + |A|$, 当 $0 < |x - x_0| < \delta$ 时, 有 $|f(x)| \le M$. 这就证明了当 $0 < |x - x_0| < \delta$ 时, 函数 $f(x)$ 有界.

性质 1-6　(局部保号性)若极限 $\lim\limits_{x \to x_0} f(x) = A$, 而且 $A > 0$ (或 $A < 0$), 则在 x_0 的某一去心邻域内, 有 $f(x) > 0$ (或 $f(x) < 0$).

证　就 $A > 0$ 的情形证明.

因为 $\lim\limits_{x \to x_0} f(x) = A$, 所以对于 $\varepsilon = \dfrac{A}{2}$, 存在 $\delta > 0$, 使当 $0 < |x - x_0| < \delta$ 时, 有 $|f(x) - A| < \varepsilon = \dfrac{A}{2}$, 于是 $f(x) > A - \dfrac{A}{2} = \dfrac{A}{2} > 0$.

推论 1-3　如果在 x_0 的某一去心邻域内 $f(x) \ge 0$ (或 $f(x) \le 0$), 而且 $\lim\limits_{x \to x_0} f(x) = A$, 那么 $A \ge 0$ (或 $A \le 0$).

证　若 $f(x) \geqslant 0$，假设 $A < 0$，那么由性质 1-6 知，存在 x_0 的某一去心邻域，在该邻域内 $f(x) < 0$，这与 $f(x) \geqslant 0$ 的条件矛盾，所以 $A \geqslant 0$．

从性质 1-6 的证明中可知，在性质 1-6 的条件下，可得下面更强的结论．

性质 1-6′　如果 $\lim\limits_{x \to x_0} f(x) = A$，且 $A \neq 0$，则在 x_0 的某一去心邻域内，有

$$|f(x)| > \frac{|A|}{2}.$$

习　题　1-3

1. 证明：若极限 $\lim\limits_{x \to x_0} f(x)$ 存在，则极限唯一．

2. 用函数极限定义证明：

(1) $\lim\limits_{x \to \infty} \dfrac{\arctan x}{x} = 0$；

(2) $\lim\limits_{x \to 1} \dfrac{x-2}{x^2+1} = -\dfrac{1}{2}$；

(3) $\lim\limits_{x \to 0} \cos x = 1$；

(4) $\lim\limits_{x \to +\infty} \dfrac{1+x^2}{2x^2} = \dfrac{1}{2}$．

3. 讨论下列极限，如果存在，求其值．

(1) $\lim\limits_{x \to 0} 2^{\frac{1}{x}}$；

(2) $\lim\limits_{x \to \infty} \mathrm{e}^{\frac{1}{x}}$；

(3) $\lim\limits_{x \to 0} \mathrm{e}^{-\frac{1}{x^2}}$．

4. 求 $f(x) = \dfrac{x}{x}$ 与 $\varphi(x) = \dfrac{|x|}{x}$ 当 $x \to 0$ 时的左、右极限，并说明它们在 $x \to 0$ 时的极限是否存在．

5. 设 $f(x) = \begin{cases} x, & x \geqslant 0, \\ x+1, & x < 0. \end{cases}$　求 $\lim\limits_{x \to 0^+} f(x)$，$\lim\limits_{x \to 0^-} f(x)$．

6. 若 $f(x) > 0$，且 $\lim\limits_{x \to a} f(x) = A$，则 $A > 0$ 是否一定成立？如成立，请证明．否则，试举例说明．

第四节　无穷小与无穷大

一、无穷小

为叙述简便，我们用记号 $\lim f(x)$ 来表示在自变量某一变化过程中函数的极限．自变量的变化过程包括 $x \to x_0$，$x \to x_0^-$，$x \to x_0^+$，$x \to +\infty$，$x \to -\infty$，$x \to \infty$ 等．

定义 1-8　如果在自变量某一变化过程中 $\lim f(x) = 0$，则称函数 $f(x)$ 为 x 在该变化过程中的无穷小量，简称无穷小．

特别地，以零为极限的数列 $\{a_n\}$ 也称为 $n \to \infty$ 时的无穷小．

可以证明: 当 $x \to \infty$ 时, 函数 $f(x) = \dfrac{1}{x}$ 为无穷小; 当 $x \to -\infty$ 时, 函数 $f(x) = e^x$ 为无穷小; 当 $x \to 0$ 时, 函数 $f(x) = \sin x$ 为无穷小; 数列 $\left\{\dfrac{1}{n+1}\right\}$ 为当 $n \to \infty$ 时的无穷小.

注 (1) 一个变量 $f(x)$ 是否为无穷小与其自变量的变化过程有关. 例如, $f(x) = x^2 - 1$, 当 $x \to 1$ 时为无穷小, 当 $x \to 2$ 时则不是无穷小.

(2) 无穷小是极限为零的变量, 不能把它与绝对值很小的常数相混淆.

下列定理说明了无穷小与函数极限的关系.

定理 1-3 在自变量的同一个变化过程中(如 $x \to x_0$, $x \to \infty$ 等), 函数 $f(x)$ 极限为 A 的充分必要条件是 $f(x) = A + \alpha(x)$, 其中 $\alpha(x)$ 是无穷小.

证 下面仅证明 $x \to x_0$ 的情形.

必要性. 设 $\lim\limits_{x \to x_0} f(x) = A$, 则对任意给定的 $\varepsilon > 0$, 存在正数 δ, 当 $0 < |x - x_0| < \delta$ 时, 有 $|f(x) - A| < \varepsilon$. 令 $\alpha(x) = f(x) - A$, 则 $\alpha(x)$ 是当 $x \to x_0$ 时的无穷小, 且

$$f(x) = A + \alpha(x),$$

即函数 $f(x)$ 等于它的极限 A 与一个无穷小 $\alpha(x)$ 之和.

充分性. 设 $f(x) = A + \alpha(x)$, 其中 A 是常数, $\alpha(x)$ 是当 $x \to x_0$ 时的无穷小, 则对任意给定的 $\varepsilon > 0$, 存在正数 δ, 当 $0 < |x - x_0| < \delta$ 时, 有 $|\alpha(x)| < \varepsilon$, 于是 $|f(x) - A| = |\alpha(x)| < \varepsilon$, 即 A 是函数 $f(x)$ 当 $x \to x_0$ 时的极限.

类似地, 可证明其他极限过程的情形.

例 1-13 证明 $\lim\limits_{x \to \infty} \dfrac{1+x}{x} = 1$.

证 因为

$$\frac{1+x}{x} = 1 + \frac{1}{x},$$

而

$$\lim_{x \to \infty} \frac{1}{x} = 0,$$

所以

$$\lim_{x \to \infty} \frac{1+x}{x} = 1.$$

二、无穷大

如果在自变量的某一变化过程中, 函数 $f(x)$ 的绝对值无限增大, 则称函数 $f(x)$ 为 x 在该变化过程中的无穷大量, 简称无穷大.

定义 1-9 设函数 $f(x)$ 在 x_0 的某一去心邻域内有定义(或 $|x|$ 大于某一正数时有定义), 如果对于任意给定的正数 M(无论它多么大), 总存在正数 δ(或正数 X), 只要 x 满足不

等式 $0<|x-x_0|<\delta$ (或 $|x|>X$), 对应的函数值 $f(x)$ 总有不等式 $|f(x)|>M$ 成立, 则称函数 $f(x)$ 为当 $x\to x_0$ (或 $x\to\infty$)时的无穷大.

注 (1) 对自变量其他变化过程中的无穷大可类似定义.

(2) 函数 $f(x)$ 在自变量某一变化过程中为无穷大, 按函数极限定义来说, 它的极限是不存在的. 但为了便于叙述函数的这一性态, 我们也说"函数的极限是无穷大", 并记作

$$\lim f(x)=\infty.$$

(3) 无穷大不是数, 不可与很大的数相混淆.

(4) 如果在无穷大的定义中, 把 $|f(x)|>M$ 换成 $f(x)>M$ (或 $f(x)<-M$), 那么函数 $f(x)$ 称为该变化过程中的正无穷大(或负无穷大), 记作 $\lim f(x)=+\infty$ (或 $\lim f(x)=-\infty$).

例 1-14 证明 $\lim\limits_{x\to 0}\dfrac{1}{x}=\infty$.

证 对于任意给定的正数 M , 要使 $\left|\dfrac{1}{x}\right|>M$, 只要 $|x|<\dfrac{1}{M}$, 所以可取 $\delta=\dfrac{1}{M}$, 只要 x 满足不等式 $0<|x|<\delta=\dfrac{1}{M}$, 就有 $|f(x)|>M$, 这就证明了 $\lim\limits_{x\to 0}\dfrac{1}{x}=\infty$.

可以证明: 当 $x\to+\infty$ 时, $f(x)=e^x$ 为正无穷大; 当 $x\to+\infty$ 时, $f(x)=\ln x$ 为正无穷大; 当 $x\to 0^+$ 时, $f(x)=\ln x$ 为负无穷大.

定理 1-4 (无穷大与无穷小之间的关系)在自变量的同一个变化过程中, 若函数 $f(x)$ 为无穷大, 则 $\dfrac{1}{f(x)}$ 为无穷小. 若函数 $f(x)$ 为无穷小, 且 $f(x)\neq 0$, 则 $\dfrac{1}{f(x)}$ 为无穷大.

证 设 $\lim\limits_{x\to x_0}f(x)=\infty$, 任意给定 $\varepsilon>0$, 由无穷大的定义, 对于 $M=\dfrac{1}{\varepsilon}$, 存在正数 δ , 当 $0<|x-x_0|<\delta$ 时, 有

$$|f(x)|>M=\dfrac{1}{\varepsilon},$$

即

$$\left|\dfrac{1}{f(x)}\right|<\varepsilon,$$

所以, $\dfrac{1}{f(x)}$ 为当 $x\to x_0$ 时的无穷小.

反之, 设 $\lim\limits_{x\to x_0}f(x)=0$, 且 $f(x)\neq 0$, 任意给定 $M>0$, 由无穷小的定义, 对于 $\varepsilon=\dfrac{1}{M}$, 存在正数 δ , 当 $0<|x-x_0|<\delta$ 时, 有

$$|f(x)|<\varepsilon=\dfrac{1}{M},$$

由于当 $0<|x-x_0|<\delta$ 时, $f(x)\neq 0$,有

$$\left|\frac{1}{f(x)}\right| > M,$$

所以, $\frac{1}{f(x)}$ 为当 $x \to x_0$ 时的无穷大.

类似地, 可以证明 $x \to \infty$ 等其他情形.

习　题　1-4

1. 根据定义证明:

(1) $f(x) = \dfrac{x^2 - 16}{x + 4}$ 当 $x \to 4$ 时为无穷小;

(2) $f(x) = x \sin \dfrac{1}{x}$ 当 $x \to 0$ 时为无穷小.

2. 下列变量在自变量 x 的何种变化过程中为无穷小, 又在何种变化过程中为无穷大?

(1) $\dfrac{1}{1-x}$;　　(2) $\dfrac{x}{1-x}$;　　(3) $\ln(x-1)$;　　(4) e^x.

3. 求下列极限并说明理由.

(1) $\lim\limits_{x \to \infty} \dfrac{3x+1}{x}$;　　(2) $\lim\limits_{x \to 0} \dfrac{1-x^2}{1-x}$.

4. 两个无穷小的商是否一定是无穷小? 请举例说明.

5. 两个无穷大的和是否一定是无穷大? 请举例说明.

第五节　极限的运算法则

本节要建立极限的四则运算法则和复合函数的极限运算法则. 为此, 我们先介绍无穷小的一些运算性质.

定理 1-5　在自变量的同一变化过程中, 有限个无穷小的和仍为无穷小.

证　考虑两个无穷小的和. 设 $\alpha(x)$, $\beta(x)$ 为当 $x \to x_0$ 时的两个无穷小, 而

$$\gamma(x) = \alpha(x) + \beta(x).$$

任意给定 $\varepsilon > 0$, 因为 $\alpha(x)$ 为当 $x \to x_0$ 时的无穷小, 对于正数 $\dfrac{\varepsilon}{2}$, 存在正数 δ_1, 当 $0 < |x - x_0| < \delta_1$ 时,有不等式

$$|\alpha(x)| < \frac{\varepsilon}{2}$$

成立. 又因为 $\beta(x)$ 为当 $x \to x_0$ 时的无穷小, 对于正数 $\dfrac{\varepsilon}{2}$, 存在正数 δ_2, 当 $0 < |x - x_0| < \delta_2$ 时,有不等式

$$\left|\beta(x)\right| < \frac{\varepsilon}{2}$$

成立. 取 $\delta = \min\{\delta_1, \delta_2\}$，则当 $0 < |x - x_0| < \delta$ 时，有

$$\left|\alpha(x)\right| < \frac{\varepsilon}{2}, \quad \left|\beta(x)\right| < \frac{\varepsilon}{2}$$

同时成立，从而

$$\left|\gamma(x)\right| = \left|\alpha(x) + \beta(x)\right| \leqslant \left|\alpha(x)\right| + \left|\beta(x)\right| \leqslant \frac{\varepsilon}{2} + \frac{\varepsilon}{2} = \varepsilon,$$

这就证明了 $\gamma(x)$ 为当 $x \to x_0$ 时的无穷小.

多于两个无穷小之和的情形可类似证明.

定理 1-6　有界函数与无穷小的乘积仍为无穷小.

证　设 $u(x)$ 是 x_0 的某一去心邻域 $\overset{\circ}{U}(x_0, \delta_1)$ 内的有界函数，即存在正数 M，使当 $x \in \overset{\circ}{U}(x_0, \delta_1)$ 时，有不等式 $|u(x)| \leqslant M$ 成立. 又设 $\alpha(x)$ 为当 $x \to x_0$ 时的无穷小，即任意给定 $\varepsilon > 0$，存在正数 δ_2，当 $x \in \overset{\circ}{U}(x_0, \delta_2)$ 时，有不等式

$$\left|\alpha(x)\right| < \frac{\varepsilon}{M}$$

成立. 取 $\delta = \min\{\delta_1, \delta_2\}$，则当 $x \in \overset{\circ}{U}(x_0, \delta)$ 时，有

$$\left|u(x)\right| \leqslant M, \quad \left|\alpha(x)\right| < \frac{\varepsilon}{M}$$

同时成立，从而

$$\left|u(x)\alpha(x)\right| = \left|u(x)\right|\left|\alpha(x)\right| < M \cdot \frac{\varepsilon}{M} = \varepsilon,$$

这就证明了 $u(x)\alpha(x)$ 为当 $x \to x_0$ 时的无穷小.

例 1-15　计算 $\lim\limits_{x \to \infty} \dfrac{\sin x}{x}$.

解　当 $x \to \infty$ 时，$\dfrac{1}{x}$ 为无穷小，而 $|\sin x| \leqslant 1$，即 $\sin x$ 是有界函数，所以当 $x \to \infty$ 时，$\dfrac{1}{x} \cdot \sin x$ 仍是无穷小，从而 $\lim\limits_{x \to \infty} \dfrac{\sin x}{x} = 0$.

推论 1-4　有限个无穷小的乘积仍是无穷小.

推论 1-5　常数与无穷小的乘积是无穷小.

下面，我们只讨论 $x \to x_0$ 时极限的运算法则，但这些运算法则对其他的极限过程同样适用. 利用这些法则，我们可以从几个简单的函数极限出发，计算较复杂函数的极限.

定理 1-7　如果 $\lim\limits_{x \to x_0} f(x) = A$，$\lim\limits_{x \to x_0} g(x) = B$，则

(1) $\lim\limits_{x \to x_0} [f(x) \pm g(x)] = A \pm B$;

(2) $\lim\limits_{x \to x_0} [f(x) \cdot g(x)] = AB$;

(3) $\lim\limits_{x \to x_0} \dfrac{f(x)}{g(x)} = \dfrac{A}{B}$ $(B \neq 0)$.

证 仅就(1)与(3)的情形证明. 先证(1).

由定理 1-3 知, $f(x) = A + \alpha(x)$, $g(x) = B + \beta(x)$, 其中 $\alpha(x)$, $\beta(x)$ 为当 $x \to x_0$ 时的无穷小. 因此,

$$f(x) + g(x) = A + \alpha(x) + B + \beta(x) = A + B + [\alpha(x) + \beta(x)],$$

由定理 1-5 知, $\alpha(x) + \beta(x)$ 为当 $x \to x_0$ 时的无穷小, 故

$$\lim\limits_{x \to x_0}[f(x) + g(x)] = A + B.$$

再证(3). 由定理 1-3 知, $f(x) = A + \alpha(x)$, $g(x) = B + \beta(x)$, 其中 $\alpha(x)$, $\beta(x)$ 为当 $x \to x_0$ 时的无穷小, 因为

$$\frac{f(x)}{g(x)} - \frac{A}{B} = \frac{A + \alpha(x)}{B + \beta(x)} - \frac{A}{B} = \frac{B\alpha(x) - A\beta(x)}{B[B + \beta(x)]},$$

不难看出 $B\alpha(x) - A\beta(x)$ 为当 $x \to x_0$ 时的无穷小, 且 $\lim\limits_{x \to x_0} B[B + \beta(x)] = B^2 \neq 0$, 由第三节中性质 1-6′知, 在点 x_0 的某一去心邻域内, 有 $|B[B + \beta(x)]| > \dfrac{B^2}{2}$, 所以 $\left|\dfrac{1}{B[B + \beta(x)]}\right| < \dfrac{2}{B^2}$, 从而 $\dfrac{1}{B[B + \beta(x)]}$ 在点 x_0 的这一去心邻域内有界, 故 $\dfrac{B\alpha(x) - A\beta(x)}{B[B + \beta(x)]}$ 为当 $x \to x_0$ 时的无穷小, 记为 $\gamma(x)$, 于是有

$$\frac{f(x)}{g(x)} = \frac{A}{B} + \gamma(x),$$

故 $\lim\limits_{x \to x_0} \dfrac{f(x)}{g(x)} = \dfrac{A}{B}$.

推论 1-6 若 $\lim\limits_{x \to x_0} f(x) = A$, 则 $\lim\limits_{x \to x_0} Cf(x) = CA$, 其中 C 为常数.

推论 1-7 若 $\lim\limits_{x \to x_0} f(x) = A$, 则 $\lim\limits_{x \to x_0}[f(x)]^n = [\lim\limits_{x \to x_0} f(x)]^n = A^n$ (n 为正整数).

定理 1-8 (保序性)如果 $f(x) \geqslant g(x)$, 且 $\lim\limits_{x \to x_0} f(x) = A$, $\lim\limits_{x \to x_0} g(x) = B$, 则

$$A \geqslant B.$$

证 设 $\varphi(x) = f(x) - g(x)$, 由定理 1-7 知,

$$\lim\limits_{x \to x_0} \varphi(x) = \lim\limits_{x \to x_0}[f(x) - g(x)] = A - B,$$

而 $\varphi(x) \geqslant 0$, 由第三节性质 1-6 的推论知, $\lim\limits_{x \to x_0} \varphi(x) \geqslant 0$, 所以 $A - B \geqslant 0$, 即 $A \geqslant B$.

注 以上定理及其推论的结论对数列极限也成立.

例 1-16 设 $x_n = \dfrac{2^n - 1}{2^n}$, 求 $\lim\limits_{n \to \infty} x_n$.

解 $\lim\limits_{n \to \infty} x_n = \lim\limits_{n \to \infty} \dfrac{2^n - 1}{2^n} = \lim\limits_{n \to \infty}\left(1 - \dfrac{1}{2^n}\right) = \lim\limits_{n \to \infty} 1 - \lim\limits_{n \to \infty} \dfrac{1}{2^n} = 1 - 0 = 1$.

例 1-17 求 $\lim\limits_{x \to 2}(x^2 - 3x + 5)$.

解 $\lim\limits_{x\to 2}(x^2-3x+5)=\lim\limits_{x\to 2}x^2-\lim\limits_{x\to 2}3x+\lim\limits_{x\to 2}5$

$$=\left(\lim_{x\to 2}x\right)^2-3\lim_{x\to 2}x+5=2^2-3\times 2+5=3.$$

例 1-18 求 $\lim\limits_{x\to 2}\dfrac{x^3-2x^2+x-4}{x^2-5x+3}$.

解 $\lim\limits_{x\to 2}(x^2-5x+3)=-3\neq 0$, $\lim\limits_{x\to 2}(x^3-2x^2+x-4)=-2$, 由定理 1-7，得

$$\lim_{x\to 2}\frac{x^3-2x^2+x-4}{x^2-5x+3}=\frac{2}{3}.$$

观察例 1-18 可知，对有理函数 $F(x)=\dfrac{P(x)}{Q(x)}$, 若 $Q(x_0)\neq 0$, 则

$$\lim_{x\to x_0}F(x)=\lim_{x\to x_0}\frac{P(x)}{Q(x)}=\frac{P(x_0)}{Q(x_0)}=F(x_0).$$

扫码演示

例 1-19 求 $\lim\limits_{x\to -1}\left(\dfrac{1}{x+1}-\dfrac{3}{x^3+1}\right)$.

解 由于当 $x\to -1$ 时，$\dfrac{1}{x+1}$ 与 $\dfrac{3}{x^3+1}$ 都没有极限，所以不能直接用定理 1-7，但当 $x\neq -1$ 时，

$$\frac{1}{x+1}-\frac{3}{x^3+1}=\frac{(x+1)(x-2)}{x^3+1}=\frac{x-2}{x^2-x+1},$$

所以

$$\lim_{x\to -1}\left(\frac{1}{x+1}-\frac{3}{x^3+1}\right)=\lim_{x\to -1}\frac{x-2}{x^2-x+1}=-1.$$

例 1-20 求 $\lim\limits_{x\to \infty}\dfrac{3x^3-4x^2+2}{7x^3+5x^2-3}$.

解 由于当 $x\to \infty$ 时，分子、分母均无极限，所以不能直接用定理 1-7. 若用 x^3 同除分子、分母，再求极限，可得

$$\lim_{x\to \infty}\frac{3x^3-4x^2+2}{7x^3+5x^2-3}=\lim_{x\to \infty}\frac{3-\dfrac{4}{x}+\dfrac{2}{x^3}}{7+\dfrac{5}{x}-\dfrac{3}{x^3}}=\frac{3-0+0}{7+0-0}=\frac{3}{7}.$$

例 1-21 求 $\lim\limits_{x\to \infty}\dfrac{2x^2-2x+1}{2x^3-x^2+5}$.

解 先用 x^3 同除分子、分母，可得

$$\lim_{x\to \infty}\frac{2x^2-2x+1}{2x^3-x^2+5}=\lim_{x\to \infty}\frac{\dfrac{2}{x}-\dfrac{2}{x^2}+\dfrac{1}{x^3}}{2-\dfrac{1}{x}+\dfrac{5}{x^3}}=0.$$

类似地, 我们有 $\lim\limits_{x \to \infty} \dfrac{2x^3 - x^2 + 5}{2x^2 - 2x + 1} = \infty$.

注 由例 1-20、例 1-21 所用的方法不难证明

$$\lim_{x \to \infty} \frac{a_0 x^m + a_1 x^{m-1} + \cdots + a_m}{b_0 x^n + b_1 x^{n-1} + \cdots + b_n} = \begin{cases} 0, & n > m, \\ \dfrac{a_0}{b_0}, & n = m, \\ \infty, & n < m, \end{cases}$$

其中 m , n 为正整数, 且 $a_0 \neq 0$, $b_0 \neq 0$.

下面, 我们给出复合函数的极限运算法则.

定理 1-9 (复合函数的极限运算法则)设有复合函数 $y = f[\varphi(x)]$, 其中 $u = \varphi(x)$ 在 $\overset{\circ}{U}(x_0, \delta_1)$ 内有定义, 且 $\lim\limits_{x \to x_0} \varphi(x) = u_0$, 但当 $x \neq x_0$ 时, 有 $\varphi(x) \neq u_0$. 又函数 $y = f(u)$ 在 $\overset{\circ}{U}(u_0, \eta)$ 内有定义, 且 $\lim\limits_{u \to u_0} f(u) = A$, 则复合函数 $y = f[\varphi(x)]$ 当 $x \to x_0$ 时极限存在, 且

$$\lim_{x \to x_0} f[\varphi(x)] = \lim_{u \to u_0} f(u) = A .$$

证 按照函数极限定义, 需要证明: 对任意给定 $\varepsilon > 0$, 存在正数 δ , 当 $0 < |x - x_0| < \delta$ 时, 有

$$|f[\varphi(x)] - A| = |f(u) - A| < \varepsilon$$

成立.

由于 $\lim\limits_{u \to u_0} f(u) = A$, 对任意给定 $\varepsilon > 0$, 存在正数 η , 当 $0 < |u - u_0| < \eta$ 时, 有 $|f(u) - A| < \varepsilon$ 成立.

又由于 $\lim\limits_{x \to x_0} \varphi(x) = u_0$, 对于上面的正数 η , 存在正数 δ_2 , 当 $0 < |x - x_0| < \delta_2$ 时, 有

$$|\varphi(x) - u_0| < \eta$$

成立.

注意到, 在 $\overset{\circ}{U}(x_0, \delta_1)$ 内, $\varphi(x) \neq u_0$. 取 $\delta = \min\{\delta_1, \delta_2\}$, 则当 $0 < |x - x_0| < \delta$ 时, 有 $|\varphi(x) - u_0| < \eta$ 及 $|\varphi(x) - u_0| \neq 0$ 同时成立, 即 $0 < |\varphi(x) - u_0| = |u - u_0| < \eta$ 成立, 从而

$$|f[\varphi(x)] - A| = |f(u) - A| < \varepsilon$$

成立, 故定理得证.

对于其他极限过程, 有类似的复合函数的极限运算法则.

例 1-22 求 $\lim\limits_{x \to \infty} \dfrac{\sqrt[3]{8x^3 + 6x^2 + 5x + 1}}{3x - 2}$.

解 先用 x 同除分子、分母, 然后取极限, 得

$$\lim_{x \to \infty} \frac{\sqrt[3]{8x^3 + 6x^2 + 5x + 1}}{3x - 2} = \lim_{x \to \infty} \frac{\sqrt[3]{8 + \dfrac{6}{x} + \dfrac{5}{x^2} + \dfrac{1}{x^3}}}{3 - \dfrac{2}{x}} = \frac{\sqrt[3]{8}}{3} = \frac{2}{3}.$$

利用 Mathematica 计算函数极限可快速地得出计算结果. 在 Mathematica 中, 可利用如下计算极限的输入语句:

(1) 当 $x \to x_0$ 时, 函数 $f(x)$ 的极限为

$$\text{Limit}[f(x), x \to x_0]$$

(2) 当 $x \to x_0^+$ 时, 函数 $f(x)$ 的极限为

$$\text{Limit}[f(x), x \to x_0, \text{Direction} \to -1]$$

(3) 当 $x \to x_0^-$ 时, 函数 $f(x)$ 的极限为

$$\text{Limit}[f(x), x \to x_0, \text{Direction} \to 1]$$

(4) 当 $x \to \infty$ 时, 函数 $f(x)$ 的极限为

$$\text{Limit}[f(x), x \to \text{Infinity}]$$

(5) 当 $x \to +\infty$ 时, 函数 $f(x)$ 的极限为

$$\text{Limit}[f(x), x \to \text{Infinity}, \text{Direction} \to 1]$$

(6) 当 $x \to -\infty$ 时, 函数 $f(x)$ 的极限为

$$\text{Limit}[f(x), x \to \text{Infinity}, \text{Direction} \to -1]$$

注 Direction$\to$1 表示自变量 x 越来越大.

Direction$\to$-1 表示自变量 x 越来越小.

例 1-23 利用 Mathematica 计算下列极限.

(1) $\lim\limits_{x \to 2} \dfrac{x^3 - 8}{x - 2}$; (2) $\lim\limits_{x \to 3^-} x$; (3) $\lim\limits_{x \to 3^+} (3x - 1)$;

(4) $\lim\limits_{x \to \infty} \dfrac{1}{x} \sin \dfrac{1}{x}$; (5) $\lim\limits_{x \to +\infty} \dfrac{1}{x} \sin \dfrac{1}{x}$; (6) $\lim\limits_{x \to -\infty} \dfrac{1}{x} \sin \dfrac{1}{x}$.

解 In[1]:=Limit[(x^3-8)/(x-2),x→2]

Out[1]=12

In[2]:=Limit[x,x→3,Direction→1]

Out[2]=3

In[3]:=Limit[3x-1,x→3,Direction→-1]

Out[3]=8

In[4]:=Limit[(1/x)*Sin[1/x],x→Infinity]

Out[4]=0

```
In[5]:=Limit[(1/x)*Sin[1/x],x→Infinity,Direction→1]
Out[5]=0
In[6]:=imit[(1/x)*Sin[1/x],x→Infinity,Direction→-1]
Out[6]=0
```

习 题 1-5

1. 在某个极限过程中，若 $f(x)$ 有极限，$g(x)$ 无极限，那么 $f(x)+g(x)$ 是否有极限？为什么？

2. 计算下列极限.

(1) $\lim\limits_{x\to 3}\dfrac{2x^2-9}{5x^2-7x-2}$；

(2) $\lim\limits_{x\to 1}\dfrac{x-2}{x^2+1}$；

(3) $\lim\limits_{x\to 1}\dfrac{4x-1}{x^2+2x-3}$；

(4) $\lim\limits_{x\to 1}\dfrac{x^2-1}{x^2+2x-3}$；

(5) $\lim\limits_{h\to 0}\dfrac{(x+h)^3-x^3}{h}$；

(6) $\lim\limits_{x\to 1}\dfrac{x^n-1}{x^2-1}$ $(n\in\mathbf{N})$；

(7) $\lim\limits_{x\to\infty}\dfrac{x^2+1}{x^4+3x-2}$；

(8) $\lim\limits_{x\to\infty}\dfrac{x^2-1}{2x^2-x-1}$；

(9) $\lim\limits_{n\to\infty}\left(1+\dfrac{1}{2}+\dfrac{1}{4}+\cdots+\dfrac{1}{2^n}\right)$；

(10) $\lim\limits_{n\to\infty}\dfrac{1+2+\cdots+n}{n^2}$；

(11) $\lim\limits_{x\to\infty}\dfrac{(2x-1)^{10}\cdot(3x+2)^{20}}{(5x+1)^{30}}$；

(12) $\lim\limits_{x\to 1}\dfrac{\sqrt{3-x}-\sqrt{1+x}}{x^2-1}$；

(13) $\lim\limits_{x\to\infty}(\sqrt{x^2+1}-\sqrt{x^2-1})$；

(14) $\lim\limits_{x\to 1}\ln\left[\dfrac{x^2-1}{2(x-1)}\right]$.

3. 计算下列极限.

(1) $\lim\limits_{n\to\infty}\dfrac{\sqrt[3]{n^2}\sin(n!)}{n+1}$；

(2) $\lim\limits_{x\to 0}\dfrac{\tan x}{2+e^{1/x}}$；

(3) 已知 $f(x)=\begin{cases} x-1, & x<0, \\ \dfrac{x^2+3x-1}{x^3+1}, & x\geqslant 0, \end{cases}$ 求 $\lim\limits_{x\to 0}f(x)$，$\lim\limits_{x\to+\infty}f(x)$，$\lim\limits_{x\to-\infty}f(x)$.

4. 已知 $\lim\limits_{x\to+\infty}(5x-\sqrt{ax^2-bx+c})=2$，求 a，b 的值.

第六节 极限存在准则 两个重要极限

本节介绍判断极限存在的两个准则，作为它们的应用，讨论两个重要极限.

准则 1-1 (夹逼准则)如果数列 $\{a_n\}$, $\{b_n\}$, $\{c_n\}$ 满足下列条件:

(1) $b_n \leqslant a_n \leqslant c_n \ (n=1,2,\cdots)$;

(2) $\lim\limits_{n\to\infty} b_n = a$, $\lim\limits_{n\to\infty} c_n = a$,

则 $\lim\limits_{n\to\infty} a_n$ 存在, 且 $\lim\limits_{n\to\infty} a_n = a$.

证 由条件(2), 根据数列极限的定义, 对于任意给定的正数 ε, 存在正整数 N_1, 使当 $n > N_1$ 时, 有 $|b_n - a| < \varepsilon$ 成立; 又存在正整数 N_2, 使当 $n > N_2$ 时, 有 $|c_n - a| < \varepsilon$ 成立; 取 $N = \max\{N_1, \ N_2\}$, 则当 $n > N$ 时, 有

$$|b_n - a| < \varepsilon, \quad |c_n - a| < \varepsilon$$

同时成立, 即

$$a - \varepsilon < b_n < a + \varepsilon, \quad a - \varepsilon < c_n < a + \varepsilon$$

同时成立. 于是由条件(1), 当 $n > N$ 时, 有

$$a - \varepsilon < b_n \leqslant a_n \leqslant c_n < a + \varepsilon$$

成立, 即

$$|a_n - a| < \varepsilon$$

成立, 故 $\lim\limits_{n\to\infty} a_n = a$.

注 利用夹逼准则求极限, 关键是构造出数列 $\{b_n\}$ 与 $\{c_n\}$, 同时 $\{b_n\}$ 与 $\{c_n\}$ 的极限相同且易求.

对函数极限, 有类似的准则, 我们仅以 "$\lim\limits_{x\to x_0} f(x)$" 这种函数极限过程叙述.

准则 1-1′ (夹逼准则)如果函数 $f(x)$ 满足以下条件:

(1) 当 $x \in \overset{o}{U}(x_0, \delta)$ 时, 有 $g(x) \leqslant f(x) \leqslant h(x)$;

(2) $\lim\limits_{x\to x_0} g(x) = A$, $\lim\limits_{x\to x_0} h(x) = A$,

则 $\lim\limits_{x\to x_0} f(x)$ 存在, 且 $\lim\limits_{x\to x_0} f(x) = A$.

证 略.

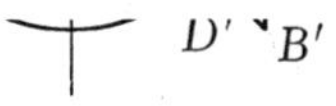

由准则 1-1′ 可得到重要极限

$$\lim_{x\to 0} \frac{\sin x}{x} = 1. \tag{1-5}$$

图 1-23

下面借助几何图形证明式(1-5). 作单位圆, 如图 1-23 所示, 设 $x \in \left(0, \dfrac{\pi}{2}\right)$, 由初等几何知识知, 弦 $DC <$ 弧 $DA <$ 切线段 BA, 由于弦 $DC = \sin x$, 弧 $DA = x$, 切线段 $BA = \tan x$, 则有

$$\sin x < x < \tan x,$$

除以 $\sin x$ 得

$$1 < \frac{x}{\sin x} < \frac{1}{\cos x} \quad \left(\text{或} 1 > \frac{\sin x}{x} > \cos x\right), \tag{1-6}$$

虽然式(1-6)是在 $0 < x < \dfrac{\pi}{2}$ 时得到的, 但当 x 改变符号时, $\dfrac{\sin x}{x}$ 与 $\cos x$ 的值均不变. 故式(1-6)

对一切满足不等式 $0 < |x| < \dfrac{\pi}{2}$ 的 x 均成立. 又因为 $\lim\limits_{x \to 0} 1 = 1$, $\lim\limits_{x \to 0} \cos x = 1$, 由准则 1-1′ 有

$$\lim_{x \to 0} \frac{\sin x}{x} = 1 .$$

例 1-24 求 $\lim\limits_{x \to 0} \dfrac{\sin 5x}{x}$.

扫码演示

解 令 $t = 5x$, 则当 $x \to 0$ 时, 有 $t \to 0$, 于是

$$\lim_{x \to 0} \frac{\sin 5x}{x} = \lim_{t \to 0} \frac{\sin t}{t/5} = 5 \lim_{t \to 0} \frac{\sin t}{t} = 5 .$$

例 1-25 求 $\lim\limits_{x \to 0} \dfrac{\tan x}{x}$.

解 $\lim\limits_{x \to 0} \dfrac{\tan x}{x} = \lim\limits_{x \to 0} \dfrac{\sin x}{x} \cdot \dfrac{1}{\cos x} = 1 \cdot 1 = 1$.

例 1-26 求 $\lim\limits_{x \to 0} \dfrac{\tan 3x}{\sin 5x}$.

解 $\lim\limits_{x \to 0} \dfrac{\tan 3x}{\sin 5x} = \lim\limits_{x \to 0} \dfrac{\tan 3x}{3x} \cdot \dfrac{3x}{5x} \cdot \dfrac{5x}{\sin 5x} = 1 \cdot \dfrac{3}{5} \cdot 1 = \dfrac{3}{5}$.

例 1-27 求 $\lim\limits_{x \to \pi} \dfrac{\sin x}{\pi - x}$.

解 令 $t = \pi - x$, 则 $\sin x = \sin(\pi - t) = \sin t$, 且当 $x \to \pi$ 时, 有 $t \to 0$, 于是

$$\lim_{x \to \pi} \frac{\sin x}{\pi - x} = \lim_{t \to 0} \frac{\sin t}{t} = 1 .$$

例 1-28 求 $\lim\limits_{x \to 0} \dfrac{1 - \cos x}{x^2}$.

解 $\lim\limits_{x \to 0} \dfrac{1 - \cos x}{x^2} = \lim\limits_{x \to 0} \dfrac{1}{2} \left(\dfrac{\sin \dfrac{x}{2}}{\dfrac{x}{2}} \right)^2 = \dfrac{1}{2}$.

例 1-29 求 $\lim\limits_{x \to 0} \dfrac{\sqrt{2 + \tan x} - \sqrt{2 + \sin x}}{x^3}$.

解 $\lim\limits_{x \to 0} \dfrac{\sqrt{2 + \tan x} - \sqrt{2 + \sin x}}{x^3} = \lim\limits_{x \to 0} \dfrac{\tan x - \sin x}{x^3 (\sqrt{2 + \tan x} + \sqrt{2 + \sin x})}$

$$= \lim_{x \to 0} \frac{\sin x}{x} \cdot \frac{1 - \cos x}{x^2} \cdot \frac{1}{\cos x (\sqrt{2 + \tan x} + \sqrt{2 + \sin x})}$$

$$= 1 \cdot \frac{1}{2} \cdot \frac{1}{2\sqrt{2}} = \frac{\sqrt{2}}{8} .$$

准则 1-2 单调有界数列必有极限.

对准则 1-2, 我们不作证明, 只给以下几何解释: 若将单调递增数列 $\{a_n\}$ 表示在数轴

上，则随 n 的增大，点 a_n 向右移动，所以只有两种变化趋势，一是点 a_n 沿数轴移向无穷远（$a_n \to +\infty$）；二是点 a_n 无限趋近于某一点 A（$a_n \to A$）．若 $\{a_n\}$ 有上界，则点 a_n 都落在某区间 $[a_1, M]$ 内，这样第一种情形不会出现，只能出现第二种情形，即 $a_n \to A$，如图 1-24 所示．

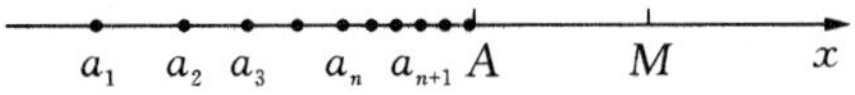

图 1-24

当 $\{a_n\}$ 单调递减有下界时，有类似的几何解释．

应用准则 1-2，可得第二个重要极限

$$\lim_{n \to \infty}\left(1 + \frac{1}{n}\right)^n = \mathrm{e}. \tag{1-7}$$

记 $a_n = \left(1 + \frac{1}{n}\right)^n$，要证明式(1-7)成立，先证明数列 $\{a_n\}$ 单调有界．利用算术-几何平均值不等式的等价形式

$$a_1 a_2 \cdots a_n \leqslant \left(\frac{a_1 + a_2 + \cdots + a_n}{n}\right)^n \quad (a_i \geqslant 0\,,\ i = 1, 2, \cdots, n), \tag{1-8}$$

得到

$$a_n = \left(1 + \frac{1}{n}\right)^n = \left(1 + \frac{1}{n}\right)^n \cdot 1 \leqslant \left[\frac{n\left(1 + \frac{1}{n}\right) + 1}{n+1}\right]^{n+1} = \left(1 + \frac{1}{n+1}\right)^{n+1} = a_{n+1},$$

因此 $a_n \leqslant a_{n+1}$，即 $\{a_n\}$ 单调增加．

再用式(1-8)有

$$a_n \cdot \frac{1}{2} \cdot \frac{1}{2} = \left(1 + \frac{1}{n}\right)^n \cdot \frac{1}{2} \cdot \frac{1}{2} \leqslant \left[\frac{n\left(1 + \frac{1}{n}\right) + \frac{1}{2} + \frac{1}{2}}{n+2}\right]^{n+2} = 1,$$

故 $a_n \leqslant 4$，于是数列 $\{a_n\}$ 有界．由准则 1-2，$\{a_n\}$ 收敛，其极限值常用 e 来表示，故式(1-7)得证．

可以证明 e 是一个无理数，由以上证明过程可以看出

$$2 < a_n < 4, \quad n = 1, 2, \cdots.$$

在第三章，我们还会讨论 e 的近似计算方法，保留 4 位小数，e 的不足近似值为 2.718 2．无理数 e 在高等数学中非常重要．

推论 1-8 $\lim\limits_{x \to +\infty}\left(1 + \frac{1}{x}\right)^x = \mathrm{e}$.

证 因为当 $x > 1$ 时，有 $[x] \leqslant x < [x] + 1$，故

$$1 + \frac{1}{[x]+1} < 1 + \frac{1}{x} \leqslant 1 + \frac{1}{[x]},$$

从而

$$\left(1+\frac{1}{[x]+1}\right)^{[x]} < \left(1+\frac{1}{x}\right)^{x} < \left(1+\frac{1}{[x]}\right)^{[x]+1}.$$

由于 $\lim\limits_{n\to\infty}\left(1+\frac{1}{n}\right)^{n}=\mathrm{e}$, 当 $x\to+\infty$ 时, $[x]$ 取正整数值也趋于 $+\infty$, 故从

$$\lim_{n\to\infty}\left(1+\frac{1}{n+1}\right)^{n}=\lim_{n\to\infty}\frac{\left(1+\frac{1}{n+1}\right)^{n+1}}{1+\frac{1}{n+1}}=\frac{\mathrm{e}}{1}=\mathrm{e}$$

和

$$\lim_{n\to\infty}\left(1+\frac{1}{n}\right)^{n+1}=\lim_{n\to\infty}\left(1+\frac{1}{n}\right)^{n}\cdot\left(1+\frac{1}{n}\right)=\mathrm{e}\cdot 1=\mathrm{e}$$

得到

$$\lim_{x\to+\infty}\left(1+\frac{1}{[x]+1}\right)^{[x]}=\mathrm{e}$$

和

$$\lim_{x\to+\infty}\left(1+\frac{1}{[x]}\right)^{[x]+1}=\mathrm{e},$$

由准则 1-1′ 即得

$$\lim_{x\to+\infty}\left(1+\frac{1}{x}\right)^{x}=\mathrm{e}.$$

推论 1-9 $\lim\limits_{x\to-\infty}\left(1+\frac{1}{x}\right)^{x}=\mathrm{e}.$

证 令 $x=-y$, 当 $x\to-\infty$ 时, 有 $y\to+\infty$, 于是

$$\lim_{x\to-\infty}\left(1+\frac{1}{x}\right)^{x}=\lim_{y\to+\infty}\left(1-\frac{1}{y}\right)^{-y}=\lim_{y\to+\infty}\left(\frac{y-1}{y}\right)^{-y}=\lim_{y\to+\infty}\left(1+\frac{1}{y-1}\right)^{y}$$

$$=\lim_{y\to+\infty}\left(1+\frac{1}{y-1}\right)^{y-1}\left(1+\frac{1}{y-1}\right)=\mathrm{e}\cdot 1=\mathrm{e}.$$

综合推论 1-8 和推论 1-9, 有 $\lim\limits_{x\to\infty}\left(1+\frac{1}{x}\right)^{x}=\mathrm{e}.$

推论 1-10 $\lim\limits_{x\to 0}\left(1+x\right)^{\frac{1}{x}}=\mathrm{e}.$

证 令 $x=\frac{1}{z}$, 当 $x\to 0$ 时, 有 $z\to\infty$, 于是

$$\lim_{x\to 0}\left(1+x\right)^{\frac{1}{x}}=\lim_{z\to\infty}\left(1+\frac{1}{z}\right)^{z}=\mathrm{e}.$$

例 **1-30** 求 $\lim\limits_{x\to\infty}\left(\dfrac{1+x}{x}\right)^{2x}$.

解 $\lim\limits_{x\to\infty}\left(\dfrac{1+x}{x}\right)^{2x}=\lim\limits_{x\to\infty}\left[\left(1+\dfrac{1}{x}\right)^{x}\right]^{2}=\mathrm{e}^{2}$.

例 **1-31** 求 $\lim\limits_{x\to\infty}\left(\dfrac{1+x}{2+x}\right)^{x}$.

解 $\lim\limits_{x\to\infty}\left(\dfrac{1+x}{2+x}\right)^{x}=\lim\limits_{x\to\infty}\dfrac{\left(1+\dfrac{1}{x}\right)^{x}}{\left(1+\dfrac{2}{x}\right)^{x}}=\lim\limits_{x\to\infty}\dfrac{\left(1+\dfrac{1}{x}\right)^{x}}{\left[\left(1+\dfrac{2}{x}\right)^{\frac{x}{2}}\right]^{2}}=\dfrac{\mathrm{e}}{\mathrm{e}^{2}}=\mathrm{e}^{-1}$.

习 题 1-6

1. 判断下列运算过程是否正确.

$$\lim_{x\to x_0}\frac{\tan x}{\sin x}=\lim_{x\to x_0}\frac{\tan x}{x}\cdot\frac{x}{\sin x}=\lim_{x\to x_0}\frac{\tan x}{x}\cdot\lim_{x\to x_0}\frac{x}{\sin x}=1.$$

2. 计算下列极限.

(1) $\lim\limits_{x\to 0}\dfrac{\sin 3x}{\sin 5x}$;

(2) $\lim\limits_{x\to 0}\dfrac{\tan 3x}{x}$;

(3) $\lim\limits_{x\to 0}x\cot x$;

(4) $\lim\limits_{x\to 0}\dfrac{1-\cos 2x}{x\sin x}$;

(5) $\lim\limits_{n\to\infty}2^{n}\cdot\sin\dfrac{x}{2^{n}}$ (x 为不等于零的常数);

(6) $\lim\limits_{x\to 0}\dfrac{\tan x-\sin x}{x^{2}\sin x}$;

(7) $\lim\limits_{x\to 0}\dfrac{x^{2}}{\sqrt{1+x\sin x}-\sqrt{\cos x}}$;

(8) $\lim\limits_{n\to\infty}\left(1+\dfrac{1}{n}\right)^{n+5}$;

(9) $\lim\limits_{x\to\infty}\left(\dfrac{2x+3}{2x+1}\right)^{x+1}$;

(10) $\lim\limits_{x\to\infty}\left(\dfrac{x^{2}}{x^{2}-1}\right)^{x}$.

3. 利用极限存在准则求极限.

(1) $\lim\limits_{x\to 0^{+}}x\left[\dfrac{1}{x}\right]$;

(2) $\lim\limits_{n\to\infty}\left[\dfrac{1}{n^{2}}+\dfrac{1}{(n+1)^{2}}+\cdots+\dfrac{1}{(n+n)^{2}}\right]$.

4. 证明:

(1) $\lim\limits_{n\to\infty}n\left(\dfrac{1}{n^{2}+\pi}+\dfrac{1}{n^{2}+2\pi}+\cdots+\dfrac{1}{n^{2}+n\pi}\right)=1$;

(2) 数列 $\sqrt{2}$，$\sqrt{2+\sqrt{2}}$，$\sqrt{2+\sqrt{2+\sqrt{2}}}$，… 的极限存在.

第七节 无穷小的比较

无穷小是极限为零的变量, 但收敛于零的速度有快有慢. 为此, 考察两个无穷小的比, 以便对它们的收敛速度作出判断.

例如, 当 $x \to 0$ 时, 函数 $y = 2x$，$y = \sin x$，$y = x^2$ 都是无穷小, 但

(1) $\lim\limits_{x \to 0} \dfrac{\sin x}{2x} = \dfrac{1}{2}$；

(2) $\lim\limits_{x \to 0} \dfrac{x^2}{2x} = 0$；

(3) $\lim\limits_{x \to 0} \dfrac{2x}{x^2} = \infty$．

以上三式表明, 两个无穷小的比的极限可能出现各种不同的结果. 由 $\lim\limits_{x \to 0} \dfrac{\sin x}{2x} = \dfrac{1}{2}$ 知, 当 $|x|$ 很小时, $\dfrac{\sin x}{2x} \approx \dfrac{1}{2}$, 或者 $\sin x \approx \dfrac{1}{2}(2x)$．这就是说, 当 $|x|$ 很小时, $\sin x$ 与 $2x$ 相差约一个常数倍, 也就是说, 它们趋于零的快慢几乎成比例. 同理, 当 $|x|$ 很小时, x^2 比 $2x$ 趋于零的速度快得多, 而当 $|x|$ 很小时, $2x$ 比 x^2 趋于零的速度慢得多.

为了区别以上情况, 我们引入以下概念.

定义 1-10 设 α，β 均为当 $x \to x_0$ 时的无穷小,

(1) 若 $\lim\limits_{x \to x_0} \dfrac{\beta}{\alpha} = 0$, 则称 β 是比 α 较高阶的无穷小, 记作 $\beta = o(\alpha)$；

(2) 若 $\lim\limits_{x \to x_0} \dfrac{\beta}{\alpha} = \infty$, 则称 β 是比 α 较低阶的无穷小；

(3) 若 $\lim\limits_{x \to x_0} \dfrac{\beta}{\alpha} = c \neq 0$, 则称 β 是与 α 同阶的无穷小, 特别地, 若 $c = 1$, 则称 α 和 β 是等价无穷小, 记作 $\alpha \sim \beta$；

(4) 若 $\lim\limits_{x \to x_0} \dfrac{\beta}{\alpha^k} = c \neq 0$（$k$ 为正实数）, 则称 β 是关于 α 的 k 阶无穷小.

注 虽然我们只对当 $x \to x_0$ 时给出了定义, 但对其他的极限过程(如 $x \to \infty$ 及单侧极限过程)也可以类似定义.

由定义 1-10 可知, 当 $x \to 0$ 时, $\sin x$ 与 $2x$ 是同阶无穷小, x^2 是比 $2x$ 较高阶的无穷小, $2x$ 是比 x^2 较低阶的无穷小.

由 $\lim\limits_{n \to \infty} \dfrac{1}{n^2} \bigg/ \dfrac{1}{n} = 0$ 知, 当 $n \to \infty$ 时, 数列 $\left\{\dfrac{1}{n^2}\right\}$ 是比数列 $\left\{\dfrac{1}{n}\right\}$ 较高阶的无穷小；当

$x \to 0$ 时，$x, x^2, x^3, \cdots, x^n$ 等都是无穷小，后一个比前一个高阶，即 $x^{k+1} = o(x^k)$（其中 k 为正整数）.

由 $\lim\limits_{x \to 0} \dfrac{\sin x}{x} = 1$，$\lim\limits_{x \to 0} \dfrac{\tan x}{x} = 1$ 知，当 $x \to 0$ 时，$\sin x \sim x$，$\tan x \sim x$.

由 $\lim\limits_{x \to 0} \dfrac{1 - \cos x}{x^2} = \dfrac{1}{2}$ 知，当 $x \to 0$ 时，$1 - \cos x$ 与 x^2 是同阶无穷小，$1 - \cos x$ 是关于 x 的 2 阶无穷小，且 $1 - \cos x \sim \dfrac{1}{2} x^2$.

注　并不是任何两个无穷小都可以进行阶的比较. 例如，当 $x \to 0$ 时，$x \sin \dfrac{1}{x}$ 与 x 均是无穷小，但不能比较.

例 1-32　设 n 为正整数，证明：当 $x \to 0$ 时，$\sqrt[n]{1+x} - 1 \sim \dfrac{1}{n} x$.

证　因为

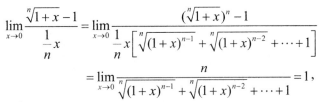

$$\lim_{x \to 0} \frac{\sqrt[n]{1+x} - 1}{\dfrac{1}{n} x} = \lim_{x \to 0} \frac{(\sqrt[n]{1+x})^n - 1}{\dfrac{1}{n} x \left[\sqrt[n]{(1+x)^{n-1}} + \sqrt[n]{(1+x)^{n-2}} + \cdots + 1 \right]}$$

$$= \lim_{x \to 0} \frac{n}{\sqrt[n]{(1+x)^{n-1}} + \sqrt[n]{(1+x)^{n-2}} + \cdots + 1} = 1,$$

所以 $\sqrt[n]{1+x} - 1 \sim \dfrac{1}{n} x$ $(x \to 0)$.

当 $x \to 0$ 时，常用的等价无穷小有

$$\sin x \sim x, \ \tan x \sim x, \ \arcsin x \sim x, \ \arctan x \sim x,$$

$$1 - \cos x \sim \frac{1}{2} x^2, \ \ln(1+x) \sim x, \ e^x - 1 \sim x,$$

$$a^x - 1 \sim x \ln a \ (a > 0), \ (1+x)^\alpha - 1 \sim \alpha x \ (\alpha \neq 0 \text{是常数}).$$

关于等价无穷小，有下面两个性质.

性质 1-7　设 α 与 β 为当 $x \to x_0$ 时的无穷小，α 与 β 是等价无穷小的充分必要条件是 $\beta - \alpha = o(\alpha)$.

证　如果 α 与 β 是等价无穷小，则 $\lim\limits_{x \to x_0} \dfrac{\beta}{\alpha} = 1$，从而

$$\lim_{x \to x_0} \frac{\beta - \alpha}{\alpha} = \lim_{x \to x_0} \left(\frac{\beta}{\alpha} - 1 \right) = \lim_{x \to x_0} \frac{\beta}{\alpha} - 1 = 0,$$

故 $\beta - \alpha = o(\alpha)$.

反之，如果 $\beta - \alpha = o(\alpha)$，则 $\lim\limits_{x \to x_0} \dfrac{\beta - \alpha}{\alpha} = 0$，从而

$$\lim_{x \to x_0} \frac{\beta}{\alpha} = \lim_{x \to x_0} \left(\frac{\beta - \alpha}{\alpha} + 1 \right) = \lim_{x \to x_0} \frac{\beta - \alpha}{\alpha} + 1 = 1,$$

故 α 与 β 是等价无穷小.

性质 1-8　设 α，α'，β 和 β' 为当 $x \to x_0$ 时的无穷小，且 $\alpha \sim \alpha'$，$\beta \sim \beta'$，若

$\lim\limits_{x \to x_0} \dfrac{\beta'}{\alpha'}$ 存在, 则 $\lim\limits_{x \to x_0} \dfrac{\beta}{\alpha}$ 存在, 且 $\lim\limits_{x \to x_0} \dfrac{\beta}{\alpha} = \lim\limits_{x \to x_0} \dfrac{\beta'}{\alpha'}$.

证　$\lim\limits_{x \to x_0} \dfrac{\beta}{\alpha} = \lim\limits_{x \to x_0} \left(\dfrac{\beta}{\beta'} \cdot \dfrac{\beta'}{\alpha'} \cdot \dfrac{\alpha'}{\alpha} \right) = \lim\limits_{x \to x_0} \dfrac{\beta}{\beta'} \cdot \lim\limits_{x \to x_0} \dfrac{\beta'}{\alpha'} \cdot \lim\limits_{x \to x_0} \dfrac{\alpha'}{\alpha} = \lim\limits_{x \to x_0} \dfrac{\beta'}{\alpha'}$.

此性质表明, 求两个无穷小之比的极限时, 分子及分母都可用等价无穷小来代换. 因此, 如果用来代换的无穷小选得恰当, 则可以简化计算.

注　对其他的极限过程(如 $x \to \infty$ 及单侧极限过程)也有相应的性质.

例 1-33　求 $\lim\limits_{x \to 0} \dfrac{\tan 3x}{\sin 4x}$.

解　当 $x \to 0$ 时, $\tan 3x \sim 3x$, $\sin 4x \sim 4x$,

$$\lim_{x \to 0} \frac{\tan 3x}{\sin 4x} = \lim_{x \to 0} \frac{3x}{4x} = \frac{3}{4}.$$

例 1-34　求 $\lim\limits_{x \to 0} \dfrac{\tan x - \sin x}{x^3}$.

解　$\lim\limits_{x \to 0} \dfrac{\tan x - \sin x}{x^3} = \lim\limits_{x \to 0} \dfrac{\sin x (1 - \cos x)}{x^3 \cos x} = \lim\limits_{x \to 0} \dfrac{x \cdot \dfrac{1}{2} x^2}{x^3 \cdot \cos x} = \dfrac{1}{2}$.

注　用等价无穷小代换"适用于乘、除, 对于加、减须谨慎". 例如, 在例 1-34 中, 如果将 $\sin x$, $\tan x$ 用与之等价的无穷小 x 代换, 则会得到以下错误结果:

$$\lim_{x \to 0} \frac{\tan x - \sin x}{x^3} = \lim_{x \to 0} \frac{x - x}{x^3} = 0.$$

习　题　1-7

1. 同一极限过程中, 任何两个无穷小都可以比较吗?

2. 当 $x \to 1$ 时, 将下列各量与无穷小 $x - 1$ 进行比较.

(1) $x^2 - 3x + 2$;　　(2) $\lg x$;　　(3) $(x - 1) \sin \dfrac{1}{x - 1}$.

3. 当 $x \to 0$ 时, x 与 $\sin x (\tan x + x^2)$ 相比, 哪一个是高阶无穷小?

4. 当 $x \to -1$ 时, $1 + x$ 和(1) $1 - x^2$, (2) $\dfrac{1}{2}(1 - x^2)$　是否是同阶无穷小? 是否是等价无穷小?

5. 试确定 α 的值, 使下列函数与 x^α, 当 $x \to 0$ 时是同阶无穷小.

(1) $\sin 2x - 2 \sin x$;　　(2) $\dfrac{1}{1 + x} - (1 - x)$;　　(3) $\sqrt[5]{3x^2 - 4x^3}$.

6. 已知当 $x \to 0$ 时, $(1 + ax^2)^{\frac{1}{3}} - 1$ 与 $1 - \cos x$ 是等价无穷小, 求 a.

7. 利用等价无穷小的性质, 求下列极限.

(1) $\lim\limits_{x \to 0} \dfrac{\arctan 3x}{\sin 2x}$;　　　　　　　　　(2) $\lim\limits_{x \to 0} \dfrac{\tan x - \sin x}{(\arctan x)^3}$;

(3) $\lim\limits_{x\to\infty} x^2\left(1-\cos\dfrac{1}{x}\right)$;

(4) $\lim\limits_{x\to 0}\dfrac{1-\sqrt{\cos x}}{\ln(2-e^{x^2})}$.

第八节 连续函数

客观世界的许多现象和事物不仅是运动变化的, 而且其运动变化的过程往往是连绵不断的, 如气温的变化、植物的生长等. 这种连绵不断运动变化的事物在量方面的反映就是函数的连续性. 本节将要引入的连续函数就是刻画变量连续变化的数学模型. 连续函数不仅是高等数学(微积分)的研究对象, 而且高等数学(微积分)中的主要概念、定理、公式、法则等, 往往都要求函数具有连续性. 本节将利用极限理论, 讨论连续函数的概念、运算及其性质.

一、函数连续性的定义

日常生活中的"连续"与"间断(不连续)"是不难理解的, 如图 1-25 中的函数 $y=f(x)$, 我们说它是连续的, 而图 1-26 中的函数在点 x_0 是间断的. 又如, 在火箭发射过程中, 随着火箭的燃烧, 质量 m 随时间 t 逐渐变化, 当每一级火箭烧尽时, 该级火箭的外壳自行脱落, 于是 m 突然减少, 质量 m 的变化情况如图 1-27 所示.

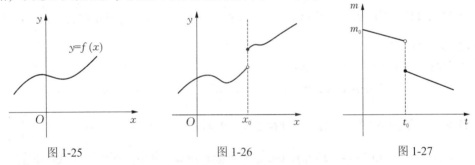

图 1-25   图 1-26   图 1-27

从图 1-27 可以看出, 函数 $m=m(t)$ 在 $t=t_0$ 是不连续的; 在其他的 t 值, 函数 $m=m(t)$ 是连续的, 即自变量 t 改变很小时, 对应的函数值 m 也改变很小. 我们用数学语言描述就是, 当自变量改变量趋于零时, 函数值的改变量也趋于零. 将它写成严格的数学形式, 具体如下.

定义 1-11 设函数 $y=f(x)$ 在点 x_0 的某邻域内有定义, 如果
$$\lim_{\Delta x\to 0}\Delta y=\lim_{\Delta x\to 0}\left[f(x_0+\Delta x)-f(x_0)\right]=0,$$
则称函数 $f(x)$ 在点 x_0 连续, 其中 $\Delta x=x-x_0$ 为自变量的增量(或改变量), $\Delta y=f(x_0+\Delta x)-f(x_0)$ 为函数 $f(x)$ 在点 x_0 的增量(或改变量).

例 1-35 证明函数 $f(x)=|x|$ 在点 $x=0$ 处连续.

证　由于

$$\Delta y = f(0+\Delta x) - f(0) = |\Delta x| - 0 = |\Delta x|,$$

则

$$\lim_{\Delta x \to 0} \Delta y = \lim_{\Delta x \to 0} |\Delta x| = 0,$$

所以函数 $f(x) = |x|$ 在点 $x = 0$ 处连续.

例 1-36　证明函数 $f(x) = \sin x$ 在 $(-\infty, +\infty)$ 上每一点处都连续.

证　任取 $x_0 \in (-\infty, +\infty)$，有

$$\Delta y = \sin(x_0 + \Delta x) - \sin x_0 = 2\cos\frac{2x_0 + \Delta x}{2}\sin\frac{\Delta x}{2},$$

当 $\Delta x \to 0$ 时，$\sin\dfrac{\Delta x}{2} \to 0$，而 $2\cos\dfrac{2x_0 + \Delta x}{2}$ 是一个有界量，故 $\lim\limits_{\Delta x \to 0} \Delta y = 0$，这就证明了函数 $f(x) = \sin x$ 在点 x_0 处连续，由 x_0 的任意性知，$f(x) = \sin x$ 在 $(-\infty, +\infty)$ 上每一点处都连续.

同理可以证明函数 $f(x) = \cos x$ 在 $(-\infty, +\infty)$ 上每一点处都连续.

为应用方便，函数 $f(x)$ 在点 x_0 连续的定义还能写成以下等价形式：若在 $\Delta y = f(x_0 + \Delta x) - f(x_0)$ 中，记 $x = x_0 + \Delta x$，则 $\Delta x \to 0$ 等价于 $x \to x_0$，从而 $\lim\limits_{\Delta x \to 0} \Delta y = 0$ 又可写成

$$\lim_{x \to x_0}[f(x) - f(x_0)] = 0,$$

即 $\lim\limits_{x \to x_0} f(x) = f(x_0)$，于是，我们有如下等价定义.

定义 1-11'　若函数 $y = f(x)$ 在点 x_0 的某邻域内有定义，且 $\lim\limits_{x \to x_0} f(x) = f(x_0)$，则称 $f(x)$ 在点 x_0 处连续.

由于对任意 $x_0 \in (-\infty, +\infty)$，总有

$$\lim_{x \to x_0}(a_0 x^n + a_1 x^{n-1} + \cdots + a_n) = a_0 x_0^n + a_1 x_0^{n-1} + \cdots + a_n,$$

所以多项式函数在其定义域内每一点处都连续. 类似地，对于有理分式函数 $F(x) = \dfrac{P(x)}{Q(x)}$，只要 $Q(x_0) \neq 0$，就有 $\lim\limits_{x \to x_0} F(x) = F(x_0)$，因此，有理分式函数在其定义域内每一点处都连续.

利用左、右极限概念，我们可以引入函数在一点左、右连续的概念.

定义 1-12　如果 $\lim\limits_{x \to x_0^+} f(x) = f(x_0)$，则称函数 $f(x)$ 在点 x_0 右连续；如果 $\lim\limits_{x \to x_0^-} f(x) = f(x_0)$，则称函数 $f(x)$ 在点 x_0 左连续.

容易知道，函数 $f(x)$ 在点 x_0 连续的充分必要条件是 $f(x)$ 在点 x_0 既左连续又右连续.

定义 1-13　如果函数 $f(x)$ 在区间 (a,b) 内每一点处连续，则称 $f(x)$ 在区间 (a,b) 内连续，或称 $f(x)$ 是区间 (a,b) 内的连续函数. 如果函数 $f(x)$ 在 (a,b) 内连续，且在左端点 a 处右连续，在右端点 b 处左连续，则称 $f(x)$ 在闭区间 $[a,b]$ 上连续.

类似地，可以给出函数在其他区间连续的定义.

二、间断点及其类型

设函数 $f(x)$ 在点 x_0 的某去心邻域内有定义,如果函数 $f(x)$ 不满足下面三个条件之一:

(1) $f(x)$ 在点 x_0 有定义;

(2) $\lim\limits_{x \to x_0} f(x)$ 存在;

(3) $\lim\limits_{x \to x_0} f(x) = f(x_0)$,

则函数 $f(x)$ 在点 x_0 不连续,称点 x_0 为函数 $f(x)$ 的不连续点或间断点.

为了区分间断的不同情况,根据 $\lim\limits_{x \to x_0^+} f(x)$,$\lim\limits_{x \to x_0^-} f(x)$ 存在与否,对 $f(x)$ 的间断点进行分类:

(1) 设点 x_0 为函数 $f(x)$ 的间断点,若 $\lim\limits_{x \to x_0^+} f(x)$,$\lim\limits_{x \to x_0^-} f(x)$ 均存在,则称点 x_0 为 $f(x)$ 的第一类间断点.

(2) 设点 x_0 为函数 $f(x)$ 的间断点,若 $\lim\limits_{x \to x_0^+} f(x)$,$\lim\limits_{x \to x_0^-} f(x)$ 中至少有一个不存在,则称点 x_0 为 $f(x)$ 的第二类间断点.

例 1-37 讨论函数

$$f(x) = \begin{cases} -x+1, & 0 \leqslant x < 1, \\ 1, & x = 1, \\ -x+3, & 1 < x \leqslant 2 \end{cases}$$

在点 $x = 1$ 处的连续性.

解 因为

$$\lim_{x \to 1^-} f(x) = \lim_{x \to 1^-} (-x+1) = 0,$$
$$\lim_{x \to 1^+} f(x) = \lim_{x \to 1^+} (-x+3) = 2,$$

左、右极限都存在,但不相等,所以函数 $f(x)$ 在点 $x = 1$ 处不连续,且点 $x = 1$ 为 $f(x)$ 的第一类间断点.

一般地,如果点 x_0 为函数 $f(x)$ 的第一类间断点,且在该点处的左、右极限不相等,如图 1-28 所示,例 1-37 中函数图形在点 $x = 1$ 处存在跳跃,我们形象地称这种间断点为跳跃间断点.

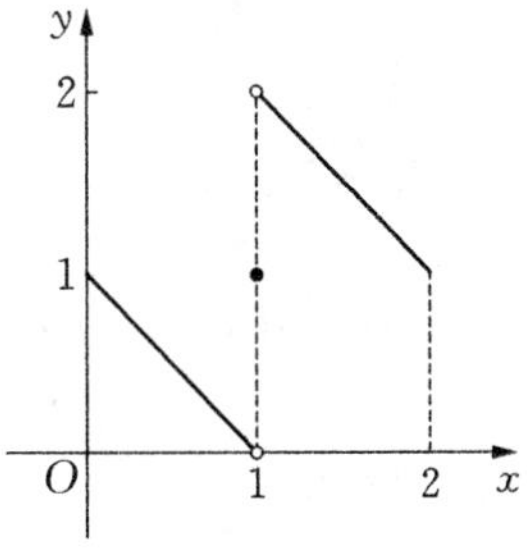

例 1-38 判断函数 $f(x) = \begin{cases} \dfrac{2^{\frac{1}{x}} - 1}{2^{\frac{1}{x}} + 1}, & x \neq 0, \\ 1, & x = 0 \end{cases}$ 在 $x = 0$ 处的连续性.

图 1-28

解 对于函数在分段点处的连续性,一般需要讨论分段点处的左、右极限,这里可以用 Mathematica 来计算.

```
In[1]:=Limit[(2^(1/x)-1)/(2^(1/x)+1),x→0,Direction→1]
Out[1]=-1
In[2]:=Limit[(2^(1/x)-1)/(2^(1/x)+1),x→0,Direction→—1]
Out[2]=1
```

因为左、右极限存在但不相等, 所以 $f(x)$ 在点 $x=0$ 处间断.

例 1-39 判断函数

$$f(x)=\begin{cases} x\sin\dfrac{1}{x}, & x\neq 0, \\ 2, & x=0 \end{cases}$$

在点 $x=0$ 处的连续性.

解 因为

$$\lim_{x\to 0}f(x)=\lim_{x\to 0}x\sin\frac{1}{x}=0\neq f(0),$$

所以函数 $f(x)$ 在点 $x=0$ 处间断, 且点 $x=0$ 为第一类间断点, 如图 1-29 所示.

在例 1-39 中, 若令 $f(0)=0$, 于是 $\lim\limits_{x\to 0}f(x)=f(0)$, 则函数 $f(x)$ 在点 $x=0$ 处连续. 由此可见, 对于第一类间断点 x_0, 若 $\lim\limits_{x\to x_0}f(x)$ 存在, 只要改变或补充函数 $f(x)$ 在点 x_0 的定义, 便能使之连续. 称这样的间断点为可去间断点.

例 1-40 对于函数 $f(x)=\dfrac{1}{1-x}$, 由于

$$\lim_{x\to 1^-}f(x)=+\infty, \qquad \lim_{x\to 1^+}f(x)=-\infty,$$

即在点 $x=1$ 处 $f(x)$ 的左、右极限均不存在, 故点 $x=1$ 为 $f(x)$ 的第二类间断点. 我们形象地称这种间断点为函数的无穷间断点, 如图 1-30 所示.

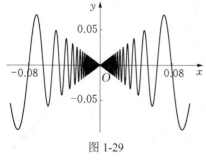

图 1-29

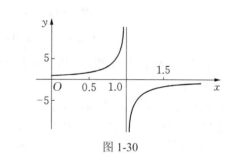

图 1-30

例 1-41 对于函数

$$f(x)=\begin{cases} \mathrm{e}^{\frac{1}{x}}, & x\neq 0, \\ 1, & x=0, \end{cases}$$

由于 $\lim\limits_{x\to 0^-}\mathrm{e}^{\frac{1}{x}}=0$, $\lim\limits_{x\to 0^+}\mathrm{e}^{\frac{1}{x}}=+\infty$, 点 $x=0$ 为 $f(x)$ 的第二类间断点, 如图 1-31 所示.

类似地, 我们可知点 $x=0$ 为函数 $f(x)=\sin\dfrac{1}{x}$ 的第二类间断点. 因为 $x\to 0$ 时, 函数

值在 -1 与 $+1$ 之间振荡无穷多次(图 1-32),所以形象地称点 $x = 0$ 为 $f(x)$ 的振荡间断点.

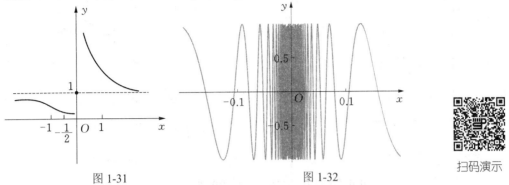

图 1-31   图 1-32

扫码演示

三、连续函数的运算及初等函数的连续性

函数的连续性是利用极限定义的,因而由极限运算法则可得下面连续函数的运算法则.

定理 1-10 若函数 $f(x)$,$g(x)$ 在点 x_0 连续,则

(1) 函数 $f(x) \pm g(x)$ 在点 x_0 连续;

(2) 函数 $f(x) \cdot g(x)$ 在点 x_0 连续;

(3) 函数 $\dfrac{f(x)}{g(x)}$ $(g(x_0) \neq 0)$ 在点 x_0 连续.

例 1-42 因为 $\tan x = \dfrac{\sin x}{\cos x}$,而 $\sin x$ 和 $\cos x$ 都在整个 $\mathbf{R}$ 上连续,故 $\tan x$ 在使 $\cos x \neq 0$ 的点连续,即在它的定义域内连续.

类似地,$\cot x$,$\sec x$,$\csc x$ 等在它们的定义域内连续.

定理 1-11 如果函数 $y = f(x)$ 在某区间 I_x 上单调增加(或单调减少)且连续,则它的反函数 $x = g(y)$ 在对应区间 $I_y = \{y \mid y = f(x), x \in I_x\}$ 上也单调增加(或单调减少)且连续.

这里我们不给出此定理的严格证明. 它的正确性从几何直观上是容易理解的,因为函数 $y = f(x)$ 与它的反函数 $x = g(y)$ 的图形相同,因此,有相同的连续性,如图 1-33 所示.

例 1-43 证明反三角函数在其定义域内是连续的.

证 因为 $y = \sin x$ 在 $\left[-\dfrac{\pi}{2}, \dfrac{\pi}{2}\right]$ 上单调增加且连续,由定理 1-11 知,它的反函数 $x = \arcsin y$ 在 $[-1,1]$ 上连续,如图 1-34 所示.

同理可证,其他反三角函数在其定义域内连续.

定理 1-12 设有复合函数 $y = f[\varphi(x)]$,其中 $u = \varphi(x)$ 当 $x \to x_0$ 时极限存在且等于 u_0,即 $\lim\limits_{x \to x_0} \varphi(x) = u_0$,而函数 $y = f(u)$ 在点 u_0 连续,则复合函数 $y = f[\varphi(x)]$ 当 $x \to x_0$ 时极限存在且等于 $f(u_0)$,即

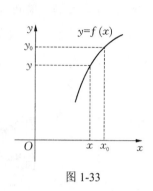

图 1-33

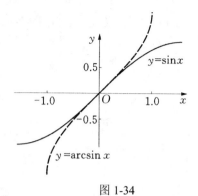

图 1-34

$$\lim_{x \to x_0} f[\varphi(x)] = f(u_0) = f[\lim_{x \to x_0} \varphi(x)] .$$

证　在第五节定理 1-9 中，令 $A = f(u_0)$ (这时已知函数 $y = f(u)$ 在 u_0 点连续)，并取消 $u = \varphi(x)$ 在 $\overset{\circ}{U}(x_0, \delta_1)$ 内 $\varphi(x) \neq u_0$ 这一条件，便得到此定理. 可取消这一条件的理由是：对于任意给定的正数 ε，使 $\varphi(x) = u_0$ 成立的那些 x，显然也能使 $|f[\varphi(x)] - f(u_0)| < \varepsilon$ 成立. 从而定理得证.

定理 1-13　若函数 $u = \varphi(x)$ 在点 x_0 连续，函数 $y = f(u)$ 在点 u_0 连续，且 $u_0 = \varphi(x_0)$，则复合函数 $y = f[\varphi(x)]$ 在点 x_0 连续.

注　根据连续的定义，上述定理的结果可以简洁地写成
$$\lim_{x \to x_0} f[\varphi(x)] = f[\lim_{x \to x_0} \varphi(x)] = f[\varphi(x_0)] .$$

例 1-44　求 $\lim\limits_{x \to 0} \sqrt{2 - \dfrac{\sin x}{x}}$.

解　因为 $\lim\limits_{x \to 0} \dfrac{\sin x}{x} = 1$，以及 $\sqrt{2 - u}$ 在点 $u = 1$ 连续，故由定理 1-12 有

$$\lim_{x \to 0} \sqrt{2 - \frac{\sin x}{x}} = \sqrt{2 - \lim_{x \to 0} \frac{\sin x}{x}} = \sqrt{2 - 1} = 1 .$$

定理 1-14　初等函数在其定义区间内都是连续的.

因为初等函数都是由常数与基本初等函数经过有限次四则运算和复合运算得到的，所以只需证明基本初等函数在其定义域内连续. 前面我们已经证明了三角函数与反三角函数在其定义域内是连续的，对于指数函数、对数函数及幂函数，也可以证明它们在定义域内是连续的. 因此，初等函数在其定义区间内都是连续的.

定理 1-14 的结论非常重要，因为函数是高等数学(微积分)的主要研究对象，而一般实际应用中所遇到的函数大多是初等函数，其连续性的条件是满足的，从而使高等数学(微积分)的应用十分广泛.

下面利用初等函数连续性求极限.

例 1-45　求 $\lim\limits_{x \to 2} \dfrac{\mathrm{e}^x}{2x + 1}$.

解 由于 $\dfrac{e^x}{2x+1}$ 是初数函数, 其定义域为 $\left(-\infty,-\dfrac{1}{2}\right)\cup\left(-\dfrac{1}{2},+\infty\right)$, 而 $2\in\left(-\dfrac{1}{2},+\infty\right)$,

于是

$$\lim_{x\to 2}\frac{e^x}{2x+1}=\frac{e^2}{2\cdot 2+1}=\frac{e^2}{5}\ .$$

例 1-46 求 $\displaystyle\lim_{x\to 0}\frac{\ln(1+x)}{x}$.

解 由 $\dfrac{\ln(1+x)}{x}=\ln(1+x)^{\frac{1}{x}}$ 及对数函数的连续性, 有

$$\lim_{x\to 0}\frac{\ln(1+x)}{x}=\lim_{x\to 0}\ln(1+x)^{\frac{1}{x}}=\ln[\lim_{x\to 0}(1+x)^{\frac{1}{x}}]=\ln e=1\ .$$

四、闭区间上连续函数的性质

闭区间上的连续函数有许多重要的性质, 它们是研究一些相关问题的基础, 现介绍其中几个常用的结论, 但略去它们的证明.

定理 1-15 (最大值最小值定理)设函数 $f(x)$ 在闭区间 $[a,b]$ 上连续, 则 $f(x)$ 在 $[a,b]$ 上一定取得最大值和最小值.

从几何上看, $[a,b]$ 上的一段连续曲线, 必有一点最高, 也有一点最低, 如图 1-35 所示, 点 x_1 和 x_2 分别对应曲线的最低点和最高点.

注 (1) 若定理条件中的闭区间换为开区间, 则定理的结论不一定成立,如函数 $y=x$ 在开区间 $(0,1)$ 上连续, 但显然它在 $(0,1)$ 上既无最大值又无最小值.

(2) 若函数 $f(x)$ 在闭区间上含有间断点, 则定理的结论也不一定成立, 如函数

$$f(x)=\begin{cases}-x+1, & 0\leqslant x<1,\\ 1, & x=1,\\ -x+3, & 1<x\leqslant 2\end{cases}$$

在 $[0,2]$ 上有间断点 $x=1$, 它在 $[0,2]$ 上既取不到最大值, 又取不到最小值(图 1-36).

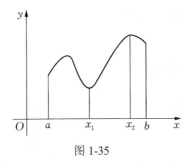

图 1-35

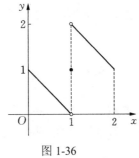

图 1-36

定理 1-16 (有界性定理)若函数 $f(x)$ 在闭区间 $[a,b]$ 上连续, 则 $f(x)$ 在 $[a,b]$ 上一定有界.

定理 1-17 (介值定理)若函数 $f(x)$ 在闭区间 $[a,b]$ 上连续, 则对于 $f(a)$, $f(b)$ 之间的任一数 μ, 至少存在一点 $\xi \in (a,b)$, 使

$$f(\xi) = \mu .$$

这个性质从几何上看是明显的. 由于函数 $f(x)$ 在闭区间 $[a,b]$ 上连续, $y = f(x)$ 的图形是一条连接点 $(a, f(a))$ 与 $(b, f(b))$ 的一条不间断的曲线(图 1-37), 于是, 直线 $y = \mu$ [μ 介于 $f(a)$ 与 $f(b)$ 之间]一定与它相交于某一点 $(\xi, f(\xi))$. 可是, 如果 $f(x)$ 在 $[a,b]$ 上含有间断点(图 1-38), 则直线 $y = \mu$ 就不一定与 $f(x)$ 的图形相交了.

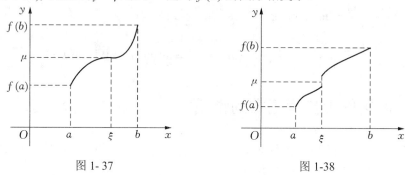

图 1-37　　　　　　　　　　图 1-38

推论 1-11 (零点存在定理)若函数 $f(x)$ 在闭区间 $[a,b]$ 上连续, 且 $f(a)$ 与 $f(b)$ 异号, 则在 (a,b) 内至少存在一点 ξ, 使 $f(\xi) = 0$.

从几何上看, 此推论表示在直角坐标系中, 端点纵坐标异号的连续曲线必与 x 轴相交.

例 1-47 证明方程 $4x = 2^x$ 在区间 $\left(0, \dfrac{1}{2}\right)$ 内至少有一根.

证 考虑函数 $f(x) = 4x - 2^x$, 显然它在闭区间 $\left[0, \dfrac{1}{2}\right]$ 上连续, 且 $f(0) = -1 < 0$, $f\left(\dfrac{1}{2}\right) = 2 - \sqrt{2} > 0$, 由推论知, 在 $\left(0, \dfrac{1}{2}\right)$ 内至少存在一点 ξ, 使

$$f(\xi) = 0,$$

即 $4\xi = 2^{\xi}$, 因此, 方程 $4x = 2^x$ 在区间 $\left(0, \dfrac{1}{2}\right)$ 内至少有一根.

习 题 1-8

1. 证明: 函数 $f(x)$ 在点 x_0 连续的充分必要条件是 $f(x)$ 在点 x_0 既左连续又右连续.
2. 研究下列函数的连续性, 并画出函数的图形.

(1) $y = \begin{cases} x, & 0 \leqslant x < 1, \\ 2 - x, & 1 \leqslant x \leqslant 2; \end{cases}$ 　　　(2) $y = \begin{cases} \dfrac{1}{x}, & x \neq 0, \\ 0, & x = 0. \end{cases}$

3. 下列函数在哪些点间断？说明这些间断点的类型，如果是可去间断点，则重新定义使其连续.

(1) $y = \dfrac{x^2 - 1}{x^2 - 3x + 2}$；　　　　　(2) $y = \dfrac{x}{\sin x}$；　　　　　(3) $y = \sin x \sin \dfrac{1}{x}$.

4. 求函数 $y = \dfrac{2^{\frac{1}{x}} - 1}{2^{\frac{1}{x}} + 1}$ 的间断点，并指出其类型.

5. 讨论下列函数的连续性，若有间断点，判别其类型.

(1) $y = \begin{cases} x - 1, & x \leqslant 1, \\ 3 - x, & x > 1; \end{cases}$　　　　　(2) $y = \sin \dfrac{1}{x}$；　　　　　(3) $y = \operatorname{sgn}(\cos x)$.

6. 设 $f(x) = \begin{cases} x \sin \dfrac{1}{x}, & x > 0, \\ a + x^2, & x \leqslant 0. \end{cases}$　当 a 取何值时，$x = 0$ 是 $f(x)$ 的连续点？

7. 若 $f(x)$ 在点 x_0 连续，则 $|f(x)|$，$f^2(x)$ 在点 x_0 是否连续？又若 $|f(x)|$，$f^2(x)$ 在点 x_0 连续，$f(x)$ 在点 x_0 是否连续？

8. 求下列函数的极限.

(1) $\lim\limits_{x \to 0} \sin\left(x \sin \dfrac{1}{x}\right)$；　　　　　(2) $\lim\limits_{x \to 1} \dfrac{\sqrt[3]{x} - 1}{\sqrt{x} - 1}$；

(3) $\lim\limits_{x \to +\infty} (\sqrt{x^2 + x} - \sqrt{x^2 - x})$；　　　　　(4) $\lim\limits_{x \to a} \dfrac{\sin x - \sin a}{x - a}$；

(5) $\lim\limits_{x \to 0} (1 + x^2)^{\cot^2 x}$；　　　　　(6) $\lim\limits_{x \to 1} \dfrac{\ln x}{x^2 - 1}$；

(7) $\lim\limits_{x \to \infty} \left(\dfrac{x + a}{x - a}\right)^x \ (a \neq 0)$；　　　　　(8) $\lim\limits_{x \to 1} \dfrac{\sin \pi x}{4(x - 1)}$.

9. 证明方程 $x^3 - 4x^2 + 1 = 0$ 在区间 $(0, 1)$ 内至少有一个实根.

10. 若 $f(x)$ 在 (a, b) 内连续，$a < x_1 < x_2 < \cdots < x_n < b$，则在 $[x_1, x_n]$ 上必有 ξ，使

$$f(\xi) = \dfrac{f(x_1) + f(x_2) + \cdots + f(x_n)}{n}.$$

11. 设函数 $f(x)$ 在区间 $[a, b]$ 上连续，且 $f(a) < a$，$f(b) > b$，证明：存在 $\xi \in (a, b)$，使 $f(\xi) = \xi$.

12. 证明方程

$$\dfrac{1}{x - 1} + \dfrac{1}{x - 2} + \dfrac{1}{x - 3} = 0$$

有分别包含于 $(1, 2)$，$(2, 3)$ 内的两个实根.

总 习 题 一

1. 在"充分"、"必要"和"充分必要"三者中选择一个正确的填空.

(1) $f(x)$ 在 x_0 的某一去心邻域内有界是 $\lim\limits_{x \to x_0} f(x)$ 存在的_____条件;

(2) $\lim\limits_{x \to x_0} f(x) = \infty$ 是 $f(x)$ 在 x_0 的某一去心邻域内无界的_____条件;

(3) 函数 $f(x)$ 在点 x_0 左、右极限都存在且相等是它在该点有极限的_____条件;

(4) 若 $x \to a$ 时,有 $0 \leqslant f(x) \leqslant g(x)$,则 $\lim\limits_{x \to a} g(x) = 0$ 是 $f(x)$ 在 $x \to a$ 过程中为无穷小的_____条件;

(5) 函数 $f(x)$ 在点 x_0 处有定义是它在该点连续的_____条件. ,

2. 填空.

(1) 已知 $f(x) = \sin x$,$f[\varphi(x)] = 1 - x^2$,则 $\varphi(x) = $_____的定义域为_____;

(2) $\lim\limits_{x \to 0} (1 + 3x)^{\frac{2}{\sin x}} = $_____;

(3) 若 $\lim\limits_{x \to 2} \dfrac{x^2 + ax + b}{x^2 - x - 2} = 2$,则 $a = $_____, $b = $_____;

(4) 设 $f(x) = \dfrac{\ln(1-x)}{x}$,若补充 $f(0) = $_____可使 $f(x)$ 在 $x = 0$ 处连续;

(5) 点 $x = a$ 是 $f(x) = \dfrac{|x-a|}{x-a}$ 的第_____类间断点,且为_____间断点;

(6) 设 $f(x) = \dfrac{x+b}{(x-a)(x-1)}$ 有无穷间断点 $x = 0$,有可去间断点 $x = 1$,则 $a = $_____, $b = $_____.

3. 选择题.

(1) 设 $f(x) = \begin{cases} |\sin x|, & |x| < 1, \\ 0, & |x| \geqslant 1, \end{cases}$ 则 $f\left(-\dfrac{\pi}{4}\right) = ($　　　$)$.

    A. 0 　　　　　　　　 B. 1 　　　　　　　　 C. $\dfrac{\sqrt{2}}{2}$ 　　　　　　 D. $-\dfrac{\sqrt{2}}{2}$

(2) 下列函数为周期函数的是(　　　).

    A. $x \cos x$ 　　　　 B. $\sin x^2$ 　　　　 C. $\sin \dfrac{1}{x}$ 　　　　 D. $\sin^2 x$

(3) 设 $f(x) = \operatorname{sgn} x = \begin{cases} 1, & x > 0, \\ 0, & x = 0, \\ -1, & x < 0, \end{cases}$ 则 $f[f(x)] = ($　　　$)$.

    A. $-f(x)$ 　　　　 B. $f(-x)$ 　　　　 C. 0 　　　　 D. $f(x)$

(4) $\lim\limits_{x\to\infty}\dfrac{\sin x-x^2}{\cos x+x^2}=($　　).

A. 振荡, 不存在　　　　　B. 1　　　　　　　　C. -1　　　　　　　　D. ∞

(5) 当 $x\to 0$ 时, 与 $\sqrt{1+x}-\sqrt{1-x}$ 等价的无穷小是(　　).

A. x　　　　　　　　B. $2x$　　　　　　　　C. x^2　　　　　　　　D. $2x^2$

(6) $f(x)=\dfrac{(x-2)\mathrm{e}^{\frac{1}{x-1}}}{|x-2|}$ 的连续范围是(　　).

A. $(-\infty,2)\bigcup(2,+\infty)$　　　　　　　　　B. $(-\infty,1)\bigcup(1,+\infty)$

C. $(-\infty,1)\bigcup(1,2)\bigcup(2,+\infty)$　　　　D. $(-\infty,1)\bigcup(1,2)$

(7) 若 $f(x)$ 在 $[a,b]$ 上连续, 则 $f(x)$ 在 (a,b) 上(　　).

A. 必有界　　　　　　　　　　　　　　B. 无界

C. 必有最值　　　　　　　　　　　　　D. 存在一点 ξ, 使 $f(\xi)=0$

(8) $f(x)$ 在 $[a,b]$ 上连续是 $f(x)$ 在该区间上取得最值的(　　).

A. 必要但不充分条件　　　　　　　　　B. 充分但不必要条件

C. 充分必要条件　　　　　　　　　　　D. 既不充分又不必要条件

4. 试举出满足下列要求的函数 $f(x)$.

(1) $\lim\limits_{x\to-2}f(x)=2$;　　　　(2) $\lim\limits_{x\to-2}f(x)$ 不存在;　　　　(3) $\lim\limits_{x\to-2}f(x)\neq f(-2)$.

5. 求下列极限.

(1) $\lim\limits_{x\to1}\dfrac{x^2-x+1}{(x-1)^2}$;　　　　　　　　　(2) $\lim\limits_{x\to\infty}x(\sqrt{x^2+1}-x)$;

(3) $\lim\limits_{x\to0}\left(\dfrac{a^x+b^x+c^x}{3}\right)^{\frac{1}{x}}$ $(a>0,b>0,c>0)$;　　(4) $\lim\limits_{x\to\infty}\dfrac{[x]}{x}$(其中 $[x]$ 为 x 的整数部分).

6. 已知 $\lim\limits_{x\to\infty}\dfrac{(1+a)x^4+bx^3+2}{x^3+x^2-1}=-2$, 求 a, b 的值.

7. 设 $a>0$ 为常数, 数列 $\{x_n\}$ 由下式定义:

$$x_n=\dfrac{1}{2}\left(x_{n-1}+\dfrac{a}{x_{n-1}}\right)\quad(n=1,2,\cdots),$$

其中 x_0 为大于零的常数, 证明数列 $\{x_n\}$ 收敛, 并求极限 $\lim\limits_{n\to\infty}x_n$.

8. 利用等价无穷小求下列极限.

(1) $\lim\limits_{x\to0}\dfrac{\tan x-\sin x}{\sin^3 2x}$;　　　　　　　　(2) $\lim\limits_{x\to0}\dfrac{\arctan x}{\sin 4x}$;

(3) $\lim\limits_{x\to0}\dfrac{(1+x^2)^{\frac{1}{3}}-1}{\cos x-1}$;　　　　　　　(4) $\lim\limits_{x\to0}\dfrac{\tan 5x-\cos x+1}{\sin 3x}$.

9. 设 $f(x) = \begin{cases} \dfrac{\cos x}{x+2}, & x \geqslant 0, \\ \dfrac{\sqrt{a} - \sqrt{a-x}}{x}, & x < 0, \end{cases}$ $a > 0$，当 a 取何值时，$x = 0$ 是 $f(x)$ 的连续点？

10. 讨论函数

$$f(x) = \lim_{n \to \infty} \frac{1 - x^{2n}}{1 + x^{2n}} \cdot x$$

的连续性，若有间断点，判别其类型.

11. 设 $f(x)$ 在 $[a,b]$ 上连续，且无零点，则 $f(x)$ 在 $[a,b]$ 上的值不变号.

12. 设 $f(x)$ 在闭区间 $[0,2]$ 上连续，且 $f(0) = f(2)$. 证明在 $[0,1]$ 上至少存在一点 ξ，使 $f(\xi) = f(\xi+1)$.

13. 证明：若 $f(x)$ 在 $(-\infty, +\infty)$ 内连续，且 $\lim\limits_{x \to \infty} f(x)$ 存在，则 $f(x)$ 在 $(-\infty, +\infty)$ 内有界.

第二章　导数与微分

导数和微分是微分学的两个基本概念. 导数是研究一个函数的因变量相对于自变量变化的快慢, 即"变化率"问题, 而微分则是函数局部改变量的线性化, 是研究当自变量发生微小变化时, 函数改变量的近似计算问题.

本章将从实例出发引入函数的导数与微分的概念, 分析导数与微分的联系, 并讨论导数与微分的计算方法.

第一节　导数概念

一、引例

几何中的切线问题和物理中的速度问题在历史上都与导数概念的形成有密切的关系, 下面就从这两个问题谈起, 引入导数的概念.

1. 切线问题

从解析几何中知道, 曲线在其上一点 M 处的切线, 是割线 MN 当点 N 沿曲线无限地接近于点 M 时的极限位置, 如图 2-1 所示.

图 2-1

图 2-2

例如, 求曲线 $y = x^3$ 在点 $M(1,1)$ 处的切线, 如图 2-2 所示, 可在曲线上取邻近于点 M 的点 $N(x, y)$, 算出割线 MN 的斜率

$$k = \frac{y-1}{x-1} = \frac{x^3-1}{x-1} = x^2 + x + 1,$$

当 x 无限地接近于 1 时, 点 N 将沿着曲线无限地接近于点 M, 割线 MN 将绕着点 M 无限地逼近切线的位置, 这时, 割线斜率 k 就无限地接近于切线的斜率, 由此可得曲线在点

$M(1,1)$ 处的切线斜率为

$$\lim_{x \to 1} \frac{y-1}{x-1} = \lim_{x \to 1}(x^2 + x + 1) = 3,$$

从而切线的方程为

$$y - 1 = 3(x - 1),$$

即

$$y = 3x - 2.$$

一般地, 为求曲线 $y = f(x)$ 在点 $M(x_0, y_0)$ 处的切线, 可在曲线上取一邻近于点 M 的点 $N(x, y)$, 算出割线 MN 的斜率

$$k = \frac{f(x) - f(x_0)}{x - x_0},$$

若极限 $\lim\limits_{x \to x_0} \dfrac{f(x) - f(x_0)}{x - x_0}$ 存在, 则以此极限值为斜率且过点 M 的直线就是曲线 $y = f(x)$ 在点 M 处的切线.

2. 变速直线运动的速度

已知自由落体的运动方程为

$$s(t) = \frac{1}{2} g t^2, \quad t \in [0, T],$$

试讨论做自由落体运动的物体在时刻 t_0 $(0 < t_0 < T)$ 的速度.

取邻近于 t_0 的时刻 t, 并求出自由落体运动的物体由 t_0 到 t 这段时间内的平均速度

$$\bar{v} = \frac{s(t) - s(t_0)}{t - t_0} = \frac{\dfrac{1}{2} g t^2 - \dfrac{1}{2} g t_0^2}{t - t_0} = \frac{1}{2} g(t + t_0),$$

此平均速度近似地反映了物体在时刻 t_0 运动的快慢程度. 若令 t 无限地接近于 t_0, 则由上式可知, $\bar{v}$ 的值无限地接近于 $g t_0$, 这个值能反映物体在时刻 t_0 这一瞬间运动的快慢程度, 所以称它为物体在时刻 t_0 的速度, 也称为瞬时速度.

一般地, 设一物体做直线运动, 已知其运动方程为

$$s = s(t),$$

若 t_0 为某一确定时刻, 则称

$$\bar{v} = \frac{s(t) - s(t_0)}{t - t_0}$$

为物体由 t_0 到 t 这段时间内的平均速度. 若极限 $\lim\limits_{t \to t_0} \dfrac{s(t) - s(t_0)}{t - t_0}$ 存在, 则称此极限值为物体在时刻 t_0 的瞬时速度.

以上曲线的切线斜率和物体运动的瞬时速度, 虽然它们来自不同的具体问题, 但它们在计算上都可归结为形如

$$\lim_{x \to x_0} \frac{f(x) - f(x_0)}{x - x_0} \tag{2-1}$$

的极限问题，其中 $\dfrac{f(x) - f(x_0)}{x - x_0}$ 是函数的增量与自变量的增量之比，它表示函数的平均变化率，但精确的变化率则需计算形如式(2-1)的极限. 这类问题在生产过程和科学实验中也经常出现，如加速度、密度、电流强度等.

二、导数的定义

定义 2-1　设函数 $y = f(x)$ 在点 x_0 的某一邻域内有定义，如果极限

$$\lim_{x \to x_0} \frac{f(x) - f(x_0)}{x - x_0}$$

存在，则称函数 $y = f(x)$ 在点 x_0 处可导，并称此极限值为函数 $y = f(x)$ 在点 x_0 处的导数，记为 $y'\big|_{x=x_0}$，即

$$y'\big|_{x=x_0} = \lim_{x \to x_0} \frac{f(x) - f(x_0)}{x - x_0}, \tag{2-2}$$

也可记为 $f'(x_0)$，$\dfrac{\mathrm{d}y}{\mathrm{d}x}\bigg|_{x=x_0}$ 或 $\dfrac{\mathrm{d}f(x)}{\mathrm{d}x}\bigg|_{x=x_0}$.

函数 $f(x)$ 在点 x_0 处可导也称为 $f(x)$ 在点 x_0 具有导数或导数存在.

如果极限 $\lim\limits_{x \to x_0} \dfrac{f(x) - f(x_0)}{x - x_0}$ 不存在，则称函数 $y = f(x)$ 在点 x_0 处不可导. 特别地，如果 $\lim\limits_{x \to x_0} \dfrac{f(x) - f(x_0)}{x - x_0} = \infty$，为方便起见，也称函数 $y = f(x)$ 在点 x_0 处的导数为无穷大.

导数的定义式也可表达为不同的形式.

在式(2-2)中，如果令 $\Delta x = x - x_0$，则 $\Delta y = f(x_0 + \Delta x) - f(x_0)$，当 $x \to x_0$ 时，有 $\Delta x \to 0$，于是得

$$y'\big|_{x=x_0} = \lim_{\Delta x \to 0} \frac{\Delta y}{\Delta x} = \lim_{\Delta x \to 0} \frac{f(x_0 + \Delta x) - f(x_0)}{\Delta x}. \tag{2-3}$$

若记 $h = \Delta x$，则有

$$y'\big|_{x=x_0} = \lim_{h \to 0} \frac{f(x_0 + h) - f(x_0)}{h} \tag{2-4}$$

曲线 $y = f(x)$ 在点 $M(x_0, f(x_0))$ 处的切线斜率为 $f'(x_0)$，运动方程为 $s = s(t)$ 的变速直线运动的物体在时刻 t_0 的瞬时速度 $v(t_0) = s'(t_0)$.

一般地，将导数 $\dfrac{\mathrm{d}y}{\mathrm{d}x}\bigg|_{x=x_0}$ 称为因变量 y 对自变量 x 在点 x_0 处的变化率，它表示函数在点 x_0 处相对于自变量变化的快慢程度.

例 2-1　求函数 $y = x^2 + 2$ 在点 $x = 2$ 处的导数.

解　根据导数定义,

$$f'(2) = \lim_{x \to 2} \frac{f(x) - f(2)}{x - 2} = \lim_{x \to 2} \frac{x^2 + 2 - 6}{x - 2} = \lim_{x \to 2} (x + 2) = 4 .$$

例 2-2　证明函数 $f(x) = |x|$ 在点 $x = 0$ 处不可导.

证　因为

$$\lim_{\Delta x \to 0^+} \frac{f(0 + \Delta x) - f(0)}{\Delta x} = \lim_{\Delta x \to 0^+} \frac{|\Delta x|}{\Delta x} = \lim_{\Delta x \to 0^+} 1 = 1,$$

$$\lim_{\Delta x \to 0^-} \frac{f(0 + \Delta x) - f(0)}{\Delta x} = \lim_{\Delta x \to 0^-} \frac{|\Delta x|}{\Delta x} = \lim_{\Delta x \to 0^-} (-1) = -1,$$

所以 $\lim\limits_{\Delta x \to 0} \dfrac{f(0 + \Delta x) - f(0)}{\Delta x}$ 不存在, 故函数 $f(x) = |x|$ 在点 $x = 0$ 处不可导.

例 2-3　讨论函数 $f(x) = \begin{cases} x \sin \dfrac{1}{x}, & x \neq 0, \\ 0, & x = 0 \end{cases}$ 在点 $x = 0$ 处的可导性.

解　因为

$$\lim_{x \to 0} \frac{f(x) - f(0)}{x - 0} = \lim_{x \to 0} \sin \frac{1}{x}$$

不存在, 所以函数 $f(x)$ 在点 $x = 0$ 处不可导.

三、函数的可导性与连续性的关系

定理 2-1　如果函数 $y = f(x)$ 在点 x_0 处可导, 则 $f(x)$ 在点 x_0 处连续.

证　设函数 $y = f(x)$ 在点 x_0 处可导, 即 $\lim\limits_{\Delta x \to 0} \dfrac{\Delta y}{\Delta x} = f'(x_0)$, 由定理 1-3 知,

$$\frac{\Delta y}{\Delta x} = f'(x_0) + \alpha ,$$

其中 $\alpha \to 0 \ (\Delta x \to 0)$. 上式两边同乘以 Δx, 得

$$\Delta y = f'(x_0) \Delta x + \alpha \Delta x ,$$

则有 $\lim\limits_{\Delta x \to 0} \Delta y = \lim\limits_{\Delta x \to 0} [f'(x_0) \Delta x + \alpha \Delta x] = 0$. 由函数连续性的定义知函数 $y = f(x)$ 在点 x_0 处连续.

注　可导只是函数连续的充分条件而不是必要条件.

例如, 例 2-2 和例 2-3 中的两个函数在点 $x = 0$ 处都连续, 但在点 $x = 0$ 处都不可导.

四、单侧导数

根据导数定义,

$$f'(x_0) = \lim_{\Delta x \to 0} \frac{f(x_0 + \Delta x) - f(x_0)}{\Delta x},$$

故由极限存在的充分必要条件可知, $f(x)$ 在点 x_0 处可导的充分必要条件是左极限

$$\lim_{\Delta x \to 0^-} \frac{f(x_0 + \Delta x) - f(x_0)}{\Delta x}$$

及右极限

$$\lim_{\Delta x \to 0^+} \frac{f(x_0 + \Delta x) - f(x_0)}{\Delta x}$$

都存在且相等，这两个极限分别称为函数 $f(x)$ 在点 x_0 处的左导数和右导数，记作 $f'_-(x_0)$ 及 $f'_+(x_0)$，即

$$f'_-(x_0) = \lim_{\Delta x \to 0^-} \frac{f(x_0 + \Delta x) - f(x_0)}{\Delta x},$$

$$f'_+(x_0) = \lim_{\Delta x \to 0^+} \frac{f(x_0 + \Delta x) - f(x_0)}{\Delta x}.$$

左导数和右导数统称为单侧导数.

若函数 $f(x)$ 在点 x_0 处的左导数存在，则称函数 $f(x)$ 在点 x_0 处左可导；若函数 $f(x)$ 在点 x_0 处的右导数存在，则称函数 $f(x)$ 在点 x_0 处右可导.

与极限的情形相类似，导数与单侧导数的关系如下.

定理 2-2　函数 $f(x)$ 在点 x_0 处可导的充分必要条件是 $f(x)$ 在点 x_0 处的左导数 $f'_-(x_0)$ 和右导数 $f'_+(x_0)$ 都存在并且相等.

例 2-4　讨论函数 $f(x) = x^2 \operatorname{sgn} x$ 在 $x = 0$ 处的可导性.

解　函数

$$f(x) = x^2 \operatorname{sgn} x = \begin{cases} x^2, & x \geqslant 0, \\ -x^2, & x < 0. \end{cases}$$

因为

$$f'_+(0) = \lim_{x \to 0^+} \frac{f(x) - f(0)}{x - 0} = \lim_{x \to 0^+} \frac{x^2 - 0}{x - 0} = 0,$$

$$f'_-(0) = \lim_{x \to 0^-} \frac{f(x) - f(0)}{x - 0} = \lim_{x \to 0^-} \frac{-x^2 - 0}{x - 0} = 0,$$

所以由定理 2-2 知，函数 $f(x)$ 在点 $x = 0$ 处可导，并且 $f'(0) = 0$.

五、导函数

若函数 $y = f(x)$ 在开区间 (a, b) 内的每一点处都可导，则称函数 $f(x)$ 在开区间 (a, b) 内可导，或称函数 $f(x)$ 为区间 (a, b) 内的可导函数. 这时，对于任意 $x \in (a, b)$，都有一个确定的导数值 $f'(x)$ 与之对应. 这样就确定了一个新的函数，这个函数称为 $y = f(x)$ 的导函数，记作 y'，$f'(x)$，$\dfrac{\mathrm{d}y}{\mathrm{d}x}$ 或 $\dfrac{\mathrm{d}f(x)}{\mathrm{d}x}$，即

$$y' = \lim_{\Delta x \to 0} \frac{f(x + \Delta x) - f(x)}{\Delta x} \tag{2-5}$$

或

$$y' = \lim_{h \to 0} \frac{f(x+h) - f(x)}{h} . \tag{2-6}$$

导函数 $f'(x)$ 简称为导数. 显然, $f'(x_0)$ 是导函数 $f'(x)$ 在点 x_0 处的函数值, 即

$$f'(x_0) = f'(x)\big|_{x=x_0} .$$

如果函数 $f(x)$ 在开区间 (a,b) 内可导, 并且 $f(x)$ 在点 $x = a$ 处右可导, 在点 $x = b$ 处左可导, 则称 $f(x)$ 在闭区间 $[a,b]$ 上可导, 或称 $f(x)$ 为闭区间 $[a,b]$ 上的可导函数.

例 2-5　求函数 $f(x) = C$ (C 为常数)的导数.

解　$f'(x) = \lim_{\Delta x \to 0} \frac{f(x+\Delta x) - f(x)}{\Delta x} = \lim_{\Delta x \to 0} \frac{C - C}{\Delta x} = 0$,

即

$$(C)' = 0 .$$

例 2-6　求函数 $f(x) = x^n$ (n 为正整数)的导数.

解　$f'(x) = \lim_{h \to 0} \frac{f(x+h) - f(x)}{h} = \lim_{h \to 0} \frac{(x+h)^n - x^n}{h}$

$$= \lim_{h \to 0} \frac{(x^n + C_n^1 x^{n-1} h + C_n^2 x^{n-2} h^2 + \cdots + C_n^n h^n) - x^n}{h}$$

$$= \lim_{h \to 0} (C_n^1 x^{n-1} + C_n^2 x^{n-2} h + \cdots + C_n^n h^{n-1}) = n x^{n-1} .$$

一般地, 对于幂函数 $y = x^\mu$ (μ 为常数), 有

$$(x^\mu)' = \mu x^{\mu-1} .$$

例如, $\left(\dfrac{1}{x}\right)' = -\dfrac{1}{x^2}$, $(\sqrt{x})' = \dfrac{1}{2\sqrt{x}}$.

根据导数的定义, 在 Mathematica 中可利用 Limit[] 来求函数的导数, 对例 2-6 具体步骤如下.

(1) 定义函数:

```
In[1]:=f[x_]=x^n
Out[1]=xⁿ
```

(2) 根据定义求导:

```
In[2]:=Limit[(f[x+h]-f[x])/h,h→0]
Out[2]=nx⁻¹⁺ⁿ
```

例 2-7　求函数 $f(x) = \sin x$ 的导数.

解　$f'(x) = \lim_{h \to 0} \frac{f(x+h) - f(x)}{h} = \lim_{h \to 0} \frac{\sin(x+h) - \sin x}{h}$

$$= \lim_{h \to 0} \frac{1}{h} \cdot 2 \cos\left(x + \frac{h}{2}\right) \sin \frac{h}{2}$$

$$= \lim_{h \to 0} \cos\left(x + \frac{h}{2}\right) \cdot \frac{\sin \frac{h}{2}}{\frac{h}{2}} = \cos x,$$

即

$$(\sin x)' = \cos x .$$

类似地, 可得 $(\cos x)' = -\sin x$.

例 2-8 求函数 $f(x) = a^x\,(a > 0,\ a \neq 1)$ 的导数.

解 $f'(x) = \lim\limits_{h \to 0} \dfrac{f(x+h) - f(x)}{h} = \lim\limits_{h \to 0} \dfrac{a^{x+h} - a^x}{h}$

$\qquad = a^x \lim\limits_{h \to 0} \dfrac{a^h - 1}{h} = a^x \lim\limits_{h \to 0} \dfrac{h \ln a}{h} = a^x \ln a,$

即

$$(a^x)' = a^x \ln a .$$

特别地, 当 $a = \mathrm{e}$ 时, 有 $(\mathrm{e}^x)' = \mathrm{e}^x$.

例 2-9 求函数 $f(x) = \log_a x\,(a > 0,\ a \neq 1)$ 的导数.

解 $f'(x) = \lim\limits_{h \to 0} \dfrac{f(x+h) - f(x)}{h} = \lim\limits_{h \to 0} \dfrac{\log_a(x+h) - \log_a x}{h}$

$\qquad = \lim\limits_{h \to 0} \dfrac{1}{h} \log_a\left(\dfrac{x+h}{x}\right) = \dfrac{1}{x} \lim\limits_{h \to 0} \dfrac{x}{h} \log_a\left(1 + \dfrac{h}{x}\right)$

$\qquad = \dfrac{1}{x} \lim\limits_{h \to 0} \log_a\left(1 + \dfrac{h}{x}\right)^{\frac{x}{h}} = \dfrac{1}{x} \log_a \mathrm{e} = \dfrac{1}{x \ln a},$

即

$$(\log_a x)' = \dfrac{1}{x \ln a} .$$

特别地, 当 $a = \mathrm{e}$ 时, 有 $(\ln x)' = \dfrac{1}{x}$.

对于分段函数, 求它的导数时需要分段进行, 而分界点处的导数, 则必须根据定义讨论它的可导性.

例 2-10 设 $f(x) = \begin{cases} x^2 + 1, & x \geqslant 1, \\ 2x, & x < 1, \end{cases}$ 求 $f'(x)$.

扫码演示

解 当 $x > 1$ 时, $f(x) = x^2 + 1$, 则 $f'(x) = 2x$;

当 $x < 1$ 时, $f(x) = 2x$, 则 $f'(x) = 2$;

当 $x = 1$ 时, 因为

$$f'_+(1) = \lim\limits_{x \to 1^+} \dfrac{f(x) - f(1)}{x - 1} = \lim\limits_{x \to 1^+} \dfrac{x^2 + 1 - 2}{x - 1} = \lim\limits_{x \to 1^+}(x + 1) = 2,$$

$$f'_-(1) = \lim\limits_{x \to 1^-} \dfrac{f(x) - f(1)}{x - 1} = \lim\limits_{x \to 1^-} \dfrac{2x - 2}{x - 1} = 2,$$

从而有

$$f'(1) = 2 .$$

综上所述, 有

$$f'(x) = \begin{cases} 2x, & x > 1, \\ 2, & x \leqslant 1. \end{cases}$$

六、导数的几何意义

若函数 $y = f(x)$ 在点 x_0 处可导，则导数 $f'(x_0)$ 在几何上表示曲线 $y = f(x)$ 在点 $M(x_0, f(x_0))$ 处的切线斜率，即

$$f'(x_0) = \tan \alpha ,$$

其中 α 是切线的倾角，如图 2-3 所示.

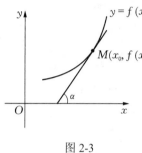

图 2-3

这时，曲线 $y = f(x)$ 在点 $M(x_0, f(x_0))$ 处的切线方程为

$$y - f(x_0) = f'(x_0)(x - x_0) .$$

如果 $f'(x_0) \neq 0$，则法线的斜率为 $-\dfrac{1}{f'(x_0)}$，从而曲线 $y = f(x)$ 在点 $M(x_0, f(x_0))$ 处的法线方程为

$$y - f(x_0) = -\frac{1}{f'(x_0)}(x - x_0) .$$

如果 $y = f(x)$ 在点 x_0 处的导数为无穷大，那么曲线 $y = f(x)$ 在点 $M(x_0, f(x_0))$ 处的切线方程为 $x = x_0$，法线方程为 $y = f(x_0)$.

例 2-11　求曲线 $y = e^x$ 在点 $(0, 1)$ 处的切线的斜率，并写出在该点处的切线方程和法线方程.

解　因为 $y' = e^x$，则切线及法线的斜率分别为

$$k_1 = e^x \big|_{x=0} = 1 , \quad k_2 = -\frac{1}{k_1} = -1 ,$$

故切线方程为

$$y - 1 = 1 \cdot (x - 0) ,$$

即

$$y - x - 1 = 0 ,$$

法线方程为

$$y - 1 = -(x - 0) ,$$

即

$$x + y - 1 = 0 .$$

注　函数 $f(x) = \sqrt[3]{x}$ 在区间 $(-\infty, +\infty)$ 内连续，但在 $x = 0$ 处不可导. 因为

$$\lim_{h \to 0} \frac{f(0+h) - f(0)}{h} = \lim_{h \to 0} \frac{\sqrt[3]{h} - 0}{h} = +\infty ,$$

所以函数 $f(x)$ 在 $x = 0$ 处的导数为无穷大. 在图形中的表现为曲线 $y = \sqrt[3]{x}$ 在原点 O 处具有垂直于 x 轴的切线 $x = 0$，如图 2-4 所示.

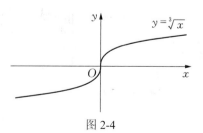

图 2-4

习 题 2-1

1. 已知物体的运动规律是 $s = t^3$ m，求该物体在 $t = 2$ s 时的速度.

2. 设 $f(x) = 5x^4$，试按定义求 $f'(-1)$.

3. 下列各题中均假定 $f(x)$ 可导，按照导数定义求下列极限.

(1) $\lim\limits_{\Delta x \to 0} \dfrac{f(x_0 - \Delta x) - f(x_0)}{\Delta x}$；

(2) $\lim\limits_{x \to 0} \dfrac{f(x)}{x}$，其中 $f(0) = 0$；

(3) $\lim\limits_{h \to 0} \dfrac{f(x_0 + 2h) - f(x_0 - h)}{h}$.

4. 求下列函数的导数.

(1) $y = \sqrt[5]{x^3}$；　　(2) $y = \dfrac{x^3 \sqrt[5]{x}}{\sqrt{x^3}}$；　　(3) $y = a^x \mathrm{e}^x$；　　(4) $y = \log_4 x$.

5. 如果 $f(x)$ 为偶函数，且 $f'(0)$ 存在，证明 $f'(0) = 0$.

6. 求曲线 $y = \sin x$ 上点 $\left(\dfrac{2\pi}{3}, \dfrac{\sqrt{3}}{2}\right)$ 处的切线方程和法线方程.

7. 讨论下列函数在指定点处的连续性与可导性.

(1) $f(x) = \begin{cases} x^2 + 1, & 0 \leqslant x < 1, \\ 3x - 1, & x \geqslant 1 \end{cases}$ 在 $x = 1$ 处；

(2) $f(x) = \begin{cases} \ln(1 + x), & -1 < x \leqslant 0, \\ \sqrt{1 + x} - \sqrt{1 - x}, & 0 < x < 1 \end{cases}$ 在 $x = 0$ 处；

(3) $f(x) = \begin{cases} x^2 \sin \dfrac{1}{x}, & x \neq 0, \\ 0, & x = 0 \end{cases}$ 在 $x = 0$ 处.

8. 已知 $f(x) = \begin{cases} \sin x, & x < 0, \\ x, & x \geqslant 0, \end{cases}$ 求 $f'(x)$.

9. 设函数 $f(x) = \begin{cases} ax + b, & x > 1, \\ x^2, & x \leqslant 1, \end{cases}$ 为了使函数 $f(x)$ 在 $x = 1$ 处连续且可导，a，b 应取什么值？

10. 证明：双曲线 $xy = a^2$ $(a \neq 0)$ 上任一点处的切线与两坐标轴构成的三角形面积都等于 $2a^2$.

11. 设 $f(0) = 1$，$f'(0) = -1$，求极限.

(1) $\lim\limits_{x \to 1} \dfrac{f(\ln x) - 1}{1 - x}$；　　　　　　　　(2) $\lim\limits_{x \to 2} \dfrac{f(2 - x) - 1}{x^2 - 2x}$.

第二节　函数的求导法则与基本初等函数求导公式

求函数的导数是理论研究和实践应用中经常遇到的一个问题, 但是用导数的定义求导往往比较困难. 因此, 本节将介绍函数的求导法则与基本初等函数求导公式, 借助于这些法则和公式, 求导数的运算将变得更为简便.

一、导数的四则运算法则

定理 2-3　如果函数 $u = u(x)$ 及 $v = v(x)$ 在点 x 处可导, 那么它们的和、差、积、商(分母为零的点除外)在点 x 处也可导, 并且

(1) $[u(x) \pm v(x)]' = u'(x) \pm v'(x)$;

(2) $[u(x)v(x)]' = u'(x)v(x) + u(x)v'(x)$;

(3) $\left[\dfrac{u(x)}{v(x)}\right]' = \dfrac{u'(x)v(x) - u(x)v'(x)}{v^2(x)}$ 　 $(v(x) \neq 0)$.

证　(1) $[u(x) \pm v(x)]' = \lim\limits_{h \to 0} \dfrac{[u(x+h) \pm v(x+h)] - [u(x) \pm v(x)]}{h}$

$$= \lim\limits_{h \to 0} \left[\dfrac{u(x+h) - u(x)}{h} \pm \dfrac{v(x+h) - v(x)}{h}\right] = u'(x) \pm v'(x).$$

法则(1)可简单地表示为

$$(u \pm v)' = u' \pm v'.$$

(2) $[u(x) \cdot v(x)]' = \lim\limits_{h \to 0} \dfrac{u(x+h)v(x+h) - u(x)v(x)}{h}$

$$= \lim\limits_{h \to 0} \dfrac{1}{h}[u(x+h)v(x+h) - u(x)v(x+h) + u(x)v(x+h) - u(x)v(x)]$$

$$= \lim\limits_{h \to 0} \left[\dfrac{u(x+h) - u(x)}{h}v(x+h) + u(x)\dfrac{v(x+h) - v(x)}{h}\right]$$

$$= \lim\limits_{h \to 0} \dfrac{u(x+h) - u(x)}{h} \cdot \lim\limits_{h \to 0} v(x+h) + u(x) \cdot \lim\limits_{h \to 0} \dfrac{v(x+h) - v(x)}{h}$$

$$= u'(x)v(x) + u(x)v'(x),$$

其中 $\lim\limits_{h \to 0} v(x+h) = v(x)$, 是因为 $v(x)$ 可导, 故 $v(x)$ 在点 x 连续.

法则(2)可简单地表示为

$$(uv)' = u'v + uv'.$$

(3) $\left[\dfrac{u(x)}{v(x)}\right]' = \lim\limits_{h \to 0} \dfrac{\dfrac{u(x+h)}{v(x+h)} - \dfrac{u(x)}{v(x)}}{h} = \lim\limits_{h \to 0} \dfrac{u(x+h)v(x) - u(x)v(x+h)}{v(x+h)v(x)h}$

$$= \lim_{h \to 0} \frac{[u(x+h)-u(x)]v(x)-u(x)[v(x+h)-v(x)]}{v(x+h)v(x)h}$$

$$= \lim_{h \to 0} \frac{\dfrac{u(x+h)-u(x)}{h}v(x)-u(x)\dfrac{v(x+h)-v(x)}{h}}{v(x+h)v(x)}$$

$$= \frac{u'(x)v(x)-u(x)v'(x)}{v^2(x)} .$$

法则(3)可简单地表示为

$$\left(\frac{u}{v}\right)' = \frac{u'v-uv'}{v^2} .$$

法则(1)、(2)可推广到任意有限个可导函数的情形. 如果 $u=u(x)$ ，$v=v(x)$ ，$w=w(x)$ 均可导，则有

$$(u+v+w)' = u'+v'+w' ,$$

$$(uvw)' = u'vw+uv'w+uvw' .$$

在法则(2)中，如果 $v(x)=C$ （C 为常数），则有

$$(Cu)' = Cu' .$$

例 2-12　$y=\sqrt{x^3}+\sin x-\cos\dfrac{\pi}{7}$ ，求 y' .

解　$y' = \left(\sqrt{x^3}+\sin x-\cos\dfrac{\pi}{7}\right)' = \left(\sqrt{x^3}\right)'+(\sin x)'-\left(\cos\dfrac{\pi}{7}\right)'$

$$= \frac{3}{2}x^{\frac{1}{2}}+\cos x-0 = \frac{3}{2}\sqrt{x}+\cos x .$$

例 2-13　$y=\mathrm{e}^x\cos x$ ，求 y' .

解　$y' = (\mathrm{e}^x)'\cos x+\mathrm{e}^x(\cos x)'$

$$= \mathrm{e}^x\cos x+\mathrm{e}^x(-\sin x)$$

$$= \mathrm{e}^x(\cos x-\sin x) .$$

例 2-14　$y=\tan x$ ，求 y' .

解　$y' = (\tan x)' = \left(\dfrac{\sin x}{\cos x}\right)' = \dfrac{(\sin x)'\cos x-\sin x(\cos x)'}{\cos^2 x}$

$$= \frac{\cos^2 x+\sin^2 x}{\cos^2 x} = \frac{1}{\cos^2 x} = \sec^2 x ,$$

即

$$(\tan x)' = \sec^2 x .$$

类似地，可得

$$(\cot x)' = -\csc^2 x .$$

例 2-15　$y=\csc x$ ，求 y' .

解　$y' = (\csc x)' = \left(\dfrac{1}{\sin x}\right)' = \dfrac{0 - \cos x}{\sin^2 x} = -\csc x \cot x ,$

即

$$(\csc x)' = -\csc x \cot x .$$

类似地, 可得

$$(\sec x)' = \sec x \tan x .$$

二、反函数的求导法则

定理 2-4　如果函数 $x = f(y)$ 在某区间 I_y 内单调、可导且 $f'(y) \neq 0$, 那么它的反函数 $y = f^{-1}(x)$ 在对应区间 $I_x = \{x \mid x = f(y), y \in I_y\}$ 内也可导, 并且

$$[f^{-1}(x)]' = \dfrac{1}{f'(y)} \quad \left(\text{或 } \dfrac{\mathrm{d}y}{\mathrm{d}x} = \dfrac{1}{\dfrac{\mathrm{d}x}{\mathrm{d}y}}\right). \tag{2-7}$$

证　因为 $x = f(y)$ 在 I_y 内单调、可导(从而连续), 所以 $x = f(y)$ 的反函数 $y = f^{-1}(x)$ 存在, 且 $f^{-1}(x)$ 在 I_x 内也单调、连续.

任取 $x \in I_x$, 给 x 以增量 Δx ($\Delta x \neq 0$, $x + \Delta x \in I_x$), 由 $y = f^{-1}(x)$ 的单调性可知

$$\Delta y = f^{-1}(x + \Delta x) - f^{-1}(x) \neq 0 ,$$

于是

$$\dfrac{\Delta y}{\Delta x} = \dfrac{1}{\dfrac{\Delta x}{\Delta y}} ,$$

因为 $y = f^{-1}(x)$ 连续, 所以

$$\lim_{\Delta x \to 0} \Delta y = 0 ,$$

从而

$$[f^{-1}(x)]' = \lim_{\Delta x \to 0} \dfrac{\Delta y}{\Delta x} = \lim_{\Delta y \to 0} \dfrac{1}{\dfrac{\Delta x}{\Delta y}} = \dfrac{1}{f'(y)} ,$$

故 $y = f^{-1}(x)$ 在区间 I_x 内可导, 并且

$$[f^{-1}(x)]' = \dfrac{1}{f'(y)} .$$

定理 2-4 的结论可简单地叙述为反函数的导数等于直接函数的导数的倒数.

用上述结论可以求反三角函数的导数.

例 2-16　求下列函数的导数.

(1) $y = \arcsin x$;　　　　　　　　　　　(2) $y = \operatorname{arccot} x$.

解　(1)　$y = \arcsin x$ 是 $x = \sin y$, $y \in \left(-\dfrac{\pi}{2}, \dfrac{\pi}{2}\right)$ 的反函数, 函数 $x = \sin y$ 在开区间

$I_y = \left(-\dfrac{\pi}{2}, \dfrac{\pi}{2}\right)$ 内单调、可导，且 $(\sin y)' = \cos y > 0$，因此，由反函数的求导法则，在对应区间 $I_x = (-1, 1)$ 内有

$$(\arcsin x)' = \frac{1}{(\sin y)'} = \frac{1}{\cos y} = \frac{1}{\sqrt{1 - \sin^2 y}} = \frac{1}{\sqrt{1 - x^2}} \, .$$

类似地，可得

$$(\arccos x)' = -\frac{1}{\sqrt{1 - x^2}} \, .$$

(2)　$y = \text{arccot}\, x$ 是 $x = \cot y$，$y \in (0, \pi)$ 的反函数，函数 $x = \cot y$ 在区间 $I_y = (0, \pi)$ 内单调、可导，且 $(\cot y)' = -\csc^2 y \neq 0$，因此，由反函数的求导法则，在对应区间 $I_x = (-\infty, +\infty)$ 内有

$$(\text{arccot}\, x)' = \frac{1}{(\cot y)'} = \frac{1}{-\csc^2 y} = -\frac{1}{1 + \cot^2 y} = -\frac{1}{1 + x^2} \, .$$

类似地，可得

$$(\arctan x)' = \frac{1}{1 + x^2} \, .$$

注　例 2-9 中的对数函数求导公式 $(\log_a x)' = \dfrac{1}{x \ln a}$，读者也可以根据指数函数求导公式 $(a^x)' = a^x \ln a$ 和反函数的求导运算法则进行推导.

三、复合函数的求导法则

定理 2-5　如果函数 $u = \varphi(x)$ 在点 x 处可导，函数 $y = f(u)$ 在相应的点 $u = \varphi(x)$ 处可导，则复合函数 $y = f[\varphi(x)]$ 在点 x 处可导，且其导数为

$$\frac{\mathrm{d}y}{\mathrm{d}x} = f'(u) \cdot \varphi'(x) \quad \left(\text{或}\ \frac{\mathrm{d}y}{\mathrm{d}x} = \frac{\mathrm{d}y}{\mathrm{d}u} \cdot \frac{\mathrm{d}u}{\mathrm{d}x}\right), \tag{2-8}$$

式(2-8)称为复合函数求导的链式法则.

证　设 x 的增量为 Δx（$\Delta x \neq 0$），则函数 $u = \varphi(x)$ 有相应的增量 Δu，由此得函数 $y = f(u)$ 的增量 Δy.

(1)　当 $\Delta u \neq 0$ 时，因为函数 $y = f(u)$ 在点 u 处可导，所以

$$\lim_{\Delta u \to 0} \frac{\Delta y}{\Delta u} = f'(u)$$

存在. 根据定理 1-3，有

$$\frac{\Delta y}{\Delta u} = f'(u) + \alpha,$$

其中 $\alpha \to 0$（当 $\Delta u \to 0$）. 用 Δu 乘上式两边，得

$$\Delta y = f'(u)\Delta u + \alpha \cdot \Delta u \, . \tag{2-9}$$

(2)　当 $\Delta u = 0$ 时，显然 $\Delta y = 0$，不妨规定 $\alpha = 0$，此时，式(2-9)也成立.

综合(1)和(2)知，式(2-9)总成立.

用 $\Delta x \neq 0$ 除式(2-9)两边，得

$$\frac{\Delta y}{\Delta x} = f'(u)\frac{\Delta u}{\Delta x} + \alpha \cdot \frac{\Delta u}{\Delta x},$$

于是

$$\lim_{\Delta x \to 0}\frac{\Delta y}{\Delta x} = \lim_{\Delta x \to 0}\left[f'(u)\frac{\Delta u}{\Delta x} + \alpha\frac{\Delta u}{\Delta x}\right],$$

因 $u = \varphi(x)$ 在点 x 处可导，故在点 x 处连续，所以当 $\Delta x \to 0$ 时，$\Delta u \to 0$，从而

$$\lim_{\Delta x \to 0}\alpha = \lim_{\Delta u \to 0}\alpha = 0,$$

故

$$\lim_{\Delta x \to 0}\frac{\Delta y}{\Delta x} = f'(u) \cdot \lim_{\Delta x \to 0}\frac{\Delta u}{\Delta x},$$

即

$$\frac{\mathrm{d}y}{\mathrm{d}x} = f'(u) \cdot \varphi'(x).$$

例 2-17 $y = \mathrm{e}^{-x^2}$，求 $\dfrac{\mathrm{d}y}{\mathrm{d}x}$.

解 函数 $y = \mathrm{e}^{-x^2}$ 可看成是由 $y = \mathrm{e}^u$，$u = -x^2$ 复合而成的，因此

$$\frac{\mathrm{d}y}{\mathrm{d}x} = \frac{\mathrm{d}y}{\mathrm{d}u} \cdot \frac{\mathrm{d}u}{\mathrm{d}x} = \mathrm{e}^u \cdot (-2x) = -2x\mathrm{e}^{-x^2}.$$

例 2-18 $y = \tan(6 - 5x)$，求 $\dfrac{\mathrm{d}y}{\mathrm{d}x}$.

解 函数 $y = \tan(6 - 5x)$ 是由 $y = \tan u$，$u = 6 - 5x$ 复合而成的，因此

$$\frac{\mathrm{d}y}{\mathrm{d}x} = \frac{\mathrm{d}y}{\mathrm{d}u} \cdot \frac{\mathrm{d}u}{\mathrm{d}x} = \sec^2 u \cdot (-5) = -5\sec^2(6 - 5x).$$

用复合函数求导法则求函数的导数时，首先要分析清楚函数的复合结构，然后从外向内，逐层求导. 求复合函数的导数比较熟练后，可不必再写出中间变量.

例 2-19 设 $x > 0$，证明幂函数的导数公式

$$(x^\mu)' = \mu x^{\mu-1}.$$

证 因为 $x^\mu = \mathrm{e}^{\ln x^\mu} = \mathrm{e}^{\mu\ln x}$，所以

$$(x^\mu)' = (\mathrm{e}^{\mu\ln x})' = \mathrm{e}^{\mu\ln x} \cdot (\mu\ln x)'$$

$$= x^\mu \cdot \mu \cdot \frac{1}{x} = \mu x^{\mu-1}.$$

例 2-20 $y = \mathrm{e}^{-\sin x}$，求 $\dfrac{\mathrm{d}y}{\mathrm{d}x}$.

解 $\dfrac{\mathrm{d}y}{\mathrm{d}x} = (\mathrm{e}^{-\sin x})' = \mathrm{e}^{-\sin x} \cdot (-\sin x)' = \mathrm{e}^{-\sin x} \cdot (-\cos x) = -\mathrm{e}^{-\sin x} \cdot \cos x.$

复合函数的求导法则可以推广到多个中间变量的情形. 例如，设 $y = f(u)$，$u = \varphi(v)$，$v = \psi(x)$ 均可导，则由此复合而成的函数 $y = f\{\varphi[\psi(x)]\}$ 的导数为

$$\frac{dy}{dx} = \frac{dy}{du} \cdot \frac{du}{dv} \cdot \frac{dv}{dx}.$$

例 2-21 $y = \ln(x + \sqrt{a^2 + x^2})$，求 $\dfrac{dy}{dx}$.

解 $\dfrac{dy}{dx} = \dfrac{1}{x+\sqrt{a^2+x^2}} \cdot \left(x+\sqrt{a^2+x^2}\right)' = \dfrac{1}{x+\sqrt{a^2+x^2}} \cdot \left[1+\dfrac{1}{2\sqrt{a^2+x^2}} \cdot (a^2+x^2)'\right]$

$\qquad = \dfrac{1}{x+\sqrt{a^2+x^2}} \cdot \left(1+\dfrac{1}{2\sqrt{a^2+x^2}} \cdot 2x\right) = \dfrac{1}{\sqrt{a^2+x^2}}$.

例 2-22 $y = (\arctan\sqrt{x})^2$，求 $\dfrac{dy}{dx}$.

解 $\dfrac{dy}{dx} = 2\arctan\sqrt{x} \cdot (\arctan\sqrt{x})' = 2\arctan\sqrt{x} \cdot \dfrac{1}{1+(\sqrt{x})^2}(\sqrt{x})'$

$\qquad = 2\arctan\sqrt{x} \cdot \dfrac{1}{1+x} \cdot \dfrac{1}{2\sqrt{x}} = \dfrac{\arctan\sqrt{x}}{(1+x)\sqrt{x}}$.

例 2-23 求 $y = \ln|x|$ 的导数.

解 当 $x > 0$ 时，$y = \ln x$，$y' = \dfrac{1}{x}$.

当 $x < 0$ 时，$y = \ln(-x)$，$y' = \dfrac{1}{-x} \cdot (-x)' = \dfrac{1}{-x} \cdot (-1) = \dfrac{1}{x}$.

因此，$(\ln|x|)' = \dfrac{1}{x}$.

例 2-24 设 $f(x)$ 可导，求 $y = \ln|f(x)|$ 的导数，这里 $f(x) \neq 0$.

解 令 $u = f(x)$，当 $f(x) \neq 0$ 时，

$$y' = (\ln|f(x)|)' = \frac{d(\ln|u|)}{du} \cdot \frac{du}{dx}$$

$$= \frac{1}{u} \cdot f'(x) = \frac{f'(x)}{f(x)}.$$

四、基本导数公式与求导法则

基本初等函数的导数公式与本节中所讨论的求导法则，在初等函数的求导运算中起着重要的作用. 现将这些求导公式和求导法则归纳如下.

1．常数和基本初等函数的导数

(1) $(C)' = 0$；

(2) $(x^\mu)' = \mu x^{\mu-1}$；

(3) $(\sin x)' = \cos x$；

(4) $(\cos x)' = -\sin x$；

(5) $(\tan x)' = \sec^2 x$；

(6) $(\cot x)' = -\csc^2 x$；

(7) $(\sec x)' = \sec x \tan x$；

(8) $(\csc x)' = -\csc x \cot x$；

(9) $(a^x)' = a^x \ln a$;　　　　　　　　　(10) $(\mathrm{e}^x)' = \mathrm{e}^x$;

(11) $(\log_a x)' = \dfrac{1}{x \ln a}$;　　　　　　(12) $(\ln x)' = \dfrac{1}{x}$;

(13) $(\arcsin x)' = \dfrac{1}{\sqrt{1-x^2}}$;　　　　(14) $(\arccos x)' = -\dfrac{1}{\sqrt{1-x^2}}$;

(15) $(\arctan x)' = \dfrac{1}{1+x^2}$;　　　　(16) $(\operatorname{arccot} x)' = -\dfrac{1}{1+x^2}$.

2．函数的和、差、积、商的求导法则

设 $u = u(x)$, $v = v(x)$ 都可导，则

(1) $(u \pm v)' = u' \pm v'$;　　　　　　　(2) $(Cu)' = Cu'$;

(3) $(uv)' = u'v + uv'$;　　　　　　　(4) $\left(\dfrac{u}{v}\right)' = \dfrac{u'v - uv'}{v^2}$ $(v \neq 0)$.

3．反函数求导

设 $x = f(y)$ 在区间 I_y 内单调、可导且 $f'(y) \neq 0$ ，则它的反函数 $y = f^{-1}(x)$ 在对应的区间 I_x 内也可导，并且

$$[f^{-1}(x)]' = \frac{1}{f'(y)} \quad \left(\text{或} \frac{\mathrm{d}y}{\mathrm{d}x} = \frac{1}{\dfrac{\mathrm{d}x}{\mathrm{d}y}}\right).$$

4．复合函数求导

设 $y = f(u)$ 和 $u = \varphi(x)$ 都可导，则复合函数 $y = f[\varphi(x)]$ 的导数为

$$\frac{\mathrm{d}y}{\mathrm{d}x} = \frac{\mathrm{d}y}{\mathrm{d}u} \cdot \frac{\mathrm{d}u}{\mathrm{d}x} \quad (\text{或 } y'(x) = f'(u)\varphi'(x)).$$

利用这些导数公式和求导法则可以计算初等函数的导数．下面再举几个例子．

例 2-25　求函数 $y = (x - \sin^2 x)^4$ 的导数．

解　$y' = 4(x - \sin^2 x)^3 \cdot (x - \sin^2 x)' = 4(x - \sin^2 x)^3 \cdot [1 - 2\sin x \cdot (\sin x)']$

　　　　$= 4(x - \sin^2 x)^3 \cdot (1 - 2\sin x \cdot \cos x) = 4(x - \sin^2 x)^3 \cdot (1 - \sin 2x)$.

例 2-26　求函数 $y = \sin\left(\mathrm{e}^{-\cos^2 \frac{1}{x}}\right)$ 的导数．

解　$y' = \cos\left(\mathrm{e}^{-\cos^2 \frac{1}{x}}\right) \cdot \left(\mathrm{e}^{-\cos^2 \frac{1}{x}}\right)' = \cos\left(\mathrm{e}^{-\cos^2 \frac{1}{x}}\right) \cdot \mathrm{e}^{-\cos^2 \frac{1}{x}} \cdot \left(-\cos^2 \frac{1}{x}\right)'$

　　　　$= \cos\left(\mathrm{e}^{-\cos^2 \frac{1}{x}}\right) \cdot \mathrm{e}^{-\cos^2 \frac{1}{x}} \cdot \left(-2\cos \frac{1}{x}\right) \cdot \left(\cos \frac{1}{x}\right)'$

$$= \cos\left(e^{-\cos^2\frac{1}{x}}\right) \cdot e^{-\cos^2\frac{1}{x}} \cdot \left(-2\cos\frac{1}{x}\right) \cdot \left(-\sin\frac{1}{x}\right)\left(\frac{1}{x}\right)'$$

$$= -\frac{1}{x^2}\cos\left(e^{-\cos^2\frac{1}{x}}\right) \cdot e^{-\cos^2\frac{1}{x}} \cdot \sin\frac{2}{x}.$$

五、利用 Mathematica 求一元函数的导数

在 Mathematica 中能计算任何函数的导数. 利用 Mathematica 求导数的格式为

$$D[函数表达式，求导变量]$$

例 2-27 利用 Mathematica 求解前面的例 2-20~例 2-22、例 2-25、例 2-26.

解 输入：

```
In[1]:=D[Exp[-Sin[x]],x]
In[2]:=Simplify[D[Log[x+Sqrt[a^2+x^2]],x]]
In[3]:=D[(ArcTan[Sqrt[x]])^2,x]
In[4]:=D[(x-Sin[x]^2)^4,x]
In[5]:=Simplify[D[Sin[Exp[-Cos[1/x]^2]],x]]
```

输出：

```
Out[1]=-e^{-Sin[x]} Cos[x]
```

$$\text{Out}[2] = \frac{1}{\sqrt{a^2 + x^2}}$$

$$\text{Out}[3] = \frac{\text{ArcTan}[\sqrt{x}]}{(1+x)\sqrt{x}}$$

$$\text{Out}[4] = 4(1-2\text{Cos}[x]\text{Sin}[x])(x-\text{Sin}[x]^2)^3$$

$$\text{Out}[5] = -\frac{e^{-\text{Cos}\left[\frac{1}{x}\right]^2}\text{Cos}\left[e^{-\text{Cos}\left[\frac{1}{x}\right]^2}\right]\text{Sin}\left[\frac{2}{x}\right]}{x^2}$$

习 题 2-2

1. 求下列函数的导数.

(1) $y = 2x^3 - \dfrac{3}{x} + \cos 1$；

(2) $y = \dfrac{\ln x}{x}$；

(3) $y = 2e^x \sin x - 5x^2$；

(4) $y = x^2 \arctan x$；

(5) $y = \dfrac{\cos x}{\sin x + \cos x}$；

(6) $y = \dfrac{e^x}{x^2} + \ln 5$；

(7) $y = x^3 \ln x$;
(8) $y = \mathrm{e}^x (\sin x + x^2 - 8)$;

(9) $y = \dfrac{\sqrt{x} + 1}{\sqrt{x} - 1}$;
(10) $y = \dfrac{1 + \cos t}{2 - \sin t}$.

2. 计算下列函数在指定点处的导数.

(1) $y = 3\sin x - 2\cos x$ ，求 $\left.\dfrac{\mathrm{d}y}{\mathrm{d}x}\right|_{x=\frac{\pi}{4}}$ 和 $\left.\dfrac{\mathrm{d}y}{\mathrm{d}x}\right|_{x=\frac{\pi}{3}}$;

(2) $x = t\sin t + \dfrac{1}{2}\cos t$ ，求 $\left.\dfrac{\mathrm{d}x}{\mathrm{d}t}\right|_{t=\frac{\pi}{6}}$;

(3) $y = x\ln x + \sqrt{x}$ ，求 $\left.\dfrac{\mathrm{d}y}{\mathrm{d}x}\right|_{x=1}$;

(4) $y = x^2 \arcsin x$ ，求 $\left.\dfrac{\mathrm{d}y}{\mathrm{d}x}\right|_{x=\frac{1}{2}}$.

3. 设曲线 $y = x^3 + ax$ 与 $y = bx^2 + c$ 在点 $(-1, 0)$ 相切，求 a, b, c .

4. 求下列函数的导数.

(1) $y = (4x + 3)^2$;
(2) $y = \mathrm{e}^{-3x^2}$;

(3) $y = \tan(1 - 2x)$;
(4) $y = \sqrt{x^2 - a^2}$;

(5) $y = \arctan(\mathrm{e}^x)$;
(6) $y = x^2 \sqrt{1 + \ln^2 x}$;

(7) $y = \ln(\sin x)$;
(8) $y = \ln\ln\ln x$;

(9) $y = \dfrac{1}{\sqrt{x^2 + a^2}}$;
(10) $y = \mathrm{e}^{-\frac{x}{2}} \cos 3x$;

(11) $y = \arcsin \dfrac{1}{x}$;
(12) $y = \dfrac{1 - \ln x}{1 + \ln x}$;

(13) $y = \sqrt{x + \sqrt{x}}$;
(14) $y = \sin^n x \cos nx$;

(15) $y = 2^{\arccos x}$;
(16) $y = \mathrm{e}^{-\sin^2 \frac{1}{x}}$;

(17) $y = \ln\tan\dfrac{x}{2}$;
(18) $y = \arctan\dfrac{x-1}{x+1}$;

(19) $y = \ln(\csc x - \cot x)$;
(20) $y = \ln(\sec x + \tan x)$.

5. 设 $f(x)$ 可导，求下列函数的导数.

(1) $y = f(\mathrm{e}^{-2x})$;
(2) $y = f(\sin^2 x) + f(\cos^2 x)$;
(3) $y = f\left(\arctan\dfrac{1}{x}\right)$.

6. 设函数 $f(x)$ 和 $g(x)$ 可导，且 $f^2(x) + g^2(x) \neq 0$ ，试求函数 $y = \sqrt{f^2(x) + g^2(x)}$ 的导数.

7. 已知 $\varphi(x) = a^{f^2(x)}$ ，且 $f'(x) = \dfrac{1}{f(x)\ln a}$ ，证明：$\varphi'(x) = 2\varphi(x)$.

8. 证明：

(1) 可导的偶函数的导函数是奇函数;

(2) 可导的奇函数的导函数是偶函数;

(3) 可导的周期函数的导函数是具有相同周期的周期函数.

9. 设 $f(x)$ 在 $(-\infty,+\infty)$ 内可导, 且 $F(x)=f(x^2-1)-f(1-x^2)$, 证明:
$$F'(1)+F'(-1)=0.$$

10. 设 $y=f^2\left(\dfrac{x-1}{x+1}\right)$, 其中 $f(x)=\ln(1+x^2)$, 求 $y'(0)$.

11. 已知 $f(x)=(x-a)\varphi(x)$, 其中 $\varphi(x)$ 在 $x=a$ 处连续, 求 $f'(a)$.

第三节　高阶导数

一、高阶导数的概念及计算

如果物体做变速直线运动, 其运动方程为 $s=s(t)$, 则物体在时刻 t 的瞬时速度为 $v(t)=s'(t)$. 而加速度 a 又是速度 $v(t)$ 对时间 t 的导数, 即 $a=v'(t)$, 那么 a 就是 s 对 t 的二阶导数.

定义 2-2　若函数 $y'=f'(x)$ 在点 x 处可导, 则称 $y=f(x)$ 在点 x 处二阶可导, 并且称 $y'=f'(x)$ 在点 x 处的导数为 $y=f(x)$ 在点 x 处的二阶导数, 记为
$$y'', \qquad f''(x), \qquad \frac{\mathrm{d}^2 y}{\mathrm{d}x^2} \text{ 或 } \frac{\mathrm{d}^2 f(x)}{\mathrm{d}x^2}.$$
相应地, $y=f(x)$ 的导数 $f'(x)$ 称为函数 $y=f(x)$ 的一阶导数.

类似地, 如果函数的二阶导数可导, 则其导数称为函数的三阶导数, 三阶导数的导数称为函数的四阶导数. 一般地, 如果函数的 $(n-1)$ 阶导数可导, 则其导数称为函数的 n 阶导数, 分别记作
$$y''', \qquad y^{(4)}, \qquad \cdots, \qquad y^{(n)}$$
或
$$\frac{\mathrm{d}^3 y}{\mathrm{d}x^3}, \qquad \frac{\mathrm{d}^4 y}{\mathrm{d}x^4}, \qquad \cdots, \qquad \frac{\mathrm{d}^n y}{\mathrm{d}x^n}.$$
函数 $f(x)$ 具有 n 阶导数, 也常说函数 n 阶可导.

如果函数 $f(x)$ 在点 x 处具有 n 阶导数, 那么函数 $f(x)$ 在点 x 的某一邻域内必定具有一切低于 n 阶的导数.

二阶及二阶以上的导数统称为高阶导数.

由高阶导数的定义可知, 求高阶导数只需要对函数 $f(x)$ 逐次求导即可.

例 2-28　设 $y=\arctan x^2$, 求 y''.

解 $y' = \dfrac{2x}{1 + x^4}$,

$y'' = \dfrac{2(1 + x^4) - 2x \cdot 4x^3}{(1 + x^4)^2} = \dfrac{2(1 - 3x^4)}{(1 + x^4)^2}$.

例 2-29 求函数 $y = a^x$ 的 n 阶导数.

解 $y' = a^x \ln a$,

$y'' = a^x (\ln a)^2$,

$y''' = a^x (\ln a)^3$,

$y^{(4)} = a^x (\ln a)^4$,

$\cdots$,

一般地, 可得

$$y^{(n)} = a^x (\ln a)^n .$$

特别地, 当 $a = \mathrm{e}$ 时, 有 $(\mathrm{e}^x)^{(n)} = \mathrm{e}^x$.

例 2-30 求 $y = \sin x$ 和 $y = \cos x$ 的 n 阶导数.

解 $y' = \cos x = \sin\left(x + \dfrac{\pi}{2}\right)$,

$y'' = \cos\left(x + \dfrac{\pi}{2}\right) = \sin\left(x + \dfrac{\pi}{2} + \dfrac{\pi}{2}\right) = \sin\left(x + 2 \cdot \dfrac{\pi}{2}\right)$,

$y''' = \cos\left(x + 2 \cdot \dfrac{\pi}{2}\right) = \sin\left(x + 2 \cdot \dfrac{\pi}{2} + \dfrac{\pi}{2}\right) = \sin\left(x + 3 \cdot \dfrac{\pi}{2}\right)$,

$y^{(4)} = \cos\left(x + 3 \cdot \dfrac{\pi}{2}\right) = \sin\left(x + 4 \cdot \dfrac{\pi}{2}\right)$,

$\cdots$,

一般地, 可得

$$y^{(n)} = \sin\left(x + n \cdot \dfrac{\pi}{2}\right),$$

即

$$(\sin x)^{(n)} = \sin\left(x + n \cdot \dfrac{\pi}{2}\right).$$

类似地, 可得

$$(\cos x)^{(n)} = \cos\left(x + n \cdot \dfrac{\pi}{2}\right).$$

例 2-31 求 $y = \ln(1 + x)$ 的 n 阶导数.

解 $y' = (1 + x)^{-1}$,

$y'' = -(1 + x)^{-2}$,

$y''' = (-1)(-2)(1 + x)^{-3}$,

$$y^{(4)} = (-1)(-2)(-3)(1+x)^{-4},$$

$$\cdots,$$

一般地, 可得

$$y^{(n)} = (-1)^{n-1}\frac{(n-1)!}{(1+x)^n},$$

即

$$[\ln(1+x)]^{(n)} = (-1)^{n-1}\frac{(n-1)!}{(1+x)^n}.$$

例 2-32 求幂函数 $y = x^{\mu}$ (μ 是任意常数)的 n 阶导数.

解 $y' = \mu x^{\mu-1}$,

$$y'' = \mu(\mu-1)x^{\mu-2},$$

$$y''' = \mu(\mu-1)(\mu-2)x^{\mu-3},$$

$$y^{(4)} = \mu(\mu-1)(\mu-2)(\mu-3)x^{\mu-4},$$

$$\cdots,$$

一般地, 可得

$$y^{(n)} = \mu(\mu-1)(\mu-2)\cdots(\mu-n+1)x^{\mu-n}.$$

当 $\mu = n$ 时, 得

$$(x^n)^{(n)} = n(n-1)(n-2)\cdots 3 \cdot 2 \cdot 1 = n!,$$

而

$$(x^n)^{(k)} = 0 \quad (k \geqslant n+1).$$

二、高阶导数的运算法则

设函数 $u = u(x)$ 及 $v = v(x)$ 都在点 x 处具有 n 阶导数, 则有

(1) $(u \pm v)^{(n)} = u^{(n)} \pm v^{(n)}$;

(2) $(Cu)^{(n)} = Cu^{(n)}$ (C 为常数);

(3) $(uv)^{(n)} = u^{(n)}v + nu^{(n-1)}v' + \dfrac{n(n-1)}{2!}u^{(n-2)}v'' + \cdots$

$$+ \frac{n(n-1)\cdots(n-k+1)}{k!}u^{(n-k)}v^{(k)} + \cdots + uv^{(n)}. \tag{2-10}$$

式(2-10)称为莱布尼茨(Leibniz)公式, 其简略证明如下.

由

$$(uv)' = u'v + uv'$$

可得

$$(uv)'' = u''v + 2u'v' + uv'',$$

$$(uv)''' = u'''v + 3u''v' + 3u'v'' + uv'''.$$

用数学归纳法可以证明

$$(uv)^{(n)} = u^{(n)}v + nu^{(n-1)}v' + \frac{n(n-1)}{2!}u^{(n-2)}v'' + \cdots$$

$$+ \frac{n(n-1)\cdots(n-k+1)}{k!}u^{(n-k)}v^{(k)} + \cdots + uv^{(n)}.$$

莱布尼茨公式(2-10)可简记为

$$(uv)^{(n)} = \sum_{k=0}^{n} C_n^k u^{(n-k)}v^{(k)}.$$

例 2-33 $y = x^3 e^{-2x}$ ，求 $y^{(30)}$ ．

解 由于 $k > 3$ 时，$(x^3)^{(k)} = 0$，由莱布尼茨公式可得

$$y^{(30)} = (x^3 e^{-2x})^{(30)} = x^3 (e^{-2x})^{(30)} + C_{30}^1 (x^3)' (e^{-2x})^{(29)} + C_{30}^2 (x^3)'' (e^{-2x})^{(28)} + C_{30}^3 (x^3)''' (e^{-2x})^{(27)}.$$

又

$$(e^{-2x})^{(n)} = (-2)^n e^{-2x},$$

因此，

$$y^{(30)} = 2^{29} e^{-2x}(2x^3 - 90x^2 + 1\,305x - 6\,090).$$

有时，直接求函数的 n 阶导数很不方便，可以利用已知的高阶导数公式，通过四则运算、变量代换等方法，求其 n 阶导数．

常用的 n 阶导数公式有

(1) $(a^x)^{(n)} = (\ln a)^n a^x$，特别地，$(e^x)^{(n)} = e^x$；

(2) $(\sin kx)^{(n)} = k^n \sin\left(kx + n \cdot \frac{\pi}{2}\right)$，$(\cos kx)^{(n)} = k^n \cos\left(kx + n \cdot \frac{\pi}{2}\right)$；

(3) $(x^\mu)^{(n)} = \mu(\mu-1)(\mu-2)\cdots(\mu-n+1)x^{\mu-n}$；

(4) $[\ln(1+x)]^{(n)} = (-1)^{n-1}\dfrac{(n-1)!}{(1+x)^n}$；

(5) $\left(\dfrac{1}{1+x}\right)^{(n)} = (-1)^n \dfrac{n!}{(1+x)^{n+1}}$．

例 2-34 设 $y = \dfrac{1}{x^2-1}$，求 $y^{(n)}$．

解 因为

$$y = \frac{1}{x^2-1} = \frac{1}{2}\left(\frac{1}{x-1} - \frac{1}{x+1}\right),$$

所以

$$y^{(n)} = \frac{1}{2}\left[\frac{(-1)^n n!}{(x-1)^{n+1}} - \frac{(-1)^n n!}{(x+1)^{n+1}}\right]$$

$$= \frac{(-1)^n n!}{2}\left[\frac{1}{(x-1)^{n+1}} - \frac{1}{(x+1)^{n+1}}\right].$$

三、利用 Mathematica 求一元函数的高阶导数

在 Mathematica 中，求 $n(n \geqslant 2)$ 阶导数的语句格式为

$$D[\text{函数表达式}, \{\text{求导变量}, \; n\}]$$

例 2-35 利用 Mathematica 求解 $y = \ln(1+x)$ 的 10 阶导数.

解 In[1]:=D[Log[1+x],{x,10}]

$$\text{Out}[1] = -\frac{362880}{(x+1)^{10}}$$

例 2-36 利用 Mathematica 求解 $y = x^3 e^{-2x}$ 的 30 阶导数.

解 In[1]:=Simplify[D[(x^3)*Exp[-2x],{x,30}]]

$$\text{Out}[1] = 536870912 e^{-2x}(-6090+1305x-90x^2+2x^3)$$

例 2-37 利用 Mathematica 求解 $y = \dfrac{1}{1+2x} + \ln x$ 的 5 阶导数.

解 In[1]:=D[1/(1+2x)+Log[x],{x,5}]

$$\text{Out}[1] = \frac{24}{x^5} - \frac{3840}{(1+2x)^6}$$

习 题 2-3

1. 求下列函数的二阶导数.

(1) $y = \sqrt{a^2 + x^2}$;

(2) $y = x^2 \sin x$;

(3) $y = (1+x^2)\arctan x$;

(4) $y = \dfrac{1}{1+x^2}$;

(5) $y = e^{-2x}\cos x$;

(6) $y = x \arcsin x$;

(7) $y = \ln(1-x^2)$;

(8) $y = \dfrac{e^{-x}}{x}$;

(9) $y = \arctan\sqrt{x}$;

(10) $y = \ln(x + \sqrt{1+x^2})$;

(11) $y = e^{2x^2-1}$;

(12) $y = \dfrac{\ln x}{x^3}$.

2. 设 $f(x) = (x-3)^5$ ，求 $f'''(4)$.

3. 验证函数 $y = e^{-x}\cos 2x$ 满足关系式 $y'' + 2y' + 5y = 0$.

4. 设 $f(u)$ 二阶可导，求 $\dfrac{\mathrm{d}^2 y}{\mathrm{d}x^2}$.

(1) $y = f(e^{-x})$;   (2) $y = \ln[f(x)]$;   (3) $y = e^{-f(x)}$.

5. 试从 $\dfrac{\mathrm{d}x}{\mathrm{d}y} = \dfrac{1}{y'}$ 导出:

(1) $\dfrac{\mathrm{d}^2 x}{\mathrm{d}y^2} = -\dfrac{y''}{(y')^3}$;

(2) $\dfrac{\mathrm{d}^3 x}{\mathrm{d}y^3} = \dfrac{3(y'')^2 - y'y'''}{(y')^5}$.

6. 求下列函数的 n 阶导数.

(1) $y = \dfrac{1}{x^2 + x - 2}$;

(2) $y = \cos^2 x$;

(3) $y = x\ln x$;

(4) $y = x\mathrm{e}^x$.

7. 设 $f(x)$ 的 $n-2$ 阶导数 $f^{(n-2)}(x) = \dfrac{x}{\ln x}$, 求 $f^{(n)}(x)$.

第四节　隐函数及由参数方程所确定的函数的导数

一、隐函数的导数

前面讨论的函数 $y = f(x)$, 因变量 y 是用自变量 x 的代数式表示的, 这样的函数称为显函数, 如 $y = \ln(1 + x^2)$, $y = \sin(\mathrm{e}^x)$ 等. 但有时变量 x 与变量 y 之间的对应关系是由一个方程 $F(x, y) = 0$ 所确定的, 即在一定条件下, 当 x 取某区间内的任一值时, 相应地总有满足这个方程的唯一确定的 y 值存在, 说明方程 $F(x, y) = 0$ 在该区间内也确定了一个函数, 这样的函数称为隐函数. 例如, 由方程 $2 + y^5 - 3x = 0$ 确定的函数为 $y = \sqrt[5]{3x - 2}$.

把一个隐函数化成显函数, 叫作隐函数的显化. 隐函数的显化有时是有困难甚至是不可能的. 在实际问题中, 有时需要计算隐函数的导数. 因此, 不管隐函数能否显化, 我们希望能直接由方程计算它所确定的函数的导数.

隐函数求导方法的基本思想是: 把方程 $F(x, y) = 0$ 中的 y 看成 x 的函数 $y(x)$, 方程两边对 x 求导数, 然后解出 $\dfrac{\mathrm{d}y}{\mathrm{d}x}$.

例 2-38　设 $y = y(x)$ 是由方程 $\mathrm{e}^y + xy = \mathrm{e}$ 所确定的隐函数, 求 $\dfrac{\mathrm{d}y}{\mathrm{d}x}$ 及曲线 $y = y(x)$ 在点 $(0, 1)$ 处的切线方程.

解　方程两边对 x 求导, 得

$$\mathrm{e}^y \cdot \dfrac{\mathrm{d}y}{\mathrm{d}x} + \left(y + x\dfrac{\mathrm{d}y}{\mathrm{d}x} \right) = 0,$$

从而

$$\dfrac{\mathrm{d}y}{\mathrm{d}x} = -\dfrac{y}{x + \mathrm{e}^y} .$$

由此求得 $\dfrac{\mathrm{d}y}{\mathrm{d}x}\Big|_{(0, 1)} = -\dfrac{1}{\mathrm{e}}$.

所以, 曲线 $y = y(x)$ 在点 $(0, 1)$ 处的切线方程为

$$y-1=-\frac{1}{e}(x-0),$$

即

$$y+\frac{x}{e}-1=0.$$

从例 2-38 的结果可以看出，一般地，隐函数的导数表达式中既含有变量 x，又含有变量 y.

例 2-39 求由方程 $2x-2y+\sin y=0$ 所确定的隐函数 $y=y(x)$ 的二阶导数.

解 方程两边对 x 求导，得

$$2-2\frac{dy}{dx}+\cos y\cdot\frac{dy}{dx}=0,$$

于是

$$\frac{dy}{dx}=\frac{2}{2-\cos y}.$$

上式两边再对 x 求导，得

$$\frac{d^2y}{dx^2}=\frac{0\cdot(2-\cos y)-2(2-\cos y)'}{(2-\cos y)^2}$$

$$=\frac{-2\sin y\cdot\dfrac{dy}{dx}}{(2-\cos y)^2}=\frac{-4\sin y}{(2-\cos y)^3}.$$

作为隐函数求导法的应用，下面介绍对数求导法. 这种方法是先在 $y=f(x)$ 的两边取对数，即 $\ln|y|=\ln|f(x)|$，然后再利用隐函数求导法求 y 对 x 的导数.

例 2-40 求 $y=(1+\cos x)^{\frac{1}{x}}$ 的导数.

解 两边取对数，得

$$\ln y=\frac{1}{x}\cdot\ln(1+\cos x),$$

上式两边对 x 求导，可得

$$\frac{1}{y}y'=-\frac{1}{x^2}\cdot\ln(1+\cos x)+\frac{1}{x}\cdot\frac{-\sin x}{1+\cos x},$$

于是

$$y'=y\cdot\frac{-\ln(1+\cos x)-x\tan\dfrac{x}{2}}{x^2}$$

$$=-(1+\cos x)^{\frac{1}{x}}\frac{\ln(1+\cos x)+x\tan\dfrac{x}{2}}{x^2}.$$

对于幂指函数 $y=u(x)^{v(x)}$（$u(x)>0$），其导数也可按下面的方法求：

$$y=u(x)^{v(x)}=e^{v(x)\ln u(x)},$$

$$y' = e^{v(x)\ln u(x)}[v(x)\ln u(x)]' = u(x)^{v(x)}\left[v'(x)\ln u(x) + v(x)\frac{u'(x)}{u(x)}\right].$$

例 2-41　求函数 $y = \dfrac{(1-2x)^2}{\sqrt[3]{x-3}\sqrt{x+4}}$ 的导数.

解　先在两边取对数, 得

$$\ln|y| = 2\ln|1-2x| - \frac{1}{3}\ln|x-3| - \frac{1}{2}\ln|x+4|,$$

上式两边对 x 求导, 由例 2-24 可得

$$\frac{1}{y}y' = \frac{-4}{1-2x} - \frac{1}{3(x-3)} - \frac{1}{2(x+4)},$$

扫码演示

于是

$$y' = y\left[\frac{-4}{1-2x} - \frac{1}{3(x-3)} - \frac{1}{2(x+4)}\right]$$

$$= \frac{-(1-2x)^2}{\sqrt[3]{x-3}\sqrt{x+4}}\left[\frac{4}{1-2x} + \frac{1}{3(x-3)} + \frac{1}{2(x+4)}\right].$$

求幂指函数 $y = u(x)^{v(x)}$ 的导数或由多个因式的积、商、乘方、开方表示的函数的导数时, 一般使用对数求导法.

二、利用 Mathematica 求隐函数的导数

求隐函数的导数是由求导和解方程两个步骤组成的, 因此, 在 Mathematica 中可使用 D[] 和 Solve[] 语句, 求由方程 $F(x,y) = 0$ 所确定的隐函数的导数.

例 2-42　利用 Mathematica 求由方程 $e^y + xy = e$ 所确定的隐函数 $y = y(x)$ 的导数.

解　(1) 方程两边求导:

```
In[1]:=D[Exp[y[x]]+x*y[x]==E,x]
Out[1]=y[x]+e^{y[x]}y'[x]+xy'[x]==0
```

(2) 解方程:

```
In[2]:=Solve[%,y'[x]]
Out[2]={{y'[x]→-\frac{y[x]}{e^{y[x]}+x}}}
```

说明　在 Mathematica 中 D[y[x],x] 与 y'[x] 意义一样, 都表示函数 $y = y(x)$ 的一阶导数.

例 2-43　利用 Mathematica 求由方程 $2x - 2y + \sin y = 0$ 所确定的隐函数 $y = y(x)$ 的导数.

解　(1) 方程两边求导:

```
In[1]:=D[2x-2y[x]+Sin[y[x]]==0,x]
Out[1]=2-2y'[x]+Cos[y[x]]y'[x]==0
```

(2) 解方程:

```
In[2]:=Solve[%,y'[x]]
```

$$Out[2]=\{\{y'[x]\rightarrow-\frac{2}{-2+Cos[y[x]]}\}\}$$

三、由参数方程所确定的函数的导数

有时, 变量之间的函数关系是用参数方程来表示的, 如圆 $x^2+y^2=R^2$ 的参数方程为

$$\begin{cases} x = R\cos t, \\ y = R\sin t \end{cases} (0 \leqslant t \leqslant 2\pi),$$

变量 y 与变量 x 之间的函数关系是通过参数 t 而确定的.

设函数的参数方程为

$$\begin{cases} x = \varphi(t), \\ y = \psi(t) \end{cases} (\alpha \leqslant t \leqslant \beta), \tag{2-11}$$

可以通过消去参数 t 得到 y 与 x 之间的函数关系, 然后利用前面的求导方法就可以求出函数的导数 y'. 例如, 如果函数的参数方程为

$$\begin{cases} x = 2t, \\ y = \ln(1+t), \end{cases}$$

则有 $y = \ln\left(1+\dfrac{x}{2}\right)$.

实际上, 有时消去参数 t 并不容易, 因此, 需要探讨直接根据参数方程求它所确定的函数导数的方法.

假设方程(2-11)中的函数 $x = \varphi(t)$ 具有单调连续反函数 $t = \varphi^{-1}(x)$, 且该反函数能与 $y = \psi(t)$ 构成复合函数, 那么由参数方程(2-11)所确定的函数可以看成是由函数 $y = \psi(t)$, $t = \varphi^{-1}(x)$ 复合而成的函数 $y = \psi[\varphi^{-1}(x)]$. 如果函数 $x = \varphi(t)$, $y = \psi(t)$ 都可导, 且 $\varphi'(t) \neq 0$, 那么由复合函数和反函数的求导法则, 可得

$$\frac{dy}{dx} = \frac{dy}{dt} \cdot \frac{dt}{dx} = \frac{dy}{dt} \cdot \frac{1}{\dfrac{dx}{dt}} = \frac{\psi'(t)}{\varphi'(t)},$$

即

$$y' = \frac{dy}{dx} = \frac{\dfrac{dy}{dt}}{\dfrac{dx}{dt}} = \frac{\psi'(t)}{\varphi'(t)}. \tag{2-12}$$

式(2-12)称为由参数方程(2-11)所确定的函数的求导公式.

例 2-44 求参数方程

$$\begin{cases} x = \mathrm{e}^t \sin t, \\ y = \mathrm{e}^t \cos t \end{cases}$$

所确定的函数 $y = y(x)$ 的导数.

解　$\dfrac{\mathrm{d}y}{\mathrm{d}x} = \dfrac{\dfrac{\mathrm{d}y}{\mathrm{d}t}}{\dfrac{\mathrm{d}x}{\mathrm{d}t}} = \dfrac{\mathrm{e}^t \cos t - \mathrm{e}^t \sin t}{\mathrm{e}^t \sin t + \mathrm{e}^t \cos t} = \dfrac{\cos t - \sin t}{\cos t + \sin t}.$

一般地，$\varphi'(t)$ 和 $\psi'(t)$ 都是 t 的函数，因此

$$\frac{\mathrm{d}y}{\mathrm{d}x} = \frac{\psi'(t)}{\varphi'(t)}$$

也是 t 的函数，对参数方程

$$\begin{cases} x = \varphi(t), \\ y' = \dfrac{\mathrm{d}y}{\mathrm{d}x} = \dfrac{\psi'(t)}{\varphi'(t)} \end{cases} \tag{2-13}$$

再应用上面的式(2-12)，就可以求出 y 对 x 的二阶导数

$$\frac{\mathrm{d}^2 y}{\mathrm{d}x^2} = \frac{\mathrm{d}y'}{\mathrm{d}x} = \frac{\dfrac{\mathrm{d}y'}{\mathrm{d}t}}{\dfrac{\mathrm{d}x}{\mathrm{d}t}}. \tag{2-14}$$

计算由参数方程所确定函数的二阶导数时，只需要使用新的参数方程(2-13)，再用式(2-12)求导即可. 类似地，可以求更高阶的导数.

例 2-45　计算由参数方程

$$\begin{cases} x = a(t - \sin t), \\ y = a(1 - \cos t) \end{cases} \quad (a \neq 0)$$

扫码演示

所确定的函数 $y = y(x)$ 的二阶导数.

解　$\dfrac{\mathrm{d}y}{\mathrm{d}x} = \dfrac{\dfrac{\mathrm{d}y}{\mathrm{d}t}}{\dfrac{\mathrm{d}x}{\mathrm{d}t}} = \dfrac{a \sin t}{a(1 - \cos t)} = \dfrac{\sin t}{1 - \cos t} = \cot \dfrac{t}{2},$

新的参数方程为

$$\begin{cases} x = a(t - \sin t), \\ y' = \cot \dfrac{t}{2}. \end{cases}$$

所以，

$$\frac{\mathrm{d}^2 y}{\mathrm{d}x^2} = \frac{\dfrac{\mathrm{d}y'}{\mathrm{d}t}}{\dfrac{\mathrm{d}x}{\mathrm{d}t}} = \frac{-\csc^2 \dfrac{t}{2} \cdot \dfrac{1}{2}}{a(1 - \cos t)} = -\frac{1}{4a} \csc^4 \frac{t}{2}.$$

四、利用 Mathematica 求参数方程确定的函数的导数

参数方程所确定的函数的求导步骤是：首先分别求 $x=\varphi(t)$ 和 $y=\psi(t)$ 的导数，然后再求它们的商．因此，利用 Mathematica 求参数方程所确定的函数的导数可以用 D[y,t]/D[x,t] 来求．

例 2-46 利用 Mathematica 求解例 2-44.

解 In[1]:=D[Cos[t]*Exp[t],t]/D[Sin[t]*Exp[t],t]

$$Out[1]=\frac{e^tCos[t]-e^tSin[t]}{e^tCos[t]+e^tSin[t]}$$

例 2-47 利用 Mathematica 求解例 2-45.

解 (1) 求一阶导数：

In[1]:=D[a(1-Cos[t]),t]/D[a(t-Sin[t]),t]

$$Out[1]=\frac{Sin[t]}{1-Cos[t]}$$

(2) 求二阶导数：

In[2]:=Simplify[D[%,t]/D[a(t-Sin[t]),t]]

$$Out[2]=-\frac{1}{a(-1+Cos[t])^2}$$

五、相关变化率

设 $x=x(t)$ 和 $y=y(t)$ 都是可导函数，因为变量 x 与 y 之间存在某种关系，所以两个变化率 $\dfrac{dx}{dt}$ 与 $\dfrac{dy}{dt}$ 之间也存在一定的关系．这两个相互依赖的变化率称为相关变化率．相关变化率问题就是研究这两个变化率之间的关系，从而可以由其中一个变化率计算另一个变化率．

例 2-48 有一底半径为 R cm，高为 h cm 的圆锥形容器，如果以 $25\,cm^3/s$ 的速度自顶部向容器内注水，试求当容器内水位等于锥高的一半时水面上升的速度．

解 设时刻 t 容器内水面高度为 x，水的体积为 V，则

$$V=\frac{1}{3}\pi R^2 h-\frac{1}{3}\pi r^2(h-x)=\frac{\pi R^2}{3h^2}[h^3-(h-x)^3],$$

其中 $r=\dfrac{h-x}{h}R$．上式两边对 t 求导，得

$$\frac{dV}{dt}=\frac{\pi R^2}{3h^2}\cdot[-3(h-x)^2]\left(-\frac{dx}{dt}\right).$$

而 $\dfrac{dV}{dt}=25$，故

$$\frac{\mathrm{d}x}{\mathrm{d}t} = \frac{25h^2}{\pi R^2 (h-x)^2}.$$

当 $x = \dfrac{h}{2}$ 时, $\dfrac{\mathrm{d}x}{\mathrm{d}t} = \dfrac{100}{\pi R^2}$, 即当容器内水位等于锥高的一半时, 水面上升的速度为 $\dfrac{100}{\pi R^2} \mathrm{cm/s}$.

例 2-49 雨滴在高空下落的时候, 表面不断蒸发, 体积不断减少. 设雨滴始终保持球体形状, 若其体积的减少率与表面积成正比, 试证明其半径的减少率是常数.

证 因为体积 $V = \dfrac{4}{3}\pi R^3$, 则

$$\frac{\mathrm{d}V}{\mathrm{d}t} = 4\pi R^2 \frac{\mathrm{d}R}{\mathrm{d}t}.$$

由表面积 $S = 4\pi R^2$ 可知

$$\frac{\mathrm{d}V}{\mathrm{d}t} = -kS = -4k\pi R^2 \quad (k > 0).$$

由上两式可得

$$\frac{\mathrm{d}R}{\mathrm{d}t} = -k,$$

所以半径的减少率是常数.

解决这类问题的一般方法是:

(1) 先建立变量 x 与变量 y 之间的函数关系 $F(x,y) = 0$;

(2) 方程 $F(x,y) = 0$ 两边对 t 求导, 得到两个变化率 $\dfrac{\mathrm{d}x}{\mathrm{d}t}$ 与 $\dfrac{\mathrm{d}y}{\mathrm{d}t}$ 之间的关系式;

(3) 根据已知条件及变量之间的关系计算所求变化率.

习　题　2-4

1. 求由下列方程所确定的隐函数 $y = y(x)$ 的导数 y'.

(1) $x^2 + xy - y^2 - 8 = 0$;　　　　　(2) $\ln(x^2 + y^2) = x + y - 1$;

(3) $y\sin x - \cos(x-y) = 0$;　　　　(4) $y = 1 + x\mathrm{e}^{x+y}$.

2. 已知 $y = y(x)$ 由方程 $1 + \sin(x+y) = \mathrm{e}^{-xy}$ 所确定, 求 y' 及曲线 $y = y(x)$ 在点 $(0,0)$ 处的法线方程.

3. 求由下列方程所确定的隐函数 $y = y(x)$ 的二阶导数 y''.

(1) $x^2 + y^2 = 4$;　　　　　　　　　(2) $x + \arctan y = y$;

(3) $y = 1 + x\mathrm{e}^y$;　　　　　　　　　(4) $x - y + \dfrac{1}{2}\sin y = 3$.

4. 利用对数求导法求下列函数的导数.

(1) $y = (\ln x)^x$;

(2) $y = \sqrt{\dfrac{(3-x)\sqrt{2-3x}}{\sqrt[3]{(5x-4)^2}}}$;

(3) $y = \sqrt[3]{x \sin x \sqrt{1 - \mathrm{e}^x}}$;

(4) $y = (1+x)^{\sin x}$.

5. 求下列参数方程所确定的函数的导数 $\dfrac{\mathrm{d}y}{\mathrm{d}x}$.

(1) $\begin{cases} x = \mathrm{e}^t(1 - \cos t), \\ y = \mathrm{e}^t(1 + \sin t); \end{cases}$

(2) $\begin{cases} x = a\cos^3 t, \\ y = a\sin^3 t. \end{cases}$

6. 写出下列曲线在所给参数值相应的点处的切线方程和法线方程.

(1) $\begin{cases} x = \mathrm{e}^t \sin 2t, \\ y = \mathrm{e}^t \cos t \end{cases}$ 在 $t = 0$ 处;

(2) $\begin{cases} x = 1 + t^2, \\ y = t^3 \end{cases}$ 在 $t = 1$ 处.

7. 求下列参数方程所确定的函数的二阶导数 $\dfrac{\mathrm{d}^2 y}{\mathrm{d}x^2}$.

(1) $\begin{cases} x = a\cos t, \\ y = at\sin t; \end{cases}$

(2) $\begin{cases} x = 5\mathrm{e}^{-2t}, \\ y = \mathrm{e}^{3t}; \end{cases}$

(3) $\begin{cases} x = t - \arctan t, \\ y = \ln(1 + t^2); \end{cases}$

(4) $\begin{cases} x = f'(t), \\ y = tf'(t) - f(t), \end{cases}$ 设 $f''(t)$ 存在且不为零.

8. 一个气球的半径以 5 cm/s 的速度增长, 求当半径为 10 cm 时体积和表面积的增长速度.

9. 注水入深 8 m、上顶直径 8 m 的正圆锥形容器中, 其速率为 4 m³/min. 当水深为 5 m 时, 其表面上升的速度为多少?

10. 从一艘破裂的油轮中渗漏出来的油, 在海面上逐渐扩散形成油层. 设在扩散的过程中, 其形状一直是一个厚度均匀的圆柱体, 其体积也始终保持不变. 已知其厚度 h 的减少率与 h^3 成正比, 试证明其半径 r 的增加率与 r^3 成反比.

第五节　函数的微分

在理论研究和实际应用中, 常常会遇到这样的问题: 当自变量 x 有微小变化 Δx 时, 求函数 $y = f(x)$ 的改变量 $\Delta y = f(x + \Delta x) - f(x)$.

例如, 一块正方形金属薄片受温度变化的影响, 其边长由 x_0 变到 $x_0 + \Delta x$, 问此薄片的面积改变了多少?

设此正方形的边长为 x, 面积为 S, 则 $S = x^2$. 当自变量 x 在点 x_0 有一个增量 Δx 时, 面积 S 相应的增量 ΔS 为

$$\Delta S = (x_0 + \Delta x)^2 - x_0^2 = 2x_0\Delta x + (\Delta x)^2,$$

如图 2-5 所示.

可以看出, ΔS 由两部分组成, 第一部分 $2x_0\Delta x$ 是 Δx 的线性函数, 第二部分 $(\Delta x)^2$

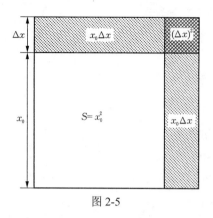

图 2-5

是比 Δx 高阶的无穷小($\Delta x \to 0$ 时), 即 $(\Delta x)^2 = o(\Delta x)$ ($\Delta x \to 0$). 因此, 如果边长改变很微小, 即当 $|\Delta x|$ 很小时, 面积的改变量 ΔS 可近似地用第一部分来代替. 由此, 我们抽象出微分的概念.

一、微分的定义

定义 2-3　设函数 $y = f(x)$ 在点 x_0 的某一邻域内有定义, x_0 及 $x_0 + \Delta x$ 在这邻域内, 如果函数的增量

$$\Delta y = f(x_0 + \Delta x) - f(x_0)$$

可表示为

$$\Delta y = A\Delta x + o(\Delta x), \tag{2-15}$$

其中 A 是不依赖于 Δx 的常数, 那么称函数 $y = f(x)$ 在点 x_0 可微, 而 $A\Delta x$ 称为函数 $y = f(x)$ 在点 x_0 的微分, 记作 $\mathrm{d}y|_{x=x_0}$ 或 $\mathrm{d}f(x)|_{x=x_0}$, 即

$$\mathrm{d}y|_{x=x_0} = A\Delta x.$$

定理 2-6　函数 $f(x)$ 在点 x_0 可微的充分必要条件是函数 $f(x)$ 在点 x_0 可导, 并且当 $f(x)$ 在点 x_0 可微时, 其微分是

$$\mathrm{d}y|_{x=x_0} = f'(x_0)\Delta x. \tag{2-16}$$

证　设函数 $f(x)$ 在点 x_0 可微, 则有

$$\Delta y = A\Delta x + o(\Delta x),$$

两边除以 Δx, 得

$$\frac{\Delta y}{\Delta x} = A + \frac{o(\Delta x)}{\Delta x},$$

当 $\Delta x \to 0$ 时, 由上式可得

$$A = \lim_{\Delta x \to 0} \frac{\Delta y}{\Delta x} = f'(x_0),$$

因此, 如果函数 $f(x)$ 在点 x_0 可微, 则 $f(x)$ 在点 x_0 可导, 且 $A = f'(x_0)$.

反之, 如果 $f(x)$ 在点 x_0 可导, 则

$$\lim_{\Delta x \to 0} \frac{\Delta y}{\Delta x} = f'(x_0),$$

根据定理 1-3, 有

$$\frac{\Delta y}{\Delta x} = f'(x_0) + \alpha,$$

其中 $\alpha \to 0$(当 $\Delta x \to 0$), 因此

$$\Delta y = f'(x_0)\Delta x + \alpha\Delta x.$$

因为 $A = f'(x_0)$ 是不依赖于 Δx 的常数, $\alpha\Delta x = o(\Delta x)$, 所以由微分的定义知, $f(x)$ 在点

x_0 可微.

当 $f'(x_0) \neq 0$ 时, 有

$$\lim_{\Delta x \to 0} \frac{\Delta y}{\mathrm{d}y} = \lim_{\Delta x \to 0} \frac{\Delta y}{f'(x_0)\Delta x} = \frac{1}{f'(x_0)} \lim_{\Delta x \to 0} \frac{\Delta y}{\Delta x} = 1,$$

从而, 当 $\Delta x \to 0$ 时, Δy 与 $\mathrm{d}y$ 是等价无穷小, 所以有

$$\Delta y = \mathrm{d}y + o(\mathrm{d}y).$$

在 $f'(x_0) \neq 0$ 的条件下, 以微分 $\mathrm{d}y = f'(x_0)\Delta x$ 近似代替增量 $\Delta y = f(x_0 + \Delta x) - f(x_0)$ 时, 其误差为 $o(\mathrm{d}y)$.

因此, 在 $|\Delta x|$ 很小, 且 $f'(x_0) \neq 0$ 时, 有关系式 $\Delta y \approx \mathrm{d}y$, 或

$$f(x_0 + \Delta x) \approx f(x_0) + f'(x_0)\Delta x.$$

如果函数 $f(x)$ 在开区间 I 内任意一点 x 可微, 则称函数 $f(x)$ 在开区间 I 内可微, 这时微分记作 $\mathrm{d}y$ 或 $\mathrm{d}f(x)$, 即

$$\mathrm{d}y = f'(x)\Delta x.$$

例 2-50　设函数 $y = x^2$, 求:

(1) 函数的微分;

(2) 函数在 $x = 3$ 处的微分;

(3) 函数在 $x = 3$ 处, 当 $\Delta x = 0.01$ 时的微分, 并讨论用函数微分近似代替函数增量时的误差.

解　(1)　$\mathrm{d}y = (x^2)'\Delta x = 2x\Delta x$;

(2)　$\mathrm{d}y|_{x=3} = 2x|_{x=3}\,\Delta x = 6\Delta x$;

(3)　$\mathrm{d}y\Big|_{\substack{x=3 \\ \Delta x=0.01}} = 2x\Delta x\Big|_{\substack{x=3 \\ \Delta x=0.01}} = 0.06$,

而 $\Delta y = (3+0.01)^2 - 3^2 = 0.0601$, 所以 $\Delta y - \mathrm{d}y = 0.0001$, 可见用 $\mathrm{d}y$ 近似代替 Δy 时, 其误差为 10^{-4}.

通常把自变量 x 的增量 Δx 称为自变量 x 的微分, 记作 $\mathrm{d}x$, 即 $\mathrm{d}x = \Delta x$. 于是, 函数 $y = f(x)$ 的微分又可记作

$$\mathrm{d}y = f'(x)\mathrm{d}x,$$

从而有

$$\frac{\mathrm{d}y}{\mathrm{d}x} = f'(x).$$

也就是说, 函数的微分 $\mathrm{d}y$ 与自变量的微分 $\mathrm{d}x$ 之商等于该函数的导数. 因此, 导数也叫作 "微商".

这样, 第四节所述由参数方程所确定的函数的导数就可理解为两个函数 $y = \psi(t)$ 和 $x = \varphi(t)$ 的微分 $\mathrm{d}y$ 与 $\mathrm{d}x$ 之商.

二、微分的几何意义

函数微分的几何意义是很明显的.

在直角坐标系中,曲线 C 为可微函数 $y = f(x)$ 的图形. 对于某一固定的 x_0 值,曲线 C 上有一个确定的点 $M(x_0, y_0)$,当自变量取得微小增量 Δx 时,即得到曲线上另一点 $N(x_0 + \Delta x, y_0 + \Delta y)$,过点 M 作曲线的切线 MT,切线的倾角为 α,如图 2-6 所示.

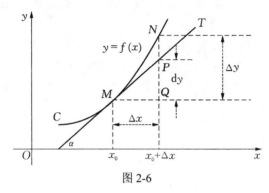

图 2-6

$$MQ = \Delta x, \quad QN = \Delta y,$$

$$QP = MQ \cdot \tan \alpha = f'(x_0) \Delta x,$$

由微分的定义知,$\mathrm{d}y = QP$. 由此可见,如果函数 $y = f(x)$ 可微,当 Δy 是曲线 $y = f(x)$ 上点的纵坐标的增量时,$\mathrm{d}y$ 就是曲线的切线上点的纵坐标的相应增量. 当 $|\Delta x|$ 很小时,$|\Delta y - \mathrm{d}y|$ 比 $|\Delta x|$ 小得多. 所以在点 M 的邻近,可以用切线段来近似代替曲线段.

三、基本初等函数的微分公式与微分运算法则

由函数的微分

$$\mathrm{d}y = f'(x)\mathrm{d}x$$

可知,要计算函数的微分,只要先求出函数的导数,再乘自变量的微分即可.

由基本求导公式与求导的运算法则,再利用微分与导数之间的关系式,可得下面的基本微分公式和微分运算法则.

1. 基本初等函数的微分公式

(1) $\mathrm{d}(C) = 0$;

(2) $\mathrm{d}(x^\mu) = \mu x^{\mu-1}\mathrm{d}x$;

(3) $\mathrm{d}(\sin x) = \cos x\mathrm{d}x$;

(4) $\mathrm{d}(\cos x) = -\sin x\mathrm{d}x$;

(5) $\mathrm{d}(\tan x) = \sec^2 x\mathrm{d}x$;

(6) $\mathrm{d}(\cot x) = -\csc^2 x\mathrm{d}x$;

(7) $\mathrm{d}(\sec x) = \sec x\tan x\mathrm{d}x$;

(8) $\mathrm{d}(\csc x) = -\csc x\cot x\mathrm{d}x$;

(9) $\mathrm{d}(a^x) = a^x\ln a\mathrm{d}x$;

(10) $\mathrm{d}(\mathrm{e}^x) = \mathrm{e}^x\mathrm{d}x$;

(11)　$d(\log_a x) = \dfrac{1}{x \ln a} dx$；

(12)　$d(\ln x) = \dfrac{1}{x} dx$；

(13)　$d(\arcsin x) = \dfrac{1}{\sqrt{1-x^2}} dx$；

(14)　$d(\arccos x) = -\dfrac{1}{\sqrt{1-x^2}} dx$；

(15)　$d(\arctan x) = \dfrac{1}{1+x^2} dx$；

(16)　$d(\text{arccot}\, x) = -\dfrac{1}{1+x^2} dx$．

2. 微分的四则运算法则

设 $u = u(x)$，$v = v(x)$ 都可微，则

(1)　$d(u \pm v) = du \pm dv$；

(2)　$d(Cu) = Cdu$（C 为常数）；

(3)　$d(uv) = vdu + udv$；

(4)　$d\left(\dfrac{u}{v}\right) = \dfrac{vdu - udv}{v^2}$　（$v \neq 0$）．

3. 复合函数的微分运算法则

如果函数 $u = \varphi(x)$ 在点 x 可微，函数 $y = f(u)$ 在相应的点 u 可微，则复合函数 $y = f[\varphi(x)]$ 在点 x 可微，且微分为

$$dy = f'[\varphi(x)]\varphi'(x)dx$$
$$= f'[\varphi(x)]d\varphi(x) = f'(u)du．$$

由此可见，无论 u 是自变量还是中间变量，微分形式 $dy = f'(u)du$ 保持不变．这一性质称为(一阶)微分形式不变性．

例 2-51　设 $y = \sin(2x^3 - e^{-x})$，求 dy．

解　把 $2x^3 - e^{-x}$ 看成中间变量 u，则

$$dy = d(\sin u) = \cos u du = \cos(2x^3 - e^{-x})d(2x^3 - e^{-x})$$
$$= (6x^2 + e^{-x})\cos(2x^3 - e^{-x})dx．$$

与求复合函数的导数类似，在求复合函数的微分时，也可以不写出中间变量．

例 2-52　设 $y = e^{-2x}\sin 3x$，求 dy．

解　$dy = d(e^{-2x}\sin 3x) = \sin 3x d(e^{-2x}) + e^{-2x}d(\sin 3x)$

$$= \sin 3x \cdot e^{-2x}d(-2x) + e^{-2x}\cos 3x d(3x) = e^{-2x}(-2\sin 3x + 3\cos 3x)dx．$$

例 2-53　设 $y = f(u)$ 可微，求函数 $y = f(x^2 - 1)$ 的微分．

解　$dy = d[f(x^2-1)] = f'(x^2-1)d(x^2-1) = 2xf'(x^2-1)dx．$

四、微分在近似计算中的应用

前面讲到，在 $|\Delta x|$ 很小，且 $f'(x_0) \neq 0$ 时，有近似等式

$$\Delta y = f(x_0 + \Delta x) - f(x_0) \approx f'(x_0)\Delta x, \tag{2-17}$$

$$f(x_0 + \Delta x) \approx f(x_0) + f'(x_0)\Delta x. \tag{2-18}$$

如果 $f(x_0)$ 和 $f'(x_0)$ 都比较容易计算, 就可以利用式(2-17)近似计算函数 $y = f(x)$ 在点 x_0 处的增量, 利用式(2-18)近似计算在点 $x = x_0 + \Delta x$ 处的函数值.

例 2-54　半径 10 cm 的金属圆片加热后, 半径伸长了 0.05 cm, 求面积大约增加了多少?

解　设面积 $S = \pi R^2$, $R = 10$ cm, $\Delta R = 0.05$ cm, 则

$$\Delta S \approx dS = 2\pi R \cdot \Delta R = 2\pi \times 10 \times 0.05 = \pi (cm^2).$$

例 2-55　计算 $\cos 60°30'$ 的近似值.

解　设 $y = f(x) = \cos x$, 则 $f'(x) = -\sin x$, $x_0 = \dfrac{\pi}{3}$, $\Delta x = \dfrac{\pi}{360}$.

$$\cos 60°30' \approx \cos \frac{\pi}{3} - \sin \frac{\pi}{3} \cdot \frac{\pi}{360} = \frac{1}{2} - \frac{\sqrt{3}}{2} \cdot \frac{\pi}{360} \approx 0.492\,4.$$

例 2-56　求 $\sqrt{26}$ 的近似值.

解　$\sqrt{26} = 5\sqrt{1 + \dfrac{1}{25}}$,

令 $f(x) = 5\sqrt{x}$, 则 $f'(x) = \dfrac{5}{2\sqrt{x}}$, 取 $x_0 = 1$, $\Delta x = \dfrac{1}{25}$, 所以

$$\sqrt{26} \approx f(1) + f'(1) \cdot \frac{1}{25} = 5 + 5 \cdot \frac{1}{2} \cdot \frac{1}{25} = 5.1.$$

当 $|x|$ 很小时, 利用 $f(x) \approx f(0) + f'(0)x$, 可证得以下几个公式:

(1) $\sqrt[n]{1+x} \approx 1 + \dfrac{1}{n}x$;

(2) $\sin x \approx x$, $\tan x \approx x$;

(3) $e^x \approx 1 + x$, $\ln(1+x) \approx x$.

五、利用 Mathematica 求函数的微分

在 Mathematica 中, 求一元函数微分的格式为

$$Dt[函数表达式]$$

例 2-57　利用 Mathematica 求例 2-51.

解　`In[1]:=Dt[Sin[2x^3-Exp[-x]]]`

`Out[1]=-Cos[e⁻ˣ-2x³](-e⁻ˣDt[x]-6x²Dt[x])`

其中输出的表达式中 `Dt[x]` 即为 dx, 所以 $y = \sin(2x^3 - e^{-x})$ 的微分为

$$dy = -\cos(e^{-x} - 2x^3)(-e^{-x}dx - 6x^2dx).$$

例 2-58　利用 Mathematica 求 $y = x^3$ 在 $x = 2.03$ 处的微分; 在 $x = 1$, $dx = 0.01$ 处的微分.

解　`In[1]:=D[x^3,x]dx/.x→2.03`

`Out[1]=12.3627dx`

`In[1]:=D[x^3,x]dx/.{x→1,dx→0.01}`

`Out[1]=0.03`

习　题　2-5

1. 设函数 $y = x^3$，计算在 $x = 2$ 处，$\Delta x = -0.1$ 时的增量 Δy 及微分 $\mathrm{d}y$．

2. 求下列函数的微分．

(1) $y = \dfrac{x}{2+x}$；

(2) $y = x\cos 3x$；

(3) $y = \ln^2(5-3x)$；

(4) $y = \tan^2(1+3x^2)$；

(5) $y = x^3 \mathrm{e}^{-2x}$；

(6) $y = \arcsin\left(\mathrm{e}^{-\sqrt{x}}\right)$；

(7) $y = \ln(\mathrm{e}^x + \sqrt{1+\mathrm{e}^{2x}})$；

(8) $y = f^2(\mathrm{e}^x)$（其中 $f(x)$ 可导）．

3. 将适当的函数填入下列括号内，使等式成立．

(1) $\mathrm{d}(\qquad) = 3x\mathrm{d}x$；

(2) $\mathrm{d}(\qquad) = \dfrac{1}{2x}\mathrm{d}x$；

(3) $\mathrm{d}(\qquad) = \mathrm{e}^{-3x}\mathrm{d}x$；

(4) $\mathrm{d}(\qquad) = x\mathrm{e}^{x^2}\mathrm{d}x$；

(5) $\mathrm{d}(\qquad) = \dfrac{x}{1+x^2}\mathrm{d}x$；

(6) $\mathrm{d}(\qquad) = \sqrt{2+x}\mathrm{d}x$；

(7) $\mathrm{d}(\qquad) = \sin 3x\mathrm{d}x$；

(8) $\mathrm{d}(\qquad) = \csc^2 2x\mathrm{d}x$．

4. 用微分法求由方程 $1 + \sin(x+y) = \mathrm{e}^{-xy}$ 确定的函数 $y = y(x)$ 的微分与导数．

5. 当 $|x|$ 很小时，证明下列近似公式．

(1) $\ln(1+x) \approx x$；

(2) $\mathrm{e}^x \approx 1+x$．

6. 利用微分求下列各式的近似值．

(1) $\arctan 1.02$；

(2) $\sqrt[3]{996}$；

(3) $\cos 151°$．

7. 设扇形的圆心角 $\alpha = 60°$，半径 $R = 100$ cm，如果 R 不变，α 减少 $30'$，问扇形面积大约改变多少？又如果 α 不变，R 增加 1 cm，问扇形的面积大约改变多少？

8. 一个充好气的气球，半径为 4 m．升空后，因外部气压降低，气球半径增大了 10 cm，求气球的体积近似增加多少？

总 习 题 二

1. 在"充分""必要"和"充分必要"三者中选择一个正确的填入下列空格内．

(1) $f(x)$ 在点 x_0 可导是 $f(x)$ 在点 x_0 连续的_____条件，$f(x)$ 在点 x_0 连续是 $f(x)$ 在点 x_0 可导的_____条件；

(2) $f(x)$ 在点 x_0 的左导数 $f'_-(x_0)$ 及右导数 $f'_+(x_0)$ 都存在且相等是 $f(x)$ 在点 x_0 可导

的_____条件;

(3) $f(x)$ 在点 x_0 可导是 $f(x)$ 在点 x_0 可微的_____条件.

2. 设 $f(x)$ 在 $x=1$ 处连续, 且 $\lim\limits_{x\to 1}\dfrac{f(x)}{x-1}=2$, 则 $f'(1)=$_____.

3. 设 $f(x)=x(x-1)(x-2)\cdots(x-n)$ $(n\geqslant 2)$, 则 $f'(0)=$_____.

4. 选择题.

(1) 设 $f(x)$ 可导且下列极限均存在, 则下列结果不正确的是(　　).

A. $\lim\limits_{x\to 0}\dfrac{f(x)-f(0)}{x}=f'(0)$ 　　　　B. $\lim\limits_{h\to 0}\dfrac{f(a+2h)-f(a)}{h}=f'(a)$

C. $\lim\limits_{\Delta x\to 0}\dfrac{f(x_0)-f(x_0-\Delta x)}{\Delta x}=f'(x_0)$ 　　D. $\lim\limits_{\Delta x\to 0^+}\dfrac{f(x_0+\Delta x)-f(x_0-\Delta x)}{2\Delta x}=f'(x_0)$

(2) 设 $f(x)$ 在 $x=x_0$ 的某个邻域内有定义, 则 $f(x)$ 在 $x=x_0$ 处可导的一个充分条件是(　　)

A. $\lim\limits_{h\to\infty}h\left[f\left(x_0+\dfrac{1}{h}\right)-f(x_0)\right]$ 存在 　　B. $\lim\limits_{h\to 0}\dfrac{f(x_0+2h)-f(x_0-h)}{3h}$ 存在

C. $\lim\limits_{h\to 0}\dfrac{f(x_0+4h)-f(x_0+3h)}{h}$ 存在 　　D. $\lim\limits_{h\to 0^+}\dfrac{f(x_0)-f(x_0-h)}{h}$ 存在

(3) 设 $f(x)=\begin{cases}\dfrac{2}{3}x^3, & x\leqslant 1,\\ x^2, & x>1,\end{cases}$ 则 $f(x)$ 在 $x=1$ 处的(　　).

A. 左、右导数都存在 　　　　　　B. 左导数存在, 右导数不存在

C. 左导数不存在, 右导数存在 　　D. 左、右导数都不存在

(4) 设 $f(x)=\begin{cases}x^2\sin\dfrac{1}{x}, & x>0,\\ ax+b, & x\leqslant 0\end{cases}$ 在 $x=0$ 处可导, 则(　　).

A. $a=1,b=0$ 　　　　　　　　B. $a=0$, b 为任意实数

C. $a=0,b=0$ 　　　　　　　　D. $a=1$, b 为任意实数

5. 设函数 $f(x)$ 可导, 且 $f'(2)=3$, 求 $\lim\limits_{x\to 0}\dfrac{f(2-x)-f(2)}{3x}$.

6. 讨论下列函数在指定点处的连续性与可导性.

(1) $f(x)=\begin{cases}e^x, & x\geqslant 0,\\ x^2+1, & x<0\end{cases}$ 在 $x=0$ 处;

(2) $f(x)=\begin{cases}\dfrac{\sin(x-1)}{x-1}, & x\neq 1,\\ 0, & x=1\end{cases}$ 在 $x=1$ 处;

(3) $f(x) = \begin{cases} \dfrac{x}{1-e^{\frac{1}{x}}}, & x \neq 0, \\ 0, & x = 0 \end{cases}$ 在 $x=0$ 处.

7. 求过点 $(2,0)$ 的一条直线, 使它与曲线 $y = \dfrac{1}{x}$ 相切.

8. 设 $y = y(x)$ 是由方程 $e^y + xy = e$ 所确定的函数, 求 $y''(0)$.

9. 求下列函数的导数或微分.

(1) $y = \ln(\sqrt{1+e^{2x}} - e^x)$, 求 y';

(2) $y = x \arcsin \dfrac{x}{3} + \sqrt{9-x^2} + \ln 2$, 求 dy;

(3) $y = (\sin x)^{\cos x}$, 求 y';

(4) $y = \dfrac{\sqrt[3]{x+2}(3-2x)^4}{(3x+1)^5}$, 求 y'.

10. 求下列函数的二阶导数.

(1) $y = x \cos 3x$; \qquad\qquad (2) $y = \ln \sqrt{\dfrac{x-1}{x^2+1}}$.

11. 求下列函数的 n 阶导数.

(1) $y = \dfrac{1}{x^2-x-2}$; \qquad (2) $y = \dfrac{1-x}{1+x}$; \qquad (3) $y = \sin^4 x$.

12. 求曲线 $\begin{cases} x = \ln(1+t^2), \\ y = \dfrac{\pi}{2} + \arctan t \end{cases}$ 上一点的坐标, 使在该点处的切线平行于直线

$x + 2y = 0$.

13. 设 $f(x)$ 在 $x=0$ 处可导, 且 $f'(0) = \dfrac{1}{3}$, 又对任意的 x 有 $f(3+x) = 3f(x)$, 求 $f'(3)$.

14. 设 $f(x) = \lim\limits_{n \to \infty} \dfrac{x^2 e^{n(x-1)} + ax + b}{e^{n(x-1)} + 1}$, 试确定 a, b, 使 $f(x)$ 处处可导, 并求 $f'(x)$.

15. 设 $f(x)$ 有一阶连续导数, 且 $f(0) = 0$, $f'(0) = 1$, 求 $\lim\limits_{x \to 0}[1+f(x)]^{\frac{1}{\ln(1+x)}}$.

16. 已知 $f(x)$ 是周期为 5 的连续函数, 它在 $x=0$ 的某邻域内满足关系式

$$f(1+\sin x) - 3f(1-\sin x) = 8x + o(x),$$

且 $f(x)$ 在 $x=1$ 处可导, 求曲线 $y = f(x)$ 在点 $(6, f(6))$ 处的切线方程.

第三章 微分中值定理与导数的应用

第二章学习了导数和微分的概念, 并讨论了它们的计算方法. 这一章首先介绍微分中值定理, 再来讨论导数的应用. 本章是微分学的重要部分, 将应用导数和微分来研究函数的性态, 并利用这些知识解决一些实际问题.

第一节 微分中值定理

本节先讨论罗尔(Rolle)中值定理, 然后由它推出拉格朗日(Lagrange)中值定理和柯西(Cauchy)中值定理.

一、罗尔中值定理

设曲线弧 $\overset{\frown}{AB}$ 是函数 $y = f(x)$ $(x \in [a,b])$ 的图形, 如图 3-1 所示.

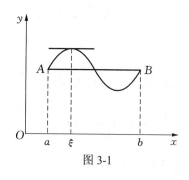

图 3-1

这是一条连续的曲线, 除端点外处处有不垂直于 x 轴的切线, 且两端点的纵坐标相等. 可以发现, 在曲线弧 $\overset{\frown}{AB}$ 的最高点或最低点处, 曲线都有水平的切线. 若用数学语言把这一几何现象描述出来, 就得到下面的罗尔中值定理.

定理 3-1 (罗尔中值定理) 如果函数 $f(x)$ 满足下列条件:

(1) 在闭区间 $[a,b]$ 上连续;

(2) 在开区间 (a,b) 内可导;

(3) 在区间端点处的函数值相等, 即 $f(a) = f(b)$,

那么, 在 (a,b) 内至少存在一点 ξ, 使 $f'(\xi) = 0$.

证 因为 $f(x)$ 在闭区间 $[a,b]$ 上连续, 所以它在 $[a,b]$ 上必能取得最大值 M 和最小值 m . 下面分为两种情况:

(1) 若 $M = m$, 则 $f(x)$ 在 $[a,b]$ 上恒为常数, 即 $f(x) = M = m$, 这时, 对于区间 (a,b) 内任一点, 都有 $f'(x) = 0$, 结论成立.

(2) 若 $M \neq m$, 不妨设 $f(a) = f(b) \neq M$, 于是在 (a,b) 内必有一点 ξ , 使 $f(\xi) = M$, 即对于任意的 $x \in [a,b]$, 有 $f(x) \leqslant f(\xi)$. 又因为 $f'(\xi)$ 存在且

$$f'_-(\xi) = \lim_{x \to \xi^-} \frac{f(x) - f(\xi)}{x - \xi} \geqslant 0,$$

$$f'_+(\xi) = \lim_{x \to \xi^+} \frac{f(x) - f(\xi)}{x - \xi} \leqslant 0,$$

故 $f'(\xi) = 0$. 类似可证 $f(a) = f(b) \neq m$ 的情形.

例 3-1 不求函数 $f(x) = (x-1)(x-2)(x-3)$ 的导数, 说明方程 $f'(x) = 0$ 有几个实根, 并指出它们所在的区间.

解 因为 $f(x)$ 在 $[1,2]$ 和 $[2,3]$ 上连续, 在 $(1,2)$ 和 $(2,3)$ 内可导, 且

$$f(1) = f(2) = f(3) = 0,$$

所以, 由罗尔中值定理知, 在 $(1,2)$ 内至少存在一点 ξ_1, 使 $f'(\xi_1) = 0$, 在 $(2,3)$ 内至少存在一点 ξ_2, 使 $f'(\xi_2) = 0$, 即 ξ_1 和 ξ_2 都是方程 $f'(x) = 0$ 的实根.

扫码演示

又由代数学基本定理知, 方程 $f'(x) = 0$ 至多有两个实根, 所以方程 $f'(x) = 0$ 有且只有两个实根, 它们分别位于 $(1,2)$ 和 $(2,3)$ 内.

二、拉格朗日中值定理

罗尔中值定理的第三个条件 $f(a) = f(b)$ 是非常特殊的, 它使定理的应用受到了限制. 当罗尔中值定理的第三个条件不满足时, 有下面的拉格朗日中值定理.

定理 3-2 (拉格朗日中值定理) 如果函数 $f(x)$ 满足下列条件:

(1) 在闭区间 $[a,b]$ 上连续;

(2) 在开区间 (a,b) 内可导,

那么, 在 (a,b) 内至少存在一点 ξ, 使

$$f'(\xi) = \frac{f(b) - f(a)}{b - a}$$

或

$$f(b) - f(a) = f'(\xi)(b - a). \tag{3-1}$$

证 作辅助函数

$$\varphi(x) = f(x) - \frac{f(b) - f(a)}{b - a}(x - a),$$

容易验证函数 $\varphi(x)$ 在 $[a,b]$ 上连续, 在 (a,b) 内可导, 且 $\varphi(a) = \varphi(b) = f(a)$, 根据罗尔中值定理可知, 在开区间 (a,b) 内至少存在一点 ξ, 使 $\varphi'(\xi) = 0$, 即

$$f'(\xi) - \frac{f(b) - f(a)}{b - a} = 0,$$

由此得

$$f'(\xi) = \frac{f(b) - f(a)}{b - a}$$

或

$$f(b) - f(a) = f'(\xi)(b - a).$$

式(3-1)称为拉格朗日中值公式. 这个公式对于 $b < a$ 也成立.

拉格朗日中值定理的几何意义是：如果连续曲线 $y = f(x)$ 的弧 $\overset{\frown}{AB}$ 除端点外处处具有不垂直于 x 轴的切线, 那么在弧 $\overset{\frown}{AB}$ 上至少有一点 $C(\xi, f(\xi))$, 使曲线在该点处的切线平行于弦 AB, 其中 AB 为连接 $A(a, f(a))$, $B(b, f(b))$ 的线段, 其斜率为 $\dfrac{f(b) - f(a)}{b - a}$, 如图 3-2 所示.

显然, 当 $f(a) = f(b)$ 时, 弦 AB 是平行于 x 轴的, 点 C 处的切线斜率为零. 由此可见, 罗尔中值定理是拉格朗日中值定理的特殊情形.

拉格朗日中值公式还有其他表现形式. 设 $f(x)$ 在区间 (a, b) 内可导, x 为区间 (a, b) 内一点, $x + \Delta x$ 为这区间内的另一点, 则在 $[x, x + \Delta x]$ $(\Delta x > 0)$ 或 $[x + \Delta x, x]$

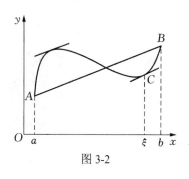

图 3-2

$(\Delta x < 0)$ 上应用拉格朗日中值公式, 得

$$f(x + \Delta x) - f(x) = f'(x + \theta \Delta x) \Delta x \quad (0 < \theta < 1)$$

或

$$\Delta y = f'(x + \theta \Delta x) \Delta x \quad (0 < \theta < 1). \tag{3-2}$$

我们知道, $\Delta y \approx \mathrm{d}y = f'(x) \Delta x$, 它表明, 函数的微分 $\mathrm{d}y = f'(x) \Delta x$ 是函数的增量 Δy 的近似表达式, 一般说来, 以 $\mathrm{d}y$ 近似代替 Δy 时所产生的误差只有当 $\Delta x \to 0$ 时才趋于零, 而式(3-2)给出了函数增量 Δy 的精确表达式. 因此, 拉格朗日中值定理又称为有限增量定理, 它在微分学中占有重要的地位, 有时也将其称为微分中值定理.

作为拉格朗日中值定理的应用, 有如下推论.

推论 3-1 如果函数 $f(x)$ 在开区间 I 内的导数恒为零, 那么 $f(x)$ 在区间 I 内是一个常数.

证 在区间 I 内任取两点 x_1, x_2 $(x_1 < x_2)$, 在 $[x_1, x_2]$ 上应用拉格朗日中值定理, 得

$$f(x_2) - f(x_1) = f'(\xi)(x_2 - x_1) \quad (x_1 < \xi < x_2),$$

由条件 $f'(\xi) = 0$ 可知, $f(x_2) - f(x_1) = 0$, 即

$$f(x_1) = f(x_2),$$

因为 x_1, x_2 是 I 内任意两点, 所以 $f(x)$ 在区间 I 内是一个常数.

例 3-2 证明当 $x > 0$ 时, $\dfrac{x}{1 + x} < \ln(1 + x) < x$.

证 设 $f(t) = \ln(1 + t)$, 则 $f(t)$ 在区间 $[0, x]$ 上可导, 则有

$$f(x) - f(0) = \ln(1 + x) - 0 = f'(\xi)x, \quad 0 < \xi < x,$$

由于 $f(0) = 0$, $f'(t) = \dfrac{1}{1 + t}$, 得

$$\ln(1 + x) = \frac{x}{1 + \xi},$$

又由 $0 < \xi < x$，得

$$\frac{x}{1+x} < \frac{x}{1+\xi} < x,$$

于是

$$\frac{x}{1+x} < \ln(1+x) < x.$$

例 3-3　设 $f(x)$ 在 $[0, 1]$ 上连续，在 $(0, 1)$ 内可导，证明至少存在一点 $\xi \in (0,1)$，使

$$f(1) = 2\xi f(\xi) + \xi^2 f'(\xi).$$

证　作辅助函数 $F(x) = x^2 f(x)$，则 $F(x)$ 在 $[0, 1]$ 上连续，在 $(0, 1)$ 内可导，根据拉格朗日中值定理可知，至少存在一点 $\xi \in (0,1)$，使

$$F(1) - F(0) = F'(\xi),$$

即

$$f(1) = 2\xi f(\xi) + \xi^2 f'(\xi).$$

三、柯西中值定理

设连续的曲线弧 $\overparen{AB}$ 由参数方程 $\begin{cases} X = g(x), \\ Y = f(x) \end{cases}$ $(a \leqslant x \leqslant b)$ 表示，曲线上除端点外处处具有不垂直于横轴的切线，如图 3-3 所示．利用参数方程求导公式，曲线上点 (X,Y) 处切线的斜率为 $\dfrac{\mathrm{d}Y}{\mathrm{d}X} = \dfrac{f'(x)}{g'(x)}$，弦 AB 的斜率为 $\dfrac{f(b) - f(a)}{g(b) - g(a)}$．假定点 C 对应于参数 $x = \xi$，那么曲线上点 C 处的切线平行于弦 AB，可表示为 $\dfrac{f(b) - f(a)}{g(b) - g(a)} = \dfrac{f'(\xi)}{g'(\xi)}$，相应地有下面的柯西中值定理．

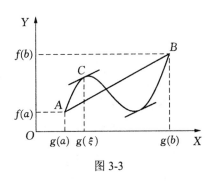

图 3-3

定理 3-3　（柯西中值定理）如果函数 $f(x)$ 及 $g(x)$ 满足条件：

(1) 在闭区间 $[a,b]$ 上连续；

(2) 在开区间 (a,b) 内可导；

(3) $g'(x) \neq 0$，$x \in (a,b)$，

那么，在 (a,b) 内至少有一点 ξ，使

$$\frac{f(b) - f(a)}{g(b) - g(a)} = \frac{f'(\xi)}{g'(\xi)}.$$

此定理的证明留给读者思考．

如果取 $g(x) = x$，则 $g(b) - g(a) = b - a$，$g'(x) = 1$，这时，柯西中值公式可以写成

$$f(b) - f(a) = f'(\xi)(b - a) \quad (a < \xi < b),$$

显然，这就是拉格朗日中值公式．由此可见拉格朗日中值定理是柯西中值定理的特殊情形．

例3-4 设函数 $f(x)$ 在 $[0,1]$ 上连续, 在 $(0,1)$ 内可导, 试证明至少存在一点 $\xi \in (0,1)$, 使
$$f'(\xi) = 3\xi^2[f(1) - f(0)].$$

证 作辅助函数 $g(x) = x^3$, 则 $f(x)$ 与 $g(x)$ 在 $[0,1]$ 上连续, 在 $(0,1)$ 内可导, 由柯西中值定理可知, 在 $(0,1)$ 内至少存在一点 ξ, 使
$$\frac{f(1) - f(0)}{1 - 0} = \frac{f'(\xi)}{3\xi^2},$$
即
$$f'(\xi) = 3\xi^2[f(1) - f(0)].$$

习 题 3-1

1. 请举例说明, 罗尔中值定理的三个条件缺少任意一个, 都有可能使结论不成立.

2. 验证下列各题, 并确定 ξ 的值.

(1) 对函数 $y = \cos x$ 在区间 $\left[-\dfrac{\pi}{2}, \dfrac{\pi}{2}\right]$ 上验证罗尔中值定理;

(2) 对函数 $y = (x-1)\sqrt{4-x}$ 在区间 $[1,4]$ 上验证拉格朗日中值定理;

(3) 对函数 $f(x) = x^3$ 及 $g(x) = x^2 + 1$ 在区间 $[1,2]$ 上验证柯西中值定理.

3. 证明方程 $\sin x + x\cos x = 0$ 在 $(0, \pi)$ 内必有实根.

4. 不求出函数 $f(x) = x(x-1)(x-2)(x-3)$ 的导数, 说明方程 $f'(x) = 0$ 和 $f''(x) = 0$ 分别有几个实根, 并指出它们所在的区间.

5. 证明方程 $1 + x + \dfrac{x^2}{2} + \dfrac{x^3}{6} = 0$ 只有一个实根.

6. 证明不等式.

(1) 当 $x > 0$ 时, $\dfrac{1}{x+1} < \ln(x+1) - \ln x < \dfrac{1}{x}$;

(2) $|\arctan a - \arctan b| \leqslant |a - b|$;

(3) 当 $x > 1$ 时, $e^x > ex$.

7. 证明恒等式: $\arcsin x + \arcsin \sqrt{1 - x^2} = \dfrac{\pi}{2}$, $x \in [0,1]$.

8. 若函数 $f(x)$ 在 $(-\infty, +\infty)$ 内满足关系式 $f'(x) = f(x)$, 且 $f(0) = 1$, 证明: $f(x) = e^x$.

9. 设 $f(x)$ 在 $[0,a]$ 上连续, 在 $(0,a)$ 内可导, 且 $f(a) = 0$, 证明存在一点 $\xi \in (0,a)$, 使 $3f(\xi) + \xi f'(\xi) = 0$.

10. 设 $a_1, a_2, a_3, \cdots, a_n$ 为满足
$$a_1 - \frac{a_2}{3} + \cdots + (-1)^{n-1}\frac{a_n}{2n-1} = 0$$
的实数, 试证明方程 $a_1\cos x + a_2\cos 3x + \cdots + a_n\cos(2n-1)x = 0$ 在 $\left(0, \dfrac{\pi}{2}\right)$ 内至少存在一个

实根.

11. 设函数 $f(x)$ 在 $[a,b]$ 上连续, 在 (a,b) 内可导, 且 $f'(x) \neq 0$, 证明存在 $\xi, \eta \in (a,b)$, 使

$$\frac{f'(\xi)}{f'(\eta)} = \frac{e^b - e^a}{b-a} e^{-\eta} .$$

12. 设函数 $f(x)$ 在 $x=0$ 的某邻域内具有 n 阶导数, 且 $f(0) = f'(0) = \cdots = f^{(n-1)}(0) = 0$, 试用柯西中值定理证明: $\dfrac{f(x)}{x^n} = \dfrac{f^{(n)}(\theta x)}{n!}$ $(0 < \theta < 1)$.

第二节　洛必达法则

我们知道, 两个无穷小量比值的极限与两个无穷大量比值的极限可能存在, 也可能不存在. 一般称这种极限为未定式, 并分别记为 $\dfrac{0}{0}$ 型和 $\dfrac{\infty}{\infty}$ 型. 利用柯西中值定理可推出求这类极限的一种简便且重要的方法.

首先讨论 $x \to a$ 时 $\dfrac{0}{0}$ 型未定式的情形.

定理 3-4　设函数 $f(x)$ 和 $g(x)$ 满足下列条件:

(1) 当 $x \to a$ 时, 函数 $f(x)$ 和 $g(x)$ 都趋于零;

(2) $f(x)$ 和 $g(x)$ 在点 a 的某去心邻域内可导, 且 $g'(x) \neq 0$;

(3) $\lim\limits_{x \to a} \dfrac{f'(x)}{g'(x)}$ 存在(或为无穷大),

那么,

$$\lim_{x \to a} \frac{f(x)}{g(x)} = \lim_{x \to a} \frac{f'(x)}{g'(x)} .$$

证　如果 $\lim\limits_{x \to a} \dfrac{f'(x)}{g'(x)}$ 存在, 因为 $\dfrac{f(x)}{g(x)}$ 当 $x \to a$ 时的极限与 $f(x)$ 和 $g(x)$ 在点 $x=a$ 处的定义无关, 所以可假定 $f(a) = g(a) = 0$, 由条件(1)、(2)知, 在以 a 及 x 为端点的区间上, 柯西中值定理的条件均满足, 因此有

$$\frac{f(x)}{g(x)} = \frac{f(x) - f(a)}{g(x) - g(a)} = \frac{f'(\xi)}{g'(\xi)} \quad (\xi \text{ 介于 } x \text{ 与 } a \text{ 之间}).$$

令 $x \to a$, 并对上式两端求极限, 注意到当 $x \to a$ 时, 有 $\xi \to a$, 再根据条件(3)得

$$\lim_{x \to a} \frac{f(x)}{g(x)} = \lim_{x \to a} \frac{f'(\xi)}{g'(\xi)} = \lim_{\xi \to a} \frac{f'(\xi)}{g'(\xi)} = \lim_{x \to a} \frac{f'(x)}{g'(x)} .$$

定理 3-4 的结论说明, 当 $\lim\limits_{x \to a} \dfrac{f'(x)}{g'(x)}$ 存在时, $\lim\limits_{x \to a} \dfrac{f(x)}{g(x)}$ 也存在且等于 $\lim\limits_{x \to a} \dfrac{f'(x)}{g'(x)}$; 当 $\lim\limits_{x \to a} \dfrac{f'(x)}{g'(x)}$ 为无穷大时, $\lim\limits_{x \to a} \dfrac{f(x)}{g(x)}$ 也是无穷大. 这种在一定条件下通过分子、分母分别求导再求极限来确定未定式的值的方法称为洛必达(L' Hospital)法则.

若导函数之比的极限仍为 $\dfrac{0}{0}$ 型未定式, 且满足定理 3-4 中的条件, 则可继续使用洛必达法则.

例 3-5　求 $\lim\limits_{x \to 0} \dfrac{\sin x}{x}$.

解　$\lim\limits_{x \to 0} \dfrac{\sin x}{x} = \lim\limits_{x \to 0} \dfrac{\cos x}{1} = 1$.

例 3-6　求 $\lim\limits_{x \to 0} \dfrac{x - \sin x}{x^3}$.

解　$\lim\limits_{x \to 0} \dfrac{x - \sin x}{x^3} = \lim\limits_{x \to 0} \dfrac{1 - \cos x}{3x^2} = \lim\limits_{x \to 0} \dfrac{\sin x}{6x} = \dfrac{1}{6}$.

例 3-7　求 $\lim\limits_{x \to 0} \dfrac{\mathrm{e}^x + \mathrm{e}^{-x} - 2}{x^3}$.

解　$\lim\limits_{x \to 0} \dfrac{\mathrm{e}^x + \mathrm{e}^{-x} - 2}{x^3} = \lim\limits_{x \to 0} \dfrac{\mathrm{e}^x - \mathrm{e}^{-x}}{3x^2} = \lim\limits_{x \to 0} \dfrac{\mathrm{e}^x + \mathrm{e}^{-x}}{6x} = \infty$.

对于 $x \to \infty$ 时 $\dfrac{0}{0}$ 型未定式, 也有相应的洛必达法则.

定理 3-5　设函数 $f(x)$ 和 $g(x)$ 满足下列条件:

(1) 当 $x \to \infty$ 时, 函数 $f(x)$ 和 $g(x)$ 都趋于零;

(2) 存在 $M > 0$, 当 $|x| > M$ 时, $f(x)$ 和 $g(x)$ 可导, 且 $g'(x) \neq 0$;

(3) $\lim\limits_{x \to \infty} \dfrac{f'(x)}{g'(x)}$ 存在(或为无穷大),

那么,

$$\lim_{x \to \infty} \frac{f(x)}{g(x)} = \lim_{x \to \infty} \frac{f'(x)}{g'(x)}.$$

将定理 3-4 和定理 3-5 中的条件(1)相应地改为"当 $x \to a$ 时, 函数 $f(x)$ 和 $g(x)$ 都趋于无穷大"和"当 $x \to \infty$ 时, 函数 $f(x)$ 和 $g(x)$ 都趋于无穷大", 其他条件不变, 便分别得到关于 $x \to a$ 和 $x \to \infty$ 时 $\dfrac{\infty}{\infty}$ 型未定式的洛必达法则.

例 3-8　求 $\lim\limits_{x \to +\infty} \dfrac{\operatorname{arccot} x}{\ln\left(1 + \dfrac{1}{x}\right)}$.

解　$\lim\limits_{x \to +\infty} \dfrac{\operatorname{arccot} x}{\ln\left(1 + \dfrac{1}{x}\right)} = \lim\limits_{x \to +\infty} \dfrac{-\dfrac{1}{1 + x^2}}{-\dfrac{1}{x + x^2}} = \lim\limits_{x \to +\infty} \dfrac{x + x^2}{1 + x^2} = 1$.

此例也可用 Mathematica 来计算.

```
In[1]:=Limit[ArcCot[x]/Log[1+1/x],x→Infinity,Direction→1]
Out[1]=1
```

与用洛必达法则计算结果一致.

例3-9 求 $\lim\limits_{x\to+\infty}\dfrac{\ln x}{x^\alpha}$ $(\alpha>0)$.

解 $\lim\limits_{x\to+\infty}\dfrac{\ln x}{x^\alpha}=\lim\limits_{x\to+\infty}\dfrac{x^{-1}}{\alpha x^{\alpha-1}}=\lim\limits_{x\to+\infty}\dfrac{1}{\alpha x^\alpha}=0$.

例3-10 求 $\lim\limits_{x\to+\infty}\dfrac{x^\alpha}{e^x}$ $(\alpha>0)$.

解 由于

$$\lim_{x\to+\infty}\frac{x}{e^{x/\alpha}}=\lim_{x\to+\infty}\frac{1}{\dfrac{1}{\alpha}e^{x/\alpha}}=0,$$

于是

$$\lim_{x\to+\infty}\frac{x^\alpha}{e^x}=\lim_{x\to+\infty}\left(\frac{x}{e^{x/\alpha}}\right)^\alpha=0.$$

由例3-9、例3-10可以看出，虽然对数函数 $\ln x$、幂函数 x^α $(\alpha>0)$ 和指数函数 e^x 均为 $x\to+\infty$ 时的无穷大，但这三个函数趋于无穷大的快慢程度即"速度"不同，幂函数趋于无穷的"速度"远快于对数函数，指数函数趋于无穷的"速度"又远快于幂函数.

未定式还有其他几种类型 $0\cdot\infty$、$\infty-\infty$、1^∞、0^0、∞^0 等，这几种未定式均可化为 $\dfrac{0}{0}$ 型或 $\dfrac{\infty}{\infty}$ 型未定式来计算.

例3-11 求 $\lim\limits_{x\to0^+}x\ln x$.

解 这是 $0\cdot\infty$ 型未定式，将其化为 $\dfrac{\infty}{\infty}$ 型，再用洛必达法则，得

$$\lim_{x\to0^+}x\ln x=\lim_{x\to0^+}\frac{\ln x}{x^{-1}}=\lim_{x\to0^+}\frac{x^{-1}}{-x^{-2}}=-\lim_{x\to0^+}x=0.$$

例3-12 求 $\lim\limits_{x\to0}\left(\dfrac{1}{x}-\dfrac{1}{e^x-1}\right)$.

解 这是 $\infty-\infty$ 型未定式，先通分将其化为 $\dfrac{0}{0}$ 型，再用洛必达法则，得

$$\lim_{x\to0}\left(\frac{1}{x}-\frac{1}{e^x-1}\right)=\lim_{x\to0}\frac{e^x-1-x}{x(e^x-1)}=\lim_{x\to0}\frac{e^x-1}{(x+1)e^x-1}=\lim_{x\to0}\frac{e^x}{(x+2)e^x}=\frac{1}{2}.$$

例3-13 求 $\lim\limits_{x\to1}(2-x)^{\tan\frac{\pi}{2}x}$.

解 这是 1^∞ 型未定式，恒等变形得

$$\lim_{x\to1}(2-x)^{\tan\frac{\pi}{2}x}=\lim_{x\to1}e^{\tan\frac{\pi}{2}x\cdot\ln(2-x)},$$

其中，

$$\lim_{x\to1}\tan\frac{\pi}{2}x\cdot\ln(2-x)=\lim_{x\to1}\frac{\sin\frac{\pi}{2}x\cdot\ln(2-x)}{\cos\frac{\pi}{2}x}$$

$$= \lim_{x \to 1} \frac{\ln(2-x)}{\cos \frac{\pi}{2}x} = \lim_{x \to 1} \frac{2}{\pi} \frac{1}{\sin \frac{\pi}{2}x \cdot (2-x)}$$

$$= \frac{2}{\pi},$$

于是

$$\lim_{x \to 1}(2-x)^{\tan \frac{\pi}{2}x} = e^{\frac{2}{\pi}}.$$

例 3-14　求 $\lim\limits_{x \to 0^+}\left(1+\dfrac{1}{x}\right)^x$.

解　这是 ∞^0 型未定式, 恒等变形得

$$\lim_{x \to 0^+}\left(1+\frac{1}{x}\right)^x = \lim_{x \to 0^+}e^{x\ln\left(1+\frac{1}{x}\right)},$$

其中,

$$\lim_{x \to 0^+}x\ln\left(1+\frac{1}{x}\right) = \lim_{x \to 0^+}\frac{\ln\left(1+\frac{1}{x}\right)}{\frac{1}{x}} = \lim_{x \to 0^+}\frac{\left(1+\frac{1}{x}\right)^{-1}\cdot\left(-\frac{1}{x^2}\right)}{-\frac{1}{x^2}} = \lim_{x \to 0^+}\frac{x}{1+x} = 0,$$

于是

$$\lim_{x \to 0^+}\left(1+\frac{1}{x}\right)^x = e^0 = 1.$$

例 3-15　求 $\lim\limits_{x \to 0}\dfrac{\sin x - x}{x\tan^2 x}$.

解　这是 $\dfrac{0}{0}$ 型未定式, 则

$$\lim_{x \to 0}\frac{\sin x - x}{x\tan^2 x} = \lim_{x \to 0}\frac{\sin x - x}{x^3} = \lim_{x \to 0}\frac{\cos x - 1}{3x^2} = \lim_{x \to 0}\frac{-\sin x}{6x} = -\frac{1}{6}.$$

用 Mathematica 计算如下:

```
In[1]:=Limit[(Sin[x]-x)/(x*Tan[x]*Tan[x]),x→0]
```

扫码演示

$$Out[1]=-\frac{1}{6}$$

习　题　3-2

1. 用洛必达法则求下列极限.

(1) $\lim\limits_{x \to 0}\dfrac{\sin ax}{\sin bx}\ (ab \neq 0)$;

(2) $\lim\limits_{x \to 0}\dfrac{\ln(1-x^2)}{x^2}$;

(3) $\lim\limits_{x \to 0}\dfrac{e^x - e^{-x} - 2x}{x - \sin x}$;

(4) $\lim\limits_{x \to \frac{\pi}{2}}\dfrac{\ln\sin x}{\left(\pi - 2x\right)^2}$;

(5) $\lim\limits_{x \to +\infty} \dfrac{x + e^x}{x - e^x}$;

(6) $\lim\limits_{x \to -\infty} \dfrac{2x + e^x}{x - e^x}$;

(7) $\lim\limits_{x \to 0^+} x^2 \ln x$;

(8) $\lim\limits_{x \to 0^+} x^x$;

(9) $\lim\limits_{x \to 0} \left(\dfrac{1}{x} - \cot x \right)$;

(10) $\lim\limits_{x \to \frac{\pi}{2}} (\sec x - \tan x)$;

(11) $\lim\limits_{x \to 0} (e^x + x)^{\frac{1}{x}}$;

(12) $\lim\limits_{x \to 0} \dfrac{\ln(1 + x^2)}{\sec x - \cos x}$;

(13) $\lim\limits_{x \to 0} \left(\dfrac{a_1^x + a_2^x + \cdots + a_n^x}{n} \right)^{\frac{1}{x}} (a_i > 0, i = 1, 2, \cdots, n)$;

(14) $\lim\limits_{x \to 0^+} (\tan x)^{\sin x}$;

(15) $\lim\limits_{x \to 1} \left(\dfrac{1}{\ln x} - \dfrac{1}{x - 1} \right)$;

(16) $\lim\limits_{x \to \infty} \left(\cos \dfrac{m}{x} \right)^x (m \neq 0)$.

2. 验证极限 $\lim\limits_{x \to 0} \dfrac{x^2 \sin \dfrac{1}{x}}{\sin x}$ 存在, 但不能用洛必达法则得出.

3. 验证极限 $\lim\limits_{x \to +\infty} \dfrac{x}{\sqrt{1 + x^2}}$ 存在, 但不能用洛必达法则得出.

4. 设 $f(x)$ 在 $(x_0 - \delta, x_0 + \delta)$ $(\delta > 0)$ 内一阶可导, 且 $f(x)$ 在点 x_0 处二阶可导, 求极限
$$\lim\limits_{h \to 0} \dfrac{f(x_0 + h) + f(x_0 - h) - 2f(x_0)}{h^2}.$$

5. 请问 m 和 n 取何值时, 极限
$$\lim\limits_{x \to 0} \left(\dfrac{\sin 3x}{x^3} + \dfrac{m}{x^2} + n \right) = 0.$$

6. 设 $\lim\limits_{x \to 0} \dfrac{\ln(1 + x) - (ax + bx^2)}{x^2} = 2$, 求常数 a 和 b.

7. 讨论函数
$$f(x) = \begin{cases} \left[\dfrac{(1 + x)^{\frac{1}{x}}}{e} \right]^{\frac{1}{x}}, & x > 0, \\ e^{-\frac{1}{2}}, & x \leqslant 0 \end{cases}$$

在 $x = 0$ 处的连续性.

第三节　泰　勒　公　式

在初等函数中, 多项式最为简单, 它只要对自变量进行有限次的加、减、乘三种运算, 就能求出其函数值. 对于一些比较复杂的函数, 如无理函数和初等超越函数, 若能用一些

简单的多项式来近似表达, 而误差又能满足要求, 则对于函数性态的研究和函数值的近似计算都有着重要意义. 本节介绍的泰勒公式, 可以实现这一目的.

例如, 常用近似公式 $e^x \approx 1+x$, $\sin x \approx x$ ($|x|$充分小), 将复杂函数用简单的一次多项式近似地表示, 但是这种近似表示式还较粗糙(尤其当$|x|$较大时), 如图 3-4 所示.

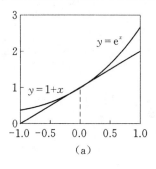 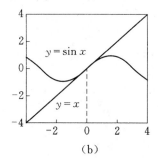

(a)　　　　　　　　　(b)

图 3-4

上述近似表达方法至少可在下述两个方面进行改进: 一是提高精确程度, 二是给出误差表达式.

一般地, 对函数 $f(x)$, 用 n 次多项式 $p_n(x)$ 来近似表示它, 比一次多项式更精确. 于是提出以下两个问题:

(1) 设 $f(x)$ 在包含 x_0 的开区间内具有直到 $n+1$ 阶导数, 能否找出一个关于 $(x-x_0)$ 的 n 次多项式 $p_n(x)$ 近似表达 $f(x)$, 使

$$p_n(x) = a_0 + a_1(x-x_0) + a_2(x-x_0)^2 + \cdots + a_n(x-x_0)^n \tag{3-3}$$

且 $p_n^{(k)}(x_0) = f^{(k)}(x_0)$　$(k=0,1,2,\cdots,n)$?

(2) 若满足式(3-3)的多项式 $p_n(x)$ 存在, 其误差 $R_n(x) = f(x) - p_n(x)$ 的表达式是什么?

问题(1)的求解就是确定多项式的系数 a_0, a_1, a_2, $\cdots$, a_n.

在式(3-3)中, 令 $x=x_0$, 得 $a_0 = p_n(x_0)$. 将式(3-3)两边对 x 求导, 得

$$p_n'(x) = a_1 + 2a_2(x-x_0) + 3a_3(x-x_0)^2 + \cdots + na_n(x-x_0)^{n-1} , \tag{3-4}$$

在式(3-4)中, 令 $x=x_0$, 得 $a_1 = p_n'(x_0)$. 将式(3-4)两边对 x 求导, 得

$$p_n''(x) = 2 \cdot 1 \cdot a_2 + 3 \cdot 2 a_3(x-x_0) + \cdots + n \cdot (n-1)a_n(x-x_0)^{n-2} ,$$

于是

$$2 \cdot 1 \cdot a_2 = p_n''(x_0).$$

$$\cdots.$$

一般地,

$$n \cdot (n-1)\cdots 2 \cdot 1 \cdot a_n = p_n^{(n)}(x_0),$$

从而得到系数公式

$$a_0 = p_n(x_0), \quad a_1 = p_n'(x_0), \quad a_2 = \frac{p_n''(x_0)}{2!}, \quad \cdots, \quad a_n = \frac{p_n^{(n)}(x_0)}{n!}.$$

于是，所求的多项式为

$$p_n(x) = f(x_0) + \frac{f'(x_0)}{1!}(x-x_0) + \frac{f''(x_0)}{2!}(x-x_0)^2 + \cdots + \frac{f^{(n)}(x_0)}{n!}(x-x_0)^n . \quad (3\text{-}5)$$

对于问题(2)，下面的泰勒(Taylor)中值定理给出了回答.

定理 3-6 (泰勒中值定理)若函数 $f(x)$ 在包含 x_0 的某个开区间 (a,b) 内具有直到 $n+1$ 阶导数，则当 $x \in (a,b)$ 时，$f(x)$ 可以表示为

$$f(x) = f(x_0) + \frac{f'(x_0)}{1!}(x-x_0) + \frac{f''(x_0)}{2!}(x-x_0)^2 + \cdots + \frac{f^{(n)}(x_0)}{n!}(x-x_0)^n + R_n(x), \quad (3\text{-}6)$$

其中，

$$R_n(x) = \frac{f^{(n+1)}(\xi)}{(n+1)!}(x-x_0)^{n+1}, \quad (3\text{-}7)$$

这里 ξ 是介于 x_0 与 x 之间的某个值.

证 对任意 $x \in (a,b)$，$x \neq x_0$，以 x 与 x_0 为端点的区间 $[x, x_0]$ 或 $[x_0, x]$ 记为 I，函数 $R_n(t) = f(t) - p_n(t)$ 在 I 上具有直至 $n+1$ 阶导数，且

$$R_n(x_0) = R_n{}'(x_0) = R_n{}''(x_0) = \cdots = R_n{}^{(n)}(x_0) = 0, \qquad R_n{}^{(n+1)}(t) = f^{(n+1)}(t),$$

函数 $Q(t) = (t-x_0)^{n+1}$ 在 I 上具有直至 $n+1$ 阶导数，且

$$Q(x_0) = Q'(x_0) = Q''(x_0) = \cdots = Q^{(n)}(x_0) = 0, \qquad Q^{(n+1)}(t) = (n+1)! .$$

于是，对函数 $R_n(t)$ 及 $Q(t)$ 在 I 上连续使用 $n+1$ 次柯西中值定理，有

$$\frac{R_n(x)}{Q(x)} = \frac{R_n(x) - R_n(x_0)}{Q(x) - Q(x_0)} = \frac{R_n{}'(\xi_1)}{Q'(\xi_1)} \qquad (\xi_1 \text{ 介于 } x_0 \text{ 与 } x \text{ 之间})$$

$$= \frac{R_n{}'(\xi_1) - R_n{}'(x_0)}{Q'(\xi_1) - Q'(x_0)} = \frac{R_n{}''(\xi_2)}{Q''(\xi_2)} \qquad (\xi_2 \text{ 介于 } x_0 \text{ 与 } \xi_1 \text{ 之间})$$

$$= \frac{R_n{}''(\xi_2) - R_n{}''(x_0)}{Q''(\xi_2) - Q''(x_0)} = \frac{R_n{}'''(\xi_3)}{Q'''(\xi_3)} \qquad (\xi_3 \text{ 介于 } x_0 \text{ 与 } \xi_2 \text{ 之间})$$

$$= \cdots$$

$$= \frac{R_n{}^{(n+1)}(\xi_{n+1})}{Q^{(n+1)}(\xi_{n+1})} \qquad (\xi_{n+1} \text{ 介于 } x_0 \text{ 与 } \xi_n \text{ 之间})$$

$$= \frac{f^{(n+1)}(\xi_{n+1})}{(n+1)!},$$

记 $\xi = \xi_{n+1}$，则 ξ 介于 x_0 与 x 之间，且

$$R_n(x) = \frac{f^{(n+1)}(\xi)}{(n+1)!}Q(x) = \frac{f^{(n+1)}(\xi)}{(n+1)!}(x-x_0)^{n+1} .$$

多项式(3-5)称为函数 $f(x)$ 按 $(x-x_0)$ 的幂展开的 n 次泰勒多项式，式(3-6)称为函数 $f(x)$ 按 $(x-x_0)$ 的幂展开的带有拉格朗日余项的 n 阶泰勒公式，式(3-7)称为拉格朗日型余项.

当 $n=0$ 时，泰勒公式变为
$$f(x)=f(x_0)+f'(\xi)(x-x_0) \quad (\xi \text{ 介于 } x_0 \text{ 与 } x \text{ 之间}),$$
即拉格朗日中值公式，因此泰勒中值定理是拉格朗日中值定理的推广.

对固定的 n，若 $\left|f^{(n+1)}(x)\right| \leqslant M$，$a<x<b$，则有误差估计式：
$$\left|R_n(x)\right| \leqslant \frac{M}{(n+1)!}\left|x-x_0\right|^{n+1}.$$
又
$$\left|\frac{R_n(x)}{(x-x_0)^n}\right| \leqslant \frac{M}{(n+1)!}\left|x-x_0\right| \to 0 \quad (x \to x_0),$$
故
$$R_n(x)=o[(x-x_0)^n] \quad (x \to x_0). \tag{3-8}$$

这也说明误差 $R_n(x)$ 是当 $x \to x_0$ 时较 $(x-x_0)^n$ 的高阶无穷小，也将式(3-8)称为佩亚诺(Peano)型余项.

在泰勒公式中，若 $x_0=0$，则 ξ 介于 0 与 x 之间，它表示成形式 $\xi=\theta x$ $(0<\theta<1)$，于是
$$f(x)=f(0)+\frac{f'(0)}{1!}x+\frac{f''(0)}{2!}x^2+\cdots+\frac{f^{(n)}(0)}{n!}x^n+\frac{f^{(n+1)}(\theta x)}{(n+1)!}x^{n+1} \quad (0<\theta<1),$$
称此式为带有拉格朗日型余项的麦克劳林(Maclaurin)公式，而
$$f(x)=f(0)+\frac{f'(0)}{1!}x+\frac{f''(0)}{2!}x^2+\cdots+\frac{f^{(n)}(0)}{n!}x^n+o(x^n) \quad (0<\theta<1),$$
称此式为带有佩亚诺型余项的麦克劳林公式. 这时，有近似公式
$$f(x) \approx f(0)+\frac{f'(0)}{1!}x+\frac{f''(0)}{2!}x^2+\cdots+\frac{f^{(n)}(0)}{n!}x^n$$
和误差估计式
$$\left|R_n(x)\right| \leqslant \frac{M}{(n+1)!}|x|^{n+1}.$$

例 3-16 求函数 $f(x)=\mathrm{e}^x$ 的带有拉格朗日型余项的 n 阶麦克劳林公式.

解 因为 $f^{(k)}(x)=\mathrm{e}^x$ $(k=0,1,2,\cdots,n,\cdots)$，所以
$$f(0)=f'(0)=f''(0)=\cdots=f^{(n)}(0)=\mathrm{e}^0=1, \quad f^{(n+1)}(\theta x)=\mathrm{e}^{\theta x},$$
于是
$$\mathrm{e}^x=1+\frac{x}{1!}+\frac{x^2}{2!}+\cdots+\frac{x^n}{n!}+\frac{\mathrm{e}^{\theta x}}{(n+1)!} \cdot x^{n+1} \quad (0<\theta<1),$$
其近似公式为
$$\mathrm{e}^x \approx 1+\frac{x}{1!}+\frac{x^2}{2!}+\cdots+\frac{x^n}{n!}, \tag{3-9}$$

所产生的误差为 $|R_n(x)| \leqslant \dfrac{e^{|x|}}{(n+1)!}|x|^{n+1}$.

我们常用式(3-9)近似计算无理数 e，当 $x=1$，$n=10$ 时，可算出 $e \approx 2.718\,282$，其误差不超过 10^{-6}. 还可给出 e^x 的 1 阶、2 阶和 3 阶近似表达式如下：

$$e^x \approx 1+x, \quad e^x \approx 1+x+\frac{1}{2}x^2, \quad e^x \approx 1+x+\frac{1}{2}x^2+\frac{1}{6}x^3.$$

在 Mathematica 中运行如下程序：

```
Pic1=Plot[Exp[x],{x,-1,1},LabelStyle→Directive[Bold,16],PlotStyle
→{Thickness[0.05]},PlotRange→{0,3},PlotLegends→{"e^x"}];
  i=Input[];
  P[x_]=Normal[Series[Exp[x],{x,0,i}]]
  Pic=Plot[P[x],{x,-1,1},PlotRange→{0,3},PlotStyle→{Thickness
[0.05],Dashed},PlotLegends→{"series"}];
  Show[Pic1,Pic]
```

可分别画出这三个多项式的图形，如图 3-5 所示. 从图 3-5 观察到它们确实在逐渐逼近指数函数 e^x.

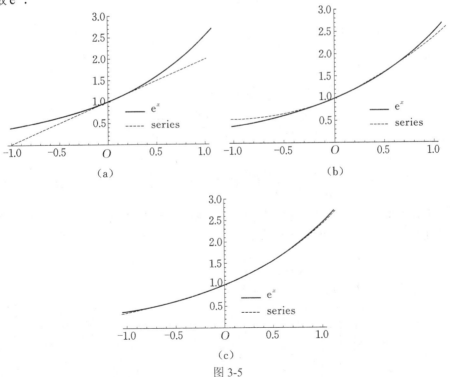

图 3-5

例 3-17　求函数 $f(x)=\sin x$ 的带有拉格朗日型余项的 n 阶麦克劳林公式.

解 因为 $f^{(n)}(x) = \sin\left(x + \dfrac{n\pi}{2}\right)$，$f^{(n)}(0) = \sin\dfrac{n\pi}{2}$，所以

$$f(0) = 0，\quad f'(0) = 1，\quad f''(0) = 0，\quad f'''(0) = -1，\quad f^{(4)}(0) = 0，\cdots，$$

它们的值依次循环地取四个数 0, 1, 0, -1，于是

$$\sin x = x - \frac{x^3}{3!} + \frac{x^5}{5!} - \cdots + (-1)^{m-1}\frac{x^{2m-1}}{(2m-1)!} + R_{2m}(x)，$$

其中，

$$R_{2m}(x) = \frac{\sin\left[\theta x + (2m+1)\dfrac{\pi}{2}\right]}{(2m+1)!} \cdot x^{2m+1} \quad (0 < \theta < 1).$$

类似地可得

$$\cos x = 1 - \frac{x^2}{2!} + \frac{x^4}{4!} - \cdots + (-1)^m\frac{x^{2m}}{(2m)!} + R_{2m+1}(x)，$$

其中，

$$R_{2m+1}(x) = \frac{\cos\left[\theta x + (2m+2)\dfrac{\pi}{2}\right]}{(2m+2)!} \cdot x^{2m+2} \quad (0 < \theta < 1).$$

$$\ln(1+x) = x - \frac{x^2}{2} + \frac{x^3}{3} - \cdots + (-1)^{n-1}\frac{x^n}{n} + R_n(x)，$$

其中，

$$R_n(x) = (-1)^n\frac{x^{n+1}}{(n+1)(1+\theta x)^{n+1}} \quad (0 < \theta < 1).$$

$$(1+x)^\alpha = 1 + \alpha x + \frac{\alpha(\alpha-1)}{2!}x^2 + \cdots + \frac{\alpha(\alpha-1)\cdots(\alpha-n+1)}{n!}x^n + R_n(x)，$$

其中，

$$R_n(x) = \frac{\alpha(\alpha-1)\cdots(\alpha-n)}{(n+1)!} \cdot (1+\theta x)^{\alpha-n-1}x^{n+1} \quad (0 < \theta < 1,\ \alpha \in \mathbf{R}).$$

在 Mathematica 中分别作出 $\sin x$ 的 3 阶、5 阶、9 阶和 29 阶近似多项式的图像，观察到它们确实在逐渐逼近函数 $\sin x$，如图 3-6 所示.

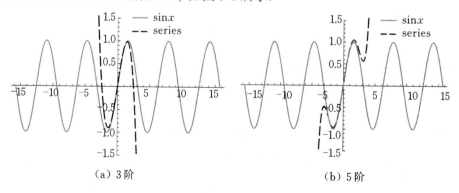

（a）3 阶　　　　　　　　　　　　　（b）5 阶

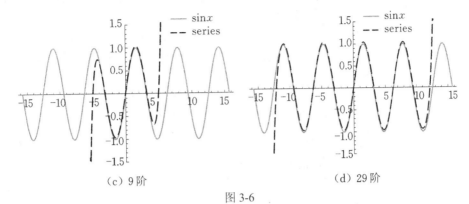

(c) 9 阶　　　　　　　　　(d) 29 阶

图 3-6

例 3-18　求 $f(x) = \tan x$ 的 4 阶麦克劳林公式，并给出佩亚诺型余项.

解　因为　$(\tan x)' = \sec^2 x$，$(\tan x)'' = 2\sec^2 x \tan x$，$(\tan x)''' = 6\sec^4 x - 4\sec^2 x$，$(\tan x)^{(4)} = 24\sec^4 x\tan x - 8\sec^2 x\tan x$，所以

$$\tan x\big|_{x=0} = 0，\ (\tan x)'\big|_{x=0} = 1，\ (\tan x)''\big|_{x=0} = 0，\ (\tan x)'''\big|_{x=0} = 2，\ (\tan x)^{(4)}\big|_{x=0} = 0，$$

于是

$$\tan x = x + \frac{1}{3}x^3 + o(x^4).$$

可以利用 Mathematica 来展开函数，其语句为

```
Series[f(x),{x, x₀, n}]
```

其含义是将 $f(x)$ 展开到 $(x - x_0)$ 的 n 次幂.

对于例 3-18, $n=4$，则

```
In[1]:=Series[Tan[x],{x,0,4}]
```

$$\text{Out}[1] = x + \frac{x^3}{3} + O[x]^5$$

其中，O[x]⁵ 为佩亚诺型余项.

下面给出了泰勒公式的一些应用.

例 3-19　利用泰勒公式求极限 $\lim\limits_{x \to 0} \dfrac{\tan x - \sin x}{x^3}$.

解　因为 $\tan x = x + \dfrac{1}{3}x^3 + o(x^4)$，$\sin x = x - \dfrac{1}{6}x^3 + o(x^4)$，所以

$$\tan x - \sin x = \left[x + \frac{1}{3}x^3 + o(x^4)\right] - \left[x - \frac{1}{6}x^3 + o(x^4)\right]$$
$$= \frac{1}{2}x^3 + o(x^4),$$

于是

$$\lim_{x \to 0} \frac{\tan x - \sin x}{x^3} = \lim_{x \to 0} \frac{\frac{1}{2}x^3 + o(x^4)}{x^3} = \frac{1}{2}.$$

例 3-20　利用三阶泰勒公式求 $\sin 18°$ 的近似值，并估计误差.

解　因为

$$\sin x = x - \frac{x^3}{3!} + (-1)^{3-1}\frac{\sin\left(\theta x + \frac{5}{2}\pi\right)}{5!}x^5,$$

所以

$$\sin 18° = \sin\frac{\pi}{10} \approx \frac{\pi}{10} - \frac{1}{6}\cdot\left(\frac{\pi}{10}\right)^3 \approx 0.308\,992,$$

且

$$\left|R_4\left(\frac{\pi}{10}\right)\right| \leqslant \frac{1}{5!}\cdot\left(\frac{\pi}{10}\right)^5 < \frac{\pi^5}{120}\cdot 10^{-5}.$$

习　题　3-3

1. 求下列函数在指定点处带有拉格朗日型余项的泰勒公式(到 $n=5$).

(1) $f(x) = \sin x$ 在 $x = \frac{\pi}{4}$ 处; 　　　　(2) $f(x) = \mathrm{e}^{-x}$ 在 $x = 1$ 处;

(3) $f(x) = \sqrt{x}$ 在 $x = 3$ 处.

2. 求下列函数带有佩亚诺型余项的麦克劳林公式(到 $n=3$).

(1) $f(x) = \ln(2x+1)$; 　　　　　　　　(2) $f(x) = \mathrm{e}^{2x-x^2}$.

3. 利用已知的公式求 $f(x) = \cos x^2$ 的麦克劳林公式.

4. 利用泰勒公式计算下列极限.

(1) $\lim\limits_{x\to 0}\dfrac{\mathrm{e}^{x^2} + 2\cos x - 3}{x^4}$; 　　　　(2) $\lim\limits_{x\to 0}\dfrac{\mathrm{e}^x\sin x - x(1+x)}{x^3}$.

5. 利用麦克劳林公式求函数 $f(x) = x^2\ln(1+x)$ 在 $x = 0$ 处的 100 阶导数值.

第四节　函数的单调性　极值与最值

函数的单调性是函数的重要性态之一, 一般来说, 直接根据定义判别函数的单调性并不容易, 下面讨论如何利用导数来研究函数的单调性.

一、函数的单调性

如图 3-7 和图 3-8 所示, 可导函数 $y = f(x)$ 在区间 I 上单调增加(或单调减少), 那么它的图形是一条沿 x 轴正向上升(或下降)的曲线, 这时曲线上各点处切线斜率是非负的(或非正的), 即 $f'(x) \geqslant 0$ (或 $f'(x) \leqslant 0$).

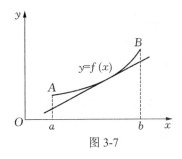

图 3-7

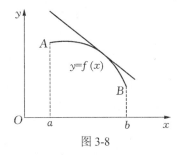

图 3-8

定理 3-7　设 $f(x)$ 在区间 I 上连续，在 I^o 内可导，

(1) 若对任意 $x \in I^o$，$f'(x) > 0$，则 $f(x)$ 在区间 I 上单调增加；

(2) 若对任意 $x \in I^o$，$f'(x) < 0$，则 $f(x)$ 在区间 I 上单调减少.

定理 3-7 中的区间 I 可以是有限区间，也可以是无限区间；可以是开区间、闭区间或者半开半闭区间. I^o 表示区间内部，即将区间的端点去掉(如果有端点的话).

证　只对单调增加的情形证明.

在区间 I 上任取两点 x_1，$x_2(x_1 < x_2)$，函数 $f(x)$ 在 $[x_1, x_2]$ 上满足拉格朗日中值定理的条件，因此有

$$f(x_2) - f(x_1) = f'(\xi)(x_2 - x_1) \quad (x_1 < \xi < x_2),$$

已知 $x_2 - x_1 > 0$，且在区间 I 内 $f'(x) > 0$，那么 $f'(\xi) > 0$. 于是

$$f(x_2) - f(x_1) > 0,$$

即 $f(x_1) < f(x_2)$，从而函数 $f(x)$ 在区间 I 上单调增加.

例 3-21　判断函数 $f(x) = \dfrac{1}{x} \ln x$ 在 $[e, +\infty)$ 上的单调性.

解　$f(x)$ 在 $[e, +\infty)$ 上连续，且当 $x \in (e, +\infty)$ 时，

$$f'(x) = -\frac{1}{x^2} \ln x + \frac{1}{x^2} = \frac{1}{x^2}(1 - \ln x) < 0 .$$

由定理 3-7 知，$f(x) = \dfrac{1}{x} \ln x$ 在 $[e, +\infty)$ 上单调减少.

例 3-22　讨论函数 $f(x) = e^x - 2x + 1$ 的单调性.

解　函数的定义域为 $(-\infty, +\infty)$，且函数在定义域上连续，该函数的导数为

$$f'(x) = e^x - 2 .$$

当 $x < \ln 2$ 时，$f'(x) < 0$，函数 $f(x) = e^x - 2x + 1$ 在 $(-\infty, \ln 2]$ 上单调减少；当 $x > \ln 2$ 时，$f'(x) > 0$，函数 $f(x) = e^x - 2x + 1$ 在 $[\ln 2, +\infty)$ 上单调增加.

例 3-23　求函数 $f(x) = x^3 - 12x + 9$ 的单调区间.

解　函数的定义域为 $(-\infty, +\infty)$，且函数在定义域上连续，该函数的导数为

$$f'(x) = 3x^2 - 12 = 3(x+2)(x-2) .$$

令 $f'(x) = 0$，得两个根 $x_1 = -2$，$x_2 = 2$，它们把 $(-\infty, +\infty)$ 分成三个区间 $(-\infty, -2]$，$[-2, 2]$ 及 $[2, +\infty)$.

不难判断在区间 $(-\infty, -2)$ 和 $(2, +\infty)$ 内，$f'(x) > 0$；在区间 $(-2, 2)$ 内，$f'(x) < 0$. 因

此, 函数 $f(x)$ 在 $(-\infty, -2]$ 和 $[2, +\infty)$ 上单调增加, 在 $[-2, 2]$ 上单调减少.

因此, 函数 $f(x) = x^3 - 12x + 9$ 的单调增加区间为 $(-\infty, -2]$ 和 $[2, +\infty)$, 单调减少区间为 $[-2, 2]$.

例 3-24　讨论函数 $f(x) = x^3$ 的单调性.

解　函数的定义域为 $(-\infty, +\infty)$, 且函数在定义域上连续, 该函数的导数为

$$f'(x) = 3x^2,$$

显然在点 $x = 0$ 处 $f'(x) = 0$, 在其余各点处均有 $f'(x) > 0$, 因此函数 $f(x) = x^3$ 在区间 $(-\infty, 0]$ 及 $[0, +\infty)$ 上都是单调增加的, 从而在整个定义域 $(-\infty, +\infty)$ 内是单调增加的. 函数的图形如图 3-9 所示.

一般地, 如果 $f'(x)$ 在某区间内的有限个点处为零, 在其余各点处均为正(或为负), 那么 $f(x)$ 在该区间上仍旧是单调增加(或单调减少)的.

例 3-25　讨论函数 $f(x) = \sqrt[3]{x^2}$ 的单调性.

解　函数的定义域为 $(-\infty, +\infty)$, 且函数在定义域上连续.

当 $x \neq 0$ 时, 函数的导数为

$$f'(x) = \frac{2}{3\sqrt[3]{x}}.$$

当 $x = 0$ 时, 函数的导数不存在; 当 $x < 0$ 时, $f'(x) < 0$, $f(x) = \sqrt[3]{x^2}$ 在 $(-\infty, 0]$ 上单调减少; 当 $x > 0$ 时, $f'(x) > 0$, 函数 $f(x) = \sqrt[3]{x^2}$ 在 $[0, +\infty)$ 上单调增加. 函数的图形如图 3-10 所示.

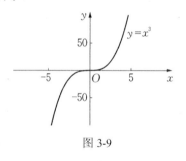　　　　　　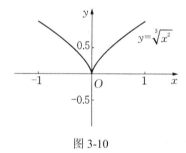

图 3-9　　　　　　　　　　　　图 3-10

对判断函数单调性的问题, 以例 3-23 为例, 在 Mathematica 中, 作如下运算.

(1) 定义函数:

```
In[1]:=f[x_]=x^3-12x+9
Out[1]=9-12x+x^3
```

(2) 求一阶导数:

```
In[2]:=D[f[x],x]
Out[2]=-12+3x^2
```

(3) 求驻点:

```
In[3]:=Solve[%==0,x]
Out[3]={{x→-2},{x→2}}
```

(4) 画图观察:

`In[4]:=Plot[f[x],{x, -4, 4}]`

观察图 3-11 可见, 函数 $f(x)=x^3-12x+9$ 的单调增加区间为 $(-\infty,-2]$ 和 $[2,+\infty)$, 单调减少区间为 $[-2,2]$.

由以上几例可知, 如果函数在定义区间上连续, 除去有限个导数不存在的点外导数存在且连续, 那么只要用方程 $f'(x)=0$ 的根及 $f'(x)$ 不存在的点来划分函数 $f(x)$ 的定义区间, 就能保证 $f'(x)$ 在各个部分区间内保持同一符号, 从而函数 $f(x)$ 在每个部分区间上单调.

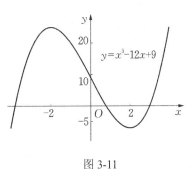

图 3-11

例 3-26　证明: 当 $x>1$ 时, $\ln x>\dfrac{2(x-1)}{x+1}$.

证　令 $f(x)=\ln x-\dfrac{2(x-1)}{x+1}$, 则 $f(x)$ 在 $[1,+\infty)$ 上连续, 且

$$f'(x)=\frac{1}{x}-\frac{4}{(x+1)^2}=\frac{(x-1)^2}{x(x+1)^2},$$

当 $x>1$ 时, $f'(x)$ 连续且 $f'(x)>0$, 即函数 $f(x)=\ln x-\dfrac{2(x-1)}{x+1}$ 在 $[1,+\infty)$ 上单调增加.

又 $f(1)=0$, $f(x)$ 在点 $x=1$ 右连续, 故当 $x>1$ 时,

$$f(x)=\ln x-\frac{2(x-1)}{x+1}>f(1)=0,$$

即

$$\ln x>\frac{2(x-1)}{x+1}.$$

二、函数的极值

定义 3-1　设函数 $f(x)$ 在点 x_0 的某邻域 $U(x_0,\delta)$ 内有定义, 如果对于去心邻域 $\overset{\circ}{U}(x_0,\delta)$ 内的任意 x, 有

$$f(x)<f(x_0)\quad(\text{或}f(x)>f(x_0)),$$

则称 $f(x_0)$ 是函数 $f(x)$ 的一个极大值(或极小值).

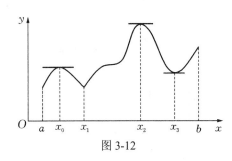

图 3-12

函数的极大值和极小值统称为极值, 使函数取得极值的点称为极值点. 显然, 极值是一个局部概念. 如果 $f(x_0)$ 是函数 $f(x)$ 的一个极大值, 那只是对于点 x_0 的某个邻域来说, $f(x_0)$ 是 $f(x)$ 的最大值, 但对于 $f(x)$ 的整个定义域来说, $f(x_0)$ 不一定是最大的, 如图 3-12 所示,

同时发现, 在对应于极值点处, 曲线或者有水平切线, 或者切线不存在. 这说明, 极值点应

在 $f'(x)$ 为零或 $f'(x)$ 不存在的点中去寻找.

定理 3-8 (必要条件)若函数 $f(x)$ 在点 x_0 处可导, 且在点 x_0 处取得极值, 则 $f'(x_0) = 0$.

证 略.

通常将导数为零的点称为函数的驻点(或稳定点、临界点).

可导函数的极值点必定是它的驻点, 但反之不然. 例如, $f(x) = x^3$ 的导数为 $f'(x) = 3x^2$, $f'(0) = 0$, 因此 $x = 0$ 是函数的驻点, 但却不是函数的极值点.

导数不存在的点也可能是函数的极值点. 例如, $y = |x|$ 在点 $x = 0$ 处导数不存在, 但 $x = 0$ 是函数的极小值点.

如何判定函数在驻点或不可导点处是否取得极值, 下面给出两个判定极值点的充分条件.

定理 3-9 (第一充分条件)设函数 $f(x)$ 在点 x_0 处连续, 且在 x_0 的一个去心邻域 $\overset{\circ}{U}(x_0, \delta)$ 内可导, 那么:

(1) 当 $x \in (x_0 - \delta, x_0)$ 时, $f'(x) > 0$, 当 $x \in (x_0, x_0 + \delta)$ 时, $f'(x) < 0$, 则 $f(x)$ 在点 x_0 处取得极大值;

(2) 当 $x \in (x_0 - \delta, x_0)$ 时, $f'(x) < 0$, 当 $x \in (x_0, x_0 + \delta)$ 时, $f'(x) > 0$, 则 $f(x)$ 在点 x_0 处取得极小值;

(3) 当 $x \in \overset{\circ}{U}(x_0, \delta)$ 时, $f'(x)$ 符号保持不变, 则 $f(x)$ 在点 x_0 处没有极值.

证 只对情形(1)给出证明, 其他情形可类似证明. 因为当 $x \in (x_0 - \delta, x_0)$ 时, $f'(x) > 0$, 根据函数单调性的判定法, 函数 $f(x)$ 在 $(x_0 - \delta, x_0)$ 单调增加, 且在点 x_0 处连续, 故 $f(x) < f(x_0)$; 同理, 当 $x \in (x_0, x_0 + \delta)$ 时, $f(x) < f(x_0)$. 所以, 根据极值的定义知, $f(x_0)$ 是函数 $f(x)$ 的一个极大值.

结合定理 3-8 和定理 3-9, 可得求连续函数极值的一般步骤:

(1) 求导数 $f'(x)$;

(2) 求 $f(x)$ 的全部驻点与不可导点;

(3) 考察 $f'(x)$ 在每个驻点或不可导点的左、右邻近的符号, 用第一充分条件来判定该点是否为极值点, 是极大值点还是极小值点;

(4) 求出各极值点处的函数值, 得到函数的全部极值.

例 3-27 求函数 $f(x) = (x - 2)\sqrt[3]{x^2}$ 的极值.

解 函数的定义域为 $(-\infty, +\infty)$, 且函数在定义域上连续. 当 $x = 0$ 时, $f'(x)$ 不存在; 当 $x \neq 0$ 时,

$$f'(x) = \sqrt[3]{x^2} + \frac{2}{3}(x - 2)\frac{1}{\sqrt[3]{x}} = \frac{5x - 4}{3\sqrt[3]{x}},$$

令 $f'(x) = 0$, 解得驻点 $x = \dfrac{4}{5}$.

在 $(-\infty,0)$ 内，$f'(x)>0$；在 $\left(0,\dfrac{4}{5}\right)$ 内，$f'(x)<0$；在 $\left(\dfrac{4}{5},+\infty\right)$ 内，$f'(x)>0$．所以，

$x=0$ 是极大值点，$x=\dfrac{4}{5}$ 是极小值点，极大值为 $f(0)=0$，极小值为 $f\left(\dfrac{4}{5}\right)=-\dfrac{12}{25}\sqrt[3]{10}$．

列表如表 3-1 所示，以便于观察．

表 3-1

x	$(-\infty,0)$	0	$\left(0,\dfrac{4}{5}\right)$	$\dfrac{4}{5}$	$\left(\dfrac{4}{5},+\infty\right)$
$f'(x)$	$+$	不存在	$-$	0	$+$
$f(x)$	递增	0	递减	$-\dfrac{12}{25}\sqrt[3]{10}$	递增

定理 3-10　(第二充分条件)如果函数 $f(x)$ 在点 x_0 处具有二阶导数，且 $f'(x_0)=0$，$f''(x_0)\neq 0$，那么：[*]

(1) 当 $f''(x_0)<0$ 时，函数 $f(x)$ 在点 x_0 处取得极大值；

(2) 当 $f''(x_0)>0$ 时，函数 $f(x)$ 在点 x_0 处取得极小值．

证　只对情形(1)给出证明，情形(2)可类似证明．由于

$$f'(x_0)=0,\qquad f''(x_0)<0,$$

按二阶导数的定义有

$$f''(x_0)=\lim_{x\to x_0}\frac{f'(x)-f'(x_0)}{x-x_0}=\lim_{x\to x_0}\frac{f'(x)}{x-x_0}<0.$$

于是，存在 x_0 的一个去心邻域 $\overset{\circ}{U}(x_0,\delta)$，当 $x\in\overset{\circ}{U}(x_0,\delta)$ 时，

$$\frac{f'(x)}{x-x_0}<0.$$

从而，当 $x\in(x_0-\delta,x_0)$ 时，$f'(x)>0$；当 $x\in(x_0,x_0+\delta)$ 时，$f'(x)<0$．由定理 3-9 可知，函数 $f(x)$ 在点 x_0 处取得极大值．

若函数 $f(x)$ 在驻点处的二阶导数 $f''(x_0)=0$，则 x_0 可能是极值点，也可能不是极值点．例如，$f_1(x)=x^4$ 与 $f_2(x)=x^3$，虽然 $f''(0)=0$，但 $x=0$ 是 $f_1(x)=x^4$ 的极小值点，却不是 $f_2(x)=x^3$ 的极值点．

如果 $f''(x_0)=0$，定理 3-10 就不能应用，但仍可使用第一充分条件来判定；若 $f(x)$ 在点 x_0 处有更高阶导数，还可用下面的定理 3-11 判定，它是定理 3-10 的推广．

*定理 3-11　如果函数 $f(x)$ 在点 x_0 处具有 n 阶导数且 $f'(x_0)=f''(x_0)=\cdots=f^{(n-1)}(x_0)=0$，但 $f^{(n)}(x_0)\neq 0$，那么：

(1) 当 n 是偶数时，若 $f^{(n)}(x_0)<0$，则函数 $f(x)$ 在点 x_0 处取得极大值，若 $f^{(n)}(x_0)>0$，则函数 $f(x)$ 在点 x_0 处取得极小值；

---

[*]:选讲内容.

(2) 当 n 是奇数时, 函数 $f(x)$ 在点 x_0 处不取得极值.

证略.

例3-28 求函数 $f(x) = 2x^3 - 9x^2 + 12x - 3$ 的极值.

解 $f'(x) = 6x^2 - 18x + 12$, 令 $f'(x) = 0$, 解得驻点 $x = 1$ 及 $x = 2$, 又
$$f''(x) = 12x - 18,$$
由 $f''(1) = -6 < 0$ 知, $f(x)$ 在 $x = 1$ 处取得极大值 $f(1) = 2$, 又由 $f''(2) = 6 > 0$ 知, $f(x)$ 在 $x = 2$ 处取得极小值 $f(2) = 1$.

对例 3-28, 如果用 Mathematica 来处理, 作如下运算.

(1) 定义函数:

```
In[1]:=f[x_]=2x^3-9x^2+12x-3
Out[1]=-3+12 x-9 x²+2 x³
```

(2) 求一阶导数:

```
In[2]:=D[f[x],x]
Out[2]=12-18 x+6 x²
```

(3) 求得驻点:

```
In[3]:= Solve[%==0,x]
Out[3]= {{x→1},{x→2}}
```

(4) 求驻点处的二阶导数值:

```
In[4]:= D[f[x],{x,2}]/.{x→1}
Out[4]= -6
In[5]:= D[f[x],{x,2}]/.{x→2}
Out[5]= 6
```

(5) 求极值:

```
In[6]:=f[{1,2}]
Out[6]={2,1}
```

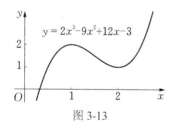

图 3-13

从以上计算结果可知, $f(x)$ 在 $x = 1$ 取得极大值 2, 在 $x=2$ 取得极小值 1, 其图像如图 3-13 所示.

在 Mathematica 中, 还可使用其内含的函数命令来实现极值或最值的查找. 例如, 对例 3-28, 直接使用 `FindMinimum[f, x]` 就可得到极小值.

例3-29 设函数 $y = f(x)$ 是由方程
$$2y^3 - 2y^2 + 2xy - x^2 - 1 = 0$$
确定的隐函数, 求 $f(x)$ 的极值.

解 方程 $2y^3 - 2y^2 + 2xy - x^2 - 1 = 0$ 的两边对 x 求导, 得
$$6y^2 y' - 4yy' + 2(y + xy') - 2x = 0,$$
解出

$$y' = \frac{x-y}{3y^2 - 2y + x},$$

再对 x 求导, 得

$$y'' = \frac{(1-y')(3y^2 - 2y + x) - (x-y)(6yy' - 2y' + 1)}{(3y^2 - 2y + x)^2}.$$

令 $y' = 0$, 得 $y=x$, 将其代入原方程, 得到 $x=1$ 且 $y=1$. 因为 $y'\Big|_{\substack{x=1\\y=1}} = 0$, 且 $y''\Big|_{\substack{x=1\\y=1}} = \frac{1}{2} > 0$, 所以 $f(x)$ 在 $x=1$ 处取得极小值 $f(1)=1$.

三、最大值和最小值

在很多理论研究和实际应用问题中, 需要求函数在某区间上的最大值和最小值(统称为最值). 如果函数 $f(x)$ 在闭区间 $[a,b]$ 上连续, 那么 $f(x)$ 在 $[a,b]$ 上一定有最大值和最小值. 函数 $f(x)$ 在 $[a,b]$ 上的最值既可能在 (a,b) 内取得, 也可能在区间的端点处取得. 如果最值在 (a,b) 内取得, 那么这个最值也是 $f(x)$ 的一个极值; 如果最值在区间的端点处取得, 那么这个最值不再是极值. 所以可通过如下步骤求连续函数 $f(x)$ 在闭区间 $[a,b]$ 上的最值:

(1) 求函数 $f(x)$ 在 (a,b) 内的所有驻点和不可导点;

(2) 计算驻点、不可导点及区间端点处的函数值, 比较其大小, 其中最大的就是 $f(x)$ 在 $[a,b]$ 上的最大值, 最小的就是 $f(x)$ 在 $[a,b]$ 上的最小值.

如果 $f(x)$ 在一个区间(有限或无限, 开或闭)内可导且只有一个驻点 x_0, 并且这个驻点 x_0 是函数 $f(x)$ 的极值点, 那么, 当 $f(x_0)$ 是极大值时, $f(x_0)$ 就是 $f(x)$ 在该区间上的最大值; 当 $f(x_0)$ 是极小值时, $f(x_0)$ 就是 $f(x)$ 在该区间上的最小值.

在实际应用问题中, 往往根据问题的性质就可断定可导函数 $f(x)$ 有最大值或最小值, 而且一定在区间内取得. 这时, 如果 $f(x)$ 在定义区间内只有一个驻点 x_0, 那么不必讨论 $f(x_0)$ 是否为极值, 就可以断定 $f(x_0)$ 是最大值或最小值.

例 3-30　求函数 $f(x) = x(5-2x)(8-2x)$ 在 $[0,5]$ 上的最大值和最小值.

解　因为

$$f'(x) = 4(x-1)(3x-10),$$

在 $(0,5)$ 内, $f(x)$ 的驻点为 $x_1 = 1$ 和 $x_2 = \frac{10}{3}$. 由于

$$f(0) = 0, \quad f(1) = 18, \quad f\left(\frac{10}{3}\right) = -\frac{200}{27}, \quad f(5) = 50,$$

故 $f(x)$ 在 $x=5$ 处取得最大值 50, 在 $x = \frac{10}{3}$ 处取得最小值 $-\frac{200}{27}$.

对最值问题, 也可利用 Mathematica 来研究. 例如, 对例 3-30, 在 Mathematica 中作如下运算.

(1) 定义函数:

In[1]:=f[x_]=x(5-2x)(8-2x)

Out[1]=(5-2x)(8-2x)x

(2) 求一阶导数:

In[2]:=D[%,x]

Out[2]=(5-2x)(8-2x)-2(5-2x)x-2(8-2x)x

(3) 求驻点:

In[3]:=Solve[%==0,x]

Out[3]={{x→1},{x→$\frac{10}{3}$}}

(4) 求驻点、不可导点、端点的函数值:

In[4]:=f[{1,10/3,0,5}]

Out[4]={18,-$\frac{200}{27}$,0,50}

所以, 函数的最大值为 $f(5)=50$, 函数的最小值为

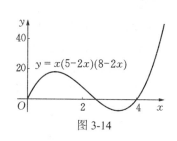

图 3-14

$f\left(\dfrac{10}{3}\right)=-\dfrac{200}{27}$. 其函数图像如图 3-14 所示.

例 3-31　在抛物线 $y=4-x^2$ 上的第一象限部分求一点 P, 过 P 点作切线, 使该切线与坐标轴所围成的三角形面积最小.

解　设切点为 $P(x,y)$, 切线方程为 $Y-(4-x^2)=-2x(X-x)$, 即

$$\frac{X}{\dfrac{x^2+4}{2x}}+\frac{Y}{x^2+4}=1 \, ,$$

因此三角形面积

$$S(x)=\frac{1}{2}\cdot\frac{(x^2+4)^2}{2x}=\frac{1}{4}\left(x^3+8x+\frac{16}{x}\right) \quad (0<x<2) .$$

因为

$$S'(x)=\frac{1}{4}\left(3x^2+8-\frac{16}{x^2}\right),$$

令 $S'(x)=0$, 得 $x=\dfrac{2}{\sqrt{3}}$, 此时 $y=\dfrac{8}{3}$. 又 $S''\left(\dfrac{2}{\sqrt{3}}\right)>0$, 所以唯一的驻点 $x=\dfrac{2}{\sqrt{3}}$ 为 $S(x)$ 的极小值点, 即为最小值点, 从而 $\left(\dfrac{2}{\sqrt{3}},\dfrac{8}{3}\right)$ 为所求点.

例 3-32　(最大利润问题)工厂生产某产品 Q 件时, 总成本为 $C(Q)=5Q+200$ (万元), 得到的总收益为 $R(Q)=10Q-0.01Q^2$ (万元), 问生产多少产品时, 利润最大?

解　由题设, 利润为

$$L(Q)=R(Q)-C(Q)=5Q-0.01Q^2-200 \ (0<Q<+\infty),$$

令　$L'(Q) = 5 - 0.02Q = 0$，$Q = 250$．又因为

$$L''(Q) = -0.02，\quad L''(250) < 0，$$

所以 $L(250) = 425$（万元）为 L 的一个极大值，即生产 250 件产品时，取得最大利润 425 万元．

习　题　3-4

扫码演示

1．求下列函数的单调区间．

(1) $y = x - \ln x$；

(2) $y = x - \sin x$；

(3) $y = 1 - (x-2)^{\frac{2}{3}}$；

(4) $y = |x|(x-4)$；

(5) $y = \arctan x - x$；

(6) $y = x^2 e^{-x}$．

2．求下列函数的极值．

(1) $y = x^2 + 1 - \ln x \ (x > 0)$；　　(2) $y = x^3(x-5)^2$；　　(3) $y = \sin x + \cos x$．

3．证明下列不等式．

(1) $\sqrt{1+x} < 1 + \dfrac{1}{2}x \ (x > 0)$；

(2) 当 $0 < x < \dfrac{\pi}{2}$ 时，$\sin x + \tan x > 2x$；

(3) $e^x > 1 + x + \dfrac{x^2}{2} \ (x > 0)$．

4．问 a 为何值时，$f(x) = a\sin x + \dfrac{1}{3}\sin 3x$ 在 $x = \dfrac{\pi}{3}$ 处取得极值？是极大值还是极小值？并求出该极值．

5．证明方程 $\sin x = x$ 只有一个根．

6．设方程 $x^3 - 27x + k = 0$，就 k 的取值，讨论方程根的个数．

7．求下列函数的最大值和最小值．

(1) $y = 3x^4 - 4x^3 - 12x^2 + 2 \ (-3 \leqslant x \leqslant 3)$；　　(2) $y = \sqrt[3]{2x^2(x-6)} \ (-2 \leqslant x \leqslant 4)$．

8．将一周长为 L 的等腰 $\triangle ABC$ 绕它的底边 AB 旋转一周得到一旋转体，问 AB 为多少时旋转体的体积最大？

9．某商户以每件 20 元的价格购进一批衣服，设此批衣服的需求函数为 $Q = 80 - 2P$，问该商户将销售价 P 定为多少时，利润最大？

10．某厂生产某产品，固定成本为 2 万元，每产 100 件成本增加 1 万元，市场每年可销售此种商品 400 件，设产量为 x（百件）时的总收入（单位：万元）为

$$R(x) = \begin{cases} 4x - \dfrac{1}{2}x^2, & 0 \leqslant x \leqslant 4, \\ 8, & x > 4. \end{cases}$$

问 x 为多少时总利润最大？

第五节　函数图形的凹凸性　渐近线及函数图形的描绘

一、函数图形的凹凸性与拐点

　　研究函数时, 仅仅知道函数的单调性, 还不能准确地描绘函数的图形. 例如, 函数 $y = x^2$ 与 $y = \sqrt{x}$ 在 $[0, +\infty)$ 内都单调增加, 但是它们单调增加的方式(曲线的弯曲方向)有明显的区别, 这就是函数图形的凹凸性问题.

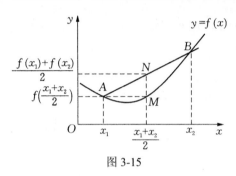

图 3-15

　　借助图 3-15, 我们给出下述定义.

　　定义 3-2　设函数 $f(x)$ 在区间 I 上连续, 对 I 上任意两点 x_1, x_2, 如果恒有

$$f\left(\frac{x_1 + x_2}{2}\right) < \frac{f(x_1) + f(x_2)}{2},$$

则称函数 $f(x)$ 在 I 上的图形是凹的; 如果恒有

$$f\left(\frac{x_1 + x_2}{2}\right) > \frac{f(x_1) + f(x_2)}{2},$$

则称函数 $f(x)$ 在 I 上的图形是凸的.

　　直接根据定义来判断函数图形的凹凸性是比较困难的. 如果函数 $f(x)$ 在 I 内具有二阶导数, 那么可以利用二阶导数的符号来判定函数图形的凹凸性.

　　定理 3-12　设函数 $f(x)$ 在 I 上连续, 在 I^o 内有二阶导数, 那么:

　　(1) 若对任意 $x \in I^o$, $f''(x) > 0$, 则 $f(x)$ 的图形在 I 上是凹的;

　　(2) 若对任意 $x \in I^o$, $f''(x) < 0$, 则 $f(x)$ 的图形在 I 上是凸的.

　　证　设 x_1 和 x_2 为 I^o 内任意两点, 且 $x_1 < x_2$, 记 $x_0 = \dfrac{x_1 + x_2}{2}$ 和 $h = \dfrac{x_2 - x_1}{2}$, 则 $x_1 - x_0 = -h$, $x_2 - x_0 = h$. 由泰勒中值定理得

$$f(x_1) = f(x_0) - f'(x_0)h + \frac{f''(\xi_1)}{2}h^2 \quad (x_1 < \xi_1 < x_0),$$

$$f(x_2) = f(x_0) + f'(x_0)h + \frac{f''(\xi_2)}{2}h^2 \quad (x_0 < \xi_2 < x_2),$$

因此

$$f(x_1) + f(x_2) = 2f(x_0) + \frac{f''(\xi_1) + f''(\xi_2)}{2}h^2.$$

　　在情形(1)下有 $f''(\xi_1)$ 和 $f''(\xi_2)$ 为正, 所以

$$f(x_1) + f(x_2) > 2f(x_0),$$

即

$$\frac{f(x_1) + f(x_2)}{2} > f\left(\frac{x_1 + x_2}{2}\right),$$

从而 $f(x)$ 在 I 上的图形是凹的．类似可证情形(2)．

关于该定理一个直观的解释：由图 3-16 可知，如果函数 $f(x)$ 的图形是凹的，则曲线上点 $(x, f(x))$ 处的切线斜率随着 x 的增大而增大，即 $f'(x)$ 单调增加，而这可由 $f''(x) > 0$ 推得．同理可知函数 $f(x)$ 的图形是凸的情形，如图 3-17 所示．

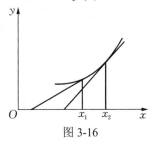

图 3-16

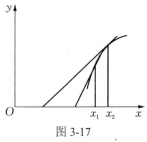

图 3-17

例 3-33 判定函数 $y = 2\ln x$ 的图形的凹凸性．

解 函数 $y = 2\ln x$ 的定义域为 $(0, +\infty)$，且函数在定义域上连续．因为

$$y' = \frac{2}{x}, \quad y'' = -\frac{2}{x^2} < 0,$$

所以由定理 3-12 可知，函数 $y = 2\ln x$ 在 $(0, +\infty)$ 上的图形是凸的．

例 3-34 求曲线 $y = x^4 - 2x^3$ 的凹凸区间．

解 函数 $y = x^4 - 2x^3$ 的定义域为 $(-\infty, +\infty)$，且函数在定义域上连续．因为

$$y' = 4x^3 - 6x^2,$$
$$y'' = 12x^2 - 12x = 12x(x-1).$$

解方程 $y'' = 0$，得 $x_1 = 0$，$x_2 = 1$．它们把函数的定义域 $(-\infty, +\infty)$ 分成三个部分区间：

$$(-\infty, 0], \quad [0, 1], \quad [1, +\infty).$$

在 $(-\infty, 0)$ 内，$y'' > 0$；在 $(0, 1)$ 内，$y'' < 0$；在 $(1, +\infty)$ 内，$y'' > 0$．所以曲线的凹区间为 $(-\infty, 0]$ 和 $[1, +\infty)$，凸区间为 $[0, 1]$．

定义 3-3 设函数 $y = f(x)$ 在区间 I 上连续，$x_0 \in I^\circ$，其图形在点 $(x_0, f(x_0))$ 的左、右两侧的凹凸性相反，则称点 $(x_0, f(x_0))$ 为曲线 $y = f(x)$ 的一个拐点．

例如，例 3-34 中的曲线 $y = x^4 - 2x^3$ 的拐点为 $(0, 0)$ 和 $(1, -1)$．

若点 $(x_0, f(x_0))$ 为曲线 $y = f(x)$ 的一个拐点，且函数 $y = f(x)$ 在点 x_0 的某去心邻域内二阶可导，则点 x_0 两侧的 $f''(x)$ 必异号，因而有 $f''(x_0) = 0$ 或 $f''(x_0)$ 不存在．

例 3-35 求曲线 $y = \sqrt[3]{x}$ 的拐点．

解 函数 $y = \sqrt[3]{x}$ 在定义域 $(-\infty, +\infty)$ 内连续，当 $x \neq 0$ 时，

$$y' = \frac{1}{3\sqrt[3]{x^2}}, \quad y'' = -\frac{2}{9x\sqrt[3]{x^2}},$$

当 $x = 0$ 时，y', y'' 都不存在，它把 $(-\infty, +\infty)$ 分成两个部分区间：$(-\infty, 0]$，$[0, +\infty)$．

在 $(-\infty, 0)$ 内，$y'' > 0$，曲线在 $(-\infty, 0]$ 上是凹的；在 $(0, +\infty)$ 内，$y'' < 0$，曲线在 $[0, +\infty)$ 上是凸的．并且当 $x = 0$ 时，$y = 0$，所以点 $(0, 0)$ 是曲线 $y = \sqrt[3]{x}$ 的一个拐点．

利用 Mathematica 来求函数的凹凸性和拐点非常方便. 对例 3-34 而言, 在 Mathematica 中作如下运算.

(1) 定义函数:

```
In[1]:=f[x_]=x^4-2x^3
Out[1]= -2 x³+x⁴
```

(2) 求二阶导数:

```
In[2]:= D[f[x],{x,2}]
Out[2]= -12 x+12 x²
```

(3) 求二阶导数为零的点:

```
In[3]:= Solve[%==0,x]
Out[3]= {{x→0},{x→1}}
```

(4) 作图观察:

```
In[4]:= Plot[f[x],{x,-1,2},PlotRange→2]
Out[4]=
```

结果如图 3-18 所示.

扫码演示

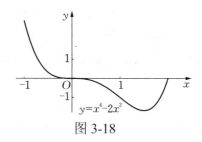

图 3-18

二、曲线的渐近线

我们知道, 双曲线 $\dfrac{x^2}{a^2}-\dfrac{y^2}{b^2}=1$ ($a>0$, $b>0$)有两条渐近线 $y=\pm\dfrac{b}{a}x$, 由此就能刻画双曲线无限延伸时的走向和趋势.

定义 3-4 设函数 $f(x)$ 的定义域含有无限区间 $(a,+\infty)$, 若

$$\lim_{x\to+\infty}[f(x)-(kx+b)]=0,$$

则称直线 $y=kx+b$ 是曲线 $y=f(x)$ 当 $x\to+\infty$ 时的渐近线. 当 $k\neq0$ 时, 称直线 $y=kx+b$ 是曲线 $y=f(x)$ 的斜渐近线; 当 $k=0$ 时, 称直线 $y=b$ 是曲线 $y=f(x)$ 的水平渐近线.

类似可定义 $x\to-\infty$ (或 $x\to\infty$)时的渐近线.

如果当 $x\to x_0$ (或 $x\to x_0^-$, $x\to x_0^+$)时, $f(x)\to\infty$, 则称直线 $x=x_0$ 是曲线 $y=f(x)$ 的垂直渐近线.

若直线 $y=kx+b$ 是曲线 $y=f(x)$ 当 $x\to+\infty$ 时的斜渐近线, 则由定义得

$$\lim_{x\to+\infty}x\left[\frac{f(x)}{x}-k-\frac{b}{x}\right]=0,$$

因此

$$\lim_{x \to +\infty}\left[\frac{f(x)}{x} - k - \frac{b}{x}\right] = \lim_{x \to +\infty}\frac{f(x)}{x} - k = 0,$$

即

$$k = \lim_{x \to +\infty}\frac{f(x)}{x},$$

从而 $b = \lim_{x \to +\infty}[f(x) - kx]$.

例 3-36　求曲线 $y = \dfrac{x^2}{x+1}$ 的渐近线.

解　由 $\lim\limits_{x \to -1}\dfrac{x^2}{x+1} = \infty$ 可知, $x = -1$ 是曲线 $y = \dfrac{x^2}{x+1}$ 的垂直渐近线. 因为

$$k = \lim_{x \to \infty}\frac{f(x)}{x} = \lim_{x \to \infty}\frac{x}{x+1} = 1,$$

$$b = \lim_{x \to \infty}[f(x) - kx] = \lim_{x \to \infty}\left(\frac{x^2}{x+1} - x\right) = \lim_{x \to \infty}\frac{-x}{x+1} = -1,$$

所以 $y = x - 1$ 是曲线 $y = \dfrac{x^2}{x+1}$ 的斜渐近线.

在 Mathematica 中, 利用前面求极限的方法, 可快速求得函数的斜渐近线, 同时利用其作图, 可直观验证结论. 例如, 对于例 3-36, 在 Mathematica 中运行如下程序.

```
f[x_]=x^2/(x+1)(*定义函数*)
Limit[f[x]/x,x→Infinity](*求k*)
Limit[f[x]-x,x→Infinity](*求b*)
aa=Plot[f[x],{x,-5,5},LabelStyle→Directive[Bold,16],PlotStyle
    →{Thickness[0.05]}];
bb=Plot[x-1,{x,-5,5},LabelStyle→Directive[Bold,16],PlotStyle
    →{Thickness[0.05],Dashed}];
Show[aa,bb](*作图检验*)
```

运行结果如图 3-19 所示.

例 3-37　求曲线 $y = x\arctan x$ 的渐近线.

解　$y = x\arctan x$ 的定义域为 $(-\infty, +\infty)$, 由于

$$\lim_{x \to +\infty}\frac{x\arctan x}{x} = \frac{\pi}{2}, \quad \lim_{x \to -\infty}\frac{x\arctan x}{x} = -\frac{\pi}{2},$$

$$\lim_{x \to +\infty}\left(x\arctan x - \frac{\pi}{2}x\right) = \lim_{x \to +\infty}\frac{\arctan x - \dfrac{\pi}{2}}{\dfrac{1}{x}} = \lim_{x \to +\infty}\frac{-x^2}{1+x^2} = -1,$$

$$\lim_{x\to-\infty}\left(x\arctan x+\frac{\pi}{2}x\right)=\lim_{x\to-\infty}\frac{\arctan x+\frac{\pi}{2}}{\frac{1}{x}}=\lim_{x\to-\infty}\frac{-x^2}{1+x^2}=-1,$$

因此，$y=x\arctan x$ 在 $x\to+\infty$ 时有斜渐近线 $y=\frac{\pi}{2}x-1$，在 $x\to-\infty$ 时有斜渐近线 $y=-\frac{\pi}{2}x-1$，如图 3-20 所示.

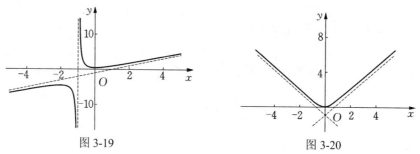

图 3-19　　　　　　　　　　　　　　图 3-20

三、函数图形的描绘

掌握了应用导数讨论函数的单调性、极值、函数图形的凹凸性及拐点的方法，我们就能够比较准确地描绘函数的图形. 一般地，函数图形的描绘可按以下步骤进行：

(1) 求出函数 $y=f(x)$ 的定义域，并判断函数 $y=f(x)$ 是否具有某些特性(如奇偶性、周期性等)；

(2) 求一阶导数 $f'(x)$ 和二阶导数 $f''(x)$，并求出它们的零点及不存在的点；

(3) 求 $y=f(x)$ 的单调区间和凹凸区间，确定极值点与拐点；

(4) 求曲线 $y=f(x)$ 的渐近线；

(5) 为了把图形描绘得准确些，有时还需补充一些点，然后结合以上步骤的结果，连接这些点画出图形.

例 3-38　作函数 $y=\dfrac{2x}{(x-1)^2}$ 的图形.

解　函数 $y=\dfrac{2x}{(x-1)^2}$ 的定义域是 $(-\infty,1)\bigcup(1,+\infty)$，曲线有水平渐近线 $y=0$ 和垂直渐近线 $x=1$. 它的一阶导数、二阶导数分别为

$$y'=\frac{-2(x+1)}{(x-1)^3},\qquad y''=\frac{4(x+2)}{(x-1)^4}.$$

令 $y'=0$，得 $x_1=-1$；令 $y''=0$，得 $x_2=-2$. 列表确定单调区间、凹凸区间及极值点与拐点，见表 3-2.

表 3-2

x	$(-\infty,-2)$	-2	$(-2,-1)$	-1	$(-1,1)$	$(1,+\infty)$
y'	$-$	$-$	$-$	0	$+$	$-$
y''	$-$	0	$+$	$+$	$+$	$+$
y	凸, 递减	拐点 $\left(-2,-\dfrac{4}{9}\right)$	凹, 递减	极小值 $-\dfrac{1}{2}$	凹, 递增	凹, 递减

另外，$y=\dfrac{2x}{(x-1)^2}$ 经过点 $(0,0)$．因此，描绘出

$y=\dfrac{2x}{(x-1)^2}$ 的图形，如图 3-21 所示．

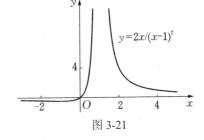

图 3-21

例 3-39　作函数 $\varphi(x)=\dfrac{1}{\sqrt{2\pi}}\mathrm{e}^{-\frac{x^2}{2}}$ 的图形．

解　函数的定义域为 $(-\infty,+\infty)$，且 $0<\varphi(x)\leqslant$

$\dfrac{1}{\sqrt{2\pi}}$．显然 $\varphi(x)$ 是偶函数,图形关于 y 轴对称．

它的一阶导数、二阶导数分别为

$$\varphi'(x)=-\frac{x}{\sqrt{2\pi}}\mathrm{e}^{-\frac{x^2}{2}},\qquad \varphi''(x)=\frac{(x+1)(x-1)}{\sqrt{2\pi}}\mathrm{e}^{-\frac{x^2}{2}}.$$

令 $\varphi'(x)=0$，得驻点 $x=0$；令 $\varphi''(x)=0$，得 $x=-1$，$x=1$．列表确定单调区间、凹凸区间及极值点与拐点，见表 3-3．

表 3-3

x	$(-\infty,-1)$	-1	$(-1,0)$	0	$(0,1)$	1	$(1,+\infty)$
$\varphi'(x)$	$+$		$+$	0	$-$		
$\varphi''(x)$	$+$	0	$-$		$-$	0	$+$
$\varphi(x)$	凹, 递增	拐点 $\left(-1,\dfrac{1}{\sqrt{2\pi\mathrm{e}}}\right)$	凸, 递增	极大值 $\dfrac{1}{\sqrt{2\pi}}$	凸, 递减	拐点 $\left(1,\dfrac{1}{\sqrt{2\pi\mathrm{e}}}\right)$	凹, 递减

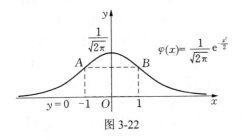

图 3-22

因为 $\lim\limits_{x\to\infty}\varphi(x)=\lim\limits_{x\to\infty}\dfrac{1}{\sqrt{2\pi}}\mathrm{e}^{-\frac{x^2}{2}}=0$，所以图形有

水平渐近线 $y=0$．由此可描绘出 $\varphi(x)=\dfrac{1}{\sqrt{2\pi}}\mathrm{e}^{-\frac{x^2}{2}}$

的图形，如图 3-22 所示．

习　题　3-5

1. 求下列曲线的凹凸区间和拐点.

(1) $y = 4x - x^2$；

(2) $y = \ln(1 + x^2)$；

(3) $y = xe^{-x}$；

(4) $y = x + x^{\frac{5}{3}}$.

2. 曲线 $y = x^4$ 是否有拐点？

3. 问 a 和 b 为何值时，点 $(1,3)$ 为曲线 $y = ax^3 + bx^2$ 的拐点？这时曲线的凹凸区间是什么？

4. 利用曲线的凹凸性证明下列不等式.

(1) $\dfrac{e^x + e^y}{2} > e^{\frac{x+y}{2}}$，$x \neq y$；

(2) $x\ln x + y\ln y > (x + y)\ln\dfrac{x+y}{2}$ $(x > 0, y > 0, x \neq y)$.

5. 求下列曲线的渐近线.

(1) $y = \dfrac{x}{3 - x^2}$；

(2) $y = \dfrac{x^2}{2x - 1}$；

(3) $y = \dfrac{\ln(1 + x)}{x}$；

(4) $y = \sqrt{x^2 + 1}$.

6. 描绘下列函数的图形.

(1) $y = xe^{-x^2}$；

(2) $y = x - \ln(x + 1)$.

第六节　曲　　率

为引入曲率的概念，先介绍弧微分.

一、弧微分

如果曲线 $y = f(x)$ 在区间 (a,b) 内的每一点处都有能连续转动的切线，则称曲线 $y = f(x)$ 为光滑曲线. 在光滑曲线 $y = f(x)$ 上取一固定点 $M_0(x_0, y_0)$，并规定依 x 增大的方向为曲线的正向，对曲线上任一点 $M(x,y)$，规定有向弧段 $\overgroup{M_0 M}$ 的值 s(简称弧 s)如下：s 的绝对值等于这段弧的长度，当有向弧段 $\overgroup{M_0 M}$ 的方向与曲线的正向一致时，取 $s > 0$，相反时，取 $s < 0$. 显然弧 s 是关于 x 的单调递增函数. 下面考虑 $s = s(x)$ 的导数与微分.

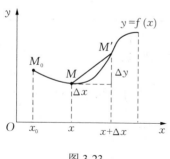

图 3-23

如图 3-23 所示，当点 x 取得增量 Δx 时，$s(x)$ 相

应的增量为 Δs，且 $\Delta s = \widehat{M_0 M'} - \widehat{M_0 M} = \widehat{MM'}$，则

$$\left(\frac{\Delta s}{\Delta x}\right)^2 = \left(\frac{\widehat{MM'}}{\Delta x}\right)^2 = \left(\frac{\widehat{MM'}}{|MM'|}\right)^2 \cdot \frac{|MM'|^2}{(\Delta x)^2} = \left(\frac{\widehat{MM'}}{|MM'|}\right)^2 \cdot \frac{(\Delta x)^2 + (\Delta y)^2}{(\Delta x)^2}$$

$$= \left(\frac{\widehat{MM'}}{|MM'|}\right)^2 \left[1 + \left(\frac{\Delta y}{\Delta x}\right)^2\right],$$

$$\frac{\Delta s}{\Delta x} = \pm \sqrt{\left(\frac{\widehat{MM'}}{|MM'|}\right)^2 \left[1 + \left(\frac{\Delta y}{\Delta x}\right)^2\right]}.$$

因为 $\lim\limits_{\Delta x \to 0} \dfrac{|\widehat{MM'}|}{|MM'|} = 1$，$\lim\limits_{\Delta x \to 0} \dfrac{\Delta y}{\Delta x} = y'$，所以

$$s'(x) = \frac{\mathrm{d}s}{\mathrm{d}x} = \pm\sqrt{1 + (y')^2},$$

由于 $s = s(x)$ 是单调增加函数，根式前应该取正号，于是有

$$\mathrm{d}s = \sqrt{1 + (y')^2}\,\mathrm{d}x \quad \left(\text{或}\,\mathrm{d}s = \sqrt{(\mathrm{d}x)^2 + (\mathrm{d}y)^2}\right), \tag{3-10}$$

这就是弧微分公式.

若曲线由参数方程 $\begin{cases} x = \varphi(t), \\ y = \psi(t) \end{cases}$ 表示，则弧微分公式为

$$\mathrm{d}s = \sqrt{[\varphi'(t)]^2 + [\psi'(t)]^2}\,\mathrm{d}t.$$

若曲线由极坐标方程 $\rho = \rho(\theta)$ 表示，则弧微分公式为

$$\mathrm{d}s = \sqrt{\rho^2(\theta) + [\rho'(\theta)]^2}\,\mathrm{d}\theta.$$

弧微分公式的几何意义："弧微分 $\mathrm{d}s$ 等于与自变量 x 的增量 Δx 相对应的切线的长"，如图 3-24 所示，$\mathrm{d}s = |MT|$.

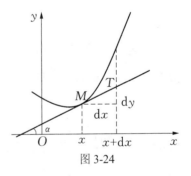

图 3-24

二、曲率及其计算公式

在科学研究与工程技术中，有时要考虑曲线的弯曲程度. 例如，设计铁路、高速公路等的弯道时，就需要根据最高限速来确定弯道的弯曲程度.

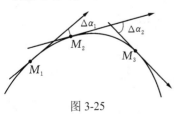

图 3-25

直觉上，直线不弯曲，半径小的圆比半径大的圆弯曲得厉害些，抛物线在顶点附近比远离顶点的部分弯曲得厉害些. 下面用数量来描述曲线的弯曲程度.

如图 3-25 所示，$\widehat{M_1 M_2}$ 和 $\widehat{M_2 M_3}$ 是两段等长的曲线弧，$\widehat{M_2 M_3}$ 比 $\widehat{M_1 M_2}$ 弯曲得厉害些，当点 M_1 沿曲线弧移

动到点 M_2 时, 切线的转角为 $\Delta\alpha_1$, 点 M_2 沿曲线弧移动到点 M_3 时, 切线的转角为 $\Delta\alpha_2$, 显然, $\Delta\alpha_1$ 比 $\Delta\alpha_2$ 要小. 这说明, 曲线的弯曲程度与切线的转角有关.

如图 3-26 所示, $\overset{\frown}{M_1M_2}$ 和 $\overset{\frown}{N_1N_2}$ 是两段切线转角同为 $\Delta\alpha$ 的曲线弧, 而弧 $\overset{\frown}{M_1M_2}$ 比弧 $\overset{\frown}{N_1N_2}$ 更长,显然, $\overset{\frown}{N_1N_2}$ 比 $\overset{\frown}{M_1M_2}$ 弯曲得厉害些. 这说明, 曲线的弯曲程度与弧段的长度有关.

如图 3-27 所示, 设 M, N 是光滑曲线 $y = f(x)$ 上的两点, 当点 M 沿曲线移动到点 N 时, 切线相应的转角为 $\Delta\alpha$, 曲线弧 $\overset{\frown}{MN}$ 的长为 Δs.

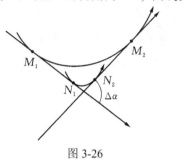

图 3-26

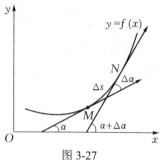

图 3-27

我们用 $\left|\dfrac{\Delta\alpha}{\Delta s}\right|$ 来表示曲线弧 $\overset{\frown}{MN}$ 的平均弯曲程度, 并称它为曲线弧 $\overset{\frown}{MN}$ 的平均曲率, 记为 $\overline{K}$, 即

$$\overline{K} = \left|\frac{\Delta\alpha}{\Delta s}\right|.$$

当 $\Delta s \to 0$ (即 $N \to M$)时, 若极限 $\lim\limits_{\Delta s \to 0}\left|\dfrac{\Delta\alpha}{\Delta s}\right|$ 存在, 则称 $\lim\limits_{\Delta s \to 0}\left|\dfrac{\Delta\alpha}{\Delta s}\right|$ 为曲线 $y = f(x)$ 在点 M 处的曲率, 记为 K, 即

$$K = \lim_{\Delta s \to 0}\left|\frac{\Delta\alpha}{\Delta s}\right|.$$

在 $\lim\limits_{\Delta s \to 0}\dfrac{\Delta\alpha}{\Delta s} = \dfrac{\mathrm{d}\alpha}{\mathrm{d}s}$ 存在的条件下, K 可表示为

$$K = \left|\frac{\mathrm{d}\alpha}{\mathrm{d}s}\right|. \tag{3-11}$$

设函数 $f(x)$ 的二阶导数存在, 下面导出曲率的计算公式.

先求 $\mathrm{d}\alpha$. 因为 α 是曲线切线的倾角, 所以 $y' = \tan\alpha$, 从而 $\alpha = \arctan y'$, 两边微分, 得

$$\mathrm{d}\alpha = \mathrm{d}(\arctan y') = \frac{1}{1+(y')^2}\,\mathrm{d}y' = \frac{1}{1+(y')^2}\,y''\mathrm{d}x,$$

其次, 由式(3-10)知,

$$\mathrm{d}s = \sqrt{1+(y')^2}\,\mathrm{d}x,$$

从而, 根据曲率 K 的表达式(3-11), 有

$$K = \frac{|y''|}{[1+(y')^2]^{3/2}}.\tag{3-12}$$

若曲线由参数方程 $\begin{cases} x = \varphi(t), \\ y = \psi(t) \end{cases}$ 表示, 则

$$K = \frac{|\varphi'(t)\psi''(t) - \varphi''(t)\psi'(t)|}{\left\{[\varphi'(t)]^2 + [\psi'(t)]^2\right\}^{3/2}}.\tag{3-13}$$

例 3-40　求下列曲线上任意一点处的曲率.

(1) $y = kx + b$;　(2) $x^2 + y^2 = R^2$.

解　(1) 因为 $y' = k$, $y'' = 0$, 代入式(3-12), 得 $K = 0$, 即直线上任意一点处的曲率都等于零, 这与我们的直觉"直线不弯曲"是一致的.

(2) 因为 $2x + 2yy' = 0$, 则 $y' = -\dfrac{x}{y}$, $y'' = -\dfrac{y - xy'}{y^2} = -\dfrac{R^2}{y^3}$, 代入式(3-12), 得

$$K = \frac{|y''|}{\left[1+(y')^2\right]^{3/2}} = \frac{\left|-\dfrac{R^2}{y^3}\right|}{\left[1+\left(-\dfrac{x}{y}\right)^2\right]^{3/2}} = \frac{R^2}{(x^2+y^2)^{3/2}} = \frac{1}{R},$$

即圆上任意一点处的曲率都相等, 圆上任意一点处的弯曲程度相同, 且曲率等于圆的半径的倒数. 圆的半径越小, 曲率越大, 弯曲得越厉害.

例 3-41　抛物线 $y = ax^2 + bx + c$ 上哪一点处的曲率最大?

解　因为 $y' = 2ax + b$, $y'' = 2a$, 所以

$$K = \frac{|2a|}{[1+(2ax+b)^2]^{3/2}}.$$

显然, 当 $x = -\dfrac{b}{2a}$ 时, K 最大. 又因为 $\left(-\dfrac{b}{2a}, -\dfrac{b^2 - 4ac}{4a}\right)$ 为抛物线的顶点, 所以抛物线在顶点处的曲率最大.

三、曲率圆

如图 3-28 所示, 设曲线 $y = f(x)$ 在点 $M(x, y)$ 处的曲率为 K ($K \neq 0$). 在点 M 处的曲线的法线上, 在凹的一侧取一点 D, 使 $|DM| = \dfrac{1}{K} = \rho$. 以 D 为圆心, ρ 为半径所作的圆称为曲线 $y = f(x)$ 在点 M 处的曲率圆, 曲率圆的圆心 D 称为曲线在点 M 处的曲率中心, 曲率圆的半径 ρ 称为曲线在点 M 处的曲率半径.

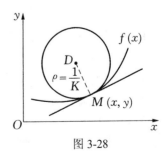

图 3-28

根据上述规定, 曲率圆与曲线在点 M 处有相同的切线和曲率, 且在点 M 邻近处凹凸性相同. 因此, 在工程上常用曲率圆在点 M 邻近处的一段圆弧来近似代替小曲线弧.

例 3-42　求曲线 $y = \tan x$ 在点 $\left(\dfrac{\pi}{4}, 1\right)$ 处的曲率与曲率半径.

解　因为 $y' = \sec^2 x$, $y'' = 2\sec^2 x \tan x$, 所以曲率 K 及曲率半径 ρ 分别为

$$K = \frac{|y''|}{\left[1 + \left(y'\right)^2\right]^{3/2}}, \quad \rho = \frac{1}{K} = \frac{\left[1 + \left(y'\right)^2\right]^{3/2}}{|y''|}.$$

由 $y'|_{x=\pi/4} = 2$ 及 $y''|_{x=\pi/4} = 4$, 得点 $\left(\dfrac{\pi}{4}, 1\right)$ 处的曲率与曲率半径分别为

$$K = \frac{4}{5\sqrt{5}}, \quad \rho = \frac{5\sqrt{5}}{4}.$$

例 3-43　飞机沿抛物线 $y = \dfrac{x^2}{4\,000}$ (单位: m)俯冲飞行, 在原点处速度为 $v = 400$ m/s, 飞行员体重 70 kg. 求俯冲到原点时, 飞行员对座椅的压力.

解　设飞行员对座椅的压力(单位: kgf[①]) 为 $Q = F + P$, 其中飞行员的身体重力 $P = 70$ kgf, 离心力 $F = \dfrac{mv^2}{\rho}$, 由 $y = \dfrac{x^2}{4\,000}$, 得

$$y'|_{x=0} = \frac{x}{2\,000}\bigg|_{x=0} = 0, \quad y''|_{x=0} = \frac{1}{2\,000},$$

则曲线在原点处的曲率为 $K = \dfrac{1}{2\,000}$, 曲率半径为 $\rho = 2\,000$ m, 所以

$$F = \frac{70 \times 400^2}{2\,000} = 5\,600 \ (\text{N}) \approx 571.4 \ (\text{kgf}),$$

从而

$$Q \approx 70 + 571.4 = 641.4 \ (\text{kgf}),$$

即飞行员对座椅的压力为 641.4 kgf.

习　题　3-6

1. 椭圆 $x = 2\cos t$, $y = 3\sin t$ 上哪些点处曲率最大?

2. 求曲线 $y = e^x$ 在点 $M(1, e)$ 处的曲率和曲率半径.

3. 求曲线 $y = \cos x$ 在点 $(0, 1)$ 处的曲率及曲率半径.

4. 设工件内表面的截线为抛物线 $y = 0.4x^2$, 现在要用砂轮磨削其内表面, 问用直径多大的砂轮才比较合适?

5. 铁轨由直道转入圆弧弯道时, 若接头处的曲率突然改变, 容易发生事故, 为了行

---

① 1 kgf=9.806 65 N.

驶平稳, 往往在直道和圆弧弯道之间接入一段缓冲段 $\overparen{OA}$, 使轨道曲线的曲率由零连续地过渡到圆弧的曲率 $1/R$, 其中 R 为圆弧轨道的半径. 通常用三次抛物线 $y = \dfrac{x^3}{6Rl}$ ($x \in [0, x_0]$) 作为缓冲段 $\overparen{OA}$. 验证缓冲段 $\overparen{OA}$ 在始端 O 处的曲率为零, 且当 $\dfrac{l}{R}$ 很小 $\left(\dfrac{l}{R} << 1\right)$ 时, 在终端 A 的曲率近似为 $1/R$.

6. 设 $y = f(x)$ 为过原点的一条曲线, $f'(0)$ 和 $f''(0)$ 存在, 已知有一条抛物线 $y = g(x)$ 与曲线 $y = f(x)$ 在原点相切, 在该点处有相同的曲率, 且在该点附近这两条曲线有相同的凹向, 求曲线 $y = g(x)$.

总 习 题 三

1. 填空题.

(1) 函数 $f(x) = \sqrt{1-x}$ 在区间 $[0,1]$ 上满足拉格朗日中值定理条件的 $\xi = $ _____;

(2) 曲线 $y = \ln(1+x^2)$ 在拐点处的切线方程是 _____;

(3) 曲线 $y = x + 2\arctan x$ 的渐近线方程是 _____;

(4) 设常数 $k > 0$, 函数 $f(x) = \ln x - \dfrac{x}{e} + k$ 在 $(0, +\infty)$ 内的零点个数为 _____.

2. 选择题.

(1) 函数 $f(x) = \sqrt[3]{8x - x^2}$, 则 (　　).

　　A. 在任意闭区间 $[a, b]$ 上罗尔中值定理一定成立

　　B. 在 $[0, 8]$ 上罗尔中值定理不成立

　　C. 在 $[0, 8]$ 上罗尔中值定理成立

　　D. 在任意闭区间上, 罗尔中值定理都不成立

(2) 下列函数中在 $[1, e]$ 上满足拉格朗日中值定理条件的是(　　).

　　A. $\ln(\ln x)$　　　　　B. $\ln x$　　　　　C. $\dfrac{1}{\ln x}$　　　　　D. $\ln(2-x)$

(3) 设 $\lim\limits_{x \to x_0} \dfrac{f(x)}{g(x)}$ 为未定式, 则 $\lim\limits_{x \to x_0} \dfrac{f'(x)}{g'(x)}$ 存在是 $\lim\limits_{x \to x_0} \dfrac{f(x)}{g(x)}$ 也存在的 (　　).

　　A. 必要条件　　　　　　　　　　　　B. 充分条件

　　C. 充分必要条件　　　　　　　　　　D. 既非充分又非必要条件

3. 求下列函数的极限.

(1) $\lim\limits_{x \to 1} \dfrac{(x^{3x-2} - x) \cdot \sin 2(x-1)}{(x-1)^3}$;

(2) $\lim\limits_{x \to 0} \left(\dfrac{e^x + e^{2x} + \cdots + e^{nx}}{n}\right)^{\frac{1}{x}}$, 其中 n 是给定的自然数;

(3) $\lim\limits_{x \to 1}\left(\dfrac{m}{1-x^m} - \dfrac{n}{1-x^n}\right)$，其中 m，n 是大于 2 的正整数;

(4) $\lim\limits_{x \to \infty} x\left[\left(1 + \dfrac{1}{x}\right)^x - \mathrm{e}\right]$;

(5) $\lim\limits_{x \to 0}\dfrac{(a+x)^x - a^x}{x^2}$，其中 $a > 0$，$a \neq 1$.

4. 设 $f(x)$ 在 $[0,1]$ 上连续，在 $(0,1)$ 内可导，$f(0) = f(1) = 0$，且存在 $x_0 \in (0,1)$，满足 $f(x_0) > x_0$，证明：存在 $\xi \in (0,1)$，使 $f'(\xi) = 1$.

5. 证明：当 $x \in \left(0, \dfrac{\pi}{2}\right)$ 时，$\dfrac{2}{\pi} < \dfrac{\sin x}{x} < 1$.

6. 试确定 a, b, c，使曲线 $y = ax^3 + bx^2 + cx$ 有拐点 $(1, 2)$，且在该点的切线斜率为 -1.

7. 比较 e^{π} 与 π^{e} 的大小.

8. 设函数 $y = f(x)$ 在点 x_0 的某邻域内具有三阶导数，如果 $f'(x_0) = 0$，$f''(x_0) = 0$，而 $f'''(x_0) \neq 0$，试问点 x_0 是否为极值点？又 $(x_0, f(x_0))$ 是否为拐点？为什么？对此结论能否进一步推广？

9. 若 $f(x)$ 在 $[a,b]$ 上有二阶导数 $f''(x)$，且 $f'(a) = f'(b) = 0$，试证在 (a,b) 内至少存在一点 ξ，满足 $|f''(\xi)| \geqslant \dfrac{4}{(b-a)^2}|f(b) - f(a)|$.

10. (1) 设函数 $\varphi(x)$ 在 x_0 的某个邻域内有定义，在点 x_0 处 n 阶可导，如果

$$\varphi(x_0) = \varphi'(x_0) = \cdots = \varphi^{(n)}(x_0) = 0,$$

用洛必达法则证明

$$\varphi(x) = o\left[(x - x_0)^n\right].$$

(2) 如果函数 $f(x)$ 在 x_0 的某个邻域内有定义，在点 x_0 处 n 阶可导，则

$$f(x) = f(x_0) + f'(x_0)(x - x_0) + \dfrac{f''(x_0)}{2!}(x - x_0)^2 + \cdots + \dfrac{f^{(n)}(x_0)}{n!}(x - x_0)^n + o\left[(x - x_0)^n\right].$$

11. 设函数 $f(x)$ 在 $[a,b]$ 上具有二阶导数，且 $f(a) = f(b) = 0$，$f'(a) \cdot f'(b) > 0$，证明：存在 $\xi \in (a,b)$ 和 $\eta \in (a,b)$，使 $f(\xi) = 0$，$f''(\eta) = 0$.

第四章　不定积分

在前面的微分学中，我们讨论了如何求函数的导数(或微分). 在科学研究和工程技术的许多问题中，常常需要解决相反的问题，即已知某一函数的导数(或微分)时，如何求该函数？这一问题正是积分学的基本内容之一.

第一节　不定积分的概念与性质

一、原函数

在微分学中，导数反映的是函数的变化率. 例如，已知变速直线运动的物体的路程函数 $s = s(t)$，求在时刻 t 的瞬时速度 $v(t)$，有 $v(t) = s'(t)$；它的反问题是已知运动物体在任一时刻 t 的瞬时速度 $v = v(t)$，求路程函数 $s(t)$，这便是求导运算的逆运算问题.

定义 4-1　设 $f(x)$ 是一个定义在区间 I 上的函数，如果存在可导函数 $F(x)$，使对任意 $x \in I$，都有

$$F'(x) = f(x) \quad (\text{或 } \mathrm{d}F(x) = f(x)\mathrm{d}x),$$

则称函数 $F(x)$ 是 $f(x)$ 在区间 I 上的一个原函数.

例如，因为 $\left(\dfrac{1}{2}\sin 2x \right)' = \cos 2x$，所以函数 $\dfrac{1}{2}\sin 2x$ 是 $\cos 2x$ 在区间 $(-\infty, +\infty)$ 内的一个原函数. 注意到 $\left(\dfrac{1}{2}\sin 2x + C \right)' = \cos 2x$，$C$ 为任意常数，则按照定义 4-1，函数 $\dfrac{1}{2}\sin 2x + C$ 也是 $\cos 2x$ 的原函数.

由原函数的定义，我们很自然地提出如下两个问题：

(1) 函数 $f(x)$ 在什么条件下其原函数一定存在？

(2) 若函数 $f(x)$ 有原函数，其原函数是否唯一？若不唯一，其原函数之间的关系如何？

关于上述问题，我们给出如下两个定理.

定理 4-1　(原函数存在性定理)如果函数 $f(x)$ 在区间 I 上连续，则在区间 I 上其原函数一定存在，即连续函数一定有原函数.

定理 4-1 的证明在第五章给出.

定理 4-2 (原函数结构性定理)如果函数 $F(x)$ 是 $f(x)$ 在区间 I 上的一个原函数, 则 $f(x)$ 的原函数有无穷多个, 并且其任一原函数都可表示成 $F(x)+C$ 的形式, 其中 C 为任意常数.

证 因为函数 $F(x)$ 是 $f(x)$ 在区间 I 上的一个原函数, 即 $F'(x)=f(x)$, 又 $[F(x)+C]'=f(x)$, 所以 $F(x)+C$ 也是 $f(x)$ 的原函数, 于是 $f(x)$ 的原函数有无穷多个.

设 $G(x)$ 是 $f(x)$ 在区间 I 上的另一个原函数, 即 $G'(x)=f(x)$, 则

$$[G(x)-F(x)]'=G'(x)-F'(x)=f(x)-f(x)=0,$$

由推论 3-1 可知, $G(x)-F(x)=C$, 即 $G(x)=F(x)+C$.

二、不定积分的定义

定义 4-2 在区间 I 上, 函数 $f(x)$ 的带有任意常数的原函数 $F(x)+C$ 称为函数 $f(x)$ 的不定积分, 记作 $\int f(x)\mathrm{d}x$, 即

$$\int f(x)\mathrm{d}x=F(x)+C,$$

其中 $f(x)$ 称为被积函数, $f(x)\mathrm{d}x$ 称为被积表达式, x 称为积分变量, C 称为积分常数, 记号 $\int$ 称为积分号(它是一种运算符号).

例如:

(1) 因为 $\left(\dfrac{1}{2}\sin 2x\right)'=\cos 2x$, 所以 $\int\cos 2x\mathrm{d}x=\dfrac{1}{2}\sin 2x+C$;

(2) 因为 $(\mathrm{e}^x)'=\mathrm{e}^x$, 所以 $\int\mathrm{e}^x\mathrm{d}x=\mathrm{e}^x+C$;

(3) 因为 $\left(\dfrac{1}{\mu+1}x^{\mu+1}\right)'=x^\mu\ (\mu\neq-1)$, 所以 $\int x^\mu\mathrm{d}x=\dfrac{1}{\mu+1}x^{\mu+1}+C\ (\mu\neq-1)$.

不定积分的几何意义: 当函数 $f(x)$ 的不定积分中任意常数 C 取定一个数值时, 就得到 $f(x)$ 的一个原函数, 该原函数的图形称为 $f(x)$ 的一条积分曲线; 当常数 C 任意取值时, 就得到 $f(x)$ 的一簇积分曲线, 在横坐标相同的点 x 处, 各条积分曲线的切线斜率相等且均为 $f(x)$, 如图 4-1 所示.

例 4-1 求函数 $f(x)=x^2$ 的通过点 $(1,1)$ 的积分曲线.

解 因为

$$y=\int x^2\mathrm{d}x=\frac{1}{3}x^3+C,$$

又曲线通过点 $(1,1)$, 所以 $C=\dfrac{2}{3}$, 从而所求的积分曲线方程为 $y=\dfrac{1}{3}x^3+\dfrac{2}{3}$.

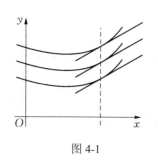

图 4-1

三、不定积分的性质

积分与微分之间有如下运算关系:

(1) $\left[\int f(x)\mathrm{d}x\right]' = f(x)$ 或 $\mathrm{d}\left[\int f(x)\mathrm{d}x\right] = f(x)\mathrm{d}x$;

(2) $\int F'(x)\mathrm{d}x = F(x) + C$ 或 $\int \mathrm{d}F(x) = F(x) + C$.

例如, $\left(\int \sin 5x\mathrm{d}x\right)' = \sin 5x$, $\int \mathrm{d}(\sin 5x) = \sin 5x + C$.

不定积分有如下线性性质:

若 $f(x)$ 与 $g(x)$ 的原函数存在, a 和 b 是常数, 且不全为零, 则

$$\int\left[af(x) + bg(x)\right]\mathrm{d}x = a\int f(x)\mathrm{d}x + b\int g(x)\mathrm{d}x .$$

此性质可推广到有限个函数的情形.

例 4-2 求 $\int(3x^2 + 2\mathrm{e}^x + 3)\mathrm{d}x$.

解
$$\int(3x^2 + 2\mathrm{e}^x + 3)\mathrm{d}x = \int 3x^2\mathrm{d}x + \int 2\mathrm{e}^x\mathrm{d}x + \int 3\mathrm{d}x$$
$$= 3\int x^2\mathrm{d}x + 2\int \mathrm{e}^x\mathrm{d}x + 3\int 1\mathrm{d}x$$
$$= x^3 + 2\mathrm{e}^x + 3x + C .$$

四、基本积分表

由基本导数公式就可得到基本积分公式, 它们是求不定积分的基础.

(1) $\int k\mathrm{d}x = kx + C$ (k 是常数);

(2) $\int x^\mu\mathrm{d}x = \dfrac{1}{\mu+1}x^{\mu+1} + C$ (μ 为常数, 且 $\mu \neq -1$);

(3) $\int \dfrac{1}{x}\mathrm{d}x = \ln|x| + C$;

(4) $\int \mathrm{e}^x\mathrm{d}x = \mathrm{e}^x + C$;

(5) $\int a^x\mathrm{d}x = \dfrac{a^x}{\ln a} + C$ ($a > 0$ 且 $a \neq 1$);

(6) $\int \cos x\mathrm{d}x = \sin x + C$;

(7) $\int \sin x\mathrm{d}x = -\cos x + C$;

(8) $\int \sec^2 x\mathrm{d}x = \int \dfrac{1}{\cos^2 x}\mathrm{d}x = \tan x + C$;

(9) $\int \csc^2 x\mathrm{d}x = \int \dfrac{1}{\sin^2 x}\mathrm{d}x = -\cot x + C$;

(10) $\int \dfrac{1}{1+x^2} \mathrm{d}x = \arctan x + C$ 或 $-\operatorname{arccot} x + C$;

(11) $\int \dfrac{1}{\sqrt{1-x^2}} \mathrm{d}x = \arcsin x + C$ 或 $-\arccos x + C$;

(12) $\int \sec x \tan x \mathrm{d}x = \sec x + C$;

(13) $\int \csc x \cot x \mathrm{d}x = -\csc x + C$.

例 4-3　求 $\int (1-3x)\sqrt{x}\,\mathrm{d}x$.

解　$\displaystyle\int (1-3x)\sqrt{x}\,\mathrm{d}x = \int \sqrt{x}\,\mathrm{d}x - 3\int x\sqrt{x}\,\mathrm{d}x$

$$= \int x^{\frac{1}{2}}\mathrm{d}x - 3\int x^{\frac{3}{2}}\mathrm{d}x = \frac{2}{3}x^{\frac{3}{2}} - \frac{6}{5}x^{\frac{5}{2}} + C .$$

例 4-4　求 $\int \dfrac{(1-x)^2}{x}\mathrm{d}x$.

解　$\displaystyle\int \frac{(1-x)^2}{x}\mathrm{d}x = \int \frac{1-2x+x^2}{x}\mathrm{d}x = \int \frac{1}{x}\mathrm{d}x - \int 2\mathrm{d}x + \int x\mathrm{d}x$

$$= \ln|x| - 2x + \frac{1}{2}x^2 + C .$$

例 4-5　求 $\int \dfrac{2^x + 3^x}{5^x}\mathrm{d}x$.

解　$\displaystyle\int \frac{2^x + 3^x}{5^x}\mathrm{d}x = \int \left(\frac{2}{5}\right)^x \mathrm{d}x + \int \left(\frac{3}{5}\right)^x \mathrm{d}x = \frac{\left(\dfrac{2}{5}\right)^x}{\ln \dfrac{2}{5}} + \frac{\left(\dfrac{3}{5}\right)^x}{\ln \dfrac{3}{5}} + C .$

例 4-6　求 $\int \dfrac{x^3 + x + 1}{x^2 + 1}\mathrm{d}x$.

解　$\displaystyle\int \frac{x^3 + x + 1}{x^2 + 1}\mathrm{d}x = \int \frac{x(x^2+1)+1}{x^2+1}\mathrm{d}x = \int x\mathrm{d}x + \int \frac{1}{x^2+1}\mathrm{d}x$

$$= \frac{1}{2}x^2 + \arctan x + C .$$

例 4-7　求 $\int \dfrac{\sin^2 x}{1 - \cos x}\mathrm{d}x$.

解　$\displaystyle\int \frac{\sin^2 x}{1 - \cos x}\mathrm{d}x = \int \frac{1 - \cos^2 x}{1 - \cos x}\mathrm{d}x = \int (1 + \cos x)\mathrm{d}x$

$$= x + \sin x + C .$$

例 4-8　求 $\int \dfrac{1}{\cos^2 x \cdot \sin^2 x}\mathrm{d}x$.

解　$\displaystyle\int \frac{1}{\cos^2 x \cdot \sin^2 x}\mathrm{d}x = \int \frac{\sin^2 x + \cos^2 x}{\cos^2 x \cdot \sin^2 x}\mathrm{d}x = \int \frac{1}{\cos^2 x}\mathrm{d}x + \int \frac{1}{\sin^2 x}\mathrm{d}x$

$$= \tan x - \cot x + C .$$

例 4-9 求 $\int \dfrac{x-\sqrt{1-x^2}}{x\sqrt{1-x^2}}\mathrm{d}x$.

解 $\int \dfrac{x-\sqrt{1-x^2}}{x\sqrt{1-x^2}}\mathrm{d}x = \int \dfrac{1}{\sqrt{1-x^2}}\mathrm{d}x - \int \dfrac{1}{x}\mathrm{d}x$

$$= \arcsin x - \ln|x| + C .$$

例 4-10 已知一个函数 $F(x)$ 的导函数为 $\dfrac{1}{\sqrt{1-x^2}}$ ，且 $F(1)=\dfrac{3}{2}\pi$ ，求函数 $F(x)$.

解 由题设知， $F'(x)=\dfrac{1}{\sqrt{1-x^2}}$ ，则

$$F(x)=\int \dfrac{1}{\sqrt{1-x^2}}\mathrm{d}x = \arcsin x + C ,$$

又 $F(1)=\dfrac{3}{2}\pi$ ，即 $\dfrac{3}{2}\pi = \arcsin 1 + C = \dfrac{1}{2}\pi + C$ ，解得 $C=\pi$ ，故所求函数为

$$F(x)=\arcsin x + \pi .$$

习 题 4-1

1. 已知曲线在点 (x,y) 处的切线斜率为 $\sin x - \cos x$ ，且曲线过点 $(\pi,0)$ ，求该曲线的方程.

2. 一辆汽车自静止开始运动，经 t s 后的速度为 $3t^2$ m/s，求:

(1) 在 3 s 后汽车离开出发点的距离是多少？

(2) 汽车走完 360 m 需要多长时间？

3. 求下列不定积分.

(1) $\int (1-3x^2)^2 \mathrm{d}x$;

(2) $\int (2^x + x^2)\mathrm{d}x$;

(3) $\int \dfrac{1}{x^2(x^2+1)}\mathrm{d}x$;

(4) $\int \sqrt[m]{x^n}\mathrm{d}x$;

(5) $\int \dfrac{x^2+\sqrt{x^3}+3}{\sqrt{x}}\mathrm{d}x$;

(6) $\int \dfrac{(x^3-3)(x+1)}{x^2}\mathrm{d}x$;

(7) $\int \sin^2 \dfrac{x}{2}\mathrm{d}x$;

(8) $\int \cot^2 x \mathrm{d}x$;

(9) $\int \dfrac{\mathrm{e}^{2x}-1}{\mathrm{e}^x-1}\mathrm{d}x$;

(10) $\int \dfrac{\cos 2x}{\sin x + \cos x}\mathrm{d}x$;

(11) $\int 3^x \mathrm{e}^x \mathrm{d}x$;

(12) $\int \mathrm{e}^x\left(1-\dfrac{\mathrm{e}^{-x}}{\sqrt{x}}\right)\mathrm{d}x$;

(13) $\int \sec x(\sec x - \tan x)\mathrm{d}x$;

(14) $\int \dfrac{1}{1+\cos 2x}\mathrm{d}x$;

(15) $\int \dfrac{\cos 2x}{\sin^2 x}\mathrm{d}x$;

(16) $\int \csc x(\csc x + \cot x)\mathrm{d}x$;

(17) $\displaystyle\int \frac{x^4}{x^2+1}\mathrm{d}x$;

(18) $\displaystyle\int \frac{x^2+x+1}{(x^2+1)x}\mathrm{d}x$;

(19) $\displaystyle\int \frac{3x^4+3x^2-1}{x^2+1}\mathrm{d}x$;

(20) $\displaystyle\int \left(\sqrt{\frac{1+x}{1-x}}+\sqrt{\frac{1-x}{1+x}} \right)\mathrm{d}x$.

第二节　换元积分法

根据不定积分的性质和基本积分公式只能求出一些简单函数的不定积分, 对于比较复杂的函数的不定积分则需要选用其他的方法和技巧. 本节利用复合函数微分法则, 可以得到换元积分法. 换元积分法通常分为两类, 下面先介绍第一类换元法.

一、第一类换元法

定理 4-3 若函数 $f(u)$ 具有原函数 $F(u)$, 且函数 $u=\varphi(x)$ 可导, 则有换元积分公式

$$\int f\big[\varphi(x)\big]\varphi'(x)\mathrm{d}x=\Big[\int f(u)\mathrm{d}u\Big]_{u=\varphi(x)}=\big[F(u)+C\big]_{u=\varphi(x)}=F\big[\varphi(x)\big]+C .$$

证　由复合函数求导法则有

$$\big\{F\big[\varphi(x)\big]+C\big\}'=f\big[\varphi(x)\big]\varphi'(x),$$

从而定理得证.

第一类换元法也称为凑微分法.

例 4-11　求 $\displaystyle\int(3x-1)^{100}\mathrm{d}x$.

解　令 $u=3x-1$, 则 $\mathrm{d}u=\mathrm{d}(3x-1)=3\mathrm{d}x$, 于是

$$\int(3x-1)^{100}\mathrm{d}x=\int u^{100}\frac{1}{3}\mathrm{d}u=\frac{1}{3}\int u^{100}\mathrm{d}u$$

$$=\frac{1}{303}u^{101}+C=\frac{1}{303}(3x-1)^{101}+C .$$

例 4-12　求 $\displaystyle\int 3\sin 2x\mathrm{d}x$.

解　令 $u=2x$, 则 $\mathrm{d}u=\mathrm{d}(2x)=2\mathrm{d}x$, 于是

$$\int 3\sin 2x\mathrm{d}x=\frac{3}{2}\int\sin u\mathrm{d}u=-\frac{3}{2}\cos u+C$$

$$=-\frac{3}{2}\cos 2x+C .$$

例 4-13　求 $\displaystyle\int \sqrt[3]{x+5}\,\mathrm{d}x$.

解　令 $u=x+5$, 则 $\mathrm{d}u=\mathrm{d}x$, 于是

$$\int \sqrt[3]{x+5}\,\mathrm{d}x=\int u^{\frac{1}{3}}\mathrm{d}u=\frac{3}{4}u^{\frac{4}{3}}+C=\frac{3}{4}(x+5)^{\frac{4}{3}}+C .$$

在应用换元积分法求不定积分时，u 只是一个中间变量，其作用是简化积分的形式，便于我们进行计算，最后还是要将 u 变换成原来的积分变量的函数．因而在计算较为熟练之后，可以直接计算而不必写出中间变量．

例如，对例 4-12，$\int 3\sin 2x\mathrm{d}x = \dfrac{3}{2}\int \sin 2x\cdot(2x)'\mathrm{d}x = \dfrac{3}{2}\int \sin 2x\mathrm{d}(2x) = -\dfrac{3}{2}\cos 2x + C$．

例 4-14　求 $\displaystyle\int \frac{x^3}{1-x^4}\mathrm{d}x$．

解　$\displaystyle\int \frac{x^3}{1-x^4}\mathrm{d}x = -\frac{1}{4}\int \frac{1}{1-x^4}\mathrm{d}(1-x^4) = -\frac{1}{4}\ln\left|1-x^4\right| + C$．

例 4-15　求 $\displaystyle\int 2x\mathrm{e}^{x^2}\mathrm{d}x$．

解　$\displaystyle\int 2x\mathrm{e}^{x^2}\mathrm{d}x = \int \mathrm{e}^{x^2}\mathrm{d}(x^2) = \mathrm{e}^{x^2} + C$．

例 4-16　求 $\displaystyle\int \frac{\mathrm{d}x}{x\ln x}$．

解　$\displaystyle\int \frac{\mathrm{d}x}{x\ln x} = \int \frac{1}{\ln x}\frac{\mathrm{d}x}{x} = \int \frac{1}{\ln x}\mathrm{d}(\ln x)$

$\qquad = \ln\left|\ln x\right| + C$．

例 4-17　求 $\displaystyle\int \frac{1}{a^2+x^2}\mathrm{d}x$，其中 $a\neq 0$．

解　$\displaystyle\int \frac{1}{a^2+x^2}\mathrm{d}x = \int \frac{1}{a^2}\cdot\frac{1}{1+\left(\dfrac{x}{a}\right)^2}\mathrm{d}x$

$\qquad = \dfrac{1}{a}\displaystyle\int \frac{1}{1+\left(\dfrac{x}{a}\right)^2}\mathrm{d}\left(\frac{x}{a}\right) = \dfrac{1}{a}\arctan\dfrac{x}{a} + C$．

例 4-18　求 $\displaystyle\int \frac{1}{\sqrt{a^2-x^2}}\mathrm{d}x$，其中 $a>0$．

解　$\displaystyle\int \frac{1}{\sqrt{a^2-x^2}}\mathrm{d}x = \int \frac{1}{a}\frac{1}{\sqrt{1-\left(\dfrac{x}{a}\right)^2}}\mathrm{d}x = \int \frac{1}{\sqrt{1-\left(\dfrac{x}{a}\right)^2}}\mathrm{d}\left(\frac{x}{a}\right)$

$\qquad = \arcsin\dfrac{x}{a} + C$．

例 4-19　求 $\displaystyle\int \frac{1}{x^2-a^2}\mathrm{d}x$，其中 $a\neq 0$．

解　$\displaystyle\int \frac{1}{x^2-a^2}\mathrm{d}x = \frac{1}{2a}\int\left(\frac{1}{x-a} - \frac{1}{x+a}\right)\mathrm{d}x$

$\qquad = \dfrac{1}{2a}\displaystyle\int \frac{\mathrm{d}(x-a)}{x-a} - \frac{1}{2a}\int \frac{\mathrm{d}(x+a)}{x+a}$

$$= \frac{1}{2a}\left(\ln|x-a| - \ln|x+a|\right) + C = \frac{1}{2a}\ln\left|\frac{x-a}{x+a}\right| + C \ .$$

例 4-20　求 $\displaystyle\int\frac{\cos x}{\sin^4 x}\mathrm{d}x$.

解　$\displaystyle\int\frac{\cos x}{\sin^4 x}\mathrm{d}x = \int\frac{1}{\sin^4 x}\mathrm{d}(\sin x) = -\frac{1}{3\sin^3 x} + C$.

例 4-21　求 $\displaystyle\int\tan x\mathrm{d}x$.

解　$\displaystyle\int\tan x\mathrm{d}x = \int\frac{\sin x}{\cos x}\mathrm{d}x = -\int\frac{1}{\cos x}\mathrm{d}(\cos x)$

$$= -\ln|\cos x| + C \ .$$

类似地, 可得

$$\int\cot x\mathrm{d}x = \ln|\sin x| + C \ .$$

例 4-22　求 $\displaystyle\int\sin^2 x\cos^3 x\mathrm{d}x$.

解　$\displaystyle\int\sin^2 x\cos^3 x\mathrm{d}x = \int\sin^2 x\cos^2 x\cos x\mathrm{d}x = \int\sin^2 x(1-\sin^2 x)\cos x\mathrm{d}x$

$$= \int\sin^2 x(1-\sin^2 x)\mathrm{d}(\sin x) = \int(\sin^2 x - \sin^4 x)\mathrm{d}(\sin x)$$

$$= \frac{1}{3}\sin^3 x - \frac{1}{5}\sin^5 x + C \ .$$

例 4-23　求 $\displaystyle\int\sin^2 x\cos^2 x\mathrm{d}x$.

解　$\displaystyle\int\sin^2 x\cos^2 x\mathrm{d}x = \int\frac{1-\cos 2x}{2}\cdot\frac{1+\cos 2x}{2}\mathrm{d}x = \frac{1}{4}\int(1-\cos^2 2x)\mathrm{d}x$

$$= \frac{1}{4}\int\mathrm{d}x - \frac{1}{4}\int\frac{1+\cos 4x}{2}\mathrm{d}x = \frac{1}{8}\int\mathrm{d}x - \frac{1}{32}\int\cos 4x\mathrm{d}(4x)$$

$$= \frac{x}{8} - \frac{1}{32}\sin 4x + C \ .$$

例 4-24　求 $\displaystyle\int\csc x\mathrm{d}x$.

解　$\displaystyle\int\csc x\mathrm{d}x = \int\frac{\sin x}{\sin^2 x}\mathrm{d}x = -\int\frac{1}{1-\cos^2 x}\mathrm{d}(\cos x)$

$$= -\frac{1}{2}\left(\int\frac{1}{1-\cos x} + \frac{1}{1+\cos x}\right)\mathrm{d}(\cos x)$$

$$= \frac{1}{2}\ln\left|\frac{1-\cos x}{1+\cos x}\right| + C = \frac{1}{2}\ln\frac{(1-\cos x)^2}{1-\cos^2 x} + C$$

$$= \ln\left|\frac{1-\cos x}{\sin x}\right| + C = \ln|\csc x - \cot x| + C \ .$$

类似地, 可得

$$\int\sec x\mathrm{d}x = \ln|\sec x + \tan x| + C \ .$$

例 4-25　求 $\displaystyle\int\tan^2 x\sec^4 x\mathrm{d}x$.

解 $\displaystyle\int\tan^2 x\sec^4 x\mathrm{d}x = \int\tan^2 x\sec^2 x\mathrm{d}(\tan x) = \int(\tan^2 x + \tan^4 x)\mathrm{d}(\tan x)$

$\displaystyle\qquad\qquad\qquad\qquad = \frac{1}{3}\tan^3 x + \frac{1}{5}\tan^5 x + C.$

例 4-26 求 $\displaystyle\int\frac{10^{2\arcsin x}}{\sqrt{1-x^2}}\mathrm{d}x$.

解 $\displaystyle\int\frac{10^{2\arcsin x}}{\sqrt{1-x^2}}\mathrm{d}x = \frac{1}{2}\int 10^{2\arcsin x}\mathrm{d}(2\arcsin x) = \frac{10^{2\arcsin x}}{2\ln 10} + C.$

第一类换元法在积分学中是经常使用的，如何适当地选择变量代换，却没有一般的规律可循. 这种方法的特点是凑微分，要掌握这一方法需要熟记一些函数的微分公式，并善于根据这些微分公式，从被积表达式中拼凑出合适的微分因子，常见的可归纳如下.

$$\int f(ax+b)\mathrm{d}x = \frac{1}{a}\int f(ax+b)\mathrm{d}(ax+b) \quad (a\neq 0);$$

$$\int x^n f(ax^{n+1}+b)\mathrm{d}x = \frac{1}{a(n+1)}\int f(ax^{n+1}+b)\mathrm{d}(ax^{n+1}+b) \quad (a\neq 0);$$

$$\int a^x f(a^x+b)\mathrm{d}x = \frac{1}{\ln a}\int f(a^x+b)\mathrm{d}(a^x+b) \quad (a>0且a\neq 1);$$

$$\int \mathrm{e}^x f(\mathrm{e}^x+b)\mathrm{d}x = \int f(\mathrm{e}^x+b)\mathrm{d}(\mathrm{e}^x+b);$$

$$\int \frac{1}{x}f(\ln x+b)\mathrm{d}x = \int f(\ln x+b)\mathrm{d}(\ln x+b);$$

$$\int f(\sin x)\cos x\mathrm{d}x = \int f(\sin x)\mathrm{d}(\sin x);$$

$$\int f(\cos x)\sin x\mathrm{d}x = -\int f(\cos x)\mathrm{d}(\cos x);$$

$$\int \frac{1}{\cos^2 x}f(\tan x)\mathrm{d}x = \int f(\tan x)\mathrm{d}(\tan x);$$

$$\int \frac{1}{\sqrt{1-x^2}}f(\arcsin x)\mathrm{d}x = \int f(\arcsin x)\mathrm{d}(\arcsin x);$$

$$\int \frac{1}{1+x^2}f(\arctan x)\mathrm{d}x = \int f(\arctan x)\mathrm{d}(\arctan x).$$

二、第二类换元法

上面介绍的第一类换元法是通过变量代换 $u=\varphi(x)$，将积分 $\displaystyle\int f[\varphi(x)]\varphi'(x)\mathrm{d}x$ 化为 $\displaystyle\int f(u)\mathrm{d}u$. 有时却需要选择变量代换 $x=\varphi(t)$，将积分 $\displaystyle\int f(x)\mathrm{d}x$ 化为 $\displaystyle\int f[\varphi(t)]\varphi'(t)\mathrm{d}t$，这种方法叫第二类换元法.

定理 4-4 若函数 $x=\varphi(t)$ 单调可导且 $\varphi'(t)\neq 0$，函数 $f[\varphi(t)]\varphi'(t)$ 具有原函数 $F(t)$，则有换元积分公式

$$\int f(x)\mathrm{d}x = \int f[\varphi(t)]\varphi'(t)\mathrm{d}t = [F(t)+C]_{t=\varphi^{-1}(x)} = F[\varphi^{-1}(x)]+C,$$

其中 $t = \varphi^{-1}(x)$ 是 $x = \varphi(t)$ 的反函数.

证 因为 $f[\varphi(t)]\varphi'(t)$ 的原函数为 $F(t)$，利用复合函数及反函数的求导法则，得

$$\frac{\mathrm{d}F[\varphi^{-1}(x)]}{\mathrm{d}x} = \frac{\mathrm{d}F}{\mathrm{d}t} \cdot \frac{\mathrm{d}t}{\mathrm{d}x} = f[\varphi(t)]\varphi'(t) \cdot \frac{1}{\varphi'(t)} = f[\varphi(t)] = f(x),$$

即 $F[\varphi^{-1}(x)]$ 是 $f(x)$ 的原函数，所以

$$\int f(x)\mathrm{d}x = F[\varphi^{-1}(x)] + C = \left[\int f[\varphi(t)]\varphi'(t)\mathrm{d}t \right]_{t=\varphi^{-1}(x)},$$

定理得证.

例 4-27 求 $\int \dfrac{1}{3 + \sqrt[3]{x+1}}\mathrm{d}x$.

解 令 $\sqrt[3]{x+1} = t$，则 $x = t^3 - 1$，$\mathrm{d}x = 3t^2\mathrm{d}t$，于是

$$\int \frac{1}{3 + \sqrt[3]{x+1}}\mathrm{d}x = \int \frac{3t^2}{3+t}\mathrm{d}t = 3\int \left(t - 3 + \frac{9}{t+3} \right)\mathrm{d}t$$

$$= 3\left(\frac{t^2}{2} - 3t + 9\ln|t+3| \right) + C$$

$$= \frac{3}{2}\sqrt[3]{(x+1)^2} - 9\sqrt[3]{x+1} + 27\ln\left| \sqrt[3]{x+1} + 3 \right| + C.$$

例 4-28 求 $\int \dfrac{1}{x(x^7+2)}\mathrm{d}x$.

解 令 $x = \dfrac{1}{t}$，则 $\mathrm{d}x = -\dfrac{1}{t^2}\mathrm{d}t$，于是

$$\int \frac{1}{x(x^7+2)}\mathrm{d}x = \int \frac{t}{\left(\dfrac{1}{t}\right)^7 + 2} \cdot \left(-\frac{1}{t^2} \right)\mathrm{d}t = -\int \frac{t^6}{1 + 2t^7}\mathrm{d}t = -\frac{1}{14}\int \frac{1}{1+2t^7}\mathrm{d}(1+2t^7)$$

$$= -\frac{1}{14}\ln\left| 1 + 2t^7 \right| + C = -\frac{1}{14}\ln\left| 2 + x^7 \right| + \frac{1}{2}\ln|x| + C.$$

注 当有理分式函数中分母的次数较高时，可试用倒代换 $x = \dfrac{1}{t}$.

例 4-29 求 $\int \sqrt{a^2 - x^2}\mathrm{d}x$，其中 $a > 0$.

解 令 $x = a\sin t \left(-\dfrac{\pi}{2} < t < \dfrac{\pi}{2} \right)$，则 $\sqrt{a^2 - x^2} = a\cos t$，$\mathrm{d}x = a\cos t\mathrm{d}t$，于是

$$\int \sqrt{a^2 - x^2}\mathrm{d}x = \int a^2 \cos^2 t\mathrm{d}t = a^2 \int \frac{1 + \cos 2t}{2}\mathrm{d}t$$

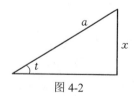

图 4-2

$$= a^2 \left(\frac{t}{2} + \frac{\sin 2t}{4} \right) + C = \frac{a^2}{2}t + \frac{a^2}{2}\sin t\cos t + C.$$

利用 $x = a\sin t$ 作辅助直角三角形(图 4-2)，以便把上式中 $\sin t$ 和 $\cos t$ 换成 x 的函数.

因此，

$$\int \sqrt{a^2 - x^2}\,\mathrm{d}x = \frac{a^2}{2}\arcsin\frac{x}{a} + \frac{x}{2}\sqrt{a^2 - x^2} + C.$$

例 4-30　求 $\displaystyle\int \frac{1}{\sqrt{a^2 + x^2}}\,\mathrm{d}x$，其中 $a > 0$．

解　令 $x = a\tan t\ \left(-\dfrac{\pi}{2} < t < \dfrac{\pi}{2}\right)$，则 $\dfrac{1}{\sqrt{a^2 + x^2}} = \dfrac{1}{a\sec t}$，$\mathrm{d}x = a\sec^2 t\,\mathrm{d}t$，于是

$$\int \frac{1}{\sqrt{a^2 + x^2}}\,\mathrm{d}x = \int \frac{a\sec^2 t}{a\sec t}\,\mathrm{d}t = \int \sec t\,\mathrm{d}t = \ln|\sec t + \tan t| + C_1.$$

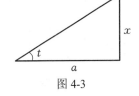

如图 4-3 所示，有 $\sec t = \dfrac{\sqrt{x^2 + a^2}}{a}$ 且 $\sec t + \tan t > 0$，于是

$$\int \frac{1}{\sqrt{a^2 + x^2}}\,\mathrm{d}x = \ln\left(x + \sqrt{a^2 + x^2}\right) + C, \quad C = C_1 - \ln a.$$

图 4-3

例 4-31　求 $\displaystyle\int \frac{\mathrm{d}x}{x^2\sqrt{x^2 - 4}}$．

解　因为 $x > 2$ 或 $x < -2$，所以要分两种情况讨论．

(1) 当 $x > 2$ 时，令 $x = 2\sec t\ \left(0 < t < \dfrac{\pi}{2}\right)$，则 $\mathrm{d}x = 2\sec t\tan t\,\mathrm{d}t$，于是

$$\int \frac{\mathrm{d}x}{x^2\sqrt{x^2 - 4}} = \int \frac{2\sec t\tan t}{4\sec^2 t \cdot 2\tan t}\,\mathrm{d}t = \frac{1}{4}\int \frac{\mathrm{d}t}{\sec t} = \frac{1}{4}\int \cos t\,\mathrm{d}t$$

$$= \frac{1}{4}\sin t + C = \frac{1}{4}\frac{\sqrt{x^2 - 4}}{x} + C.$$

(2) 当 $x < -2$ 时，令 $x = -u$，则 $u = -x > 2$，$\mathrm{d}x = -\mathrm{d}u$，于是

$$\int \frac{\mathrm{d}x}{x^2\sqrt{x^2 - 4}} = -\int \frac{\mathrm{d}u}{u^2\sqrt{u^2 - 4}} = -\frac{1}{4}\frac{\sqrt{u^2 - 4}}{u} + C = \frac{1}{4}\frac{\sqrt{x^2 - 4}}{x} + C.$$

综合 (1) 和 (2) 有　$\displaystyle\int \frac{\mathrm{d}x}{x^2\sqrt{x^2 - 4}} = \frac{1}{4}\frac{\sqrt{x^2 - 4}}{x} + C.$

注　由例 4-29~例 4-31 可以看出，被积函数中含有二次根式 $\sqrt{a^2 \pm x^2}$，$\sqrt{x^2 - a^2}$ 时，可作如下代换:

(1) 当含有 $\sqrt{a^2 - x^2}$ 时，令 $x = a\sin t\ \left(-\dfrac{\pi}{2} < t < \dfrac{\pi}{2}\right)$;

(2) 当含有 $\sqrt{a^2 + x^2}$ 时，令 $x = a\tan t\ \left(-\dfrac{\pi}{2} < t < \dfrac{\pi}{2}\right)$;

(3) 当含有 $\sqrt{x^2 - a^2}$ 时，令 $x = \pm a\sec t\ \left(0 < t < \dfrac{\pi}{2}\right)$;

(4) 当含有 $\sqrt{ax^2 + bx + c}$ 时，先配方成 $\sqrt{a^2 \pm x^2}$ 或 $\sqrt{x^2 - a^2}$ 的形式，再作相应代换即可．

上述例题中的几个结果以后经常会用到，把它们作为基本积分公式的补充 (其中常

数 $a>0$):

(14) $\int \tan x \mathrm{d}x = -\ln|\cos x| + C$;

(15) $\int \cot x \mathrm{d}x = \ln|\sin x| + C$;

(16) $\int \sec x \mathrm{d}x = \ln|\sec x + \tan x| + C$;

(17) $\int \csc x \mathrm{d}x = \ln|\csc x - \cot x| + C$;

(18) $\int \dfrac{1}{a^2 + x^2} \mathrm{d}x = \dfrac{1}{a}\arctan\dfrac{x}{a} + C$;

(19) $\int \dfrac{1}{x^2 - a^2} \mathrm{d}x = \dfrac{1}{2a}\ln\left|\dfrac{x-a}{x+a}\right| + C$;

(20) $\int \dfrac{1}{\sqrt{a^2 - x^2}} \mathrm{d}x = \arcsin\dfrac{x}{a} + C$;

(21) $\int \dfrac{1}{\sqrt{x^2 + a^2}} \mathrm{d}x = \ln(x + \sqrt{x^2 + a^2}) + C$;

(22) $\int \dfrac{1}{\sqrt{x^2 - a^2}} \mathrm{d}x = \ln\left|x + \sqrt{x^2 - a^2}\right| + C$.

扫码演示

习　题　4-2

1. 计算下列不定积分.

(1) $\int (2x+1)^6 \mathrm{d}x$;

(2) $\int \dfrac{\mathrm{d}x}{5 - 4x}$;

(3) $\int \dfrac{\mathrm{d}x}{(3x-1)^2}$;

(4) $\int \mathrm{e}^{-2x} \mathrm{d}x$;

(5) $\int \dfrac{\mathrm{e}^{\frac{1}{x}}}{x^2} \mathrm{d}x$;

(6) $\int \sin(3x-5) \mathrm{d}x$;

(7) $\int \cos(1-5x) \mathrm{d}x$;

(8) $\int 2x\sqrt{x^2+1}\, \mathrm{d}x$;

(9) $\int \cos^7 x \sin x \mathrm{d}x$;

(10) $\int \dfrac{\mathrm{d}x}{\cos^2 7x}$;

(11) $\int \dfrac{\sin x}{\cos^2 x} \mathrm{d}x$;

(12) $\int x^2 \mathrm{e}^{x^3} \mathrm{d}x$;

(13) $\int \dfrac{x}{x^2 + 2} \mathrm{d}x$;

(14) $\int \dfrac{x^2}{\sqrt{1 + x^3}} \mathrm{d}x$;

(15) $\int \dfrac{\mathrm{d}x}{x \ln x}$;

(16) $\int \dfrac{\ln^2 x}{x} \mathrm{d}x$;

(17) $\int \dfrac{\sqrt{1 + \ln x}\,\mathrm{d}x}{x}$;

(18) $\int \dfrac{\mathrm{e}^x}{\mathrm{e}^x + 1} \mathrm{d}x$;

(19) $\displaystyle\int \frac{\sqrt{1+\tan x}}{\cos^2 x}\mathrm{d}x$；

(20) $\displaystyle\int \frac{2\arctan x}{x^2+1}\mathrm{d}x$；

(21) $\displaystyle\int \mathrm{e}^{\sin x}\cos x\mathrm{d}x$；

(22) $\displaystyle\int \frac{x+1}{x^2+2x+3}\mathrm{d}x$；

(23) $\displaystyle\int x(x^2+3)^4\mathrm{d}x$；

(24) $\displaystyle\int \frac{2x-1}{\sqrt{1-x^2}}\mathrm{d}x$；

(25) $\displaystyle\int \mathrm{e}^{-x}\cos(\mathrm{e}^{-x})\mathrm{d}x$；

(26) $\displaystyle\int \cos^2 x\sin^3 x\mathrm{d}x$；

(27) $\displaystyle\int \frac{\mathrm{d}x}{9x^2+16}$；

(28) $\displaystyle\int \frac{\mathrm{d}x}{\sqrt{9-16x^2}}$；

(29) $\displaystyle\int \frac{\mathrm{d}x}{\sqrt{4-x^2}\arcsin\dfrac{x}{2}}$；

(30) $\displaystyle\int (\sec^2 x-1)(\sec^2 x+1)\mathrm{d}x$；

(31) $\displaystyle\int \frac{\ln(x+\sqrt{1+x^2})}{\sqrt{1+x^2}}\mathrm{d}x$；

(32) $\displaystyle\int \frac{\sin x+x\cos x}{\sqrt{x\sin x}}\mathrm{d}x$．

2. 计算下列不定积分．

(1) $\displaystyle\int \frac{\mathrm{d}x}{1+\sqrt[4]{x}}$；

(2) $\displaystyle\int x\sqrt[3]{3x+1}\mathrm{d}x$；

(3) $\displaystyle\int \frac{x}{x^8-1}\mathrm{d}x$；

(4) $\displaystyle\int \frac{\mathrm{d}x}{x^3(1+x^2)}$；

(5) $\displaystyle\int \frac{x^2}{\sqrt{1-x^2}}\mathrm{d}x$；

(6) $\displaystyle\int \frac{\mathrm{d}x}{\sqrt{x(4-x)}}$；

(7) $\displaystyle\int \frac{\mathrm{d}x}{\sqrt{(x^2+1)^3}}$；

(8) $\displaystyle\int \frac{\sqrt{x+1}-1}{\sqrt{x+1}+1}\mathrm{d}x$；

(9) $\displaystyle\int \frac{x^4+1}{x^6+1}\mathrm{d}x$；

(10) $\displaystyle\int \frac{\mathrm{d}x}{x+\sqrt{1-x^2}}$．

第三节　分部积分法

设函数 $u=u(x)$ 和 $v=v(x)$ 具有连续导数，由乘积求导法则得

$$(u\cdot v)'=u'\cdot v+u\cdot v',$$

移项得

$$u\cdot v'=(u\cdot v)'-u'\cdot v.$$

再对这个等式两边求不定积分，有

$$\int u\cdot v'\mathrm{d}x=u\cdot v-\int u'\cdot v\mathrm{d}x \tag{4-1}$$

或

$$\int u \mathrm{d}v = u \cdot v - \int v \mathrm{d}u , \qquad\qquad (4\text{-}2)$$

式(4-1)和式(4-2)称为分部积分公式.

一般地，当求不定积分 $\int u \mathrm{d}v$ 比较困难，但求不定积分 $\int v \mathrm{d}u$ 比较容易时，可试用分部积分公式.

例 4-32　求 $\int x \sin x \mathrm{d}x$.

解　令 $u = x$，$\mathrm{d}v = \sin x \mathrm{d}x$，则 $\mathrm{d}u = \mathrm{d}x$，$v = -\cos x$，于是
$$\int x \sin x \mathrm{d}x = -x \cos x - \int (-\cos x)\mathrm{d}x$$
$$= -x \cos x + \sin x + C .$$

例 4-32 中，若令 $u = \sin x$，$\mathrm{d}v = x \mathrm{d}x$，那么 $\mathrm{d}u = \cos x \mathrm{d}x$，$v = \dfrac{1}{2}x^2$，于是

$$\int x \sin x \mathrm{d}x = \frac{1}{2}\int \sin x \mathrm{d}(x^2) = \frac{1}{2}x^2 \sin x - \frac{1}{2}\int x^2 \mathrm{d}(\sin x)$$
$$= \frac{1}{2}x^2 \sin x - \frac{1}{2}\int x^2 \cos x \mathrm{d}x .$$

显然，计算 $\int x^2 \cos x \mathrm{d}x$ 比计算 $\int x \sin x \mathrm{d}x$ 更困难. 可见，在应用分部积分公式时，恰当选取 u 和 $\mathrm{d}v$ 是解题的关键.

例 4-33　求 $\int x \mathrm{e}^{\lambda x} \mathrm{d}x\ (\lambda \neq 0)$.

解　令 $u = x$，$\mathrm{d}v = \mathrm{e}^{\lambda x}\mathrm{d}x$，则 $\mathrm{d}u = \mathrm{d}x$，$v = \dfrac{1}{\lambda}\mathrm{e}^{\lambda x}$，于是

$$\int x \mathrm{e}^{\lambda x} \mathrm{d}x = \frac{1}{\lambda}x \mathrm{e}^{\lambda x} - \frac{1}{\lambda}\int \mathrm{e}^{\lambda x}\mathrm{d}x = \frac{1}{\lambda}x \mathrm{e}^{\lambda x} - \frac{1}{\lambda^2}\mathrm{e}^{\lambda x} + C .$$

由例 4-32、例 4-33 可知，当被积函数是幂函数与正(余)弦函数的乘积，或幂函数与指数函数的乘积时，应选择幂函数为分部积分公式中的 u .

例 4-34　求 $\int x^2 \ln x \mathrm{d}x$.

解　
$$\int x^2 \ln x \mathrm{d}x = \int \ln x \mathrm{d}\left(\frac{x^3}{3}\right) = \frac{x^3}{3}\ln x - \int \frac{x^3}{3}\frac{1}{x}\mathrm{d}x$$
$$= \frac{x^3}{3}\ln x - \frac{1}{3}\int x^2 \mathrm{d}x = \frac{x^3}{3}\ln x - \frac{x^3}{9} + C .$$

例 4-35　求 $\int x \arctan x \mathrm{d}x$.

扫码演示

解　
$$\int x \arctan x \mathrm{d}x = \int \arctan x \mathrm{d}\left(\frac{x^2}{2}\right) = \frac{x^2}{2}\arctan x - \int \frac{x^2}{2}\mathrm{d}(\arctan x)$$
$$= \frac{x^2}{2}\arctan x - \frac{1}{2}\int \frac{x^2}{x^2+1}\mathrm{d}x = \frac{x^2}{2}\arctan x - \frac{1}{2}\int \left(1 - \frac{1}{x^2+1}\right)\mathrm{d}x$$
$$= \frac{x^2}{2}\arctan x - \frac{1}{2}x + \frac{1}{2}\arctan x + C = \frac{1}{2}(x^2+1)\arctan x - \frac{1}{2}x + C .$$

由例 4-34、例 4-35 可知，当被积函数是幂函数与对数函数的乘积，或幂函数与反三角函数的乘积时，应选择对数函数或反三角函数为分部积分公式中的 u.

例 4-36　求不定积分 $\int e^x \cos x dx$ 和 $\int e^x \sin x dx$.

解　利用分部积分公式，这两个积分可以互相转化，再利用分部积分公式一次，则两个积分都可以求出.

$$\int e^x \cos x dx = \int e^x d(\sin x) = e^x \sin x - \int e^x \sin x dx$$
$$= e^x \sin x + \int e^x d(\cos x) = e^x \sin x + e^x \cos x - \int e^x \cos x dx,$$

移项后得

$$\int e^x \cos x dx = \frac{1}{2} e^x (\sin x + \cos x) + C,$$

从而另一个积分为

$$\int e^x \sin x dx = \frac{1}{2} e^x (\sin x - \cos x) + C.$$

例 4-37　求 $\int \sin(\ln x) dx$.

解　令 $t = \ln x$，则 $x = e^t$，$dx = e^t dt$，于是

$$\int \sin(\ln x) dx = \int \sin t \cdot e^t dt = \frac{1}{2} e^t (\sin t - \cos t) + C$$
$$= \frac{1}{2} x \left[\sin(\ln x) - \cos(\ln x) \right] + C.$$

例 4-38　求 $\int e^{\sqrt[3]{x}} dx$.

解　令 $\sqrt[3]{x} = t$，则 $x = t^3$，$dx = 3t^2 dt$，于是

$$\int e^{\sqrt[3]{x}} dx = \int e^t \cdot 3t^2 dt = 3 \int t^2 d(e^t) = 3(t^2 e^t - \int e^t 2t dt)$$
$$= 3t^2 e^t - 6 \int t d(e^t) = 3t^2 e^t - 6t e^t + 6 \int e^t dt$$
$$= 3t^2 e^t - 6t e^t + 6e^t + C = 3e^t (t^2 - 2t + 2) + C$$
$$= 3e^{\sqrt[3]{x}} \left(\sqrt[3]{x^2} - 2\sqrt[3]{x} + 2 \right) + C.$$

例 4-37、例 4-38 表明，求不定积分时，有时需要将换元积分法和分部积分法结合使用.

例 4-39　求 $\int \dfrac{1 + \sin x}{1 + \cos x} e^x dx$.

解　$\int \dfrac{1 + \sin x}{1 + \cos x} e^x dx = \int \dfrac{1 + \sin x}{2 \cos^2 \dfrac{x}{2}} e^x dx$

$$= \frac{1}{2} \int \frac{1}{\cos^2 \dfrac{x}{2}} e^x dx + \int e^x \cdot \tan \frac{x}{2} dx$$

$$= e^x \cdot \tan\frac{x}{2} - \int e^x \cdot \tan\frac{x}{2} dx + \int e^x \cdot \tan\frac{x}{2} dx$$

$$= e^x \cdot \tan\frac{x}{2} + C.$$

例 4-39 表明, 有时不定积分中含有无法计算的项, 但利用分部积分公式, 可将该项抵消, 从而将积分求出.

习　题　4-3

1. 计算下列不定积分.

(1) $\int x\cos x dx$;

(2) $\int x^2\cos x dx$;

(3) $\int x^2\cos^2\frac{x}{2}dx$;

(4) $\int xe^{-2x}dx$;

(5) $\int x^2 e^{-x}dx$;

(6) $\int\dfrac{\ln x}{x^2}dx$;

(7) $\int\arcsin x dx$;

(8) $\int\arctan x dx$;

(9) $\int\ln x dx$;

(10) $\int\ln(x^2+1)dx$;

(11) $\int\dfrac{\ln(\ln x)}{x}dx$;

(12) $\int x^3(\ln x)^2 dx$;

(13) $\int\cos(\ln x)dx$;

(14) $\int\sec^3 x dx$;

(15) $\int e^{\sqrt{3x+9}}dx$;

(16) $\int(\arcsin x)^2 dx$;

(17) $\int\dfrac{x\arctan x}{\sqrt{1+x^2}}dx$;

(18) $\int\ln\left(x+\sqrt{1+x^2}\right)dx$;

(19) $\int\dfrac{xe^x}{\sqrt{e^x-1}}dx$;

(20) $\int\dfrac{e^{3\arctan x}}{(1+x^2)^{\frac{3}{2}}}dx$.

2. 设 $f'\left(\dfrac{1}{x}\right)=1+x$, 求 $f(x)$.

3. 已知 $f(x)$ 的一个原函数是 e^{-x^2}, 求 $\int xf'(x)dx$.

第四节　有理函数的不定积分

一、预备知识

有理函数是指由两个多项式的商所表示的函数, 它可以表示为

$$\frac{P(x)}{Q(x)} = \frac{a_0 x^n + a_1 x^{n-1} + \cdots + a_{n-1} x + a_n}{b_0 x^m + b_1 x^{m-1} + \cdots + b_{m-1} x + b_m},$$

其中 m 和 n 都是正整数, $a_0, a_1, \cdots, a_n$ 及 $b_0, b_1, \cdots, b_m$ 都是实数, 且 $a_0 b_0 \neq 0$. 当 $P(x)$ 的次数 n 小于 $Q(x)$ 的次数 m 时, 称为真分式; 当 $n \geqslant m$ 时, 称为假分式. 利用多项式的除法, 任意一个假分式总可以化成一个多项式与一个真分式的和, 如

$$\frac{x^4 + 2x^2 - 4}{x^2 + 1} = x^2 + 1 - \frac{5}{x^2 + 1}.$$

因为多项式的不定积分易求, 所以有理函数的不定积分关键在于求真分式的不定积分.

在实数域内, 任意多项式 $Q(x)$ 总能分解为若干个一次因式与二次质因式之积:

$$Q(x) = b_0 (x-a)^\alpha \cdots (x-b)^\beta (x^2 + px + q)^\mu \cdots (x^2 + rx + s)^\nu,$$

其中 $\alpha, \cdots, \beta, \mu, \cdots, \nu$ 都是正整数, 且 $p^2 - 4q < 0$, $r^2 - 4s < 0$. 那么有理真分式 $\dfrac{P(x)}{Q(x)}$ 总能表示为若干个简单分式之和, 即

$$\begin{aligned}
\frac{P(x)}{Q(x)} &= \frac{A_1}{(x-a)^\alpha} + \frac{A_2}{(x-a)^{\alpha-1}} + \cdots + \frac{A_\alpha}{x-a} + \cdots \\
&\quad + \frac{B_1}{(x-b)^\beta} + \frac{B_2}{(x-b)^{\beta-1}} + \cdots + \frac{B_\beta}{x-b} \\
&\quad + \frac{M_1 x + N_1}{(x^2 + px + q)^\mu} + \frac{M_2 x + N_2}{(x^2 + px + q)^{\mu-1}} + \cdots + \frac{M_\mu x + N_\mu}{x^2 + px + q} + \cdots \\
&\quad + \frac{U_1 x + V_1}{(x^2 + rx + s)^\nu} + \frac{U_2 x + V_2}{(x^2 + rx + s)^{\nu-1}} + \cdots + \frac{U_\nu x + V_\nu}{x^2 + rx + s},
\end{aligned}$$

其中, A_i, B_j, M_k, N_k, U_m, V_m 都是常数.

例 4-40 将 $\dfrac{x+3}{x^2 - 5x + 6}$ 分解为部分分式之和.

解 由于 $\dfrac{x+3}{x^2 - 5x + 6} = \dfrac{x+3}{(x-2)(x-3)}$, 可设

$$\frac{x+3}{x^2 - 5x + 6} = \frac{A}{x-2} + \frac{B}{x-3},$$

因为 $x + 3 = A(x-3) + B(x-2)$, 所以 $x + 3 = (A+B)x - (3A + 2B)$, 从而得到

$$\begin{cases} A + B = 1, \\ -(3A + 2B) = 3, \end{cases}$$

即

$$\begin{cases} A = -5, \\ B = 6, \end{cases}$$

所以

$$\frac{x+3}{x^2 - 5x + 6} = \frac{-5}{x-2} + \frac{6}{x-3}.$$

这种分解方法一般称为待定系数法.

例 4-41　将 $\dfrac{4}{x^4+2x^2}$ 分解为部分分式之和.

解　$\dfrac{4}{x^4+2x^2}=\dfrac{4}{x^2(x^2+2)}=2\cdot\dfrac{x^2+2-x^2}{x^2(x^2+2)}$

$$=2\left(\dfrac{1}{x^2}-\dfrac{1}{x^2+2}\right)=\dfrac{2}{x^2}-\dfrac{2}{x^2+2}.$$

这种分解方法一般称为拼凑法.

例 4-42　将 $\dfrac{2x+1}{x^2-3x+2}$ 分解为部分分式之和.

解　因为

$$\dfrac{2x+1}{x^2-3x+2}=\dfrac{2x+1}{(x-1)(x-2)}=\dfrac{A}{x-1}+\dfrac{B}{x-2},$$

所以

$$A=(x-1)\cdot\dfrac{2x+1}{x^2-3x+2}-(x-1)\cdot\dfrac{B}{x-2},$$

令 $x=1$，得 $A=-3$；

$$B=(x-2)\cdot\dfrac{2x+1}{x^2-3x+2}-(x-2)\cdot\dfrac{A}{x-1},$$

令 $x=1$，得 $B=5$.

故

$$\dfrac{2x+1}{x^2-3x+2}=\dfrac{-3}{x-1}+\dfrac{5}{x-2}.$$

这种分解方法一般称为赋值法.

例 4-43　将 $\dfrac{x^2+2x-1}{(x-1)(x^2-x+1)}$ 分解为部分分式之和.

解　设

$$\dfrac{x^2+2x-1}{(x-1)(x^2-x+1)}=\dfrac{A}{x-1}+\dfrac{Bx+C}{x^2-x+1},$$

所以

$$A=(x-1)\cdot\dfrac{x^2+2x-1}{(x-1)(x^2-x+1)}-(x-1)\cdot\dfrac{Bx+C}{x^2-x+1}.$$

令 $x=1$，得 $A=2$；令 $x=0$，得 $-1=A-C$，所以 $C=3$；令 $x=2$，得 $7=3A+2B+C$，所以 $B=-1$.

因此，

$$\dfrac{x^2+2x-1}{(x-1)(x^2-x+1)}=\dfrac{2}{x-1}-\dfrac{x-3}{x^2-x+1}.$$

二、有理真分式的不定积分

当把一个有理真分式分解为一些部分分式之和以后, 它的不定积分其实就归结为以下四类分式的不定积分:

(1) $\dfrac{A}{x-a}$;

(2) $\dfrac{A}{(x-a)^n}$;

(3) $\dfrac{Mx+N}{x^2+px+q}$;

(4) $\dfrac{Mx+N}{(x^2+px+q)^n}$.

称这四类分式为最简分式, 其中 n 为大于等于 2 的正整数, A, M, N, a, p, q 均为常数, 且 $p^2-4q<0$. 下面分别给出这四类积分的计算.

(1) $\displaystyle\int\dfrac{A}{x-a}\mathrm{d}x = A\ln|x-a|+C$;

(2) $\displaystyle\int\dfrac{A}{(x-a)^n}\mathrm{d}x = \dfrac{A}{1-n}(x-a)^{1-n}+C \ (n>1)$;

(3) 由于 $p^2-4q<0$, $x^2+px+q=\left(x+\dfrac{p}{2}\right)^2+q-\dfrac{p^2}{4}=\left(x+\dfrac{p}{2}\right)^2+a^2$, 其中 $a^2=q-\dfrac{p^2}{4}$, 同时,

$$Mx+N = M\left(x+\dfrac{p}{2}\right)+N-\dfrac{1}{2}Mp = M\left(x+\dfrac{p}{2}\right)+B,$$

其中 $B=N-\dfrac{1}{2}Mp$, 于是得到

$$\int\dfrac{Mx+N}{x^2+px+q}\mathrm{d}x = \int\dfrac{M\left(x+\dfrac{p}{2}\right)}{x^2+px+q}\mathrm{d}x + \int\dfrac{B}{\left(x+\dfrac{p}{2}\right)^2+a^2}\mathrm{d}x$$

$$= \dfrac{M}{2}\ln(x^2+px+q)+\dfrac{B}{a}\arctan\dfrac{2x+p}{2a}+C;$$

(4) 当 $n\geqslant 2$ 时, 由(3)中的推导, 得

$$\int\dfrac{Mx+N}{(x^2+px+q)^n}\mathrm{d}x = \dfrac{-M}{2(n-1)(x^2+px+q)^{n-1}} + \int\dfrac{B}{\left[\left(x+\dfrac{p}{2}\right)^2+a^2\right]^n}\mathrm{d}x,$$

为继续计算上面的积分, 可令 $x+\dfrac{p}{2}=a\tan t$, 则

$$\int\dfrac{B}{\left[\left(x+\dfrac{p}{2}\right)^2+a^2\right]^n}\mathrm{d}x = \int\dfrac{B\cdot a\sec^2 t}{a^{2n}\sec^{2n}t}\mathrm{d}t = \dfrac{B}{a^{2n-1}}\int\cos^{2n-2}t\,\mathrm{d}t,$$

对于形如 $\int \cos^{2n-2} t\mathrm{d}t$ 的不定积分可以通过分部积分法得到递推公式, 从而最终求出.

例 4-44 求 $\int \dfrac{x+3}{x^2-5x+6}\mathrm{d}x$.

扫码演示

解 根据例 4-40 的结果, 有

$$\frac{x+3}{x^2-5x+6}=\frac{-5}{x-2}+\frac{6}{x-3},$$

于是

$$\int \frac{x+3}{x^2-5x+6}\mathrm{d}x=\int\left(\frac{-5}{x-2}+\frac{6}{x-3}\right)\mathrm{d}x=-5\ln|x-2|+6\ln|x-3|+C.$$

例 4-45 求 $\int \dfrac{4}{x^4+2x^2}\mathrm{d}x$.

解 根据例 4-41 的结果, 有

$$\frac{4}{x^4+2x^2}=\frac{2}{x^2}-\frac{2}{x^2+2},$$

于是

$$\int \frac{4}{x^4+2x^2}\mathrm{d}x=\int\left(\frac{2}{x^2}-\frac{2}{x^2+2}\right)\mathrm{d}x=-\frac{2}{x}-\sqrt{2}\arctan\frac{x}{\sqrt{2}}+C.$$

例 4-46 求 $\int \dfrac{x+1}{x^2+4x+8}\mathrm{d}x$.

解 $\displaystyle\int \frac{x+1}{x^2+4x+8}\mathrm{d}x=\frac{1}{2}\int \frac{2x+4-2}{x^2+4x+8}\mathrm{d}x$

$$=\frac{1}{2}\int \frac{\mathrm{d}\left(x^2+4x+8\right)}{x^2+4x+8}-\int \frac{1}{\left(x+2\right)^2+2^2}\mathrm{d}\left(x+2\right)$$

$$=\frac{1}{2}\ln(x^2+4x+8)-\frac{1}{2}\arctan\frac{x+2}{2}+C.$$

例 4-47 求 $\int \dfrac{x^2+2x-1}{(x-1)(x^2-x+1)}\mathrm{d}x$.

解 根据例 4-43 的结果, 有

$$\int \frac{x^2+2x-1}{(x-1)(x^2-x+1)}\mathrm{d}x$$

$$=\int\left(\frac{2}{x-1}-\frac{x-3}{x^2-x+1}\right)\mathrm{d}x=2\int \frac{\mathrm{d}x}{x-1}-\int \frac{x-3}{x^2-x+1}\mathrm{d}x$$

$$=2\ln|x-1|-\frac{1}{2}\left(\int \frac{2x-1}{x^2-x+1}\mathrm{d}x-5\int \frac{\mathrm{d}x}{x^2-x+\dfrac{1}{4}+\dfrac{3}{4}}\right)$$

$$= 2\ln|x-1| - \frac{1}{2}\int\frac{\mathrm{d}(x^2-x+1)}{x^2-x+1} + \frac{5}{2}\int\frac{\mathrm{d}\left(x-\dfrac{1}{2}\right)}{\left(x-\dfrac{1}{2}\right)^2 + \dfrac{3}{4}}$$

$$= 2\ln|x-1| - \frac{1}{2}\ln|x^2-x+1| + \frac{5}{2}\cdot\frac{2}{\sqrt{3}}\arctan\frac{x-\dfrac{1}{2}}{\dfrac{\sqrt{3}}{2}} + C$$

$$= \ln\frac{(x-1)^2}{\sqrt{x^2-x+1}} + \frac{5}{\sqrt{3}}\arctan\frac{2x-1}{\sqrt{3}} + C .$$

三、三角函数有理式的不定积分

三角函数有理式是指由三角函数经有限次四则运算所构成的函数, 其积分形式为 $\int R(\sin x, \cos x)\mathrm{d}x$, 计算时一般作万能代换, 令 $\tan\dfrac{x}{2} = t$, 则 $x = 2\arctan t$, 相应地,

$$\sin x = \frac{2\tan\dfrac{x}{2}}{1+\tan^2\dfrac{x}{2}} = \frac{2t}{1+t^2}, \quad \cos x = \frac{1-\tan^2\dfrac{x}{2}}{1+\tan^2\dfrac{x}{2}} = \frac{1-t^2}{1+t^2}, \quad \mathrm{d}x = \mathrm{d}(\arctan t) = \frac{2\mathrm{d}t}{1+t^2},$$

可将积分转变成有理函数的不定积分.

例 4-48　求 $\displaystyle\int\frac{\sin x}{1+\sin x+\cos x}\mathrm{d}x$.

解　令 $\tan\dfrac{x}{2} = t$, 则 $\sin x = \dfrac{2t}{1+t^2}$, $\cos x = \dfrac{1-t^2}{1+t^2}$, $\mathrm{d}x = \dfrac{2}{1+t^2}\mathrm{d}t$, 于是

$$\int\frac{\sin x}{1+\sin x+\cos x}\mathrm{d}x = \int\frac{2t}{(1+t)(1+t^2)}\mathrm{d}t = \int\frac{2t+1+t^2-1-t^2}{(1+t)(1+t^2)}\mathrm{d}t$$

$$= \int\frac{(1+t)^2-(1+t^2)}{(1+t)(1+t^2)}\mathrm{d}t = \int\frac{1+t}{1+t^2}\mathrm{d}t - \int\frac{1}{1+t}\mathrm{d}t$$

$$= \arctan t + \frac{1}{2}\ln(1+t^2) - \ln|1+t| + C$$

$$= \frac{x}{2} + \ln\left|\sec\frac{x}{2}\right| - \ln\left|1+\tan\frac{x}{2}\right| + C .$$

例 4-49　求 $\displaystyle\int\frac{1}{\sin^4 x}\mathrm{d}x$.

解　令 $\tan\dfrac{x}{2} = t$, 则 $\sin x = \dfrac{2t}{1+t^2}$, $\mathrm{d}x = \dfrac{2}{1+t^2}\mathrm{d}t$, 于是

$$\int\frac{1}{\sin^4 x}\mathrm{d}x = \int\frac{1+3t^2+3t^4+t^6}{8t^4}\mathrm{d}t = \frac{1}{8}\left(-\frac{1}{3t^3} - \frac{3}{t} + 3t + \frac{t^3}{3}\right) + C$$

$$= -\frac{1}{24\left(\tan\dfrac{x}{2}\right)^3} - \frac{3}{8\tan\dfrac{x}{2}} + \frac{3}{8}\tan\frac{x}{2} + \frac{1}{24}\left(\tan\frac{x}{2}\right)^3 + C .$$

注 例 4-49 也可不用万能代换公式来计算,

$$\int \frac{1}{\sin^4 x} dx = \int \csc^2 x (1+\cot^2 x) dx = \int \csc^2 x dx + \int \cot^2 x \csc^2 x dx = -\frac{1}{3} \cot^3 x - \cot x + C .$$

由此可知万能代换不一定是最佳方法, 故三角有理式的计算中应先考虑其他方法, 不得已才用万能代换.

四、简单无理函数的不定积分

求简单无理函数的不定积分, 其基本思想是利用适当的代换将其有理化, 转化为有理函数的不定积分. 下面通过例子来说明.

例 4-50 求 $\int \frac{1}{x} \sqrt{\frac{x+1}{x}} dx$.

解 令 $\sqrt{\frac{1+x}{x}} = t$, 则 $\frac{1+x}{x} = t^2$, $x = \frac{1}{t^2-1}$, $dx = -\frac{2t dt}{(t^2-1)^2}$, 于是

$$原式 = -\int (t^2-1) t \frac{2t}{(t^2-1)^2} dt = -2 \int \frac{t^2 dt}{t^2-1} = -2 \int \left(1 + \frac{1}{t^2-1}\right) dt = -2t - \ln \left| \frac{t-1}{t+1} \right| + C$$

$$= -2 \sqrt{\frac{1+x}{x}} - \ln \left[x \left(\sqrt{\frac{1+x}{x}} - 1 \right)^2 \right] + C .$$

当不定积分形如 $\int R\left(x, \sqrt[n]{\frac{ax+b}{cx+d}}\right) dx \ (ad-bc \neq 0)$ 时, 作代换 $t = \sqrt[n]{\frac{ax+b}{cx+d}}$, 可化为有理函数的不定积分.

例 4-51 求 $\int \frac{1}{\sqrt{x}(1+\sqrt[3]{x})} dx$.

解 令 $\sqrt[6]{x} = t$, 则 $dx = 6t^5 dt$, 于是

$$原式 = \int \frac{6t^5}{t^3(1+t^2)} dt = \int \frac{6t^2}{1+t^2} dt = 6 \int \frac{t^2+1-1}{1+t^2} dt$$

$$= 6 \int \left(1 - \frac{1}{1+t^2}\right) dt = 6(t - \arctan t) + C = 6\left(\sqrt[6]{x} - \arctan \sqrt[6]{x}\right) + C .$$

当被积函数含有两种或两种以上的根式 $\sqrt[k]{x}, \cdots, \sqrt[l]{x}$ 时, 可令 $\sqrt[n]{x} = t$ (n 为各根指数的最小公倍数), 再计算积分.

例 4-52 求 $\int \frac{x+1}{\sqrt{-x^2-4x}} dx$.

解 $\int \frac{x+1}{\sqrt{-x^2-4x}} dx = \frac{1}{2} \int \frac{2(x+2)-2}{\sqrt{2^2-(x+2)^2}} dx$

$$= -\frac{1}{2} \int \frac{d(-x^2-4x)}{\sqrt{-x^2-4x}} - \int \frac{1}{\sqrt{2^2-(x+2)^2}} dx$$

$$= -\sqrt{-x^2 - 4x} - \arcsin\frac{x+2}{2} + C.$$

当不定积分形如 $\int R\left(x, \sqrt{ax^2 + bx + c}\right)\mathrm{d}x$ 时，一般先通过配方、换元化为

$$\int R\left(u, \sqrt{u^2 \pm k^2}\right)\mathrm{d}u \quad \left(\text{或} \int R\left(u, \sqrt{k^2 - u^2}\right)\mathrm{d}u\right),$$

尽量使用凑微分法求解，若不易求解，再分别令 $u = k\tan t$，$u = k\sec t$，$u = k\sin t$ 后，可化为三角函数有理式的不定积分.

例 4-53　求 $\displaystyle\int \frac{\mathrm{d}x}{x + \sqrt{x^2 + x + 1}}$.

解　令 $x + \sqrt{x^2 + x + 1} = t$，则 $x = \dfrac{t^2 - 1}{1 + 2t}$，$\mathrm{d}x = \dfrac{2(t^2 + t + 1)}{(1 + 2t)^2}\mathrm{d}t$，于是

$$\int \frac{\mathrm{d}x}{x + \sqrt{x^2 + x + 1}} = \frac{1}{2}\int \frac{t^2 + t + 1}{t\left(t + \dfrac{1}{2}\right)^2}\mathrm{d}t = \frac{1}{2}\int\left[\frac{4}{t} - \frac{3}{t + \dfrac{1}{2}} - \frac{3}{2\left(t + \dfrac{1}{2}\right)^2}\right]\mathrm{d}t$$

$$= \frac{1}{2}\left[4\ln|t| - 3\ln\left|t + \frac{1}{2}\right| + \frac{3}{2\left(t + \dfrac{1}{2}\right)}\right] + C$$

$$= \frac{1}{2}\ln\frac{t^4}{\left|t + \dfrac{1}{2}\right|^3} + \frac{3}{2(2t + 1)} + C$$

$$= \frac{1}{2}\ln\frac{\left(x + \sqrt{x^2 + x + 1}\right)^4}{\left|x + \sqrt{x^2 + x + 1} + \dfrac{1}{2}\right|^3} + \frac{3}{2\left(2x + 2\sqrt{x^2 + x + 1} + 1\right)} + C.$$

例 4-54　求 $\displaystyle\int \frac{1}{\sqrt{1 + \mathrm{e}^x}}\mathrm{d}x$.

解　令 $t = \sqrt{1 + \mathrm{e}^x}$，则 $\mathrm{e}^x = t^2 - 1$，$x = \ln(t^2 - 1)$，$\mathrm{d}x = \dfrac{2t\mathrm{d}t}{t^2 - 1}$，于是

$$\int \frac{1}{\sqrt{1 + \mathrm{e}^x}}\mathrm{d}x = \int \frac{2}{t^2 - 1}\mathrm{d}t = \int\left(\frac{1}{t - 1} - \frac{1}{t + 1}\right)\mathrm{d}t$$

$$= \ln\left|\frac{t - 1}{t + 1}\right| + C = 2\ln\left(\sqrt{1 + \mathrm{e}^x} - 1\right) - x + C.$$

根据初等函数的连续性，在其定义区间上，其原函数一定存在，但原函数不一定都是初等函数，如

$$\int \mathrm{e}^{-x^2}\mathrm{d}x, \qquad \int \frac{\sin x}{x}\mathrm{d}x, \qquad \int \frac{\mathrm{d}x}{\sqrt{1 + x^3}}, \qquad \int \frac{\mathrm{d}x}{\ln x}$$

等, 就都不是初等函数.

求一个函数的导数可以循着一定的规则和方法去做, 而求一个函数的不定积分并无统一的规律可循, 需要具体问题具体分析, 灵活地运用各类积分方法和技巧.

习 题 4-4

求下列不定积分.

(1) $\int \dfrac{1}{x(x-1)^2}\,\mathrm{d}x$;

(2) $\int \dfrac{1}{(1+2x)(1+x^2)}\,\mathrm{d}x$;

(3) $\int \dfrac{x+1}{x^2-x-12}\,\mathrm{d}x$;

(4) $\int \dfrac{x^4+1}{(x-1)(x^2+1)}\,\mathrm{d}x$;

(5) $\int \dfrac{2x^3+2x^2+5x+5}{x^4+5x^2+4}\,\mathrm{d}x$;

(6) $\int \dfrac{\mathrm{d}x}{5\cos^2 x-4}$;

(7) $\int \dfrac{1}{2+\sin x}\,\mathrm{d}x$;

(8) $\int \dfrac{1}{\sqrt{x+1}+\sqrt[3]{x+1}}\,\mathrm{d}x$;

(9) $\int \dfrac{x}{\sqrt{3x+1}+\sqrt{2x+1}}\,\mathrm{d}x$;

(10) $\int \dfrac{1}{x}\sqrt{\dfrac{x+1}{x-1}}\,\mathrm{d}x$;

(11) $\int \dfrac{x\mathrm{d}x}{\sqrt{1+x^2+\sqrt{(1+x^2)^3}}}$;

(12) $\int \dfrac{\sqrt{x+1}}{\sqrt{x+1}+1}\,\mathrm{d}x$;

(13) $\int \dfrac{\mathrm{d}x}{\sqrt[3]{(x-1)^4(x-2)^2}}$;

(14) $\int \dfrac{\mathrm{d}x}{1+\mathrm{e}^x}$;

(15) $\int \dfrac{\mathrm{d}x}{(1+\mathrm{e}^x)^2}$;

(16) $\int \dfrac{\sqrt{\mathrm{e}^x-1}}{\sqrt{\mathrm{e}^x+1}}\,\mathrm{d}x$.

第五节　Mathematica 在不定积分计算中的应用

图 4-4

前面介绍了一些常见的求解不定积分的方法, 但是有时候某些题目的积分计算量较大, 过程烦琐, 甚至无法用前面介绍的方法来求解. 在 Mathematica 强大的符号运算功能面前, 换元积分法和分部积分法的各种运算就显得微不足道. 下面介绍 Mathematica 计算不定积分的方法.

用 Mathematica 求不定积分的格式为

　　　　Integrate[被积函数, 积分变量]

或者利用数学助手或书写助手面板(图 4-4)上的工具栏按钮输入被积函数和积分变量来计算不定积分.

Integrate 主要计算被积函数为初等函数的不定积分, 且只给出被积函数的一个原函数, 通常不加常数 C.

例 4-55 求 $\int 2x e^{x^2} dx$.

解 In[1]:=Integrate[2x*Exp[x^2],x]

Out[1]=e^{x^2}

例 4-56 求 $\int \dfrac{dx}{x^2\sqrt{x^2-4}}$.

解 In[1]:=Integrate[1/(x^2*Sqrt[x^2-4]),x]

Out[1]=$\dfrac{\sqrt{-4+x^2}}{4x}$

例 4-57 求 $\int x^2 \ln x dx$.

解 In[1]:=Integrate[x^2*Log[x],x]

Out[1]=$-\dfrac{x^3}{9}+\dfrac{x^3}{3}Log[x]$

例 4-58 求 $\int \dfrac{1+\sin x}{1+\cos x} e^x dx$.

解 In[1]:=Integrate[Exp[x]*(1+Sin[x])/(1+Cos[x]),x]

Out[1]=$e^x Tan\left[\dfrac{x}{2}\right]$

例 4-59 求 $\int \dfrac{x+1}{\sqrt{-x^2-4x}} dx$.

解 In[1]:=Integrate[(x+1)/Sqrt[-x^2-4x],x]

Out[1]=$\dfrac{x(4+x)-2\sqrt{x}\sqrt{4+x}ArcSinh\left[\dfrac{\sqrt{x}}{2}\right]}{\sqrt{-x(4+x)}}$

对于被积函数中出现的除积分变量外的参数, 在 Integrate 中都视为常数处理.

例 4-60 求不定积分 $\int(ax^2+bx+c)dx$ 和 $\int(ax^2+bx+c)da$.

解 In[1]:=Integrate[a*x^2+b*x+c,x]

Out[1]=$cx+\dfrac{bx^2}{2}+\dfrac{ax^3}{3}$

In[2]:=Integrate[a*x^2+b*x+c,a]

Out[2]=$ac+abx+\dfrac{a^2x^2}{2}$

注 由例 4-60 可见, Integrate 中正确指定积分变量非常重要.

这里需要指出的是, 对某些初等函数的不定积分, 即使形式十分简单, 如

$$\int e^{x^2} dx, \qquad \int \dfrac{e^x}{x} dx, \qquad \int \dfrac{dx}{\ln x},$$

虽然这些不定积分都存在, 却不能用初等函数或特殊函数(如 Bessel 函数等)表示, Mathematica 直接以不定积分形式输出.

例 4-61　求 $\int \cos(\sin x)\mathrm{d}x$.

解　In[1]:=Integrate[Cos[Sin[x]],x]

　　Out[1]=$\int$Cos[Sin[x]]dx

总 习 题 四

1. 填空题.

(1) $\dfrac{\mathrm{d}}{\mathrm{d}x}\int\mathrm{d}\int\mathrm{d}\int f(x)\mathrm{d}x =$ _____;

(2) 设 $f'(3x-1)=\mathrm{e}^x$, 则 $f(x) =$ _____;

(3) 设 $\int f'(x^3)\mathrm{d}x = x^4-x+C$, 则 $f(x) =$ _____;

(4) 已知 $f(x)=\mathrm{e}^x$, 则 $\int\dfrac{f'(\ln x)}{x}\mathrm{d}x =$ _____;

(5) 已知 $F(x)$ 是连续函数 $f(x)$ 的一个原函数, 且 $f(x)=\dfrac{F(x)}{1+x^2}$, 则 $F(x) =$ _____;

(6) 设 $\int xf(x)\mathrm{d}x = \arcsin x + C$, 则 $\int\dfrac{1}{f(x)}\mathrm{d}x =$ _____.

2. 单项选择题.

(1) 下列函数中是函数 $\mathrm{e}^{|x|}$ 的原函数的是 (　　).

　　A. $F(x)=\begin{cases}\mathrm{e}^x, & x\geqslant 0,\\ \mathrm{e}^{-x}, & x<0\end{cases}$　　　　　　B. $F(x)=\begin{cases}\mathrm{e}^x, & x\geqslant 0,\\ 1-\mathrm{e}^{-x}, & x<0\end{cases}$

　　C. $F(x)=\begin{cases}\mathrm{e}^x, & x\geqslant 0,\\ 2-\mathrm{e}^{-x}, & x<0\end{cases}$　　　　　D. $F(x)=\begin{cases}\mathrm{e}^x, & x\geqslant 0,\\ 3-\mathrm{e}^{-x}, & x<0\end{cases}$

(2) 设函数 $f(x)$ 在 $[a,b]$ 上有一个原函数为 0, 则在 $[a,b]$ 上(　　).

　　A. $f(x)\equiv 0$　　　　　　　　　　B. $f(x)$ 的所有原函数为 0

　　C. $f(x)$ 不恒为 0, 但 $f'(x)\equiv 0$　　　D. $f(x)$ 的不定积分为 0

(3) 若函数 $f(x)$ 的导函数是 $\sin x$, 则 $f(x)$ 有一个原函数为(　　).

　　A. $x+\sin x$　　　B. $x-\sin x$　　　C. $x+\cos x$　　　D. $x-\cos x$

(4) 若 $\int f(x)\mathrm{d}x = F(x)+C$, 则 $\int \mathrm{e}^{-x}f(\mathrm{e}^{-x})\mathrm{d}x$ 等于(　　).

　　A. $F(\mathrm{e}^x)+C$　　　B. $-F(\mathrm{e}^{-x})+C$　　　C. $F(\mathrm{e}^{-x})+C$　　　D. $\dfrac{F(\mathrm{e}^{-x})}{x}+C$

3. 计算下列不定积分.

(1) $\int \cos^2 \dfrac{x}{2} \mathrm{d}x$;

(2) $\int \dfrac{3x^2+1}{(x^2+1)x^2} \mathrm{d}x$;

(3) $\int \dfrac{2+2\ln x}{(x\ln x)^2} \mathrm{d}x$;

(4) $\int \dfrac{\mathrm{d}x}{\mathrm{e}^x - \mathrm{e}^{-x}}$;

(5) $\int \tan^4 x \mathrm{d}x$;

(6) $\int \dfrac{\sin x \cos x}{1+\sin^4 x} \mathrm{d}x$;

(7) $\int \sin x \sin 3x \mathrm{d}x$;

(8) $\int \sqrt{x} \sin \sqrt{x} \mathrm{d}x$;

(9) $\int \mathrm{e}^{2x}(\tan x + 1)^2 \mathrm{d}x$;

(10) $\int \dfrac{x\mathrm{e}^x}{(1+\mathrm{e}^x)^2} \mathrm{d}x$;

(11) $\int \sin x \ln(\tan x) \mathrm{d}x$;

(12) $\int \dfrac{x^2 \mathrm{e}^x}{(x+2)^2} \mathrm{d}x$;

(13) $\int \dfrac{1}{1+\mathrm{e}^{\frac{x}{2}}+\mathrm{e}^{\frac{x}{3}}+\mathrm{e}^{\frac{x}{6}}} \mathrm{d}x$;

(14) $\int \dfrac{1}{\sqrt[n]{(x-a)^{n+1}(x-b)^{n-1}}} \mathrm{d}x$ (n 为正整数);

(15) $\int \dfrac{1}{(2+\cos x)\sin x} \mathrm{d}x$.

4. 设函数 $f(x) = \begin{cases} 2, & x > 1, \\ x, & 0 \leqslant x \leqslant 1, \\ \sin x, & x < 0, \end{cases}$ 求 $\int f(x) \mathrm{d}x$.

5. 已知 $\dfrac{\sin x}{x}$ 是 $f(x)$ 的一个原函数, 求 $\int x^3 f'(x) \mathrm{d}x$.

第五章　定积分及其应用

定积分是积分学的基本内容和重要组成部分, 在几何学、物理学等自然科学和工程技术领域中有着广泛的应用. 不定积分与定积分既有区别又有联系, 它们均是一元函数积分学的重要内容. 第四章介绍了不定积分的概念、性质及计算方法, 本章将介绍定积分的概念、性质、计算及应用, 并将定积分推广到反常积分.

第一节　定积分的概念与性质

一、引例

1. 曲边梯形的面积

设函数 $y = f(x)$ 在闭区间 $[a,b]$ 上非负、连续, 由直线 $x=a$, $x=b$, x 轴及曲线 $y=f(x)$ 所围成的图形称为曲边梯形, 如图 5-1 所示. 下面求此曲边梯形的面积 A.

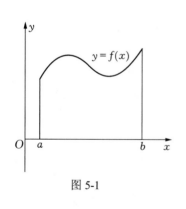

图 5-1

由于曲边梯形有一条曲边, 其面积不能简单地用矩形的面积公式来计算. 将闭区间 $[a,b]$ 任意分成 n 个小区间, 相应地作出 n 个小曲边梯形, 由于曲边梯形的高 $f(x)$ 在 $[a,b]$ 上连续变化, 在很小的一段区间上它的变化也很小, 可近似地视为不变. 这样, 小曲边梯形的面积可以近似地用小矩形的面积来代替, 把这些小矩形的面积相加, 就得到整个曲边梯形面积的近似值. 分割越细, 此近似值就越接近于曲边梯形面积的精确值. 当 $[a,b]$ 被无限细分时, 小矩形面积之和的极限, 就是所求的曲边梯形的面积. 这样, 计算曲边梯形的面积 A, 可以归结为以下四个步骤.

1) 分割

如图 5-2 所示, 在区间 (a,b) 内任意插入 $n-1$ 个分点

$$a = x_0 < x_1 < x_2 < \cdots < x_{i-1} < x_i < \cdots < x_{n-1} < x_n = b,$$

将闭区间 $[a,b]$ 划分成 n 个小区间 $[x_{i-1}, x_i]$, $i = 1, 2, \cdots, n$, 记小区间的长度为 $\Delta x_i = x_i - x_{i-1}$. 过每个分点作平行于 y 轴的直线段, 这些直线段将曲边梯形分成 n 个小曲

边梯形, 用 ΔA_i 记第 i 个小曲边梯形的面积, 则有

$$A = \sum_{i=1}^{n} \Delta A_i \ .$$

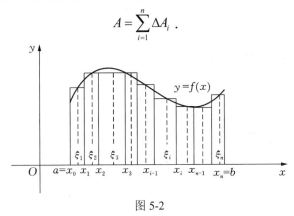

图 5-2

2) 近似代替

对第 i 个小曲边梯形, 在其对应区间 $[x_{i-1}, x_i]$ 上任意取一点 ξ_i, 以 $[x_{i-1}, x_i]$ 为底, 以 $f(\xi_i)$ 为高的小矩形面积为 $f(\xi_i)\Delta x_i$, 用它近似表示 ΔA_i, 即

$$\Delta A_i \approx f(\xi_i)\Delta x_i, \quad i = 1, 2, \cdots, n \ .$$

3) 求和

将所有小矩形的面积相加, 得整个曲边梯形面积的近似值

$$A = \sum_{i=1}^{n} \Delta A_i \approx \sum_{i=1}^{n} f(\xi_i)\Delta x_i \ .$$

4) 取极限

显然, 小区间 $[x_{i-1}, x_i]$ 的长度 Δx_i 越小, 其近似程度就越好. 要使 $\sum_{i=1}^{n} f(\xi_i)\Delta x_i$ 的近似程度提高, 只需 $\Delta x_1, \Delta x_2, \cdots, \Delta x_n$ 都越来越小. 因此, 为了得到面积 A 的精确值, 只需每个小区间的长度均趋于零. 若记 $\lambda = \max\{\Delta x_1, \Delta x_2, \cdots, \Delta x_n\}$, 则每个小区间的长度趋于零等价于 $\lambda \to 0$, 从而曲边梯形的面积

$$A = \lim_{\lambda \to 0} \sum_{i=1}^{n} f(\xi_i)\Delta x_i \ .$$

2. 变速直线运动的路程

设物体做直线运动, 其速度 $v = v(t)$ 是时间间隔 $[T_1, T_2]$ 内的连续函数, 且 $v(t) \geqslant 0$, 求在这段时间间隔内物体所经过的路程 s.

匀速直线运动的路程是速度与时间的乘积. 对于变速直线运动, 其路程不能直接这样计算. 由于速度的变化是连续的, 在一个很短的时间间隔内, 速度的变化很小, 可以用匀速运动来近似代替变速运动, 因此采用类似于求曲边梯形面积的方法, 具体步骤如下.

1) 分割

在时间间隔 (T_1, T_2) 内任意插入 $n-1$ 个分点

$$T_1 = t_0 < t_1 < t_2 < \cdots < t_{i-1} < t_i < \cdots < t_{n-1} < t_n = T_2,$$

将时间区间分为 n 小段 $[t_{i-1}, t_i]$，记 $\Delta t_i = t_i - t_{i-1}$，且各时间区间内物体运动所经过的路程为 Δs_i，$i = 1, 2, \cdots, n$．

2) 近似代替

在时间间隔 $[t_{i-1}, t_i]$ 内任意取一个时刻 τ_i，以 τ_i 的速度 $v(\tau_i)$ 来代替 $[t_{i-1}, t_i]$ 上各时刻的速度，得到第 i 个时间区间内路程 Δs_i 的近似值，即

$$\Delta s_i \approx v(\tau_i) \Delta t_i .$$

3) 求和

将各小段路程的近似值相加，可得时间间隔 $[T_1, T_2]$ 内的路程 s 的近似值

$$s = \sum_{i=1}^{n} \Delta s_i \approx \sum_{i=1}^{n} v(\tau_i) \Delta t_i .$$

4) 取极限

当分割越细时，此近似值越接近路程 s 的精确值．为得到 s 的精确值，只需每个时间间隔段的长度 Δt_i 均趋于零．记 $\lambda = \max\{\Delta t_1, \Delta t_2, \cdots, \Delta t_n\}$，当 $\lambda \to 0$ 时，取上述和式的极限，即得变速直线运动的路程的精确值

$$s = \lim_{\lambda \to 0} \sum_{i=1}^{n} v(\tau_i) \Delta t_i .$$

二、定积分的定义

上述两例，一个是几何量，一个是物理量，尽管其实际意义不同，但有两点是一致的．第一，曲边梯形的面积 A 由高 $f(x)$ 及 x 的变化区间 $[a, b]$ 来决定；变速直线运动的路程 s 由速度 $v(t)$ 及 t 的变化区间 $[T_1, T_2]$ 来决定．第二，它们解决问题的思想方法、步骤及数学结构式是相同的，最终都将问题归结为一种结构相同的和式极限．自然界中许多量的计算，如已知位于 $[a, b]$ 上的非均匀细直棒的连续密度为 $\mu(x)$，求其质量；已知在时间间隔 $[T_1, T_2]$ 流过导线的连续电流强度 $i(t)$，求通过导线横截面的电量 $Q(t)$ 等，都可用类似的方法解决．不考虑这些问题的实际背景，只抓住它们在数量关系上共同的本质加以概括，我们抽象出定积分的定义．

定义 5-1　设函数 $f(x)$ 在闭区间 $[a, b]$ 上有界，在 (a, b) 内任意插入 $n-1$ 个分点

$$a = x_0 < x_1 < x_2 < \cdots < x_{i-1} < x_i < \cdots < x_{n-1} < x_n = b ,$$

把 $[a, b]$ 分成 n 个小闭区间

$$[x_0, x_1], [x_1, x_2], \cdots, [x_{n-1}, x_n] ,$$

各小区间的长度记为

$$\Delta x_i = x_i - x_{i-1}, \quad i = 1, 2, \cdots, n ,$$

在每个小区间 $[x_{i-1}, x_i]$ 上任意取一点 ξ_i，作乘积 $f(\xi_i) \Delta x_i$，并作和式

$$S = \sum_{i=1}^{n} f(\xi_i) \Delta x_i ,$$

记 $\lambda = \max\{\Delta x_1, \Delta x_2, \cdots, \Delta x_n\}$，如果无论区间 $[a, b]$ 怎样划分，也无论小区间 $[x_{i-1}, x_i]$ 上的点 ξ_i 怎样选取，只要当 $\lambda \to 0$ 时，和 S 总趋于确定的值，则称此极限值为函数 $f(x)$ 在

闭区间 $[a,b]$ 上的定积分, 记为 $\int_a^b f(x)\mathrm{d}x$, 即

$$\int_a^b f(x)\mathrm{d}x = \lim_{\lambda \to 0} \sum_{i=1}^n f(\xi_i)\Delta x_i ,\qquad (5\text{-}1)$$

其中 $f(x)$ 称为被积函数, $f(x)\mathrm{d}x$ 称为被积表达式, x 称为积分变量, a 称为积分下限, b 称为积分上限, $[a,b]$ 称为积分区间, $\sum_{i=1}^n f(\xi_i)\Delta x_i$ 称为 $f(x)$ 在 $[a,b]$ 上的积分和.

如果 $f(x)$ 在 $[a,b]$ 上的定积分存在, 则称 $f(x)$ 在 $[a,b]$ 上可积.

由定义 5-1 可知, 定积分的值只与被积函数及积分区间有关, 与积分变量用什么字母表示无关, 即

$$\int_a^b f(x)\mathrm{d}x = \int_a^b f(t)\mathrm{d}t = \int_a^b f(u)\mathrm{d}u .$$

根据定积分的定义, 前面所讨论的两个引例可以分别表示为: 曲边梯形的面积 $A = \int_a^b f(x)\mathrm{d}x$; 变速直线运动的路程 $s = \int_{T_1}^{T_2} v(t)\mathrm{d}t$.

关于函数的可积性, 有如下定理.

定理 5-1 设 $f(x)$ 在 $[a,b]$ 上连续, 则 $f(x)$ 在 $[a,b]$ 上可积.

定理 5-2 设 $f(x)$ 在 $[a,b]$ 上有界, 且只有有限个间断点, 则 $f(x)$ 在 $[a,b]$ 上可积.

例 5-1 利用定积分的定义计算 $\int_0^1 x^2 \mathrm{d}x$.

解 $f(x) = x^2$ 在积分区间 $[0,1]$ 上连续, 故 $\int_0^1 x^2 \mathrm{d}x$ 存在, 为便于计算, 将区间 $[0,1]$ n 等分, 小区间 $[x_{i-1}, x_i]$ 的长度为 $\Delta x_i = \dfrac{1}{n}$, 取 $\xi_i = x_i = \dfrac{i}{n}$, $i = 1, 2, \cdots, n$, 则积分和为

$$\sum_{i=1}^n f(\xi_i)\Delta x_i = \sum_{i=1}^n \xi_i^2 \Delta x_i = \sum_{i=1}^n \left(\frac{i}{n}\right)^2 \cdot \frac{1}{n} = \frac{1}{n^3} \sum_{i=1}^n i^2$$
$$= \frac{1}{n^3} \cdot \frac{1}{6} n(n+1)(2n+1) ,$$

从而

$$\int_0^1 x^2 \mathrm{d}x = \lim_{\lambda \to 0} \sum_{i=1}^n \xi_i^2 \Delta x_i = \lim_{n \to \infty} \frac{1}{n^3} \cdot \frac{1}{6} n(n+1)(2n+1) = \frac{1}{3} .$$

定积分有明显的几何意义, 若在 $[a,b]$ 上 $f(x) \geqslant 0$, 则积分 $\int_a^b f(x)\mathrm{d}x$ 在几何上表示由曲线 $y = f(x)$, 两条直线 $x = a$ 和 $x = b$ 与 x 轴所围成的曲边梯形的面积. 若在 $[a,b]$ 上 $f(x) \leqslant 0$, 由曲线 $y = f(x)$, 两条直线 $x = a$ 和 $x = b$ 与 x 轴所围成的曲边梯形位于 x 轴的下方, 则 $\int_a^b f(x)\mathrm{d}x$ 在几何上表示该曲边梯形面积的负值. 若在 $[a,b]$ 上 $f(x)$ 既取正值又取负值(图 5-3), 曲线 $y = f(x)$ 既有在 x 轴上方的部分, 又有在 x 轴下方的部分, 则定积分

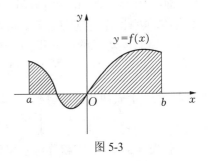

图 5-3

$\int_a^b f(x)dx$ 在几何上表示介于 x 轴, 曲线 $y = f(x)$ 及两条直线 $x=a$ 和 $x = b$ 之间的各部分面积的代数和.

例 5-2 利用定积分的几何意义计算 $\int_0^1 (1-x)dx$.

解 根据定积分的几何意义知, $\int_0^1 (1-x)dx$ 表示由直线 $y = 1 - x$ 与 x 轴, y 轴所围成的直角三角形的面积, 即 $\int_0^1 (1-x)dx = \dfrac{1}{2}$.

三、定积分的性质

我们规定:

(1) 当 $a = b$ 时, $\int_a^b f(x)dx = 0$;

(2) 当 $a > b$ 时, $\int_a^b f(x)dx = -\int_b^a f(x)dx$.

在下面的讨论中, 设函数在所讨论的区间上都可积, 且各性质中积分上下限的大小, 如不特别指明, 均不加以限制.

性质 5-1 $\int_a^b \left[f(x) \pm g(x) \right]dx = \int_a^b f(x)dx \pm \int_a^b g(x)dx$.

证 $\int_a^b \left[f(x) \pm g(x) \right]dx = \lim\limits_{\lambda \to 0} \sum\limits_{i=1}^n \left[f(\xi_i) \pm g(\xi_i) \right] \Delta x_i$

$$= \lim\limits_{\lambda \to 0} \sum\limits_{i=1}^n f(\xi_i) \Delta x_i \pm \lim\limits_{\lambda \to 0} \sum\limits_{i=1}^n g(\xi_i) \Delta x_i$$

$$= \int_a^b f(x)dx \pm \int_a^b g(x)dx .$$

性质 5-1 可以推广到任意有限个函数的情形.

类似地, 可以证明:

性质 5-2 $\int_a^b kf(x)dx = k \int_a^b f(x)dx$ (k 是常数).

性质 5-3   如果将积分区间分成两部分, 则在整个区间上的定积分等于这两个区间上的定积分之和, 即

$$\int_a^b f(x)dx = \int_a^c f(x)dx + \int_c^b f(x)dx \quad (a < c < b) .$$

证 因为函数 $f(x)$ 在 $[a, b]$ 上可积, 所以无论把 $[a, b]$ 怎样划分, 积分和的极限总是不变的. 因此, 在划分区间时, 可以使 c 总是分点. 那么, $[a, b]$ 上的积分和等于 $[a, c]$ 上的积分和加 $[c, b]$ 上的积分和, 记为

$$\sum\limits_{[a,b]} f(\xi_i)\Delta x_i = \sum\limits_{[a,c]} f(\xi_i)\Delta x_i + \sum\limits_{[c,b]} f(\xi_i)\Delta x_i .$$

令 $\lambda \to 0$, 上式两边同时取极限, 即得

$$\int_a^b f(x)dx = \int_a^c f(x)dx + \int_c^b f(x)dx .$$

性质 5-3 表明, 定积分对于积分区间具有可加性. 值得注意的是, 无论 a, b, c 的大小

关系如何，总有等式

$$\int_a^b f(x)\mathrm{d}x = \int_a^c f(x)\mathrm{d}x + \int_c^b f(x)\mathrm{d}x$$

成立. 例如，当 $a < b < c$ 时，由于

$$\int_a^c f(x)\mathrm{d}x = \int_a^b f(x)\mathrm{d}x + \int_b^c f(x)\mathrm{d}x ,$$

于是有

$$\int_a^b f(x)\mathrm{d}x = \int_a^c f(x)\mathrm{d}x - \int_b^c f(x)\mathrm{d}x = \int_a^c f(x)\mathrm{d}x + \int_c^b f(x)\mathrm{d}x .$$

下面两个性质及两个推论的证明留给读者.

性质 5-4　$\displaystyle\int_a^b \mathrm{d}x = b - a$.

性质 5-5　如果在闭区间 $[a, b]$ 上，$f(x) \geqslant 0$，则 $\displaystyle\int_a^b f(x)\mathrm{d}x \geqslant 0 \quad (a < b)$.

推论 5-1　如果在闭区间 $[a, b]$ 上，$f(x) \leqslant g(x)$，则 $\displaystyle\int_a^b f(x)\mathrm{d}x \leqslant \int_a^b g(x)\mathrm{d}x \quad (a < b)$.

推论 5-2　$\displaystyle\left| \int_a^b f(x)\mathrm{d}x \right| \leqslant \int_a^b |f(x)| \,\mathrm{d}x \quad (a < b)$.

性质 5-6　设 M 及 m 分别是函数 $f(x)$ 在 $[a, b]$ 上的最大值及最小值，则

$$m(b - a) \leqslant \int_a^b f(x)\mathrm{d}x \leqslant M(b - a) \quad (a < b) .$$

　　证　因为 $m \leqslant f(x) \leqslant M \quad (a \leqslant x \leqslant b)$，则

$$m(b - a) = \int_a^b m\,\mathrm{d}x \leqslant \int_a^b f(x)\mathrm{d}x \leqslant \int_a^b M\,\mathrm{d}x = M(b - a) .$$

这一性质可用来估计积分值的范围. 例如，定积分 $\displaystyle\int_1^2 x^3\mathrm{d}x$ 的被积函数 $f(x) = x^3$ 在积分区间 $[1, 2]$ 上是单调增加的，于是有最小值 $m = 1$，最大值 $M = 2^3 = 8$，由性质 5-6，得

$$1 \cdot (2 - 1) \leqslant \int_1^2 x^3\mathrm{d}x \leqslant 8 \cdot (2 - 1) ,$$

即

$$1 \leqslant \int_1^2 x^3\mathrm{d}x \leqslant 8 .$$

　　性质 5-7　(积分中值定理) 如果函数 $f(x)$ 在闭区间 $[a, b]$ 上连续，则在 $[a, b]$ 上至少存在一点 ξ，使

$$\int_a^b f(x)\mathrm{d}x = f(\xi)(b - a) \quad (a \leqslant \xi \leqslant b) . \tag{5-2}$$

　　证　由性质 5-6 可知

$$m \leqslant \frac{1}{b - a} \int_a^b f(x)\mathrm{d}x \leqslant M ,$$

$\dfrac{1}{b - a} \displaystyle\int_a^b f(x)\mathrm{d}x$ 介于连续函数 $f(x)$ 在 $[a, b]$ 上的最小值 m 与最大值 M 之间，再由闭区间上连续函数的介值定理，在 $[a, b]$ 上至少存在一点 ξ，使

$$f(\xi) = \frac{1}{b - a} \int_a^b f(x)\mathrm{d}x \quad (a \leqslant \xi \leqslant b) .$$

两边各乘 $b - a$，即得所要证的等式.

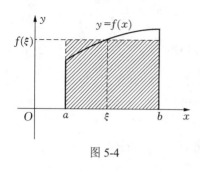

图 5-4

式(5-2)称为积分中值公式, 无论是 $a < b$ 还是 $a > b$, 积分中值公式都成立.

积分中值定理有如下几何解释: 在闭区间 $[a,b]$ 上的曲边梯形的面积等于同一底边, 而高为 $f(\xi)$ 的矩形面积, 如图 5-4 所示.

按照积分中值定理所得 $f(\xi) = \dfrac{1}{b-a}\displaystyle\int_a^b f(x)\,\mathrm{d}x$ 称为连续函数 $f(x)$ 在 $[a,b]$ 上的平均值.

习　题　5-1

1. 利用定积分的定义计算 $\displaystyle\int_0^1 \mathrm{e}^x\mathrm{d}x$.

2. 利用定积分的几何意义求下列定积分的值.

(1) $\displaystyle\int_0^1 2x\mathrm{d}x$;

(2) $\displaystyle\int_{-\pi}^{\pi}\sin x\mathrm{d}x$;

(3) $\displaystyle\int_0^a\sqrt{a^2-x^2}\,\mathrm{d}x$;

(4) $\displaystyle\int_0^2\sqrt{2x-x^2}\,\mathrm{d}x$.

3. 设 $f(x)$ 及 $g(x)$ 在 $[a,b]$ 上连续, 证明:

(1) 若在 $[a,b]$ 上 $f(x) \geqslant 0$, 且 $f(x)$ 不恒为 0, 则 $\displaystyle\int_a^b f(x)\mathrm{d}x > 0$;

(2) 若在 $[a,b]$ 上 $f(x) \geqslant 0$, 且 $\displaystyle\int_a^b f(x)\mathrm{d}x = 0$, 则在 $[a,b]$ 上 $f(x) \equiv 0$;

(3) 若在 $[a,b]$ 上 $f(x) \leqslant g(x)$, 且 $\displaystyle\int_a^b f(x)\mathrm{d}x = \int_a^b g(x)\mathrm{d}x$, 则在 $[a,b]$ 上 $f(x) \equiv g(x)$.

4. 不计算积分, 比较下列各组积分值的大小.

(1) $\displaystyle\int_0^1 \mathrm{e}^x\mathrm{d}x$ 与 $\displaystyle\int_0^1 \mathrm{e}^{x^2}\mathrm{d}x$;

(2) $\displaystyle\int_0^{\frac{\pi}{2}} x\mathrm{d}x$ 与 $\displaystyle\int_0^{\frac{\pi}{2}}\sin x\mathrm{d}x$;

(3) $\displaystyle\int_1^2 \ln x\mathrm{d}x$ 与 $\displaystyle\int_1^2 (\ln x)^2\mathrm{d}x$;

(4) $\displaystyle\int_0^1 x\mathrm{d}x$ 与 $\displaystyle\int_0^1 \ln(1+x)\mathrm{d}x$.

5. 利用定积分性质估计下列积分值.

(1) $\displaystyle\int_1^2 \mathrm{e}^x\mathrm{d}x$;

(2) $\displaystyle\int_1^3 (x^3+2)\,\mathrm{d}x$;

(3) $\displaystyle\int_{\frac{1}{\sqrt{3}}}^{\sqrt{3}} x\arctan x\mathrm{d}x$;

(4) $\displaystyle\int_0^2 \mathrm{e}^{x^2-x}\mathrm{d}x$.

6. 设 $f(x)$ 在 $[0,1]$ 上连续, 在 $(0,1)$ 内可导, 且 $3\displaystyle\int_0^{\frac{1}{3}} f(x)\mathrm{d}x = f(1)$. 证明至少存在一点 $\xi \in (0,1)$, 使 $f'(\xi) = 0$.

第二节　微积分基本公式

从第一节例 5-1 可以看到, 直接由定积分的定义来计算定积分很不容易, 必须寻求计算定积分的简单有效方法. 下面先看一个实例.

设物体从某定点开始做直线运动, 到 t 时刻所经过的路程为 $s(t)$, 速度为 $v = v(t) = s'(t) \ (v(t) \geqslant 0)$, 则在时间间隔 $[T_1, T_2]$ 内物体所经过的路程 s 可表示为

$$\int_{T_1}^{T_2} v(t)\mathrm{d}t = s(T_2) - s(T_1).$$

上式表明, 速度函数 $v(t)$ 在区间 $[T_1, T_2]$ 上的定积分等于 $v(t)$ 的原函数 $s(t)$ 在 $[T_1, T_2]$ 上的增量. 事实上, 这个特殊问题中得出的 $s(t)$ 与 $v(t)$ 的关系具有普遍性.

一、积分上限的函数及其导数

设函数 $f(x)$ 在闭区间 $[a, b]$ 上连续, 则对于任意 $x \ (a \leqslant x \leqslant b)$, 积分 $\int_a^x f(t)\mathrm{d}t$ 存在, 且对于每一个取定的 x 值, 定积分有一个对应值, 所以它在 $[a, b]$ 上定义了一个函数 $\int_a^x f(t)\mathrm{d}t$, 它是以积分上限 x 为自变量的函数, 记为 $\Phi(x)$, 即

$$\Phi(x) = \int_a^x f(t)\mathrm{d}t.$$

关于积分上限的函数 $\Phi(x)$, 具有以下重要性质.

定理 5-3 如果函数 $f(x)$ 在闭区间 $[a, b]$ 上连续, 则积分上限的函数

$$\Phi(x) = \int_a^x f(t)\mathrm{d}t \quad (a \leqslant x \leqslant b)$$

在 $[a, b]$ 上可导, 并且它的导数为

$$\Phi'(x) = \frac{\mathrm{d}}{\mathrm{d}x}\int_a^x f(t)\mathrm{d}t = f(x) \quad (a \leqslant x \leqslant b). \tag{5-3}$$

证 如图 5-5 所示, 若 $x \in (a, b)$, 取 Δx , 使 $x + \Delta x \in (a, b)$, 则

$$\Delta \Phi = \Phi(x + \Delta x) - \Phi(x) = \int_a^{x+\Delta x} f(t)\mathrm{d}t - \int_a^x f(t)\mathrm{d}t = \int_x^{x+\Delta x} f(t)\mathrm{d}t,$$

由积分中值定理, 得

$$\int_x^{x+\Delta x} f(t)\mathrm{d}t = f(\xi)\Delta x,$$

这里 ξ 在 x 与 $x + \Delta x$ 之间. 上式两端同除以 Δx , 得

$$\frac{\Delta \Phi}{\Delta x} = \frac{f(\xi)\Delta x}{\Delta x} = f(\xi).$$

当 $\Delta x \to 0$ 时, 有 $\xi \to x$, 根据导数的定义及函数 $f(x)$ 的连续性, 有

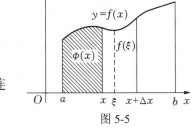

图 5-5

$$\Phi'(x) = \lim_{\Delta x \to 0} \frac{\Delta \Phi}{\Delta x} = \lim_{\xi \to x} f(\xi) = f(x),$$

即

$$\Phi'(x) = \frac{\mathrm{d}}{\mathrm{d}x}\int_a^x f(t)\mathrm{d}t = f(x).$$

若 $x = a$, 取 $\Delta x > 0$, 同理可证 $\Phi'_+(a) = f(a)$; 若 $x = b$, 取 $\Delta x < 0$, 则可证 $\Phi'_-(b) = f(b)$.

定理 5-3 表明: 如果函数 $f(x)$ 在闭区间 $[a,b]$ 上连续, 那么积分上限的函数 $\int_a^x f(t)\mathrm{d}t$ 对积分上限 x 的导数等于被积函数 $f(t)$ 在积分上限 x 处的值.

根据定理 5-3, 还可以推出以下结论:

(1) 如果函数 $f(x)$ 在 $[a,b]$ 上连续, 那么积分下限的函数 $\int_x^b f(t)\mathrm{d}t$ 在 $[a,b]$ 上可导, 其导数为

$$\frac{\mathrm{d}}{\mathrm{d}x}\int_x^b f(t)\mathrm{d}t = -f(x)\,. \tag{5-4}$$

(2) 如果 $f(x)$ 在 $[a,b]$ 上连续, $\varphi(x)$, $\psi(x)$ 在 $[a,b]$ 上可导且

$$a \leqslant \varphi(x)\,, \quad \psi(x) \leqslant b\,, \quad x \in [a,b]\,,$$

则有

$$\frac{\mathrm{d}}{\mathrm{d}x}\int_{\varphi(x)}^{\psi(x)} f(t)\mathrm{d}t = f[\psi(x)]\psi'(x) - f[\varphi(x)]\varphi'(x)\,. \tag{5-5}$$

例 5-3 设 $\varPhi(x) = \int_{x^2}^{x^3} \cos t\,\mathrm{d}t$, 求 $\varPhi'(x)$.

解 由式(5-5)可知,

$$\varPhi'(x) = 3x^2 \cos x^3 - 2x \cos x^2\,.$$

例 5-4 求极限 $\lim\limits_{x \to 0} \dfrac{1}{x \sin x}\int_0^{x^2} \mathrm{e}^t \mathrm{d}t$.

解 这是一个 $\dfrac{0}{0}$ 型的未定式, 利用等价无穷小替换并应用洛必达法则, 得

$$\lim_{x \to 0} \frac{1}{x \sin x}\int_0^{x^2} \mathrm{e}^t \mathrm{d}t = \lim_{x \to 0}\frac{\int_0^{x^2} \mathrm{e}^t \mathrm{d}t}{x^2} = \lim_{x \to 0}\frac{2x\mathrm{e}^{x^2}}{2x} = \lim_{x \to 0}\mathrm{e}^{x^2} = 1\,.$$

例 5-5 设 $f(x)$ 在 $[0,+\infty)$ 内连续且 $f(x) > 0$. 证明函数

$$F(x) = \frac{\displaystyle\int_0^x tf(t)\mathrm{d}t}{\displaystyle\int_0^x f(t)\mathrm{d}t}$$

扫码演示

在 $(0,+\infty)$ 内为单调增加函数.

证 因为 $\dfrac{\mathrm{d}}{\mathrm{d}x}\int_0^x tf(t)\mathrm{d}t = xf(x)$, $\dfrac{\mathrm{d}}{\mathrm{d}x}\int_0^x f(t)\mathrm{d}t = f(x)$, 所以

$$F'(x) = \frac{xf(x)\displaystyle\int_0^x f(t)\mathrm{d}t - f(x)\displaystyle\int_0^x tf(t)\mathrm{d}t}{\left[\displaystyle\int_0^x f(t)\mathrm{d}t\right]^2} = \frac{f(x)\displaystyle\int_0^x (x-t)f(t)\mathrm{d}t}{\left[\displaystyle\int_0^x f(t)\mathrm{d}t\right]^2}\,.$$

由条件可知, 当 $0 < t < x$ 时, $f(t) > 0$, $(x-t)f(t) > 0$, 所以 $\int_0^x f(t)\mathrm{d}t > 0$, $\int_0^x (x-t)f(t)\mathrm{d}t > 0$, 从而 $F'(x) > 0$, 这就证明了 $F(x)$ 在 $(0,+\infty)$ 内为单调增加函数.

由定理 5-3 可以引出如下原函数存在定理.

定理 5-4 (原函数存在定理)如果函数 $f(x)$ 在闭区间 $[a,b]$ 上连续, 则函数

$$\Phi(x) = \int_a^x f(t)\mathrm{d}t$$

是函数 $f(x)$ 在 $[a,b]$ 上的一个原函数.

定理 5-4 一方面表明了连续函数的原函数是存在的,另一方面初步揭示了积分学中的定积分与原函数这两个概念之间的联系. 因此, 就有可能通过原函数来计算定积分.

二、牛顿-莱布尼茨公式

定理 5-5 (牛顿-莱布尼茨公式)如果函数 $f(x)$ 在闭区间 $[a,b]$ 上连续, 且 $F(x)$ 是 $f(x)$ 在 $[a,b]$ 上的一个原函数, 则

$$\int_a^b f(x)\mathrm{d}x = F(b) - F(a) . \tag{5-6}$$

证 由定理 5-5 的条件及定理 5-4 可知, $F(x)$ 与 $\Phi(x) = \int_a^x f(t)\mathrm{d}t$ 都是函数 $f(x)$ 在 $[a,b]$ 上的原函数, 所以它们之间相差一个常数 C, 即

$$F(x) - \Phi(x) = C \quad (a \leqslant x \leqslant b) .$$

当 $x = a$ 时, 有 $F(a) - \Phi(a) = C$, 而 $\Phi(a) = 0$, 所以 $C = F(a)$.
当 $x = b$ 时, $F(b) - \Phi(b) = F(a)$, 所以 $\Phi(b) = F(b) - F(a)$.
故

$$\int_a^b f(x)\mathrm{d}x = F(b) - F(a) .$$

为方便起见, 把 $F(b) - F(a)$ 记作 $[F(x)]_a^b$, 于是

$$\int_a^b f(x)\mathrm{d}x = [F(x)]_a^b = F(b) - F(a) .$$

式(5-6)称为牛顿-莱布尼茨公式. 它表明: 一个连续函数在 $[a,b]$ 上的定积分等于它的一个原函数在该区间上的增量.该公式为定积分的计算提供了一个有效而简便的方法.

牛顿-莱布尼茨公式揭示了微分与积分的本质——互为逆运算, 同时, 它也在微分与积分之间架起了桥梁, 使在一定条件下, 一个函数的定积分可通过它的原函数方便地计算出来, 从而也将定积分与不定积分这两个基本问题有机地联系起来, 让微分学和积分学构成了一个统一的整体.因此, 这个公式被称为微积分基本公式, 这个定理也被称为微积分基本定理.

例 5-6 计算 $\int_{-3}^{-1} \dfrac{1}{x}\mathrm{d}x$.

解 因为 $\ln|x|$ 是 $\dfrac{1}{x}$ 的一个原函数, 所以

$$\int_{-3}^{-1} \frac{1}{x}\mathrm{d}x = [\ln|x|]_{-3}^{-1} = \ln 1 - \ln 3 = -\ln 3 .$$

例 5-7 计算 $\int_{-1}^{\sqrt{3}} \dfrac{\mathrm{d}x}{1+x^2}$.

解 因为 $\arctan x$ 是 $\dfrac{1}{1+x^2}$ 的一个原函数, 所以

$$\int_{-1}^{\sqrt{3}} \frac{\mathrm{d}x}{1+x^2} = [\arctan x]_{-1}^{\sqrt{3}} = \arctan \sqrt{3} - \arctan(-1) = \frac{7}{12}\pi .$$

例 5-8　设 $f(x) = \begin{cases} x+1, & x \geq 1, \\ 3x^2, & x < 1, \end{cases}$ 计算 $\int_0^2 f(x)\mathrm{d}x$.

解　$f(x)$ 在 $[0,2]$ 上分段连续, $x=1$ 是 $f(x)$ 的第一类间断点, 从而

$$\int_0^2 f(x)\mathrm{d}x = \int_0^1 3x^2\mathrm{d}x + \int_1^2 (x+1)\mathrm{d}x$$

$$= [x^3]_0^1 + \left[\frac{x^2}{2} + x\right]_1^2 = \frac{7}{2} .$$

例 5-9　计算余弦曲线 $y = \cos x$ 在 $\left[0, \frac{\pi}{2}\right]$ 上与两坐标轴所围成的平面图形的面积.

解　设面积为 A, 则

$$A = \int_0^{\frac{\pi}{2}} \cos x\mathrm{d}x = [\sin x]_0^{\frac{\pi}{2}} = 1 .$$

例 5-10　火车以 $72\ \mathrm{km/h}$ 的速度行驶, 在到达某车站前以等加速度 $a = -2.5\ \mathrm{m/s^2}$ 刹车, 问从开始刹车到停车, 火车走了多少距离?

解　先求从开始刹车到停车所需的时间, 当 $t=0$ 时, 火车速度为

$$v_0 = 72(\mathrm{km/h}) = \frac{72 \times 1000}{3600}(\mathrm{m/s}) = 20(\mathrm{m/s}) .$$

刹车后 t 时刻火车的速度为

$$v(t) = v_0 + at = 20 - 2.5t ,$$

当火车停止时, 速度 $v(t)=0$, 从

$$v(t) = 20 - 2.5t = 0$$

得 $t = 8(\mathrm{s})$, 于是从开始刹车到停车, 火车所走过的距离为

$$s = \int_0^8 v(t)\mathrm{d}t = \int_0^8 (20 - 2.5t)\mathrm{d}t = \left[20t - \frac{5}{4}t^2\right]_0^8 = 80(\mathrm{m}) ,$$

即在刹车后, 火车需走过 $80\ \mathrm{m}$ 才能停住.

图 5-6

三、利用 Mathematica 计算定积分

在 Mathematica 中, 计算定积分和不定积分是同一个 Integrate[] 函数, 只不过在计算定积分时, 除了要给出积分变量外, 还需要指出积分的上下限, 即用 Mathematica 求定积分的格式如下:

Integrate[被积函数,{积分变量,积分下限, 积分上限}]

也可以利用数学助手或书写助手面板(图 5-6)上的工具栏按钮输入被积函数、积分变量、积分下限和上限来计算函数的定积分.

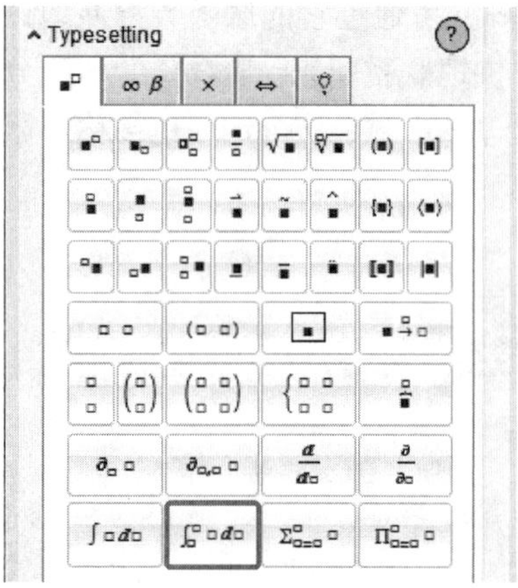

与不定积分类似, Integrate[] 在计算定积分

时有时也不能给出定积分的结果, 此时 Mathematica 可以用 NIntegrate[] 给出定积分的数值解, 其格式与 Integrate[] 格式一样, 即

NIntegrate[被积函数,{积分变量,积分下限,积分上限}]

例 5-11 计算 $\int_{-3}^{-1} \dfrac{1}{x} \mathrm{d}x$.

解 In[1]:=Integrate[1/x,{x,-3,-1}]
Out[1]=-Log[3]

例 5-12 计算 $\int_{0}^{\pi} \sin x \mathrm{d}x$.

解 In[1]:=Integrate[Sin[x],{x,0,Pi}]
Out[1]=2

例 5-13 计算 $\int_{0}^{3} \dfrac{x-3}{\sqrt{x+1}} \mathrm{d}x$.

解 In[1]:=Integrate[(x-3)/Sqrt[x+1],{x,0,3}]
Out[1]=$-\dfrac{10}{3}$

例 5-14 计算 $\int_{0}^{1} \cos(\sin x) \mathrm{d}x$.

解 In[1]:=Integrate[Cos[Sin[x]],{x,0,1}]
Out[1]=$\int_{0}^{1}$Cos[Sin[x]]dx
In[2]:=NIntegrate[Cos[Sin[x]],{x,0,1}]
Out[2]=0.86874

因为 $\int \cos(\sin x) \mathrm{d}x$ 无法用初等函数或特殊函数表示出来, 所以 Integrate[] 不能给出定积分的结果. 此时, 可以用 NIntegrate[] 给出定积分的数值解.

习 题 5-2

1. 求下列函数的导数.

(1) $f(x) = \int_{1}^{x} \sqrt[3]{1+t^2} \mathrm{d}t$;

(2) $f(x) = \int_{x}^{0} t^2 \mathrm{e}^{-t} \mathrm{d}t$;

(3) $f(x) = \int_{\sin x}^{\cos x} t \ln t \mathrm{d}t$;

(4) $f(x) = \int_{0}^{x} (t^3 - x^3) \sin t \mathrm{d}t$;

(5) $\begin{cases} x = \int_{0}^{t} \sin u \mathrm{d}u, \\ y = \int_{0}^{t} \cos u \mathrm{d}u; \end{cases}$

(6) $\int_{1}^{y} \mathrm{e}^t \mathrm{d}t + \int_{0}^{xy} \cos t \mathrm{d}t = 0$.

2. 设函数 $I(x) = \int_{0}^{x} t \mathrm{e}^{-t^2} \mathrm{d}t$, 求 $I(x)$ 的极值点.

3. 求下列极限.

(1) $\lim\limits_{x \to 0} \dfrac{\displaystyle\int_{\cos x}^{1} e^{-t^2} dt}{x^2}$;

(2) $\lim\limits_{x \to 0} \dfrac{\displaystyle\int_{0}^{2x} \ln(1+t) dt}{1-\cos x}$;

(3) $\lim\limits_{x \to 0} \dfrac{\displaystyle\int_{0}^{x} (1-\sin 2t)^{\frac{1}{t}} dt}{x}$;

(4) $\lim\limits_{x \to 0} \dfrac{\displaystyle\int_{0}^{x} f(t)(x-t) dt}{x^2}$ (其中 $f(x)$ 是 $(-\infty, +\infty)$ 内的连续函数).

4. 计算下列定积分.

(1) $\displaystyle\int_{0}^{1} \sqrt[3]{x}(1+\sqrt{x}) dx$;

(2) $\displaystyle\int_{2}^{3} \left(x + \dfrac{1}{x} \right)^2 dx$;

(3) $\displaystyle\int_{0}^{1} \dfrac{x}{\sqrt{1-x^2}} dx$;

(4) $\displaystyle\int_{0}^{1} \dfrac{1}{e^x + e^{-x}} dx$;

(5) $\displaystyle\int_{0}^{\frac{\pi}{4}} \tan^2 x \, dx$;

(6) $\displaystyle\int_{-\frac{1}{2}}^{\frac{1}{2}} \dfrac{1}{\sqrt{1-x^2}} dx$;

(7) $\displaystyle\int_{-\frac{\pi}{2}}^{\frac{\pi}{2}} \sqrt{1-\cos 2x} \, dx$;

(8) $\displaystyle\int_{0}^{2} \max\{x, x^2\} dx$;

(9) $\displaystyle\int_{0}^{\frac{\pi}{2}} |\sin x - \cos x| \, dx$;

(10) $\displaystyle\int_{0}^{2} f(x) dx$, 其中 $f(x) = \begin{cases} x-2, & x \leq 1, \\ \dfrac{1}{2}x^2, & x > 1. \end{cases}$

5. 设

$$f(x) = \begin{cases} x^2, & 0 \leq x < 1, \\ x, & 1 \leq x \leq 2, \end{cases}$$

求 $\varPhi(x) = \displaystyle\int_{0}^{x} f(t) dt$ 在 $[0, 2]$ 上的表达式, 并讨论 $\varPhi(x)$ 在 $(0,2)$ 内的连续性.

6. 设

$$f(x) = \begin{cases} \dfrac{1}{2} \sin x, & 0 \leq x \leq \pi, \\ 0, & x < 0 \text{ 或 } x > \pi, \end{cases}$$

求 $\varPhi(x) = \displaystyle\int_{0}^{x} f(t) dt$ 在 $(-\infty, +\infty)$ 内的表达式.

7. 设 $f(x)$ 在 $[a,b]$ 上连续, 在 (a,b) 内可导, 且 $f'(x) \leq 0$, $F(x) = \dfrac{1}{x-a} \displaystyle\int_{a}^{x} f(t) dt$, 证明: 在 (a,b) 内, $F'(x) \leq 0$.

8. 设 $f(x)$ 在 $[0,1]$ 上连续, 且 $f(x) < 1$, 证明: $2x - \displaystyle\int_{0}^{x} f(t) dt = 1$ 在 $[0,1]$ 上有且只有一个解.

9. 设 $f(x)$ 是连续函数, 且 $f(x) = x + 2\displaystyle\int_{0}^{1} f(t) dt$, 求 $f(x)$.

第三节 定积分的换元积分法与分部积分法

运用微积分基本公式来计算定积分，需要先求出被积函数的原函数. 用换元积分法和分部积分法可以求出一些函数的原函数，因此可以用换元积分法和分部积分法来计算定积分.

一、定积分的换元积分法

定理 5-6 如果函数 $f(x)$ 在闭区间 $[a,b]$ 上连续，函数 $x=\varphi(t)$ 在 $[\alpha,\beta]$（或 $[\beta,\alpha]$）上具有连续导数，且其值域为 $[a,b]$，$\varphi(\alpha)=a$，$\varphi(\beta)=b$，那么

$$\int_a^b f(x)\mathrm{d}x = \int_\alpha^\beta f[\varphi(t)]\varphi'(t)\mathrm{d}t . \tag{5-7}$$

式(5-7)称为定积分的换元积分公式.

证 式(5-7)中的被积函数在其积分区间上均连续，故其两端的定积分都存在，且两端的被积函数的原函数均存在.

设 $F(x)$ 是 $f(x)$ 在 $[a,b]$ 上的一个原函数，根据牛顿-莱布尼茨公式有

$$\int_a^b f(x)\mathrm{d}x = F(b) - F(a) .$$

另外，令 $\Phi(t)=F[\varphi(t)]$，则函数 $\Phi(t)$ 的导数为 $\Phi'(t)=f[\varphi(t)]\varphi'(t)$，这表明函数 $\Phi(t)$ 是 $f[\varphi(t)]\varphi'(t)$ 在 $[\alpha,\beta]$（或 $[\beta,\alpha]$）上的一个原函数，故

$$\int_\alpha^\beta f[\varphi(t)]\varphi'(t)\mathrm{d}t = \Phi(\beta) - \Phi(\alpha)$$
$$= F[\varphi(\beta)] - F[\varphi(\alpha)] = F(b) - F(a) .$$

从而

$$\int_a^b f(x)\mathrm{d}x = \int_\alpha^\beta f[\varphi(t)]\varphi'(t)\mathrm{d}t .$$

注 用 $x=\varphi(t)$ 将原积分变量 x 代换成新积分变量 t 后，原积分限相应地换成 t 的积分限. 求出 $f[\varphi(t)]\varphi'(t)$ 的原函数 $\Phi(t)$ 后，不必像不定积分那样，将 $\Phi(t)$ 变换成 x 的函数，只需将 t 的上下限代入 $\Phi(t)$ 中，然后相减即可.

例 5-15 计算 $\int_0^a \sqrt{a^2-x^2}\mathrm{d}x$ $(a>0)$.

解 令 $x=a\sin t$，则 $\mathrm{d}x=a\cos t\mathrm{d}t$. 当 $x=0$ 时，$t=0$，当 $x=a$ 时，$t=\dfrac{\pi}{2}$，故

$$\int_0^a \sqrt{a^2-x^2}\mathrm{d}x = \int_0^{\frac{\pi}{2}} a\cos t \cdot a\cos t\mathrm{d}t$$
$$= a^2 \int_0^{\frac{\pi}{2}} \cos^2 t\mathrm{d}t = \frac{a^2}{2} \int_0^{\frac{\pi}{2}} (1+\cos 2t)\mathrm{d}t$$

$$= \frac{a^2}{2}\left[t + \frac{1}{2}\sin 2t\right]_0^{\frac{\pi}{2}} = \frac{1}{4}\pi a^2.$$

换元公式也可以反过来用, 即

$$\int_\alpha^\beta f[\varphi(x)]\varphi'(x)\mathrm{d}x \xrightarrow{\ \text{令}\,t=\varphi(x)\ } \int_{\varphi(\alpha)}^{\varphi(\beta)} f(t)\mathrm{d}t = \int_a^b f(t)\mathrm{d}t \tag{5-8}$$

例 5-16　求 $\displaystyle\int_0^{\frac{\pi}{2}} \sin^3 x \cos x \mathrm{d}x$.

解　设 $t = \sin x$, $\mathrm{d}t = \cos x \mathrm{d}x$. 当 $x = 0$ 时, $t = 0$, 当 $x = \dfrac{\pi}{2}$ 时, $t = 1$, 故

$$\int_0^{\frac{\pi}{2}} \sin^3 x \cos x \mathrm{d}x = \int_0^1 t^3 \mathrm{d}t = \left[\frac{1}{4}t^4\right]_0^1 = \frac{1}{4}.$$

这里也可不用写出新变量, 自然也就不必改变定积分的上下限, 如

$$\int_0^{\frac{\pi}{2}} \sin^3 x \cos x \mathrm{d}x = \int_0^{\frac{\pi}{2}} \sin^3 x \mathrm{d}(\sin x) = \left[\frac{1}{4}\sin^4 x\right]_0^{\frac{\pi}{2}} = \frac{1}{4}.$$

例 5-17　计算 $\displaystyle\int_0^3 \frac{x-3}{\sqrt{x+1}}\mathrm{d}x$.

解　令 $\sqrt{x+1} = t$, 则 $x = t^2 - 1$, $\mathrm{d}x = 2t\mathrm{d}t$. 当 $x = 0$ 时, $t = 1$, 当 $x = 3$ 时, $t = 2$, 故

$$\int_0^3 \frac{x-3}{\sqrt{x+1}}\mathrm{d}x = \int_1^2 \frac{t^2-1-3}{t}\cdot 2t\mathrm{d}t = 2\int_1^2 (t^2-4)\mathrm{d}t$$

$$= 2\left[\frac{1}{3}t^3 - 4t\right]_1^2 = -\frac{10}{3}.$$

扫码演示

例 5-18　证明:

(1) 若 $f(x)$ 在 $[-a,a]$ 上连续且为偶函数, 则 $\displaystyle\int_{-a}^a f(x)\mathrm{d}x = 2\int_0^a f(x)\mathrm{d}x$;

(2) 若 $f(x)$ 在 $[-a,a]$ 上连续且为奇函数, 则 $\displaystyle\int_{-a}^a f(x)\mathrm{d}x = 0$.

证　由定积分对于积分区间的可加性, 有

$$\int_{-a}^a f(x)\mathrm{d}x = \int_{-a}^0 f(x)\mathrm{d}x + \int_0^a f(x)\mathrm{d}x,$$

对 $\displaystyle\int_{-a}^0 f(x)\mathrm{d}x$ 作代换 $x = -t$, 得

$$\int_{-a}^0 f(x)\mathrm{d}x = -\int_a^0 f(-t)\mathrm{d}t = \int_0^a f(-t)\mathrm{d}t = \int_0^a f(-x)\mathrm{d}x.$$

故有

$$\int_{-a}^a f(x)\mathrm{d}x = \int_0^a [f(-x) + f(x)]\mathrm{d}x,$$

若 $f(x)$ 为偶函数, 则 $f(-x) + f(x) = 2f(x)$, 有 $\displaystyle\int_{-a}^a f(x)\mathrm{d}x = 2\int_0^a f(x)\mathrm{d}x$; 若 $f(x)$ 为奇函数, 则 $f(-x) + f(x) = 0$, 从而 $\displaystyle\int_{-a}^a f(x)\mathrm{d}x = 0$.

利用例 5-18 的结论, 常可简化计算偶函数、奇函数在对称于原点的区间上的定积分. 例如, 在计算定积分 $\displaystyle\int_{-\pi}^\pi \frac{x\cos x}{1+x^2}\mathrm{d}x$ 时, 因为被积函数 $f(x) = \dfrac{x\cos x}{1+x^2}$ 在积分区间 $[-\pi,\pi]$

上是奇函数, 所以 $\int_{-\pi}^{\pi}\dfrac{x\cos x}{1+x^2}\mathrm{d}x = 0$.

例 5-19 设 $f(x)$ 是连续的周期函数, 周期为 T , 证明:

$$\int_a^{a+T} f(x)\mathrm{d}x = \int_0^T f(x)\mathrm{d}x .$$

证 由定积分对于积分区间的可加性, 有

$$\int_a^{a+T} f(x)\mathrm{d}x = \int_a^0 f(x)\mathrm{d}x + \int_0^T f(x)\mathrm{d}x + \int_T^{a+T} f(x)\mathrm{d}x ,$$

对 $\int_T^{a+T} f(x)\mathrm{d}x$ 作代换 $x = t + T$, 得

$$\int_T^{a+T} f(x)\mathrm{d}x = \int_0^a f(t+T)\mathrm{d}t = \int_0^a f(t)\mathrm{d}t = \int_0^a f(x)\mathrm{d}x ,$$

故有

$$\int_a^{a+T} f(x)\mathrm{d}x = \int_a^0 f(x)\mathrm{d}x + \int_0^T f(x)\mathrm{d}x + \int_0^a f(x)\mathrm{d}x$$
$$= \int_0^T f(x)\mathrm{d}x .$$

例 5-19 说明, 以 T 为周期的周期函数在任意一个长度为 T 的区间的定积分都相等.
例如, $\int_0^{2\pi}\sin mx\cos nx\mathrm{d}x = \int_{-\pi}^{\pi}\sin mx\cos nx\mathrm{d}x = 0 \quad (m \neq n)$.

例 5-20 若 $f(x)$ 在 $[0,1]$ 上连续, 证明:

(1) $\int_0^{\frac{\pi}{2}} f(\sin x)\mathrm{d}x = \int_0^{\frac{\pi}{2}} f(\cos x)\mathrm{d}x$, 并由此计算 $\int_0^{\frac{\pi}{2}}\dfrac{\sin x}{\sin x + \cos x}\mathrm{d}x$.

(2) $\int_0^{\pi} xf(\sin x)\mathrm{d}x = \dfrac{\pi}{2}\int_0^{\pi} f(\sin x)\mathrm{d}x$, 并由此计算 $\int_0^{\pi}\dfrac{x\sin x}{1+\cos^2 x}\mathrm{d}x$.

扫码演示

证 (1)令 $x = \dfrac{\pi}{2} - t$, 则

$$\int_0^{\frac{\pi}{2}} f(\sin x)\mathrm{d}x = -\int_{\frac{\pi}{2}}^0 f\left[\sin\left(\dfrac{\pi}{2} - t\right)\right]\mathrm{d}t$$
$$= \int_0^{\frac{\pi}{2}} f(\cos t)\mathrm{d}t = \int_0^{\frac{\pi}{2}} f(\cos x)\mathrm{d}x .$$

$$I = \int_0^{\frac{\pi}{2}}\dfrac{\sin x}{\sin x + \cos x}\mathrm{d}x = \int_0^{\frac{\pi}{2}}\dfrac{\cos x}{\sin x + \cos x}\mathrm{d}x ,$$

$$2I = \int_0^{\frac{\pi}{2}}\dfrac{\sin x}{\sin x + \cos x}\mathrm{d}x + \int_0^{\frac{\pi}{2}}\dfrac{\cos x}{\sin x + \cos x}\mathrm{d}x$$
$$= \int_0^{\frac{\pi}{2}}\mathrm{d}x = \dfrac{\pi}{2},$$

所以, $I = \dfrac{\pi}{4}$.

(2) 令 $x = \pi - t$, 则

$$\int_0^{\pi} xf(\sin x)\mathrm{d}x = -\int_{\pi}^0 (\pi - t) f[\sin(\pi - t)]\mathrm{d}t$$
$$= \int_0^{\pi} (\pi - t) f(\sin t)\mathrm{d}t = \pi\int_0^{\pi} f(\sin x)\mathrm{d}x - \int_0^{\pi} xf(\sin x)\mathrm{d}x ,$$

所以

$$\int_0^\pi xf(\sin x)\mathrm{d}x = \frac{\pi}{2}\int_0^\pi f(\sin x)\mathrm{d}x .$$

$$\int_0^\pi \frac{x\sin x}{1+\cos^2 x}\mathrm{d}x = \frac{\pi}{2}\int_0^\pi \frac{\sin x}{1+\cos^2 x}\mathrm{d}x$$

$$= -\frac{\pi}{2}\int_0^\pi \frac{1}{1+\cos^2 x}\mathrm{d}(\cos x) = -\frac{\pi}{2}[\arctan(\cos x)]_0^\pi$$

$$= \frac{\pi^2}{4} .$$

例 5-21　设函数 $f(x)=\begin{cases}\dfrac{1}{1+x}, & x\geqslant 0,\\[2mm]\dfrac{1}{1+\mathrm{e}^x}, & x<0\end{cases}$　计算 $\displaystyle\int_0^2 f(x-1)\mathrm{d}x$.

解　设 $x-1=t$, 则

$$\int_0^2 f(x-1)\mathrm{d}x = \int_{-1}^1 f(t)\mathrm{d}t = \int_{-1}^0 \frac{1}{1+\mathrm{e}^t}\mathrm{d}t + \int_0^1 \frac{1}{1+t}\mathrm{d}t$$

$$= [t-\ln(1+\mathrm{e}^t)]_{-1}^0 + [\ln(1+t)]_0^1 = \ln(1+\mathrm{e}) .$$

二、定积分的分部积分法

定理 5-7　如果函数 $u(x)$, $v(x)$ 在闭区间 $[a,b]$ 上具有连续导数, 则有

$$\int_a^b uv'\mathrm{d}x = [uv]_a^b - \int_a^b u'v\mathrm{d}x . \tag{5-9}$$

证　因为 $u(x)$, $v(x)$ 在 $[a,b]$ 上可导, 则有

$$(uv)' = u'v + uv' ,$$

又因为 $u'(x)$, $v'(x)$ 在 $[a,b]$ 上连续, 于是上式两端的定积分都存在, 即

$$\int_a^b (uv)'\mathrm{d}x = \int_a^b u'v\mathrm{d}x + \int_a^b uv'\mathrm{d}x ,$$

而

$$\int_a^b (uv)'\mathrm{d}x = [uv]_a^b ,$$

故

$$\int_a^b uv'\mathrm{d}x = [uv]_a^b - \int_a^b u'v\mathrm{d}x .$$

式(5-9)就是定积分的分部积分公式, 也可写成如下形式:

$$\int_a^b u\mathrm{d}v = [uv]_a^b - \int_a^b v\mathrm{d}u .$$

应用定积分的分部积分公式, 关键是适当地选择 u 与 $\mathrm{d}v$, 选择方法与求不定积分的情形类似.

例 5-22　计算 $\displaystyle\int_0^1 x\arctan x\mathrm{d}x$.

解　$\displaystyle\int_0^1 x\arctan x\mathrm{d}x = \frac{1}{2}\int_0^1 \arctan x\mathrm{d}(x^2+1)$

$$= \left[\frac{1}{2}(x^2+1)\arctan x\right]_0^1 - \frac{1}{2}\int_0^1 \frac{1+x^2}{1+x^2}\mathrm{d}x$$

$$= \frac{\pi}{4} - \frac{1}{2}.$$

例 5-23　计算 $\displaystyle\int_0^1 x\mathrm{e}^{2x}\mathrm{d}x$．

解　$\displaystyle\int_0^1 x\mathrm{e}^{2x}\mathrm{d}x = \frac{1}{2}\int_0^1 x\mathrm{d}(\mathrm{e}^{2x}) = \left[\frac{1}{2}x\mathrm{e}^{2x}\right]_0^1 - \frac{1}{2}\int_0^1 \mathrm{e}^{2x}\mathrm{d}x$

$$= \frac{1}{2}\mathrm{e}^2 - \frac{1}{4}[\mathrm{e}^{2x}]_0^1 = \frac{1}{4}(1+\mathrm{e}^2).$$

例 5-24　求 $\displaystyle\int_{\frac{1}{e}}^{\mathrm{e}^2} x|\ln x|\mathrm{d}x$．

解　因为在 $\left[\dfrac{1}{\mathrm{e}},1\right]$ 上 $\ln x \leqslant 0$，在 $[1,\mathrm{e}^2]$ 上 $\ln x \geqslant 0$，所以

$$\int_{\frac{1}{e}}^{\mathrm{e}^2} x|\ln x|\mathrm{d}x = \int_{\frac{1}{e}}^{1}(-x\ln x)\mathrm{d}x + \int_1^{\mathrm{e}^2} x\ln x\mathrm{d}x$$

$$= -\int_{\frac{1}{e}}^{1}\ln x\mathrm{d}\left(\frac{x^2}{2}\right) + \int_1^{\mathrm{e}^2}\ln x\mathrm{d}\left(\frac{x^2}{2}\right)$$

$$= -\left[\frac{x^2}{2}\ln x\right]_{\frac{1}{e}}^{1} + \int_{\frac{1}{e}}^{1}\frac{x}{2}\mathrm{d}x + \left[\frac{x^2}{2}\ln x\right]_1^{\mathrm{e}^2} - \int_1^{\mathrm{e}^2}\frac{x}{2}\mathrm{d}x$$

$$= \left[-\frac{x^2}{2}\ln x + \frac{x^2}{4}\right]_{\frac{1}{e}}^{1} + \left[\frac{x^2}{2}\ln x - \frac{x^2}{4}\right]_1^{\mathrm{e}^2}$$

$$= \frac{1}{2} - \frac{3}{4}\mathrm{e}^{-2} + \frac{3}{4}\mathrm{e}^4.$$

例 5-25　设 $I_n = \displaystyle\int_0^{\frac{\pi}{2}} \sin^n x\mathrm{d}x \left(= \int_0^{\frac{\pi}{2}} \cos^n x\mathrm{d}x\right)$，证明：

(1) 当 n 为正偶数时，$I_n = \dfrac{n-1}{n}\cdot\dfrac{n-3}{n-2}\cdots\dfrac{3}{4}\cdot\dfrac{1}{2}\cdot\dfrac{\pi}{2}$；

(2) 当 n 为大于 1 的正奇数时，$I_n = \dfrac{n-1}{n}\cdot\dfrac{n-3}{n-2}\cdots\dfrac{4}{5}\cdot\dfrac{2}{3}$．

证　$I_n = \displaystyle\int_0^{\frac{\pi}{2}} \sin^n x\mathrm{d}x = -\int_0^{\frac{\pi}{2}} \sin^{n-1} x\mathrm{d}(\cos x)$

$$= -[\cos x\sin^{n-1} x]_0^{\frac{\pi}{2}} + \int_0^{\frac{\pi}{2}} \cos x\mathrm{d}(\sin^{n-1} x)$$

$$= (n-1)\int_0^{\frac{\pi}{2}} \cos^2 x\sin^{n-2} x\mathrm{d}x = (n-1)\int_0^{\frac{\pi}{2}}(\sin^{n-2} x - \sin^n x)\mathrm{d}x$$

$$= (n-1)\int_0^{\frac{\pi}{2}} \sin^{n-2} x dx - (n-1)\int_0^{\frac{\pi}{2}} \sin^n x dx$$

$$= (n-1)I_{n-2} - (n-1)I_n,$$

由此得

$$I_n = \frac{n-1}{n} I_{n-2},$$

$$I_{2m} = \frac{2m-1}{2m} \cdot \frac{2m-3}{2m-2} \cdot \frac{2m-5}{2m-4} \cdots \frac{3}{4} \cdot \frac{1}{2} I_0,$$

$$I_{2m+1} = \frac{2m}{2m+1} \cdot \frac{2m-2}{2m-1} \cdot \frac{2m-4}{2m-3} \cdots \frac{4}{5} \cdot \frac{2}{3} I_1 \quad (m=1,2,\cdots),$$

而 $I_0 = \int_0^{\frac{\pi}{2}} dx = \frac{\pi}{2}$, $I_1 = \int_0^{\frac{\pi}{2}} \sin x dx = 1$, 因此

$$I_{2m} = \frac{2m-1}{2m} \cdot \frac{2m-3}{2m-2} \cdot \frac{2m-5}{2m-4} \cdots \frac{3}{4} \cdot \frac{1}{2} \cdot \frac{\pi}{2},$$

$$I_{2m+1} = \frac{2m}{2m+1} \cdot \frac{2m-2}{2m-1} \cdot \frac{2m-4}{2m-3} \cdots \frac{4}{5} \cdot \frac{2}{3} \quad (m=1,2,\cdots).$$

例如, $I_6 = \int_0^{\frac{\pi}{2}} \sin^6 x dx = \int_0^{\frac{\pi}{2}} \cos^6 x dx = \frac{5}{6} \cdot \frac{3}{4} \cdot \frac{1}{2} \cdot I_0 = \frac{5}{6} \cdot \frac{3}{4} \cdot \frac{1}{2} \cdot \frac{\pi}{2} = \frac{5\pi}{32}$.

习　题　5-3

1. 计算下列定积分.

(1) $\int_1^{\sqrt{3}} \frac{1}{x^2\sqrt{1+x^2}} dx$;

(2) $\int_0^3 \frac{x}{\sqrt{1+x}} dx$;

(3) $\int_1^{e^2} \frac{1}{x\sqrt{1+\ln x}} dx$;

(4) $\int_0^{\pi} \sqrt{\sin^3 x - \sin^5 x} dx$;

(5) $\int_{-2}^0 \frac{1}{x^2+2x+2} dx$;

(6) $\int_0^{\frac{\pi}{2}} \frac{1}{2+\sin x} dx$.

2. 利用函数的奇偶性计算下列定积分.

(1) $\int_{-\pi}^{\pi} \sin^3 x \cos x dx$;

(2) $\int_{-\frac{\sqrt{3}}{2}}^{\frac{\sqrt{3}}{2}} \frac{(\arcsin x)^2}{\sqrt{1-x^2}} dx$;

(3) $\int_{-4}^4 \frac{x^2 \sin^3 x}{2x^4+3x^2+1} dx$;

(4) $\int_{-1}^1 \frac{2x^2+x\cos x}{1+\sqrt{1-x^2}} dx$.

3. 证明: $\int_x^1 \frac{dt}{1+t^2} = \int_1^{\frac{1}{x}} \frac{dt}{1+t^2}$ $(x>0)$.

4. 设 $f(x)$ 在 $[a,b]$ 上连续, 证明: $\int_a^b f(x)dx = \int_a^b f(a+b-x)dx$.

5. 证明: $\int_0^1 x^m(1-x)^n dx = \int_0^1 x^n(1-x)^m dx$ $(m,n\in\mathbf{N})$.

6. 证明: $\int_0^\pi \sin^n x \mathrm{d}x = 2\int_0^{\frac{\pi}{2}} \sin^n x \mathrm{d}x$，其中 n 是非负整数.

7. 设 $f(x)$ 在 $[-l, l]$ 上连续，且 $\Phi(x) = \int_0^x f(t)\mathrm{d}t$ $(-l \leqslant x \leqslant l)$，证明:

(1) 若 $f(x)$ 为偶函数，则 $\Phi(x)$ 是 $[-l, l]$ 上的奇函数;

(2) 若 $f(x)$ 为奇函数，则 $\Phi(x)$ 是 $[-l, l]$ 上的偶函数.

8. 计算下列定积分.

(1) $\int_0^1 x\mathrm{e}^{-x}\mathrm{d}x$;　　　　　　　　　　(2) $\int_{\frac{\pi}{4}}^{\frac{\pi}{3}} \dfrac{x}{\cos^2 x}\mathrm{d}x$;

(3) $\int_0^{2\pi} \mathrm{e}^{2x}\cos x\mathrm{d}x$;　　　　　　　　(4) $\int_0^{\frac{\pi^2}{4}} \cos\sqrt{x}\mathrm{d}x$.

9. 设 $f''(x)$ 在 $[0,1]$ 上连续，且 $f(0) = 1$，$f(2) = 3$，$f'(2) = 5$，求 $\int_0^1 xf''(2x)\mathrm{d}x$.

10. 设连续函数 $f(x)$ 满足方程 $\int_0^x f(x-t)\mathrm{d}t = \mathrm{e}^{-2x} - 1$，求 $\int_0^1 f(x)\mathrm{d}x$.

11. 设
$$f(x) = \begin{cases} x\mathrm{e}^{-x^2}, & x \geqslant 0, \\ \dfrac{1}{1+\cos x}, & x < 0, \end{cases}$$

计算 $\int_1^4 f(x-2)\mathrm{d}x$.

第四节　反常积分

前面所讨论的定积分，其积分区间是有限区间且被积函数在积分区间上有界. 在理论研究和实际应用中，还会遇到积分区间是无穷区间，或者被积函数在积分区间上无界的情形. 它们已不属于前面所讲的定积分，因此有必要对定积分进行推广.

一、无穷限的反常积分

引例: 设 $f(x) = \mathrm{e}^{-x}$，则 $f(x)$ 在区间 $[0, +\infty)$ 上连续，对任意 $t > 0$，如图 5-7 所示，阴影部分的面积为
$$S(t) = \int_0^t \mathrm{e}^{-x}\mathrm{d}x = 1 - \mathrm{e}^{-t},$$
而
$$\lim_{t\to+\infty} S(t) = \lim_{t\to+\infty} \int_0^t \mathrm{e}^{-x}\mathrm{d}x = \lim_{t\to+\infty}(1 - \mathrm{e}^{-t}) = 1,$$
即可由此表示由 $f(x) = \mathrm{e}^{-x}$，x 轴，y 轴所围成的图形面积.

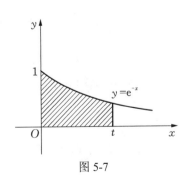

图 5-7

定义 5-2 设函数 $f(x)$ 在区间 $[a, +\infty)$ 上连续, 取 $t > a$, 称极限 $\lim\limits_{t \to +\infty} \int_a^t f(x)\mathrm{d}x$ 为函数 $f(x)$ 在无穷区间 $[a, +\infty)$ 上的反常积分, 记作 $\int_a^{+\infty} f(x)\mathrm{d}x$, 即

$$\int_a^{+\infty} f(x)\mathrm{d}x = \lim_{t \to +\infty} \int_a^t f(x)\mathrm{d}x. \tag{5-10}$$

如果极限 $\lim\limits_{t \to +\infty} \int_a^t f(x)\mathrm{d}x$ 存在, 则称反常积分 $\int_a^{+\infty} f(x)\mathrm{d}x$ 收敛; 如果上述极限不存在, 则称反常积分 $\int_a^{+\infty} f(x)\mathrm{d}x$ 发散, 这时, $\int_a^{+\infty} f(x)\mathrm{d}x$ 只是一个记号, 不再表示任何数值了.

类似地, 设函数 $f(x)$ 在区间 $(-\infty, b]$ 上连续, 取 $t < b$, 称极限 $\lim\limits_{t \to -\infty} \int_t^b f(x)\mathrm{d}x$ 为函数 $f(x)$ 在无穷区间 $(-\infty, b]$ 上的反常积分, 记作 $\int_{-\infty}^b f(x)\mathrm{d}x$, 即

$$\int_{-\infty}^b f(x)\mathrm{d}x = \lim_{t \to -\infty} \int_t^b f(x)\mathrm{d}x. \tag{5-11}$$

如果极限 $\lim\limits_{t \to -\infty} \int_t^b f(x)\mathrm{d}x$ 存在, 则称反常积分 $\int_{-\infty}^b f(x)\mathrm{d}x$ 收敛; 如果上述极限不存在, 则称反常积分 $\int_{-\infty}^b f(x)\mathrm{d}x$ 发散.

设函数 $f(x)$ 在区间 $(-\infty, +\infty)$ 上连续, 对于 $(-\infty, +\infty)$ 上的反常积分 $\int_{-\infty}^{+\infty} f(x)\mathrm{d}x$, 规定

$$\int_{-\infty}^{+\infty} f(x)\mathrm{d}x = \int_{-\infty}^a f(x)\mathrm{d}x + \int_a^{+\infty} f(x)\mathrm{d}x, \tag{5-12}$$

其中 a 是任意确定的常数. 如果反常积分 $\int_{-\infty}^a f(x)\mathrm{d}x$ 与 $\int_a^{+\infty} f(x)\mathrm{d}x$ 都收敛, 则称 $\int_{-\infty}^{+\infty} f(x)\mathrm{d}x$ 收敛; 否则, 称 $\int_{-\infty}^{+\infty} f(x)\mathrm{d}x$ 发散.

上述三种情形的积分均称为无穷限的反常积分, 简称无穷积分.

引例中由 $f(x) = \mathrm{e}^{-x}$, x 轴, y 轴所围成的图形面积可表示为反常积分 $\int_0^{+\infty} \mathrm{e}^{-x}\mathrm{d}x$.

若 $F(x)$ 是 $f(x)$ 在积分区间上的一个原函数, 则可用推广的牛顿-莱布尼茨公式计算无穷限的反常积分, 即

$$\int_a^{+\infty} f(x)\mathrm{d}x = [F(x)]_a^{+\infty} = F(+\infty) - F(a),$$

$$\int_{-\infty}^b f(x)\mathrm{d}x = [F(x)]_{-\infty}^b = F(b) - F(-\infty),$$

$$\int_{-\infty}^{+\infty} f(x)\mathrm{d}x = [F(x)]_{-\infty}^{+\infty} = F(+\infty) - F(-\infty),$$

其中, $F(+\infty) = \lim\limits_{x \to +\infty} F(x)$, $F(-\infty) = \lim\limits_{x \to -\infty} F(x)$, 且 $F(+\infty), F(-\infty)$ 都存在. 若 $F(+\infty)$ 不存在, 则 $\int_a^{+\infty} f(x)\mathrm{d}x$ 发散; 若 $F(-\infty)$ 不存在, 则 $\int_{-\infty}^b f(x)\mathrm{d}x$ 发散; 若 $F(+\infty)$ 和 $F(-\infty)$ 中至少有一个不存在, 则 $\int_{-\infty}^{+\infty} f(x)\mathrm{d}x$ 发散.

例 5-26 计算反常积分 $\int_{-\infty}^{+\infty} \dfrac{1}{1+x^2}\mathrm{d}x$.

解　$\int_{-\infty}^{+\infty}\dfrac{1}{1+x^2}\mathrm{d}x=[\arctan x]_{-\infty}^{+\infty}$

$\qquad\qquad=\lim\limits_{x\to+\infty}\arctan x-\lim\limits_{x\to-\infty}\arctan x$

$\qquad\qquad=\dfrac{\pi}{2}-\left(-\dfrac{\pi}{2}\right)=\pi\ .$

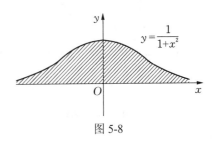

图 5-8

如图 5-8 所示, 这个反常积分在几何上表示位于曲线 $y=\dfrac{1}{1+x^2}$ 的下方、x 轴上方的图形的面积. 虽然图中的阴影部分向左、右无限延伸, 但其面积却是有限值 π.

例 5-27　计算反常积分 $\int_0^{+\infty}x\mathrm{e}^{-ax}\mathrm{d}x$ （a 是常数, 且 $a>0$）.

解　$\int_0^{+\infty}x\mathrm{e}^{-ax}\mathrm{d}x=-\dfrac{1}{a}\int_0^{+\infty}x\mathrm{d}(\mathrm{e}^{-ax})$

$\qquad\qquad=\left[-\dfrac{1}{a}x\mathrm{e}^{-ax}\right]_0^{+\infty}+\dfrac{1}{a}\int_0^{+\infty}\mathrm{e}^{-ax}\mathrm{d}x=\left[-\dfrac{1}{a}x\mathrm{e}^{-ax}-\dfrac{1}{a^2}\mathrm{e}^{-ax}\right]_0^{+\infty}$

$\qquad\qquad=\lim\limits_{x\to+\infty}\left(-\dfrac{1}{a}x\mathrm{e}^{-ax}-\dfrac{1}{a^2}\mathrm{e}^{-ax}\right)+\dfrac{1}{a^2}=\dfrac{1}{a^2}\ ,$

其中, $\lim\limits_{x\to+\infty}x\mathrm{e}^{-ax}=\lim\limits_{x\to+\infty}\dfrac{x}{\mathrm{e}^{ax}}=\lim\limits_{x\to+\infty}\dfrac{1}{a\mathrm{e}^{ax}}=0$.

例 5-28　讨论反常积分 $\int_a^{+\infty}\dfrac{1}{x^p}\mathrm{d}x$ （$a>0$）的敛散性.

解　当 $p=1$ 时, $\int_a^{+\infty}\dfrac{1}{x^p}\mathrm{d}x=\int_a^{+\infty}\dfrac{1}{x}\mathrm{d}x=[\ln x]_a^{+\infty}=+\infty$;

当 $p<1$ 时, $\int_a^{+\infty}\dfrac{1}{x^p}\mathrm{d}x=\left[\dfrac{1}{1-p}x^{1-p}\right]_a^{+\infty}=+\infty$;

当 $p>1$ 时, $\int_a^{+\infty}\dfrac{1}{x^p}\mathrm{d}x=\left[\dfrac{1}{1-p}x^{1-p}\right]_a^{+\infty}=\dfrac{a^{1-p}}{p-1}$.

因此, 当 $p>1$ 时, 此反常积分收敛, 其值为 $\dfrac{a^{1-p}}{p-1}$; 当 $p\leqslant1$ 时, 此反常积分发散.

在 Mathematica 中, 求不定积分和定积分的 Integrate[] 也可求反常积分.

例 5-29　计算反常积分 $\int_1^{+\infty}\dfrac{\mathrm{d}x}{x^4}$.

解　In[1]:= Integrate[1/x^4,{x,1,Infinity}]

$\qquad$Out[1]=$\dfrac{1}{3}$

扫码演示

二、无界函数的反常积分

类似于无穷限的反常积分, 也可以把定积分推广到被积函数为无界函数的情形, 由此来定义有限区间 $[a,b]$ 上无界函数的反常积分.

定义 5-3　设 $x_0 \in [a,b]$，若对 x_0 的任意充分小的去心邻域 $\overset{\circ}{U}(x_0)$，函数 $f(x)$ 在 $\overset{\circ}{U}(x_0)$ 内有定义且无界，则称 x_0 是 $f(x)$ 的瑕点(或无界间断点).

定义 5-4　设函数 $f(x)$ 在区间 $(a,b]$ 上连续，点 a 为 $f(x)$ 的瑕点. 取 $t > a$，称极限 $\lim\limits_{t \to a^+} \int_t^b f(x)\mathrm{d}x$ 为函数 $f(x)$ 在 $(a,b]$ 上的反常积分，记作 $\int_a^b f(x)\mathrm{d}x$，即

$$\int_a^b f(x)\mathrm{d}x = \lim_{t \to a^+} \int_t^b f(x)\mathrm{d}x . \tag{5-13}$$

如果极限 $\lim\limits_{t \to a^+} \int_t^b f(x)\mathrm{d}x$ 存在，则称反常积分 $\int_a^b f(x)\mathrm{d}x$ 收敛. 如果上述极限不存在，则称反常积分 $\int_a^b f(x)\mathrm{d}x$ 发散.

类似地，设函数 $f(x)$ 在区间 $[a,b)$ 上连续，点 b 为 $f(x)$ 的瑕点. 取 $t < b$，称极限 $\lim\limits_{t \to b^-} \int_a^t f(x)\mathrm{d}x$ 为函数 $f(x)$ 在 $[a,b)$ 上的反常积分，记作 $\int_a^b f(x)\mathrm{d}x$，即

$$\int_a^b f(x)\mathrm{d}x = \lim_{t \to b^-} \int_a^t f(x)\mathrm{d}x . \tag{5-14}$$

如果极限 $\lim\limits_{t \to b^-} \int_a^t f(x)\mathrm{d}x$ 存在，则称反常积分 $\int_a^b f(x)\mathrm{d}x$ 收敛. 如果上述极限不存在，则称反常积分 $\int_a^b f(x)\mathrm{d}x$ 发散.

设函数 $f(x)$ 在区间 $[a,b]$ 上除点 $c\,(a < c < b)$ 外连续，点 c 为 $f(x)$ 的瑕点. 对于 $[a,b]$ 上的反常积分 $\int_a^b f(x)\mathrm{d}x$，规定

$$\int_a^b f(x)\mathrm{d}x = \int_a^c f(x)\mathrm{d}x + \int_c^b f(x)\mathrm{d}x . \tag{5-15}$$

如果反常积分 $\int_a^c f(x)\mathrm{d}x$ 与 $\int_c^b f(x)\mathrm{d}x$ 都收敛，则称 $\int_a^b f(x)\mathrm{d}x$ 收敛; 否则，称 $\int_a^b f(x)\mathrm{d}x$ 发散.

上述三种情形的积分均称为无界函数的反常积分，或称为瑕积分.

若 $F(x)$ 是 $f(x)$ 在积分区间上的一个原函数，也可用推广的牛顿-莱布尼茨公式计算无界函数的反常积分.

若 $x = a$ 为 $f(x)$ 的瑕点，且极限 $\lim\limits_{x \to a^+} F(x)$ 存在，则反常积分

$$\int_a^b f(x)\mathrm{d}x = [F(x)]_{a^+}^b = F(b) - F(a^+) ;$$

如果极限 $\lim\limits_{x \to a^+} F(x)$ 不存在，则反常积分 $\int_a^b f(x)\mathrm{d}x$ 发散.

若 $x = b$ 为 $f(x)$ 的瑕点，且极限 $\lim\limits_{x \to b^-} F(x)$ 存在，则反常积分

$$\int_a^b f(x)\mathrm{d}x = [F(x)]_a^{b^-} = F(b^-) - F(a) ;$$

如果极限 $\lim\limits_{x \to b^-} F(x)$ 不存在，则反常积分 $\int_a^b f(x)\mathrm{d}x$ 发散.

如果函数 $f(x)$ 在区间 $[a,b]$ 上除点 $c(a < c < b)$ 外连续，且点 c 为 $f(x)$ 的瑕点，其反常积分仍有类似的计算公式.

例 5-30　计算反常积分 $\int_0^1 \ln x\mathrm{d}x$.

解 $y = \ln x$ 在 $(0,1]$ 上连续, 因为 $\lim\limits_{x \to 0^+} \ln x = -\infty$, 所以 $x = 0$ 是瑕点.

$$\int_0^1 \ln x \, dx = [x \ln x - x]_{0^+}^1 = -1 - \lim_{x \to 0^+}(x \ln x - x) = -1.$$

利用 Mathematica 求这个反常积分:

```
In[1]:=Integrate[Log[x],{x,0,1}]
Out[1]=-1
```

例 5-31 讨论反常积分 $\int_0^1 \dfrac{1}{x^q} dx$ 的敛散性, 其中常数 $q > 0$.

解 被积函数 $\dfrac{1}{x^q}$ 在 $(0,1]$ 上连续, $x = 0$ 为瑕点.

当 $q = 1$ 时,

$$\int_0^1 \frac{1}{x} dx = [\ln x]_{0^+}^1 = \ln 1 - \lim_{x \to 0^+} \ln x = +\infty,$$

故反常积分 $\int_0^1 \dfrac{1}{x} dx$ 发散.

当 $q \neq 1$ 时,

$$\int_0^1 \frac{1}{x^q} dx = \left[\frac{x^{1-q}}{1-q}\right]_{0^+}^1 = \frac{1}{1-q} - \lim_{x \to 0^+} \frac{x^{1-q}}{1-q} = \begin{cases} \dfrac{1}{1-q}, & q < 1, \\ +\infty, & q > 1, \end{cases}$$

故当 $0 < q < 1$ 时, $\int_0^1 \dfrac{1}{x^q} dx$ 收敛, 其值为 $\dfrac{1}{1-q}$; 当 $q \geqslant 1$ 时, $\int_0^1 \dfrac{1}{x^q} dx$ 发散.

当 $f(x)$ 在无穷区间 I 上有一个瑕点时, 可将 I 分成两个子区间, 从而将积分分成一个无穷限的反常积分与一个瑕积分. 如果 $f(x)$ 在每个子区间的反常积分都收敛, 就称 $f(x)$ 在区间 I 上的反常积分收敛, 其积分值为 $f(x)$ 在这两个子区间上的反常积分之和. 当然, 反常积分也可以像定积分那样用换元积分法, 经过换元后可能变成定积分, 也可能变成另外一种反常积分. 例如, 例 5-30 中, 令 $x = e^t$, 则 $dx = e^t dt$, $t = \ln x$, 且当 $x \to 0^+$ 时, $t \to -\infty$, 当 $x = 1$ 时, $t = 0$, 于是

$$\int_0^1 \ln x \, dx = \int_{-\infty}^0 t e^t \, dt = [t e^t - e^t]_{-\infty}^0 = -1.$$

例 5-32 讨论反常积分 $\int_0^{+\infty} \dfrac{dx}{\sqrt{x}(1+x)}$ 的敛散性, 若收敛则求其值.

解 被积函数 $\dfrac{1}{\sqrt{x}(1+x)}$ 在 $(0,+\infty)$ 内连续, $x = 0$ 是它的瑕点. 令 $\sqrt{x} = t$, 则

$$\int_0^1 \frac{dx}{\sqrt{x}(1+x)} = \int_0^1 \frac{2}{1+t^2} dt = [2 \arctan t]_0^1 = \frac{\pi}{2},$$

所以 $\int_0^1 \dfrac{dx}{\sqrt{x}(1+x)}$ 收敛;

$$\int_1^{+\infty} \frac{dx}{\sqrt{x}(1+x)} = \int_1^{+\infty} \frac{2}{1+t^2} dt = [2 \arctan t]_1^{+\infty} = \frac{\pi}{2},$$

所以 $\int_1^{+\infty} \dfrac{dx}{\sqrt{x}(1+x)}$ 收敛.

从而原积分收敛, 并且

$$I = \int_0^1 \frac{1}{\sqrt{x}(1+x)}dx + \int_1^{+\infty} \frac{1}{\sqrt{x}(1+x)}dx = \pi.$$

*三、Γ 函数[①]

函数

$$\Gamma(s) = \int_0^{+\infty} e^{-x}x^{s-1}dx \quad (s > 0) \tag{5-16}$$

称为 Γ 函数.

式(5-16)是一个反常积分. 一方面, 积分区间为无穷区间; 另一方面, 当 $s-1 < 0$ 时, $x = 0$ 是被积函数的瑕点. 为此, 将积分分成两部分来讨论. 令

$$I_1 = \int_0^1 e^{-x}x^{s-1}dx, \qquad I_2 = \int_1^{+\infty} e^{-x}x^{s-1}dx.$$

我们分别讨论 I_1 和 I_2 的敛散性, 先讨论 I_1.

(1) 当 $s \geqslant 1$ 时, I_1 是定积分;

(2) 当 $0 < s < 1$ 时, 因为

$$e^{-x}x^{s-1} = \frac{1}{x^{1-s}} \cdot \frac{1}{e^x} < \frac{1}{x^{1-s}},$$

而 $1-s < 1$, 根据反常积分的比较审敛法[②], I_1 收敛.

再讨论 I_2. 因为

$$\lim_{x \to +\infty} x^2(e^{-x}x^{s-1}) = \lim_{x \to +\infty} \frac{x^{s+1}}{e^x} = 0,$$

根据反常积分的极限审敛法[③], I_2 也收敛.

由以上讨论即得反常积分 $\int_0^{+\infty} e^{-x}x^{s-1}dx$ 当 $s > 0$ 时均收敛.

Γ 函数有以下几个重要的性质.

(1) 递推公式: $\Gamma(s+1) = s\Gamma(s) \quad (s > 0)$.

证　由分部积分法得

$$\begin{aligned}
\Gamma(s+1) &= \int_0^{+\infty} e^{-x}x^s dx = -\int_0^{+\infty} x^s d(e^{-x}) \\
&= -\left[e^{-x}x^s\right]_0^{+\infty} + \int_0^{+\infty} e^{-x}d(x^s) \\
&= 0 + s\int_0^{+\infty} e^{-x}x^{s-1}dx = s\Gamma(s).
\end{aligned}$$

---

① *为选学内容.

② 反常积分的比较审敛法: 设函数 $f(x)$ 在区间 $(a, b]$ 上连续, 且 $f(x) \geqslant 0$, $x = a$ 为 $f(x)$ 的瑕点, 如果存在常数 $M > 0$ 及 $q < 1$, 使 $f(x) \leqslant \dfrac{M}{(x-a)^q}$ $(a < x \leqslant b)$, 则反常积分 $\int_a^b f(x)dx$ 收敛.

③ 反常积分的极限审敛法: 设函数 $f(x)$ 在区间 $[a, +\infty)$ 上连续, 且 $f(x) \geqslant 0$, 如果存在常数 $p > 1$, 使 $\lim\limits_{x \to +\infty} x^p f(x)$ 存在, 则反常积分 $\int_a^{+\infty} f(x)dx$ 收敛.

显然当 $s=1$ 时, $\Gamma(1)=\int_0^{+\infty}e^{-x}dx=1$.

反复应用递推公式, 便有

$$\Gamma(2)=\Gamma(1)=1,$$
$$\Gamma(3)=2\Gamma(2)=2!,$$
$$\Gamma(4)=3\Gamma(3)=3!,$$
$$\cdots.$$

一般地, 对任何正整数, 有

$$\Gamma(n+1)=n!,$$

所以, 我们可以将 Γ 函数看成阶乘的推广.

(2) 当 $s\to 0^+$ 时, $\Gamma(s)\to +\infty$.

证 因为

$$\Gamma(s)=\frac{\Gamma(s+1)}{s},\quad \Gamma(1)=1,$$

而 Γ 函数在 $s>0$ 时连续, 所以

$$\lim_{s\to 0^+}\Gamma(s)=\lim_{s\to 0^+}\frac{\Gamma(s+1)}{s}=+\infty.$$

(3) 余元公式: $\Gamma(s)\Gamma(1-s)=\dfrac{\pi}{\sin \pi s}\quad (0<s<1)$.

此公式的证明留给读者.

当 $s=\dfrac{1}{2}$ 时, 由余元公式可得

$$\Gamma\left(\frac{1}{2}\right)=\sqrt{\pi}.$$

(4) $\displaystyle\int_0^{+\infty}e^{-u^2}u^t du=\frac{1}{2}\Gamma\left(\frac{1+t}{2}\right)\quad (t>-1)$.

证 在 $\Gamma(s)=\displaystyle\int_0^{+\infty}e^{-x}x^{s-1}dx$ 中, 作代换 $x=u^2$, 就有

$$\Gamma(s)=2\int_0^{+\infty}e^{-u^2}u^{2s-1}du,\tag{5-17}$$

再令 $2s-1=t$ 或 $s=\dfrac{1+t}{2}$, 即有

$$\int_0^{+\infty}e^{-u^2}u^t du=\frac{1}{2}\Gamma\left(\frac{1+t}{2}\right)\quad (t>-1).$$

上式左端是应用上常见的积分, 它的值可以通过上式用 Γ 函数计算出来.

在式(5-17)中, 令 $s=\dfrac{1}{2}$, 得

$$\Gamma\left(\frac{1}{2}\right)=2\int_0^{+\infty}e^{-u^2}du=\sqrt{\pi},$$

从而

$$\int_0^{+\infty} e^{-u^2} du = \frac{\sqrt{\pi}}{2}.$$

Γ 函数在数学上可以用来简化某些反常积分, 在数学的许多应用学科如概率统计、偏微分方程及其他工程问题的数学模型中, Γ 函数等反常积分形式的函数常被用来求解微分方程或差分方程, 所以用反常积分定义的 Γ 函数是一类重要的特殊函数.

习　题　5-4

1. 判断下列各反常积分的敛散性, 如果收敛, 计算反常积分的值.

(1) $\int_0^{+\infty} e^{-ax} dx \quad (a>0)$;

(2) $\int_0^{+\infty} x\cos x dx$;

(3) $\int_{-\infty}^{+\infty} \frac{1}{x^2+2x+2} dx$;

(4) $\int_0^{+\infty} \frac{1}{\sqrt{x(x+1)^3}} dx$;

(5) $\int_1^2 \frac{x}{\sqrt{x-1}} dx$;

(6) $\int_0^2 \frac{2}{\sqrt{4-x^2}} dx$;

(7) $\int_0^2 \frac{1}{(1-x)^2} dx$;

(8) $\int_1^e \frac{1}{x\sqrt{1-(\ln x)^2}} dx$.

2. 当 k 为何值时, 反常积分 $\int_2^{+\infty} \frac{dx}{x(\ln x)^k}$ 收敛? 当 k 为何值时, 此反常积分发散?

3. 证明: 反常积分 $\int_a^b \frac{dx}{(x-a)^p}$ (其中常数 $p>0$), 当 $0<p<1$ 时收敛, 当 $p\geq 1$ 时发散.

第五节　定积分在几何上的应用

定积分在生产、生活和科学技术等领域有着广泛的应用, 本节及第六节将介绍用定积分解决实际问题的有效方法——元素法(微元法), 并利用该方法求解一些几何量和物理量.

一、定积分的元素法

先回顾一下曲边梯形面积的计算方法.

设函数 $f(x)$ 在闭区间 $[a,b]$ 上连续且 $f(x)\geq 0$, 求由直线 $x=a$, $x=b$, x 轴及曲线 $y=f(x)$ 所围成的曲边梯形的面积 A.

1) 分割

用分点 $a=x_0<x_1<x_2<\cdots<x_{i-1}<x_i<\cdots<x_{n-1}<x_n=b$ 将区间 $[a,b]$ 任意划分成 n 个

小区间 $[x_{i-1}, x_i]$，$i=1,2,\cdots,n$，且记小区间的长度为 $\Delta x_i = x_i - x_{i-1}$.

2) 近似代替

在每个小区间 $[x_{i-1}, x_i]$ 上任取一点 ξ_i，小曲边梯形的面积 ΔA_i 可以近似地表示为

$$\Delta A_i \approx f(\xi_i)\Delta x_i, \quad i=1,2,\cdots,n.$$

3) 求和

$$A = \sum_{i=1}^{n} \Delta A_i \approx \sum_{i=1}^{n} f(\xi_i)\Delta x_i.$$

4) 取极限

$$A = \lim_{\lambda \to 0} \sum_{i=1}^{n} f(\xi_i)\Delta x_i.$$

由上述分析的过程可见，所求量(面积 A)与闭区间 $[a,b]$ 有关，如果把 $[a,b]$ 分成若干部分区间，则所求量相应地分成若干部分量(ΔA_i)，且 $A = \sum_{i=1}^{n} \Delta A_i$，即所求量 A 对于闭区间 $[a,b]$ 具有可加性.

在求出 A 的积分表达式的四个步骤中，最关键的是第 2)步，即求出微小面积 ΔA_i 的近似值 $\Delta A_i \approx f(\xi_i)\Delta x_i$，而 $\Delta A_i - f(\xi_i)\Delta x_i = o(\Delta x_i)$ $(\Delta x_i \to 0)$. 为了简化此步骤，省略下标 i，用 ΔA 表示任一小区间 $[x, x+\mathrm{d}x]$ 上的小曲边梯形的面积，再取小区间的左端点 x 为 ξ_i，以点 x 处的函数值 $f(x)$ 为高、$\mathrm{d}x$ 为底的矩形面积 $f(x)\mathrm{d}x$ 为 ΔA 的近似值(图 5-9)，即

$$\Delta A \approx f(x)\mathrm{d}x,$$

上式右端 $f(x)\mathrm{d}x$ 称为面积元素，记为

$$\mathrm{d}A = f(x)\mathrm{d}x,$$

进一步地，

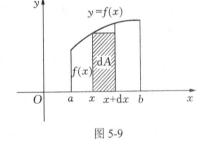

图 5-9

$$A = \sum \Delta A \approx \sum f(x)\mathrm{d}x,$$

则

$$A = \lim \sum f(x)\mathrm{d}x = \int_a^b f(x)\mathrm{d}x.$$

一般地，如果所求量 U 是一个与变量 x 的变化区间 $[a,b]$ 有关的量，量 U 关于区间 $[a,b]$ 具有可加性，即当把 $[a,b]$ 分成若干部分区间时，U 相应地分成若干部分量 ΔU_i，而 U 等于所有部分量之和，且部分量的近似值可表示为 $f(\xi_i)\Delta x_i$，那么就可以考虑用定积分来表达这个量.

用定积分表达所求量 U 的步骤如下：

(1) 选取积分变量，如 x，确定 x 的变化区间 $[a,b]$；

(2) 把 $[a,b]$ 分成 n 个小区间，取其中任一小区间并记作 $[x, x+\mathrm{d}x]$，如果相应于这个小区间的部分量 ΔU 能近似地表示为 $[a,b]$ 上的一个连续函数在 x 处的函数值 $f(x)$ 与 $\mathrm{d}x$ 的乘积，就把 $f(x)\mathrm{d}x$ 称为量 U 的元素并记作 $\mathrm{d}U$，即

$$\mathrm{d}U = f(x)\mathrm{d}x;$$

(3) 以 $\mathrm{d}U = f(x)\mathrm{d}x$ 为被积表达式, 在区间$[a,b]$上作定积分, 得

$$U = \int_a^b f(x)\mathrm{d}x ,$$

这就是所求量U的积分表达式.

这个方法通常称为元素法(或微元法). 元素法的关键在于求出所求量U的元素 $\mathrm{d}U = f(x)\mathrm{d}x$, 它与部分量$\Delta U$之差是一个比$\mathrm{d}x$高阶的无穷小. 下面利用元素法来讨论一些常见的几何问题, 如面积、体积和弧长等.

二、平面图形的面积

1. 直角坐标情形

求连续曲线$y = f(x)$与直线$x=a$和$x=b$ $(a<b)$及x轴所围成平面图形的面积A时, 其面积元素

$$\mathrm{d}A = \left|f(x)\right|\mathrm{d}x ,$$

这里$f(x)$在$[a,b]$上可正可负, 于是

$$A = \int_a^b \left|f(x)\right|\mathrm{d}x . \tag{5-18}$$

例 5-33 求由曲线$y = \sqrt[3]{x}$与直线$x = -1$和$x=8$及x轴所围成平面图形的面积.

解 如图 5-10 所示, 由式(5-18)得

$$A = \int_{-1}^8 \left|\sqrt[3]{x}\right|\mathrm{d}x = \int_{-1}^0 (-\sqrt[3]{x})\mathrm{d}x + \int_0^8 \sqrt[3]{x}\mathrm{d}x$$

$$= -\frac{3}{4}\left[x^{\frac{4}{3}}\right]_{-1}^0 + \frac{3}{4}\left[x^{\frac{4}{3}}\right]_0^8 = \frac{51}{4} .$$

设函数$f(x)$与$g(x)$在$[a,b]$上连续, 且$f(x)-g(x)$在$[a,b]$上可正可负, 求由曲线 $y = f(x)$, $y = g(x)$与直线$x=a, x=b$所围成平面图形的面积A, 如图 5-11 所示.

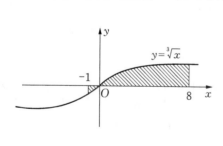

图 5-10

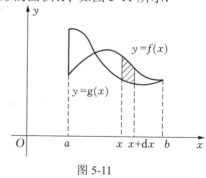

图 5-11

根据定积分的元素法, 其面积元素

$$\mathrm{d}A = \left|f(x) - g(x)\right|\mathrm{d}x ,$$

于是, 所求面积为

$$A = \int_a^b \left|f(x) - g(x)\right|\mathrm{d}x . \tag{5-19}$$

例 5-34　求由曲线 $y=\mathrm{e}^x$，$y=\mathrm{e}^{-x}$ 及直线 $x=-1$，$x=1$ 所围成图形的面积.

解　如图 5-12 所示，根据式(5-19)，所求图形的面积为

$$A=\int_{-1}^{1}\left|\mathrm{e}^x-\mathrm{e}^{-x}\right|\mathrm{d}x=\int_{-1}^{0}(\mathrm{e}^{-x}-\mathrm{e}^x)\mathrm{d}x+\int_{0}^{1}(\mathrm{e}^x-\mathrm{e}^{-x})\mathrm{d}x$$

$$=[-\mathrm{e}^{-x}-\mathrm{e}^x]_{-1}^{0}+[\mathrm{e}^x+\mathrm{e}^{-x}]_{0}^{1}=2(\mathrm{e}+\mathrm{e}^{-1}-2).$$

例 5-34 在 Mathematica 中的求解过程如下.

(1) 作图:

```
In[1]:=Plot[{Exp[x],Exp[-x]},{x,-2,2},LabelStyle→Directive
       [Blue,Bold,16],PlotStyle→{Thickness[0.01]},Filling→{1
       →{2}}]
Out[1]:=
```

输出图形如图 5-12 所示.

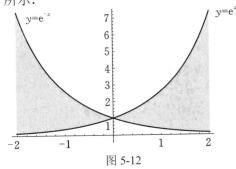

图 5-12

(2) 求面积:

```
In[2]:=Integrate[Exp[-x]-Exp[x],{x,-1,0}]+Integrate[Exp[x]-
       Exp[-x],{x,0,1}]

Out[2]:=-4+2/e+2e
```

当一个平面图形的面积可以用定积分来计算时，有时还需要考虑选择合适的积分变量，使计算较为简便.

一般地，由连续曲线 $x=\varphi(y)$ 与直线 $y=c$，$y=d$ $(c<d)$ 及 y 轴所围成平面图形的面积为

$$A=\int_{c}^{d}\left|\varphi(y)\right|\mathrm{d}y.\tag{5-20}$$

如果函数 $\varphi(y)$ 与 $\psi(y)$ 在 $[c,d]$ 上连续，且 $\varphi(y)-\psi(y)$ 在 $[c,d]$ 上可正可负，那么由曲线 $x=\varphi(y)$，$x=\psi(y)$ 与直线 $y=c$，$y=d$ 所围成平面图形的面积为

$$A=\int_{c}^{d}\left|\varphi(y)-\psi(y)\right|\mathrm{d}y.\tag{5-21}$$

例 5-35　计算由抛物线 $y^2=x$ 与直线 $y=x-2$ 所围成图形的面积.

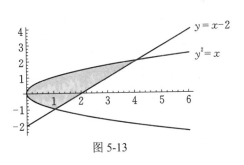

图 5-13

解 如图 5-13 所示, 根据式(5-21), 所求图形的面积为

$$A = \int_{-1}^{2}(y+2-y^2)\mathrm{d}y = \left[\frac{y^2}{2}+2y-\frac{y^3}{3}\right]_{-1}^{2} = \frac{9}{2}.$$

此题如果选择 x 为积分变量, 则面积的表达式较为复杂, 读者不妨一试.

此题也可利用 Mathematica 求解.

(1) 求交点的纵坐标. 利用 Mathematica 解方程 $y^2 = y+2$ 如下:

```
In[1]:=NSolve[y^2==y+2]
Out[1]={{y→-1.},{y→2.}}
```

于是得出交点 $(1,-1)$ 和 $(4,2)$.

(2) 作图. 作出抛物线 $y^2 = x$ 与直线 $y = x-2$ 所围成的平面图形:

```
In[2]:=Plot[{Sqrt[x],-Sqrt[x],x-2},{x,0,6}]
Out[2]=
```

输出图形如图 5-13 所示.

(3) 求面积:

```
In[3]:=Integrate[y+2-y^2,{y,-1,2}]
```

$\text{Out}[3] = \dfrac{9}{2}$

2. 参数方程情形

当平面曲线 $y = f(x)$ ($f(x) \geqslant 0$, $x \in [a,b]$) 由参数方程

$$\begin{cases} x = \varphi(t), \\ y = \psi(t) \end{cases}$$

表示时, 如果 $x = \varphi(t)$ 满足 $\varphi(\alpha) = a$, $\varphi(\beta) = b$, $\varphi(t)$ 在 $[\alpha,\beta]$ (或 $[\beta,\alpha]$) 上具有连续导数, $y = \psi(t)$ 连续, 则由该平面曲线及直线 $x = a$, $x = b$ 和 x 轴所围成的平面图形的面积为

$$A = \int_{a}^{b} f(x)\mathrm{d}x = \int_{\alpha}^{\beta} \psi(t)\varphi'(t)\mathrm{d}t.$$

例 5-36 求椭圆 $\dfrac{x^2}{a^2} + \dfrac{y^2}{b^2} = 1$ 所围成图形的面积.

解 因为椭圆关于 x 轴, y 轴都对称(图 5-14), 所以椭圆面积是它在第一象限部分面积的四倍, 即

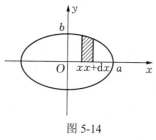

图 5-14

$$A = 4\int_{0}^{a} y\,\mathrm{d}x.$$

由椭圆的参数方程 $\begin{cases} x = a\cos t, \\ y = b\sin t \end{cases}$ $\left(0 \leqslant t \leqslant \dfrac{\pi}{2}\right)$ 得

$$A = 4\int_{\frac{\pi}{2}}^{0} b\sin t(-a\sin t)\mathrm{d}t$$

$$= 4ab\int_{0}^{\frac{\pi}{2}} \sin^2 t\,\mathrm{d}t = 4ab \cdot \frac{1}{2} \cdot \frac{\pi}{2} = \pi ab.$$

当 $a = b$ 时, 就是我们熟悉的圆的面积公式 $A = \pi a^2$.

3．极坐标情形

当平面图形的边界曲线用极坐标方程表示比较简单时，可用极坐标来计算它的面积.

设曲边扇形由曲线 $\rho = \rho(\theta)$ ，射线 $\theta = \alpha$ ， $\theta = \beta$ 所围成，如图 5-15 所示，这里 $\rho(\theta)$ 在闭区间 $[\alpha,\beta]$ 上连续，且 $\rho(\theta) \geqslant 0$ ．下面计算它的面积.

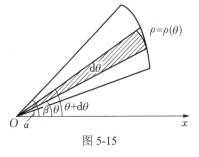

图 5-15

利用定积分的元素法，取 θ 为积分变量，其变化区间为 $[\alpha,\beta]$ ，相应于任一小区间 $[\theta,\theta + \mathrm{d}\theta]$ 的小曲边扇形的面积可以用半径为 $\rho = \rho(\theta)$ 、中心角为 $\mathrm{d}\theta$ 的圆扇形面积来近似代替，从而得到曲边扇形的面积元素

$$\mathrm{d}A = \frac{1}{2}[\rho(\theta)]^2 \mathrm{d}\theta,$$

从而曲边扇形的面积为

$$A = \int_{\alpha}^{\beta} \frac{1}{2}[\rho(\theta)]^2 \mathrm{d}\theta. \tag{5-22}$$

例 5-37　求心形线 $\rho = a(1 + \cos\theta)$ （ $a > 0$ ）所围成图形的面积(图 5-16).

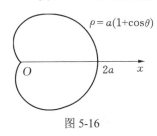

图 5-16

解　图形关于极轴对称，由式(5-22)得

$$A = 2\int_0^{\pi} \frac{1}{2}[\rho(\theta)]^2 \mathrm{d}\theta = a^2 \int_0^{\pi} (1 + \cos\theta)^2 \mathrm{d}\theta$$

$$= 4a^2 \int_0^{\pi} \cos^4 \frac{\theta}{2} \mathrm{d}\theta \quad \left(令 \frac{\theta}{2} = t\right)$$

$$= 8a^2 \int_0^{\frac{\pi}{2}} \cos^4 t \mathrm{d}t$$

$$= 8a^2 \cdot \frac{3}{4} \cdot \frac{1}{2} \cdot \frac{\pi}{2} = \frac{3}{2}\pi a^2.$$

三、立体的体积

1．平行截面面积为已知的立体体积

设一立体位于垂直于 x 轴的两平面 $x=a$, $x=b$ 之间，过 $[a, b]$ 上任意一点 x 作垂直于 x 轴的平面，该平面截立体所得的截面面积 $A(x)$ 为已知，且 $A(x)$ 为 $[a, b]$ 上的连续函数，求此立体的体积 V，如图 5-17 所示.

立体中相应于 $[a, b]$ 上任一小区间 $[x, x+\mathrm{d}x]$ 的一薄片的体积，近似于底面积为 $A(x)$ 、高为 $\mathrm{d}x$ 的扁柱体的体积，即体积元素为

$$\mathrm{d}V = A(x)\mathrm{d}x,$$

于是所求立体的体积为

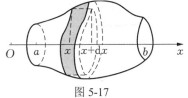

图 5-17

$$V = \int_a^b A(x)\mathrm{d}x \;. \tag{5-23}$$

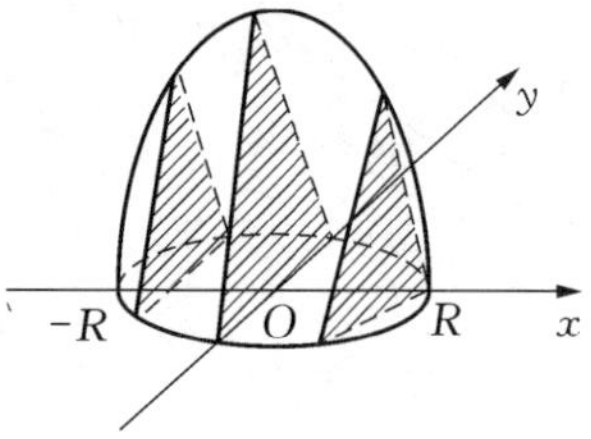

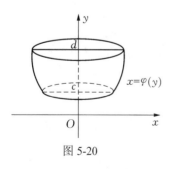

例 5-38 计算底面是半径为 R 的圆, 且垂直于底面上一条固定直径的所有截面都是等边三角形的立体体积(图 5-18).

解 如图 5-18 所示, 建立坐标系, 则底圆的方程为 $x^2+y^2=R^2$. 对 $[-R,\ R]$ 上的任一 x, 对应的等边三角形的边长为 $2\sqrt{R^2-x^2}$, 高为 $\sqrt{3(R^2-x^2)}$, 于是截面面积为

$$A(x) = \sqrt{3}(R^2-x^2),$$

图 5-18

由式(5-23)知, 所求立体的体积为

$$V = \int_{-R}^{R} A(x)\mathrm{d}x = 2\int_0^R \sqrt{3}(R^2-x^2)\mathrm{d}x = 2\sqrt{3}\left[R^2x - \frac{1}{3}x^3\right]_0^R = \frac{4\sqrt{3}}{3}R^3 \;.$$

2. 旋转体的体积

由一个平面图形绕这平面内的一条直线旋转一周所形成的立体称为旋转体, 这条直线叫作旋转轴. 常见的旋转体有圆柱、圆锥、圆台及球体等.

下面计算由闭区间 $[a,\ b]$ 上的连续曲线 $y=f(x)$ 与直线 $x=a$, $x=b$ 及 x 轴所围成的曲边梯形绕 x 轴旋转一周所形成的旋转体体积(图 5-19).

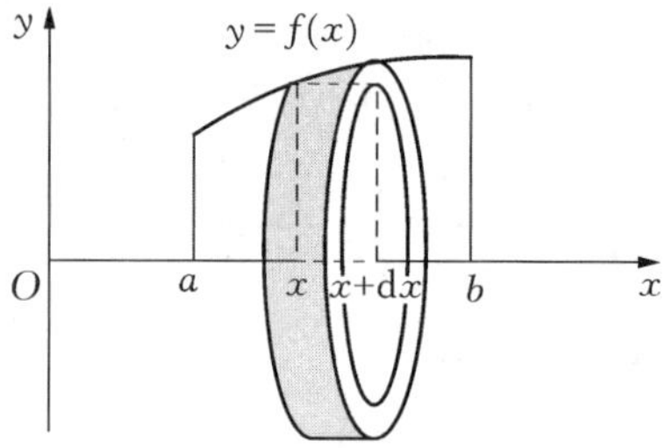

此旋转体位于两平面 $x=a$, $x=b$ 之间, 取 x 为积分变量, 它的变化区间为 $[a,\ b]$, 过 $[a,\ b]$ 上任意一点 x 作垂直于 x 轴的平面, 该平面截旋转体所得的截面是一个半径为 $|f(x)|$ 的圆, 于是截面面积

$$A(x) = \pi[f(x)]^2,$$

由式(5-23)可得所求旋转体的体积为

图 5-19

$$V = \int_a^b \pi[f(x)]^2\mathrm{d}x \;. \tag{5-24}$$

类似地, 由闭区间 $[c,d]$ 上的连续曲线 $x=\varphi(y)$ 与直线 $y=c$, $y=d$ 及 y 轴所围成的曲边梯形绕 y 轴旋转一周所形成的旋转体(图 5-20)体积为

$$V = \int_c^d \pi[\varphi(y)]^2\mathrm{d}y \;. \tag{5-25}$$

例 5-39 计算由椭圆 $\dfrac{x^2}{a^2} + \dfrac{y^2}{b^2} = 1$ 围成的图形绕 x 轴旋转一周所形成的旋转体的体积.

解 这个旋转体可以看成是由上半椭圆 $y = \dfrac{b}{a}\sqrt{a^2-x^2}$ 与 x 轴围成的图形绕 x 轴旋转一周而成的, 由式(5-24)得

图 5-20

$$V = \int_{-a}^{a} \pi \left(\frac{b}{a} \sqrt{a^2 - x^2} \right)^2 dx = \frac{2\pi b^2}{a^2} \int_0^a (a^2 - x^2) dx$$

$$= \frac{2\pi b^2}{a^2} \left[a^2 x - \frac{1}{3} x^3 \right]_0^a = \frac{4}{3} \pi ab^2 .$$

以上旋转体称为旋转椭球体. 当 $a=b$ 时, 旋转椭球体就成为半径为 a 的球体, 它的体积为 $\frac{4}{3} \pi a^3$.

例 5-40　计算由两条抛物线 $y = x^2$, $y = (x-1)^2$ 及 x 轴所围成的图形分别绕 x 轴, y 轴旋转一周所形成的旋转体的体积.

解　用 V_x 和 V_y 分别表示绕 x 轴, y 轴旋转一周所形成的旋转体的体积, 如图 5-21 所示, 两条抛物线的交点坐标为 $\left(\frac{1}{2}, \frac{1}{4} \right)$, 则

$$V_x = \pi \int_0^{\frac{1}{2}} (x^2)^2 dx + \pi \int_{\frac{1}{2}}^1 [(x-1)^2]^2 dx$$

$$= \pi \left[\frac{1}{5} x^5 \right]_0^{\frac{1}{2}} + \pi \left[\frac{1}{5} (x-1)^5 \right]_{\frac{1}{2}}^1 = \frac{\pi}{80} .$$

$$V_y = \pi \int_0^{\frac{1}{4}} (1 - \sqrt{y})^2 dy - \pi \int_0^{\frac{1}{4}} (\sqrt{y})^2 dy$$

$$= \pi \int_0^{\frac{1}{4}} (1 - 2\sqrt{y}) dy = \pi \left[y - \frac{4}{3} y^{\frac{3}{2}} \right]_0^{\frac{1}{4}} = \frac{\pi}{12} .$$

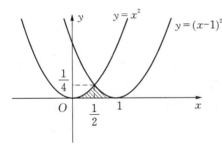

扫码演示

图 5-21

由 $[a, b]$ 上的连续曲线 $y = f(x)$ 与直线 $x=a, x=b$ 及 x 轴所围成的曲边梯形绕 y 轴旋转一周所形成的旋转体体积为

$$V = 2\pi \int_a^b x |f(x)| dx, \tag{5-26}$$

此公式请读者自证.

例 5-40 中的 V_y 也可由式(5-26)求得, 即

$$V_y = 2\pi \int_0^{\frac{1}{2}} x \cdot x^2 \mathrm{d}x + 2\pi \int_{\frac{1}{2}}^1 x \cdot (x-1)^2 \mathrm{d}x$$

$$= 2\pi \int_0^{\frac{1}{2}} x^3 \mathrm{d}x + 2\pi \int_{\frac{1}{2}}^1 (x^3 - 2x^2 + x) \mathrm{d}x$$

$$= 2\pi \left[\frac{1}{4} x^4 \right]_0^{\frac{1}{2}} + 2\pi \left[\frac{1}{4} x^4 - \frac{2}{3} x^3 + \frac{1}{2} x^2 \right]_{\frac{1}{2}}^1$$

$$= \frac{\pi}{12}.$$

四、平面曲线的弧长

设 A，B 是曲线弧的两个端点(图 5-22)，在弧 $\overset{\frown}{AB}$ 上任意取分点

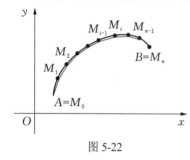

$$A = M_0, M_1, M_2, \cdots, M_{i-1}, M_i, \cdots, M_{n-1}, M_n = B,$$

并依次连接相邻的分点，得一内接折线，其长度为

$\sum_{i=1}^n |M_{i-1}M_i|$．记 $\lambda = \max_{1 \leqslant i \leqslant n} |M_{i-1}M_i|$，如果 $\lim_{\lambda \to 0} \sum_{i=1}^n |M_{i-1}M_i|$

存在，则称此极限为曲线弧 $\overset{\frown}{AB}$ 的弧长，并称此曲线弧 $\overset{\frown}{AB}$ 是可求长的．

可以证明，光滑曲线弧是可求长的．

下面利用定积分的元素法推导出光滑曲线弧的弧长计算公式．

图 5-22

设曲线弧由直角坐标方程

$$y = f(x) \quad (a \leqslant x \leqslant b)$$

给出，其中 $f(x)$ 在区间 $[a,b]$ 上具有一阶连续导数，下面来计算这曲线弧的长度．

取 x 为积分变量，它的变化区间为 $[a,b]$，曲线 $y = f(x)$ 上相应于 $[a,b]$ 上任一小区间 $[x, x+\mathrm{d}x]$ 的一段弧的长度，可以用该曲线在点 $(x, f(x))$ 处的切线上相应的一小段的长度来近似代替(图 5-23)，从而得弧长元素(即弧微分)

$$\mathrm{d}s = \sqrt{(\mathrm{d}x)^2 + (\mathrm{d}y)^2} = \sqrt{1 + (y')^2} \mathrm{d}x, \tag{5-27}$$

于是所求的弧长为

$$s = \int_a^b \sqrt{1 + (y')^2} \mathrm{d}x. \tag{5-28}$$

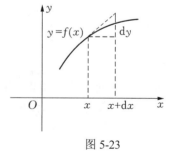

图 5-23

如果曲线弧由参数方程

$$\begin{cases} x = \varphi(t), \\ y = \psi(t) \end{cases} \quad (\alpha \leqslant t \leqslant \beta)$$

给出，且 $\varphi(t)$，$\psi(t)$ 在 $[\alpha, \beta]$ 上具有连续导数，由式(5-27)可知，弧长元素为

$$ds = \sqrt{[\varphi'(t)]^2 + [\psi'(t)]^2}\,dt,$$

所求曲线弧的弧长为

$$s = \int_{\alpha}^{\beta} \sqrt{[\varphi'(t)]^2 + [\psi'(t)]^2}\,dt. \tag{5-29}$$

如果曲线弧由极坐标方程

$$\rho = \rho(\theta) \qquad (\alpha \leqslant \theta \leqslant \beta)$$

给出, 且 $\rho(\theta)$ 在 $[\alpha, \beta]$ 上具有连续导数, 则弧长元素为

$$ds = \sqrt{[\rho(\theta)]^2 + [\rho'(\theta)]^2}\,d\theta,$$

所求的弧长为

$$s = \int_{\alpha}^{\beta} \sqrt{[\rho(\theta)]^2 + [\rho'(\theta)]^2}\,d\theta. \tag{5-30}$$

例 5-41 计算曲线 $y = \dfrac{\sqrt{x}}{3}(3-x)$ $(1 \leqslant x \leqslant 3)$的弧长(图 5-24).

解 由式(5-28)得

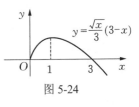

图 5-24

$$s = \int_1^3 \sqrt{1+(y')^2}\,dx = \int_1^3 \sqrt{1+\left(\frac{1-x}{2\sqrt{x}}\right)^2}\,dx = \int_1^3 \frac{1+x}{2\sqrt{x}}\,dx$$

$$= \left[\sqrt{x} + \frac{1}{3}x^{\frac{3}{2}}\right]_1^3 = 2\sqrt{3} - \frac{4}{3}.$$

例 5-42 计算心形线 $\rho = a(1+\cos\theta)$ 的全长 $(a > 0)$.

解 如图 5-16 所示, 由对称性及式(5-30)得

$$s = 2\int_0^{\pi} \sqrt{[\rho(\theta)]^2 + [\rho'(\theta)]^2}\,d\theta = 2\int_0^{\pi} \sqrt{[a(1+\cos\theta)]^2 + (-a\sin\theta)^2}\,d\theta$$

$$= 2\sqrt{2}a\int_0^{\pi}\sqrt{1+\cos\theta}\,d\theta = 4a\int_0^{\pi}\cos\frac{\theta}{2}\,d\theta = 8a\left[\sin\frac{\theta}{2}\right]_0^{\pi} = 8a.$$

取 $a=1$, 利用 Mathematica 计算例 5-42 如下.

(1) 定义心形线:

```
In[1]:=f[x_]=(1+Cos[x])
Out[1]=1+Cos[x]
```

(2) 求被积函数:

```
In[2]:=Sqrt[f[x]^2+D[f[x],x]^2]
Out[2]=√(1+Cos[x])² + Sin[x]²
```

(3) 计算弧长:

```
In[3]:=Integrate[%,{x,0,2Pi}]
Out[3]=8
```

习　题　5-5

1. 计算下列曲线所围成图形的面积.

(1) 抛物线 $y=6-x^2$ 与直线 $y=3-2x$;

(2) 曲线 $y=\dfrac{1}{x}$ 与直线 $y=x$, $x=2$;

(3) 曲线 $y=x^2$ 与直线 $y=x$, $y=2x$;

(4) 曲线 $y=\mathrm{e}^{-x}$, 直线 $x=1$ 及 x 轴, $x>1$.

2. 计算下列曲线所围成图形的面积.

(1) 星形线 $x=a\cos^3 t$, $y=a\sin^3 t$;

(2) $\rho=1$ 及 $\rho=2\cos\theta$.

3. 计算下列旋转体的体积.

(1) 由曲线 $xy=1$ 与直线 $x=1, x=2$ 及 x 轴所围图形绕 x 轴旋转一周所形成的旋转体;

(2) 由上半圆周 $x^2+y^2=2$ 与抛物线 $y=x^2$ 所围图形绕 x 轴旋转一周所形成的旋转体;

(3) 由曲线 $y=x^3$, 直线 $x=2$ 及 $y=0$ 所围成的图形分别绕 x 轴, y 轴旋转一周所形成的旋转体;

(4) 由曲线 $y=\ln x$, 直线 $x=\mathrm{e}$ 及 $y=0$ 所围成的图形分别绕 x 轴, y 轴旋转一周所形成的旋转体.

4. 求下列曲线的弧长.

(1) 曲线 $y=\dfrac{2}{3}x^{\frac{3}{2}}$ $(a\leqslant x\leqslant b)$;

(2) 星形线 $x=a\cos^3 t$, $y=a\sin^3 t$;

(3) 对数螺线 $\rho=\mathrm{e}^{a\theta}$, $0\leqslant\theta\leqslant\pi$.

5. 在曲线 $y=x^2(x\geqslant 0)$ 上某点 A 处作一切线, 使之与曲线及 x 轴所围成的图形面积为 $\dfrac{1}{12}$, 试求:

(1) 切点 A 的坐标;

(2) 过切点 A 的切线方程;

(3) 上述所围成图形绕 x 轴旋转一周所形成的旋转体的体积.

6. 若由曲线 $y=1-x^2(0\leqslant x\leqslant 1)$ 及 x 轴, y 轴所围成的平面区域被曲线 $y=ax^2$ 分成面积相等的两部分, 试求 a 的值.

7. 求以半径为 R 的圆为底, 平行且等于底圆直径的线段为顶, 高为 h 的正劈锥体(图 5-25)的体积.

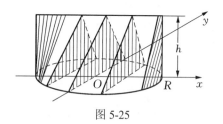

图 5-25

第六节　定积分在物理上的应用

一、细直棒的质量

对于质量分布均匀的细直棒, 若其线密度为常数 μ, 且在 Ox 轴上的位置是在 a 到 b 之间($a<b$), 则其质量 $M = \mu(b-a)$. 对于非均匀细直棒, 若它的线密度是 $[a,b]$ 上的连续函数 $\mu(x)$, 那么它的质量该如何计算?

利用定积分的元素法, 取 x 为积分变量, 则 $x \in [a,b]$, 在 $[a,b]$ 上任取一个小区间 $[x, x+\mathrm{d}x]$, 可以将这个小区间上的小段细直棒看成是均匀的, 于是其质量的近似值为 $\mu(x)\mathrm{d}x$, 即质量元素

$$\mathrm{d}M = \mu(x)\mathrm{d}x,$$

从而所求非均匀细直棒的质量为

$$M = \int_a^b \mu(x)\mathrm{d}x. \tag{5-31}$$

二、变力沿直线所做的功

由物理学相关知识可知, 一个与物体位移方向一致的常力 F, 使物体沿直线从点 a 移动到点 b 时所做的功

$$W = F(b-a).$$

实际问题中, 力的大小常常是变化的, 如用力去压一个弹簧时, 由胡克(Hooke)定律, 弹簧的反作用力与压力引起的位移成正比. 通常情况下, 力的变化是连续的. 考虑某物体受到连续变力 $F(x)$ 的作用, 沿 Ox 轴从点 a 移动到点 b 时, 力 $F(x)$ 所做的功(图 5-26).

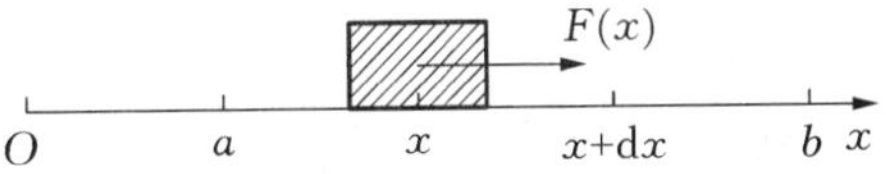

图 5-26

利用定积分的元素法, 取 x 为积分变量, 则 $x \in [a,b]$, 在 $[a,b]$ 上任取一个小区间 $[x, x+\mathrm{d}x]$, 在这个区间上, 把力近似看成常力 $F(x)$, 可得相应于这个小区间变力做功的近似值为 $F(x)\mathrm{d}x$, 于是功元素

$$\mathrm{d}W = F(x)\mathrm{d}x,$$

从而在 $[a,b]$ 上, 变力所做的功为

$$W = \int_a^b F(x)\mathrm{d}x. \tag{5-32}$$

例 5-43　将一个弹簧平放, 一端固定, 已知将弹簧拉长 0.01 m 所需的力为 10 N, 若将弹簧拉长 0.05 m, 拉力所做的功是多少?

解　以平衡位置为坐标原点 O, 弹簧伸长方向为 x 轴正向(图 5-27), 由胡克定律可知,

当弹簧被拉长 x 时, 弹性力为 $f = -kx$ (其中 k 为比例系数), 于是拉力 $F = -f = kx$. 由于 $x = 0.01\,\mathrm{m}$ 时, $F = 10\,\mathrm{N}$, 故 $k = 10^3\,\mathrm{N/m}$. 于是, 由式(5-32)得到弹簧从平衡位置拉长 $0.05\mathrm{m}$ 时, 拉力所做的功为

$$W = \int_0^{0.05} 10^3 x \mathrm{d}x = 10^3 \left[\frac{x^2}{2} \right]_0^{0.05} = 1.25\,(\mathrm{J}).$$

例 5-44 一个高为 5 m、底圆半径为 3 m 的圆柱形水池内盛满了水, 要把池内的水全部吸出需做多少功?

解 作 x 轴如图 5-28 所示, 取深度 x 为积分变量, 它的变化区间为 $[0,5]$, 相应于 $[0,5]$ 上任一小区间 $[x, x + \mathrm{d}x]$ 的一薄层水的高度为 $\mathrm{d}x$, 水的密度为 $10^3\,\mathrm{kg/m^3}$, 则这薄层水的重力为 $9.8\pi \cdot 3^2 \mathrm{d}x\,\mathrm{kN}$, 把这薄层水吸出水池外需做的功的元素为

$$\mathrm{d}W = 88.2\pi x \mathrm{d}x,$$

于是所求的功为

$$W = \int_0^5 88.2\pi x \mathrm{d}x = 88.2\pi \left[\frac{x^2}{2} \right]_0^5 = 88.2\pi \cdot \frac{25}{2} \approx 3462\,(\mathrm{kJ}).$$

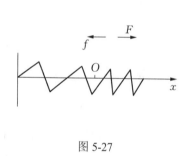

图 5-27

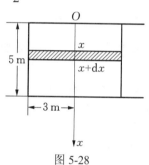

图 5-28

三、液体的侧压力

设液体的密度为 ρ, 在液体中深 h 处的压强为 $p = \rho g h$. 将一面积为 A 的平板水平地放置在液体中深为 h 处, 则平板的一侧所受的压力

$$P = p \cdot A = \rho g h \cdot A.$$

如果这个平板铅直放置在液体中, 那么, 因为液体中不同深度的点处压强 P 不相等, 所以平板所受液体的压力就不能用上述方法计算, 可以根据定积分元素法来计算.

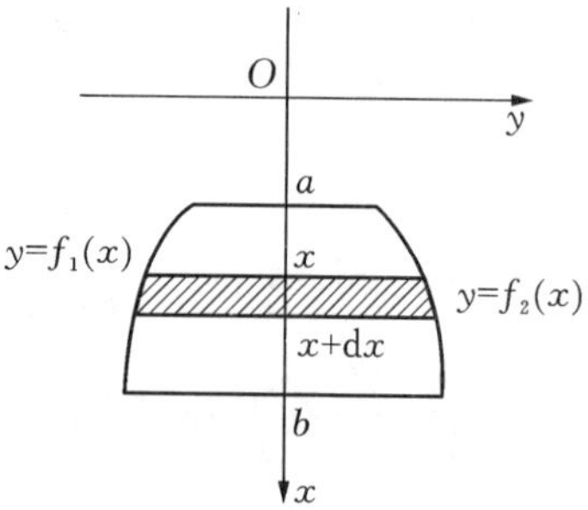

在平板所在的铅直平面上建立直角坐标系(图5-29), 其中 $y = f_1(x)$ 和 $y = f_2(x)$ 分别表示平板的左、右边界曲线, 其中 $x \in [a, b]$, 设 $[x, x + \mathrm{d}x]$ 为 $[a, b]$ 上任一小区间, 在深度 x 处的面积元素

$$\mathrm{d}A = [f_2(x) - f_1(x)]\mathrm{d}x,$$

图 5-29

则液体侧压力元素为

$$dP = \rho g x \cdot dA = \rho g x \cdot [f_2(x) - f_1(x)]dx,$$

于是，平板的一个侧面所受到的液体侧压力为

$$P = \int_a^b \rho g x \cdot [f_2(x) - f_1(x)]dx . \tag{5-33}$$

例 5-45　一个横放着的圆柱形水桶，桶内盛有半桶水，设桶的底半径为 R，水的密度为 ρ，计算桶的一个端面上所受的侧压力.

解　桶的一个端面是圆，与水接触的是下半圆，建立坐标系如图 5-30 所示，则所讨论的半圆方程为 $x^2 + y^2 = R^2\ (0 \leqslant x \leqslant R)$，取 x 为积分变量，$x \in [0, R]$，相应于 $[0, R]$ 上任一小区间 $[x, x+dx]$ 的压力元素为

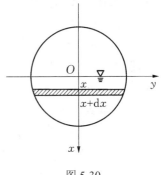

图 5-30

$$dP = 2\rho g x\sqrt{R^2 - x^2}\,dx,$$

所求压力为

$$P = \int_0^R 2\rho g x\sqrt{R^2 - x^2}\,dx = -\rho g \int_0^R (R^2 - x^2)^{1/2}\,d(R^2 - x^2)$$

$$= -\rho g \left[\frac{2}{3}(R^2 - x^2)^{3/2}\right]_0^R = \frac{2\rho g}{3}R^3 .$$

四、转动惯量

质点在转动过程中的惯性的度量称为质点的转动惯量. 由物理学相关知识，与轴 l 的距离为 r、质量为 m 的质点关于轴 l 的转动惯量为 $I = mr^2$. 与轴 l 的距离分别为 r_i、质量分别为 $m_i\ (i=1,2,\cdots,n)$ 的质点构成的质点系关于轴 l 的转动惯量为

$$I = \sum_{i=1}^n m_i r_i^2 , \tag{5-34}$$

若考虑物体的转动惯量，则需要用积分来解决.

例 5-46　长为 l、线密度为 $\mu(x) = 5x^2$ 的非均匀细直棒，以过其中心且与棒垂直的直线为轴，求其转动惯量.

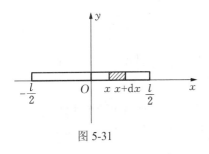

图 5-31

解　建立坐标系如图 5-31 所示，取 x 为积分变量，则 $x \in \left[-\dfrac{l}{2}, \dfrac{l}{2}\right]$，相应于 $\left[-\dfrac{l}{2}, \dfrac{l}{2}\right]$ 上任一小区间 $[x, x+dx]$ 的转动惯量元素为

$$dI = \mu(x)x^2 dx = 5x^4 dx,$$

于是所求转动惯量为

$$I = \int_{-\frac{l}{2}}^{\frac{l}{2}} 5x^4 dx = \left[x^5\right]_{-\frac{l}{2}}^{\frac{l}{2}} = \frac{l^5}{16} .$$

五、引力

由物理学相关知识, 质量分别为 m_1, m_2, 相距为 r 的两质点间的引力的大小为

$$F = G\frac{m_1 m_2}{r^2}, \tag{5-35}$$

其中 G 为引力系数, 引力的方向沿着两质点连线的方向.

如果要计算一根细直棒对一个质点的引力, 由于细直棒上各点与该质点的距离是变化的, 并且各点对该质点的引力方向也是变化的, 可用定积分计算.

例 5-47 设有一长度为 l、线密度为 μ 的均匀细直棒, 在其中垂线上距棒 a 单位处有一质量为 m 的质点 M, 计算该棒对质点 M 的引力.

解 建立坐标系如图 5-32 所示, 使棒位于 y 轴上, 质点 M 位于 x 轴上, 棒的中点为原点 O. 由对称性知, 引力在铅直方向上的分力为零, 所以只需求引力在水平方向的分力. 取 y 为积分变量, 它的变化区间为 $\left[-\dfrac{l}{2}, \dfrac{l}{2}\right]$, 在 $\left[-\dfrac{l}{2}, \dfrac{l}{2}\right]$ 任取一个小区间 $[y, y+\mathrm{d}y]$,

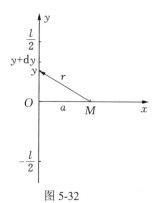

图 5-32

细直棒相应于 $[y, y+\mathrm{d}y]$ 的一段质量为 $\mu\mathrm{d}y$, 与 M 相距 $r = \sqrt{a^2 + y^2}$, 于是在水平方向上, 细直棒的引力元素为

$$\mathrm{d}F_x = G\frac{m\mu\mathrm{d}y}{a^2 + y^2} \cdot \frac{-a}{\sqrt{a^2 + y^2}} = -G\frac{am\mu\mathrm{d}y}{(a^2 + y^2)^{\frac{3}{2}}},$$

引力在水平方向的分力为

$$F_x = -\int_{-\frac{l}{2}}^{\frac{l}{2}} G\frac{am\mu\mathrm{d}y}{(a^2 + y^2)^{\frac{3}{2}}} = -\frac{2Gm\mu l}{a} \cdot \frac{1}{\sqrt{4a^2 + l^2}},$$

上式中的负号表示 F_x 指向 x 轴的负向.

当细直棒的长度 l 很大时, 可视 l 趋于无穷. 此时, 引力的大小为 $\dfrac{2Gm\mu}{a}$, 方向与细直棒垂直且由 M 指向细直棒.

习　题　5-6

1. 一金属棒长 3 m, 离棒左端 x m 处的线密度为 $\mu(x) = \dfrac{1}{\sqrt{1+x}}$ kg/m, 问 x 为何值时, $[0, x]$ 一段的质量为全棒质量的一半.

2. 用铁锤将一铁钉击入木板, 设木板对铁钉的阻力与铁钉击入木板的深度成正比, 在击第一次时, 将铁钉击入木板 1 cm, 如果铁锤每次打击铁钉所做的功相等, 问捶击第二次时, 铁钉又击入多少?

3. 一个盛满水的水池为圆台状, 上底半径为 2 m, 下底半径为 1 m, 圆台的高为 3 m,

试计算将水池内的水全部抽出池外所做的功(设水的密度为 ρ).

4. 一底为 8 cm、高为 6 cm 的等腰三角形片,铅直地沉没在水中,顶在上,底在下,且与水面平行,而顶离水面 3 cm,试求它每面所受的压力.

5. 设有一个半径为 R、质量为 m 的均匀圆盘,求圆盘对通过中心与其垂直的轴的转动惯量.

6. 一长度为 l、线密度为 μ 的均匀细直棒,在与棒的一端垂直距离为 a 单位处有一质量为 m 的质点 M,试求这细棒对质点 M 的引力.

总 习 题 五

1. 填空题.

(1) 函数 $f(x)$ 在 $[a, b]$ 上有界是 $f(x)$ 在 $[a, b]$ 上可积的_____条件,而 $f(x)$ 在 $[a, b]$ 上连续是 $f(x)$ 在 $[a,b]$ 上可积的_____条件;

(2) 设 $f(x) = \ln x - 2x^2 \int_1^e \dfrac{f(t)}{t} \mathrm{d}t$,则 $f(x) = $ _____;

(3) 设 $f(x)$ 在 $[0,+\infty)$ 上连续,且 $\int_1^{x^3+1} f(t)\mathrm{d}t = x^3(x+1)$,则 $f(2) = $ _____;

(4) $\displaystyle\int_1^{+\infty} \dfrac{\mathrm{d}x}{x(x^2+1)} = $ _____;

(5) 设 $M = \displaystyle\int_{-\frac{\pi}{2}}^{\frac{\pi}{2}} \dfrac{\sin^3 x}{1+x^2}\cos^4 x \mathrm{d}x$, $N = \displaystyle\int_{-\frac{\pi}{2}}^{\frac{\pi}{2}} (\sin^3 x + \cos^4 x)\mathrm{d}x$, $P = \displaystyle\int_{-\frac{\pi}{2}}^{\frac{\pi}{2}} (x^2\sin^3 x - \cos^4 x)\,\mathrm{d}x$,

则 M,N,P 的大小顺序为_____.

2. 单项选择题.

(1) 设函数 $f(x) = \displaystyle\int_0^{1-\cos x} \sin t^2 \mathrm{d}t$,$g(x) = \dfrac{x^5}{5} + \dfrac{x^6}{6}$,则当 $x \to 0$ 时,$f(x)$ 是 $g(x)$ 的( ).

  A. 低阶无穷小   B. 高阶无穷小

  C. 等价无穷小   D. 同阶但非等价的无穷小

(2) $F(x) = \displaystyle\int_0^x \mathrm{e}^{-t}\cos t \mathrm{d}t$,则 $F(x)$ 在 $[0,\pi]$ 上有( ).

  A. $F\left(\dfrac{\pi}{2}\right)$ 为极大值   B. $F\left(\dfrac{\pi}{2}\right)$ 为极小值

  C. $F\left(\dfrac{\pi}{2}\right)$ 不是极值   D. $F(x)$ 不存在极值

(3) 下列反常积分收敛的是( ).

A. $\int_1^{+\infty} \dfrac{\mathrm{d}x}{x^{\frac{4}{5}}}$ 　　　　 B. $\int_1^{+\infty} \dfrac{\mathrm{d}x}{\sqrt{x+1}}$ 　　　　 C. $\int_1^{+\infty} \dfrac{\mathrm{d}x}{x^3}$ 　　　　 D. $\int_{-1}^1 \dfrac{\mathrm{d}x}{x^2}$

3. 计算下列极限.

(1) $\lim\limits_{n\to\infty} \dfrac{1}{n} \sum\limits_{i=1}^n \sqrt{1+\dfrac{i}{n}}$;

(2) $\lim\limits_{n\to\infty} \dfrac{1}{n} \ln \dfrac{(n+1)(n+2)\cdots(n+n)}{n^n}$;

(3) $\lim\limits_{x\to a} \dfrac{x}{x-a} \int_a^x f(t)\mathrm{d}t$, 其中 $f(x)$ 连续;

(4) $\lim\limits_{x\to+\infty} \dfrac{\int_0^x (\arctan t)^2 \mathrm{d}t}{\sqrt{x^2+1}}$.

4. 证明积分不等式: $\dfrac{3}{\mathrm{e}^4} \leqslant \int_{-1}^2 \mathrm{e}^{-x^2}\mathrm{d}x \leqslant 3$.

5. 计算下列积分.

(1) $\int_0^{\frac{\pi}{2}} \dfrac{x+\sin x}{1+\cos x}\mathrm{d}x$;

(2) $\int_0^{\frac{\pi}{4}} \ln(1+\tan x)\mathrm{d}x$;

(3) $\int_0^a \dfrac{\mathrm{d}x}{x+\sqrt{a^2-x^2}}$ $(a>0)$;

(4) $\int_0^{\frac{\pi}{2}} \sqrt{1-\sin 2x}\,\mathrm{d}x$;

(5) $\int_0^{\frac{\pi}{2}} \dfrac{\mathrm{d}x}{1+\cos^2 x}$;

(6) $\int_0^{\pi} x\sqrt{\cos^2 x - \cos^4 x}\,\mathrm{d}x$;

(7) $\int_{-\frac{\pi}{2}}^{\frac{\pi}{2}} \sin^2 x \ln(x+\sqrt{4+x^2})\mathrm{d}x$;

(8) $\int_0^x \max\{t^3, t^2, 1\}\mathrm{d}t$.

6. 设函数 $f(x)$ 在 $(-\infty, +\infty)$ 内满足 $f(x) = f(x-\pi) + \sin x$, 且 $f(x) = x$, $x\in[0,\pi)$, 计算 $\int_\pi^{3\pi} f(x)\mathrm{d}x$.

7. 设函数 $f(x)$ 在 $(-\infty, +\infty)$ 内连续, 且 $f(x) = x^2 - x\int_0^2 f(x)\mathrm{d}x + 2\int_0^1 f(x)\mathrm{d}x$, 求 $f(x)$.

8. 设 $f''(x)$ 在 $[0,1]$ 上连续, 证明:
$$\int_0^1 f(x)\mathrm{d}x = \dfrac{f(0)+f(1)}{2} - \dfrac{1}{2}\int_0^1 x(1-x)f''(x)\mathrm{d}x .$$

9. 设 $f(x)$, $g(x)$ 在 $[a,b]$ 上均连续, 证明:

(1) $\left[\int_a^b f(x)g(x)\mathrm{d}x\right]^2 \leqslant \int_a^b f^2(x)\mathrm{d}x \cdot \int_a^b g^2(x)\mathrm{d}x$ (柯西–施瓦茨不等式);

(2) $\left\{\int_a^b [f(x)+g(x)]^2\mathrm{d}x\right\}^{\frac{1}{2}} \leqslant \left[\int_a^b f^2(x)\mathrm{d}x\right]^{\frac{1}{2}} + \left[\int_a^b g^2(x)\mathrm{d}x\right]^{\frac{1}{2}}$ (闵可夫斯基不等式).

10. 设 $f(x)$ 在 $[a,b]$ 上连续, 且 $f(x)>0$, 证明:
$$\int_a^b f(x)\mathrm{d}x \cdot \int_a^b \dfrac{\mathrm{d}x}{f(x)} \geqslant (b-a)^2 .$$

11. 设 $f(x)$ 在 $[a,b]$ 上连续, 且 $f(x)>0$,
$$F(x) = \int_a^x f(t)\mathrm{d}t + \int_b^x \dfrac{\mathrm{d}t}{f(t)} , \quad x\in[a,b],$$

证明:

(1) $F'(x) \geqslant 2$;

(2) 方程 $F(x)=0$ 在 (a,b) 内有且仅有一个根.

12. 设 $f(x)$ 为连续函数, 证明:

$$\int_0^x f(t)(x-t)\mathrm{d}t = \int_0^x \left[\int_0^t f(u)\mathrm{d}u \right]\mathrm{d}t .$$

13. 设 $f(x)$ 在 $[a,b]$ 上连续, $g(x)$ 在 $[a,b]$ 上连续且不变号, 证明至少存在一点 $\xi \in [a,b]$, 使下式成立:

$$\int_a^b f(x)g(x)\mathrm{d}x = f(\xi)\int_a^b g(x)\mathrm{d}x \quad (\text{积分第一中值定理}).$$

14. 设 $f(x)$ 在 $[a,b]$ 上连续, 在 (a,b) 内可导, 且 $f(a)=0$, $f'(x)\leqslant M$ (M 为常数), 证明:

$$\int_a^b f(x)\mathrm{d}x \leqslant \frac{M}{2}(b-a)^2 .$$

15. 已知 $\int_0^{+\infty} \frac{\sin x}{x}\mathrm{d}x = \frac{\pi}{2}$, 试证:

(1) $\displaystyle\int_0^{+\infty} \frac{\sin x\cos x}{x}\mathrm{d}x = \frac{\pi}{4}$; 　　　　(2) $\displaystyle\int_0^{+\infty} \frac{\sin^2 x}{x^2}\mathrm{d}x = \frac{\pi}{2}$.

16. 设曲线 $y=ax^2$ ($a>0$, $x<0$) 与曲线 $y=1-x^2$ 交于点 A, 把过坐标原点 O 和点 A 的直线与曲线 $y=ax^2$ 围成的图形记为 D, 问 a 为何值时, 图形 D 绕 x 轴旋转一周所得的旋转体体积最大? 最大体积是多少?

17. 设抛物线 $y=ax^2+bx+c$ 通过点 $(0,0)$, 且当 $x\in[0,1]$ 时 $y\geqslant 0$, 试确定 a,b,c 的值, 使抛物线 $y=ax^2+bx+c$ 与直线 $x=1, y=0$ 所围平面图形的面积为 $\frac{4}{9}$, 且使该图形绕 x 轴旋转一周而成的旋转体的体积最小.

18. 过坐标原点作曲线 $y=\ln x$ 的切线, 该切线与曲线 $y=\ln x$ 及 x 轴围成平面图形 D.

(1) 求 D 的面积 A;

(2) 求 D 绕直线 $x=e$ 旋转一周所得旋转体的体积 V.

19. 求抛物线 $y=\frac{1}{2}x^2$ 被圆 $x^2+y^2=3$ 所截下的有限部分的弧长.

第六章　常微分方程

在研究和解决自然科学、工程技术及社会经济等方面的问题时，需要寻求与问题相关的函数关系.然而在某些情况下，往往不能直接求出函数关系，却可以建立未知函数及其导数或微分之间的关系式，这种关系式就是微分方程. 本章主要介绍微分方程的一些基本概念，讨论一些常见类型的微分方程的解法及应用.

第一节　微分方程的基本概念

一、引例

例 6-1　一曲线通过点 $(1,2)$，且在该曲线上任一点 $M(x,y)$ 处的切线斜率为 $3x^2$，求该曲线的方程.

解　设所求曲线的方程为 $y = y(x)$，根据导数的几何意义可知曲线满足关系式

$$\frac{dy}{dx} = 3x^2 , \tag{6-1}$$

把式 (6-1)两端积分，得

$$y = x^3 + C , \tag{6-2}$$

其中 C 为任意常数.

依题意，未知函数 $y = y(x)$ 还应满足条件：

$$x = 1 \text{时}, \quad y = 2 . \tag{6-3}$$

将式(6-3)代入式(6-2)，得 $C = 1$. 于是，所求曲线的方程为

$$y = x^3 + 1 . \tag{6-4}$$

例 6-2　一质量为 m 的物体以初速度 v_0 竖直上抛，且开始上抛的位置为 s_0，忽略空气阻力，求物体运动的位置 s 与时间 t 的函数关系.

解　取竖直向上为 s 的正方向，g 是重力加速度，方向向下. 根据牛顿第二定律，物体运动的位置函数 $s = s(t)$ 的变化应满足方程

$$m \frac{d^2 s}{dt^2} = -mg ,$$

即

$$\frac{d^2 s}{dt^2} = -g . \tag{6-5}$$

由题意, 函数 $s = s(t)$ 还满足条件:

$$t = 0 \text{ 时}, \quad s = s_0, \quad v = \frac{\mathrm{d}s}{\mathrm{d}t} = v_0. \tag{6-6}$$

把式(6-5)两端对 t 积分一次, 得

$$v = \frac{\mathrm{d}s}{\mathrm{d}t} = -gt + C_1, \tag{6-7}$$

两端再对 t 积分, 得

$$s = -\frac{g}{2}t^2 + C_1 t + C_2, \tag{6-8}$$

将条件 " $t = 0$ 时, $v = v_0$ " 代入式(6-7), 得 $C_1 = v_0$; 将条件 " $t = 0$ 时, $s = s_0$ " 代入式(6-8), 得 $C_2 = s_0$. 故该上抛物体的运动规律为

$$s(t) = -\frac{1}{2}gt^2 + v_0 t + s_0. \tag{6-9}$$

二、微分方程及微分方程的阶

例 6-1 和例 6-2 出现的关系式(6-1)和(6-5)中均含有未知函数的导数. 一般地, 将含有自变量、未知函数、未知函数的导数或微分的方程称为微分方程. 如果微分方程中的未知函数是一元函数, 则称为常微分方程, 未知函数是多元函数就称为偏微分方程. 本教材只讨论常微分方程, 有时也简称方程.

微分方程中出现的未知函数的最高阶导数的阶数称为微分方程的阶. 例如, 方程(6-1)是一阶微分方程; 方程(6-5)是二阶微分方程; 方程 $x^3 y^{(4)} + x^2 y'' - 4xy' = 3x^2$ 是四阶微分方程. n 阶微分方程的一般形式是

$$F\left[x, y, y', \cdots, y^{(n)}\right] = 0, \tag{6-10}$$

其中 x 为自变量, $y = y(x)$ 为未知函数. 在 n 阶微分方程中 $y^{(n)}$ 是必须出现的, 而其余的某些变量则可以不出现.

三、微分方程的解、通解和特解

如果函数 $y(x)$ 满足微分方程, 即将函数 $y(x)$ 代入微分方程后能使之成为恒等式, 则称该函数为微分方程的解. 例如, 函数(6-2)和(6-4)都是微分方程(6-1)的解; 函数(6-8)和(6-9)都是微分方程(6-5)的解. 在微分方程的解中含有任意常数, 且相互独立的任意常数的个数与微分方程的阶数相同, 这样的解称为微分方程的通解. 不含有任意常数的解称为微分方程的特解. 例如, 函数(6-2)是一阶微分方程(6-1)的通解; 函数(6-8)是二阶微分方程(6-5)的通解; 而函数(6-4)则是微分方程(6-1)的一个特解; 函数(6-9)是微分方程(6-5)的一个特解.

由问题所给出的特定条件可以确定通解中的常数, 这是得到特解的常用方法, 这些条件叫作初始条件. 例如, 例 6-1 中的条件(6-3)和例 6-2 中的条件(6-6).

n 阶微分方程的初始条件一般为

$$y(x_0) = y_0, y'(x_0) = y'_0, \cdots, y^{(n-1)}(x_0) = y_0^{(n-1)}$$

或

$$y\big|_{x=x_0} = y_0, \quad y'\big|_{x=x_0} = y'_0, \cdots, y^{(n-1)}\big|_{x=x_0} = y_0^{(n-1)},$$

其中, $x_0, y_0, y'_0, \cdots, y_0^{(n-1)}$ 都是给定的值.

求微分方程满足初始条件的特解的问题称为初值问题. 一阶微分方程的初值问题记作

$$\begin{cases} F(x, y, y') = 0, \\ y(x_0) = y_0. \end{cases} \tag{6-11}$$

二阶微分方程的初值问题记作

$$\begin{cases} F(x, y, y', y'') = 0, \\ y(x_0) = y_0, y'(x_0) = y'_0. \end{cases} \tag{6-12}$$

微分方程解的图形称为它的积分曲线. 通解的几何图形是由一簇曲线构成的积分曲线族, 而特解的几何图形就是积分曲线族中的一条特定的积分曲线.

例 6-3 验证函数 $y = C_1 \sin x + C_2 \cos x + x$ 是微分方程 $y'' + y = x$ 的解.

解 因为

$$y' = C_1 \cos x - C_2 \sin x + 1, \quad y'' = -C_1 \sin x - C_2 \cos x,$$

把 y'' 和 y 代入方程得

$$y'' + y = -C_1 \sin x - C_2 \cos x + C_1 \sin x + C_2 \cos x + x = x,$$

所以函数 $y = C_1 \sin x + C_2 \cos x + x$ 是所给微分方程的解.

习 题 6-1

1. 下列方程哪些是微分方程? 并指出微分方程的阶.

(1) $y'' - 2y' + 3y = x^2$;

(2) $y^2 - 2y + 3 = x^2$;

(3) $\dfrac{\mathrm{d}^2 x}{\mathrm{d}t^2} + 2\dfrac{\mathrm{d}x}{\mathrm{d}t} + x - \mathrm{e}^t = 0$;

(4) $y^2 \mathrm{d}y + 3xy\mathrm{d}x + 2x\mathrm{d}y = 0$;

(5) $x(y')^2 - 2yy' + x = 1$;

(6) $\dfrac{\mathrm{d}x}{\mathrm{d}y} = \dfrac{\sqrt{1-x^2}}{\sqrt{1-y^2}}$.

2. 验证下列各题中所给函数(其中 C 为任意常数)是否为对应的微分方程的解. 如果是解, 指出是通解还是特解?

(1) $xy' = 2y$, $y = 5x^2$;

(2) $y'' + y = 0$, $y = 3\sin x - 4\cos x$;

(3) $(x - y + 1)y' = 1$, $y = x + C\mathrm{e}^y$;

(4) $y' - y = \mathrm{e}^{x^2+x}$, $y = \mathrm{e}^x \displaystyle\int_0^x \mathrm{e}^{t^2} \mathrm{d}t + C\mathrm{e}^x$.

3. 设函数 $y = C_1 + C_2 \ln x + C_3 x^3$ 是某微分方程的通解, 求该方程满足初始条件 $y(1) = 1, y'(1) = 0, y''(1) = 2$ 的特解.

4. 给定一阶微分方程 $\dfrac{\mathrm{d}y}{\mathrm{d}x} = 2x$.

(1) 求出它的通解;

(2) 求通过点$(1, 4)$的积分曲线方程;

(3) 求出满足条件$\displaystyle\int_0^1 y\mathrm{d}x = 2$ 的解.

5. 写出由下列条件确定的曲线所满足的微分方程.

(1) 曲线上任意一点(x, y)处的切线与两坐标轴所围成的三角形的面积都等于常数a^2;

(2) 曲线上任意一点(x, y)处的切线的纵截距等于该点横坐标的平方.

第二节　可分离变量的微分方程

本节至第四节, 主要讨论一些特殊类型的一阶微分方程的求解方法, 掌握这几类方程的基本求解方法十分重要, 它们在实际中也有着广泛的应用.

形如

$$\frac{\mathrm{d}y}{\mathrm{d}x} = f(x)h(y) \tag{6-13}$$

的方程称为可分离变量的微分方程, 其中 $f(x), h(y)$ 是已知的连续函数.

如果 $h(y) \neq 0$, 可将方程改写为

$$\frac{\mathrm{d}y}{h(y)} = f(x)\mathrm{d}x, \tag{6-14}$$

这种变形称为分离变量. 我们把 y 视为 x 的函数 $y = y(x)$, 设 $g(y) = \dfrac{1}{h(y)}$, 方程$(6-14)$两边对 x 积分, 得

$$\int g[y(x)]y'(x)\mathrm{d}x = \int f(x)\mathrm{d}x + C,$$

即 $y = y(x)$ 应满足

$$\int g(y)\mathrm{d}y = \int f(x)\mathrm{d}x + C.$$

设 $G(y)$ 及 $F(x)$ 分别为 $g(y)$ 及 $f(x)$ 的原函数, 则有

$$G(y) = F(x) + C. \tag{6-15}$$

将式$(6-15)$两边微分即可证明由式$(6-15)$所确定的 x, y 之间的隐函数关系式一定满足方程$(6-13)$, 且式$(6-15)$含有一个任意常数 C, 所以式$(6-15)$为方程$(6-13)$的通解, 称为隐式通解, 在方便时可以转化为显式通解.

这种通过分离变量来求微分方程通解的方法称为分离变量法.

例 6-4　求微分方程 $\dfrac{\mathrm{d}y}{\mathrm{d}x} = 3x^2 y$ 的通解.

解　将微分方程分离变量得

扫码演示

$$\frac{\mathrm{d}y}{y} = 3x^2\mathrm{d}x \quad (y \neq 0),$$

两端积分, 得 $\ln|y| = x^3 + C_1$, 即 $y = \pm e^{C_1}e^{x^3}$. 令 $C = \pm e^{C_1}$, 得原方程的通解为

$$y = Ce^{x^3} \quad (C \text{ 为任意常数}).$$

例 6-5 求微分方程 $(1 + y^2)\mathrm{d}x - (xy + x^3y)\mathrm{d}y = 0$ 满足初始条件 $y(1) = 0$ 的特解.

解 将原方程变形为

$$(1 + y^2)\mathrm{d}x - xy(1 + x^2)\mathrm{d}y = 0,$$

分离变量, 得

$$\frac{y}{1 + y^2}\mathrm{d}y = \frac{1}{x(1 + x^2)}\mathrm{d}x,$$

两端积分, 得微分方程的通解

$$\ln(1 + y^2) = \ln x^2 - \ln(1 + x^2) + \ln|C|,$$

即

$$1 + y^2 = \frac{Cx^2}{1 + x^2}.$$

把条件 $y(1) = 0$ 代入上式, 得 $C = 2$, 故所求特解为

$$1 + y^2 = \frac{2x^2}{1 + x^2}.$$

对微分方程而言, Mathematica 能求常微分方程的解析解. 如果微分方程没有解析解, Mathematica 可以求出其数值解. 利用 Mathematica 求解微分方程通解的语句格式如下:

DSolve[微分方程,未知函数,自变量]

求特解的语句格式如下:

DSolve[{微分方程,初始条件},未知函数,自变量]

对例 6-4 和例 6-5, 利用 Mathematica 求解如下:

In[1]:=DSolve[y'[x]==3x^2*y[x],y[x],x]

Out[1]={{y[x]→e^{x^3}C[1]}}

In[2]:= DSolve[{y'[x]==(1+y[x]^2)/(x*y[x](1+x^2)),y[1]==0},y[x],x]

Out[2]={{y[x]→-√{\frac{-1+x^2}{1+x^2}}},{y[x]→√{\frac{-1+x^2}{1+x^2}}}}

利用 Mathematica 求解微分方程时, 未知函数的输入需要带有自变量. 例如, y[x] 不能只输入 y. 微分方程和初始条件中的等号, 输入时需要用两个连续的等号来表示. 在求通解时, 所得的解包括了待定的系数 C[1],C[2] 等.

例 6-6 子弹以速度 v_0=400 m/s 射入一厚为 h=20 cm 的木板, 穿透木板后以速度 100 m/s 飞出, 假定木板对子弹的阻力与子弹运动速度的平方成正比, 求子弹穿透木板所需的时间.

解 设在时刻 t=0 子弹打进木板, 时刻 t 子弹运动速度为 $v(t)$, 子弹质量为 m, 所受阻力为 kv^2 (常数 k>0). 根据牛顿第二定律, $v(t)$ 应满足的微分方程为

$$m\frac{\mathrm{d}v}{\mathrm{d}t} = -kv^2,$$

分离变量, 得

$$\frac{\mathrm{d}v}{v^2} = -\mu\mathrm{d}t \quad \left(\mu = \frac{k}{m}\right),$$

两端积分, 得通解

$$v = \frac{1}{\mu t + C}.$$

依题意有初始条件 $v(0) = 400$, 代入上式得 $C = \dfrac{1}{400}$, 故子弹的运动速度为

$$v(t) = \frac{400}{400\mu t + 1}.$$

已知木板厚为 $h = 20\,\mathrm{cm} = 0.2\,\mathrm{m}$, 设子弹穿透木板所需时间为 T, 因此有

$$0.2 = h = \int_0^T v(t)\mathrm{d}t = \int_0^T \frac{400}{400\mu t + 1}\mathrm{d}t = \frac{1}{\mu}\ln(400\mu T + 1),$$

即 $\mathrm{e}^{0.2\mu} = 400\mu T + 1$. 在时刻 T, 子弹从木板飞出时的速度为 $100\,\mathrm{m/s}$, 故

$$v(T) = \frac{400}{400\mu T + 1} = 100,$$

由此得 $400\mu T = 3$, 代入 $\mathrm{e}^{0.2\mu} = 400\mu T + 1$, 得 $\mu = 10\ln 2$. 故子弹穿透木板所需时间为

$$T = \frac{1}{400\mu}(\mathrm{e}^{0.2\mu} - 1) = \frac{3}{4000 \cdot \ln 2} \approx 0.001(\mathrm{s}).$$

习　题　6-2

1. 求下列微分方程的通解.

(1) $\dfrac{\mathrm{d}y}{\mathrm{d}x} = \mathrm{e}^{x+y}$;

(2) $xy' - y\ln y = 0$;

(3) $y' = \tan x\tan y$;

(4) $(xy^2 + x)\mathrm{d}x + (y - x^2 y)\mathrm{d}y = 0$;

(5) $y' = 1 + x + y^2 + xy^2$;

(6) $y' - xy' = a(x^2 + y')$.

2. 求下列微分方程满足所给初始条件的特解.

(1) $(x+1)\dfrac{\mathrm{d}y}{\mathrm{d}x} + 1 = 2\mathrm{e}^{-y}$, $y\big|_{x=1} = 0$;

(2) $\sin x\mathrm{d}y - y\ln y\mathrm{d}x = 0$, $y\left(\dfrac{\pi}{2}\right) = \mathrm{e}$;

(3) $y'(x^2 - 4) = 2xy$, $y(0) = 1$;

(4) $(1 + \mathrm{e}^x)yy' = \mathrm{e}^x$, $y(1) = 1$.

3. 小船行驶速度为 1.5 m/s, 发动机停机后在水的阻力作用下减速, 阻力大小与小船速度成正比, 若经过 4 s 后小船速度减为 1 m/s, 问小船停止前经过了多少路程?

4. 牛顿冷却定律: 物体的冷却速度与物体和外界的温差成正比. 如果物体在 20 min 内温度由 100 ℃ 冷却至 60 ℃, 那么, 在多久的时间内, 这个物体的温度冷却至 30 ℃ (假设空气的温度是 20 ℃)?

第三节 一阶线性微分方程

形如

$$\frac{\mathrm{d}y}{\mathrm{d}x} + P(x)y = Q(x) \tag{6-16}$$

的方程称为一阶线性微分方程. 当 $Q(x) \equiv 0$ 时, 称其为一阶齐次线性微分方程; 当 $Q(x) \neq 0$ 时, 称其为一阶非齐次线性微分方程.

设式(6-16)为非齐次线性微分方程, 为了求出非齐次线性微分方程(6-16)的通解, 我们先求与方程(6-16)所对应的一阶齐次线性微分方程

$$\frac{\mathrm{d}y}{\mathrm{d}x} + P(x)y = 0 \tag{6-17}$$

的通解. 方程(6-17)是可分离变量的, 分离变量后得

$$\frac{\mathrm{d}y}{y} = -P(x)\mathrm{d}x,$$

两端积分, 得

$$\ln|y| = -\int P(x)\mathrm{d}x + C_1,$$

即有

$$y = C\mathrm{e}^{-\int P(x)\mathrm{d}x} \quad (C = \pm\mathrm{e}^{C_1}), \tag{6-18}$$

这就是与方程(6-16)对应的齐次线性微分方程(6-17)的通解.

现在来求非齐次线性微分方程(6-16)的通解. 设非齐次线性微分方程(6-16)的解为

$$y = u(x)\mathrm{e}^{-\int P(x)\mathrm{d}x}, \tag{6-19}$$

即把式(6-18)中的任意常数 C 视为待定函数 $u(x)$. 将式(6-19)两端对 x 求导, 得

$$\frac{\mathrm{d}y}{\mathrm{d}x} = u'\mathrm{e}^{-\int P(x)\mathrm{d}x} - uP(x)\mathrm{e}^{-\int P(x)\mathrm{d}x}, \tag{6-20}$$

将式(6-19)和式(6-20)代入非齐次线性微分方程(6-16)中, 于是有

$$u'\mathrm{e}^{-\int P(x)\mathrm{d}x} - uP(x)\mathrm{e}^{-\int P(x)\mathrm{d}x} + P(x)u\mathrm{e}^{-\int P(x)\mathrm{d}x} = Q(x),$$

即有 $u' = Q(x)\mathrm{e}^{\int P(x)\mathrm{d}x}$, 将它两端积分, 得

$$u(x) = \int Q(x)\mathrm{e}^{\int P(x)\mathrm{d}x}\mathrm{d}x + C,$$

再将 $u(x)$ 代入式(6-19), 就得到一阶非齐次线性微分方程(6-16)的通解

$$y = \mathrm{e}^{-\int P(x)\mathrm{d}x}\left[\int Q(x)\mathrm{e}^{\int P(x)\mathrm{d}x}\mathrm{d}x + C\right]. \tag{6-21}$$

这种方法称为常数变易法, 它是求解微分方程的一种重要方法.

如果将式(6-21)改写成如下两项之和

$$y = C\mathrm{e}^{-\int P(x)\mathrm{d}x} + \mathrm{e}^{-\int P(x)\mathrm{d}x}\int Q(x)\mathrm{e}^{\int P(x)\mathrm{d}x}\mathrm{d}x,$$

容易看出, 非齐次线性微分方程的通解由两项组成. 其中第一项是对应的齐次线性微分

方程的通解, 第二项是非齐次线性微分方程的一个特解.

例6-7　求微分方程 $(x+1)\dfrac{\mathrm{d}y}{\mathrm{d}x}-ny=\mathrm{e}^x(x+1)^{n+1}$ 的通解, 这里 n 为常数.

解　将方程改写为

$$\frac{\mathrm{d}y}{\mathrm{d}x}-\frac{n}{x+1}y=\mathrm{e}^x(x+1)^n, \tag{6-22}$$

这是一阶非齐次线性微分方程. 先求与之对应的齐次线性微分方程

$$\frac{\mathrm{d}y}{\mathrm{d}x}-\frac{n}{x+1}y=0$$

扫码演示

的通解. 将上式分离变量, 得

$$\frac{\mathrm{d}y}{y}=\frac{n}{x+1}\mathrm{d}x,$$

两端积分, 有 $\ln|y|=n\ln|x+1|+\ln|C|$, 即得齐次线性微分方程的通解为

$$y=C(x+1)^n.$$

再用常数变易法, 设

$$y=u(x)(x+1)^n, \tag{6-23}$$

将其代入式(6-22), 化简可得

$$u'(x)=\mathrm{e}^x,$$

两端积分, 得

$$u(x)=\mathrm{e}^x+C.$$

把上式代入式(6-23), 即得原方程的通解为

$$y=(x+1)^n(\mathrm{e}^x+C).$$

对例6-7在 Mathematica 中求解如下:

```
In[1]:=DSolve[y'[x]==(n/(x+1))*y[x]+Exp[x]*(x+1)^n,y[x],x]
Out[1]={{y[x]→e^x(1+x)^n+(1+x)^nC[1]}}
```

例6-8　求微分方程 $x^2y'+xy-\ln x=0$ 满足条件 $y(1)=\dfrac{1}{2}$ 的特解.

解　将其改写成一阶非齐次线性微分方程的标准形式

$$y'+\frac{1}{x}y=\frac{\ln x}{x^2},$$

这里, $P(x)=\dfrac{1}{x}$, $Q(x)=\dfrac{\ln x}{x^2}$, 利用通解公式(6-21), 得

$$y(x)=\mathrm{e}^{-\int\frac{\mathrm{d}x}{x}}\left(\int\frac{\ln x}{x^2}\mathrm{e}^{\int\frac{\mathrm{d}x}{x}}\mathrm{d}x+C\right)=\frac{1}{x}\left(\frac{1}{2}\ln^2 x+C\right).$$

将初始条件 $y(1)=\dfrac{1}{2}$ 代入上式, 得 $C=\dfrac{1}{2}$. 故所求方程的特解为

$$y=\frac{1}{2x}\left(\ln^2 x+1\right).$$

对例6-8在 Mathematica 中求解如下:

```
In[1]:= DSolve[{y'[x]==-y[x]/x+Log[x]/x^2,y[1]==1/2},y[x],x]
```

$$Out[1]=\left\{\left\{y[x]\to\frac{1+Log[x]^2}{2x}\right\}\right\}$$

例 6-9　求微分方程 $y^2\mathrm{d}x+(x-2xy-y^2)\mathrm{d}y=0$ 的通解.

解　将方程变形为

$$\frac{\mathrm{d}y}{\mathrm{d}x}=\frac{y^2}{y^2+2xy-x},$$

如果仍把 x 看成自变量, y 视为未知函数, 它不是一阶线性微分方程, 也不是可分离变量方程, 但将上式两端取倒数后可改写成

$$\frac{\mathrm{d}x}{\mathrm{d}y}+\frac{1-2y}{y^2}x=1,$$

这是一个关于未知函数 $x=x(y)$ 的一阶非齐次线性微分方程. 这里 $P(y)=\dfrac{1-2y}{y^2}$, $Q(y)=1$, 代入式(6-21), 得原方程的通解为

$$x=\mathrm{e}^{-\int\frac{1-2y}{y^2}\mathrm{d}y}\left(\int 1\cdot\mathrm{e}^{\int\frac{1-2y}{y^2}\mathrm{d}y}\mathrm{d}y+C\right)$$

$$=y^2\mathrm{e}^{1/y}\left(\mathrm{e}^{-1/y}+C\right)=y^2(1+C\mathrm{e}^{1/y}).$$

例 6-10　已知:

(1) 函数 $f(x)$ 在 $[0,+\infty)$ 上连续, 且满足 $f(0)=0$ 及 $0\leqslant f(x)\leqslant\mathrm{e}^x-1$;

(2) 平行于 y 轴的动直线 MN 与曲线 $y=f(x)$ 和 $y=\mathrm{e}^x-1$ 分别交于点 P_2 和 P_1;

(3) 由曲线 $y=f(x)$ 与直线 MN 及 x 轴围成的平面图形的面积 S 恒等于线段 P_1P_2 之长.

求函数 $f(x)$ 的表达式.

解　如图 6-1 所示, 设动直线 MN 上各点的横坐标为 x, 由题设知

$$S=\int_0^x f(t)\mathrm{d}t,\qquad |P_1P_2|=\mathrm{e}^x-1-f(x).$$

于是, 函数 $f(x)$ 满足方程

$$\int_0^x f(t)\mathrm{d}t=\mathrm{e}^x-1-f(x).$$

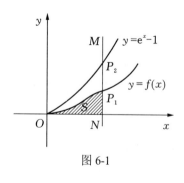

图 6-1

由 $f(x)$ 及 e^x 连续知变上限函数 $\int_0^x f(t)\mathrm{d}t$ 可导, 从而 $f(x)$ 可导. 将上述方程两端对 x 求导, 得

$$f(x)=\mathrm{e}^x-f'(x),$$

又因为 $f(0)=0$, 于是 $f(x)$ 是一阶线性微分方程 $y'+y=\mathrm{e}^x$ 满足初始条件 $y(0)=0$ 的特解. 解之即得

$$f(x)=\frac{1}{2}(\mathrm{e}^x-\mathrm{e}^{-x}).$$

例 6-11　有一车间体积为 12 000 m³,开始时空气中含有 0.1%的 CO_2,为了降低车间内

空气中 CO_2 的含量,用一台风量为 2 000 m³/min 的鼓风机通入含 0.03% 的 CO_2 的新鲜空气,同时以相同的风量将混合均匀的空气排出. 问鼓风机开动 6 min 后, 车间内 CO_2 的百分比降低到多少?

解 设鼓风机开动后, 在时刻 t 车间内空气中 CO_2 含量的百分比为 $x(t)\%$, 由于 t 到 $t+dt$ 这段时间内, 车间内 CO_2 的通入量为 $2000 \cdot dt \cdot 0.03$, CO_2 的排出量为 $2000 \cdot dt \cdot x(t)$, 而 CO_2 的改变量=CO_2 的通入量-CO_2 的排出量. 所以有

$$12000\mathrm{d}x = 2000 \cdot 0.03\mathrm{d}t - 2000x\mathrm{d}t,$$

即

$$\frac{\mathrm{d}x}{\mathrm{d}t} + \frac{1}{6}x = \frac{0.03}{6}.$$

这是一阶非齐次线性微分方程, 初始条件为 $x(0) = 0.1$, 易求得其通解为

$$x(t) = 0.03 + Ce^{-\frac{1}{6}t}.$$

代入初始条件 $x(0) = 0.1$, 得 $C = 0.07$. 于是, 方程的特解为

$$x(t) = 0.03 + 0.07e^{-\frac{1}{6}t}.$$

由此可得, 当 $t = 6$ 时, 有

$$x = 0.03 + 0.07e^{-1} \approx 0.056.$$

故 6 min 后, 车间内 CO_2 含量的百分比大约降低到 0.056%.

习 题 6-3

1. 求下列一阶线性微分方程的通解.

(1) $xy' + y = e^x$;

(2) $y' + y\cos x = e^{-\sin x}$;

(3) $xy' - 3y - x^4\cos x = 0$;

(4) $(x^2 + 1)y' + 2xy = 4x^2$;

(5) $(x^2 - 1)y' + 2xy - \cos x = 0$;

(6) $y' + 2xy = 2xe^{-x^2}$;

(7) $(y^2 - 6x)y' + 2y = 0$;

(8) $y\ln y\mathrm{d}x + (x - \ln y)\mathrm{d}y = 0$.

2. 求下列微分方程满足所给初始条件的特解.

(1) $xy' + y - \sin x = 0$, $y(\pi) = 1$;

(2) $y'\cos x + y\sin x = 1$, $y(0) = 1$;

(3) $x^3y' + (2 - 3x^2)y = x^3$, $y(1) = 0$;

(4) $y' - y\tan x = \sec x$, $y(0) = 1$.

3. 设函数 $f(x)$ 可微, 且满足 $f(x) = 1 + \int_0^x \left[\sin t\cos t - f(t)\cos t\right]\mathrm{d}t$, 求函数 $f(x)$.

4. 一曲线通过原点, 且它在点 (x, y) 处的切线斜率等于 $2x+y$, 求该曲线方程.

5. 设有一质量为 m 的质点做直线运动, 从速度等于零的时刻起, 有一个与运动方向一致、 大小与时间成正比(比例系数为 k_1, $k_1 > 0$)的力作用于它, 此外还受一个与速度成正比(比例系数为 k_2, $k_2 > 0$)的阻力作用, 求质点运动的速度与时间的函数关系.

第四节　利用变量代换解一阶微分方程

除了可分离变量微分方程和线性微分方程之外, 还会遇到其他类型的一阶微分方程. 有些通过适当的变量代换, 可以化为前面两种形式的微分方程.

一、齐次方程

形如

$$\frac{\mathrm{d}y}{\mathrm{d}x} = \varphi\left(\frac{y}{x}\right) \tag{6-24}$$

的微分方程称为齐次方程.

例如, 方程 $(x^2 - 2xy)\mathrm{d}y + (y^2 - xy)\mathrm{d}x = 0$ 可以化成下面的形式

$$\frac{\mathrm{d}y}{\mathrm{d}x} = \frac{xy - y^2}{x^2 - 2xy} = \frac{\dfrac{y}{x} - \left(\dfrac{y}{x}\right)^2}{1 - 2\left(\dfrac{y}{x}\right)},$$

所以此方程是齐次方程.

对于齐次方程只需经过简单的变量代换, 就可化为可分离变量方程.

在方程(6-24)中引入新的未知函数, 令

$$u = \frac{y}{x}, \tag{6-25}$$

即 $y = xu$, 两端对 x 求导, 则 $\dfrac{\mathrm{d}y}{\mathrm{d}x} = u + x\dfrac{\mathrm{d}u}{\mathrm{d}x}$, 将它们代入方程(6-24), 得

$$u + x\frac{\mathrm{d}u}{\mathrm{d}x} = \varphi(u),$$

即 $x\dfrac{\mathrm{d}u}{\mathrm{d}x} = \varphi(u) - u$, 分离变量并积分得

$$\int \frac{\mathrm{d}u}{\varphi(u) - u} = \int \frac{\mathrm{d}x}{x}.$$

求出积分后, 再将 u 用 $\dfrac{y}{x}$ 代回, 即得所给齐次方程的通解.

例 6-12　求微分方程 $(x^2 - y^2)\mathrm{d}y - xy\mathrm{d}x = 0$ 的通解.

解　方程可以变形为

$$\frac{\mathrm{d}y}{\mathrm{d}x} = \frac{xy}{x^2 - y^2} = \frac{\dfrac{y}{x}}{1 - \left(\dfrac{y}{x}\right)^2},$$

故原方程是齐次方程. 令 $\dfrac{y}{x} = u$, 则 $y = ux$, $\dfrac{\mathrm{d}y}{\mathrm{d}x} = u + x\dfrac{\mathrm{d}u}{\mathrm{d}x}$. 代入上式, 有

$$u + x\frac{\mathrm{d}u}{\mathrm{d}x} = \frac{u}{1-u^2},$$

即

$$x\frac{\mathrm{d}u}{\mathrm{d}x} = \frac{u^3}{1-u^2}.$$

分离变量并积分

$$\int \frac{1-u^2}{u^3}\mathrm{d}u = \int \frac{\mathrm{d}x}{x},$$

得

$$-\frac{1}{2u^2} - \ln|u| = \ln|x| + C_1,$$

即

$$ux = C\mathrm{e}^{-\frac{1}{2u^2}},$$

将 $u = \dfrac{y}{x}$ 代回上式, 得原方程的通解为

$$y = C\mathrm{e}^{-\frac{x^2}{2y^2}}.$$

例 6-13 求微分方程 $x(\ln x - \ln y)\mathrm{d}y - y\mathrm{d}x = 0$ 满足条件 $y(1) = 1$ 的特解.

解 原方程可以写成

$$\frac{\mathrm{d}y}{\mathrm{d}x} = -\frac{\dfrac{y}{x}}{\ln\dfrac{y}{x}}.$$

令 $u = \dfrac{y}{x}$, 则 $\dfrac{\mathrm{d}y}{\mathrm{d}x} = u + x\dfrac{\mathrm{d}u}{\mathrm{d}x}$, 于是, 方程变为

$$u + x\frac{\mathrm{d}u}{\mathrm{d}x} = \frac{-u}{\ln u},$$

分离变量并积分

$$\int \frac{\mathrm{d}x}{x} = \int \left[\frac{1}{u(1+\ln u)} - \frac{1}{u}\right]\mathrm{d}u,$$

得

$$\ln|x| = \ln|1+\ln u| - \ln|u| + \ln|C|,$$

即

$$\frac{xu}{1+\ln u} = C,$$

将 $u = \dfrac{y}{x}$ 代入上式, 得通解为

$$y = C\left(1 + \ln\frac{y}{x}\right).$$

代入初始条件 $y(1) = 1$, 得 $C = 1$. 故原方程的特解为

$$y = 1 + \ln\frac{y}{x}.$$

例 6-14 求一曲线, 使曲线上任一点 P 处的切线在 y 轴上的截距等于原点到点 P 的距离.

解 如图 6-2 所示, 设点 P 坐标为 (x, y), 所求曲线为 $y = f(x)$, 则过点 P 的切线方程为

$$Y - y = \frac{\mathrm{d}y}{\mathrm{d}x}(X - x),$$

切线在 y 轴上的截距为 $Y_0 = y - x\dfrac{\mathrm{d}y}{\mathrm{d}x}$, 由题意得

$$y - x\frac{\mathrm{d}y}{\mathrm{d}x} = \sqrt{x^2 + y^2}.$$

若 $x > 0$, 方程可化为齐次方程

$$\frac{\mathrm{d}y}{\mathrm{d}x} = \frac{y}{x} - \sqrt{1 + \left(\frac{y}{x}\right)^2},$$

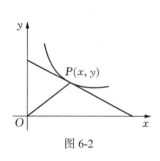

图 6-2

令 $u = \dfrac{y}{x}$, 则 $y = xu$, $\dfrac{\mathrm{d}y}{\mathrm{d}x} = u + x\dfrac{\mathrm{d}u}{\mathrm{d}x}$. 将其代入上式, 分离变量并积分

$$\int \frac{\mathrm{d}u}{\sqrt{1 + u^2}} = -\int \frac{\mathrm{d}x}{x},$$

得

$$\ln(u + \sqrt{1 + u^2}) = -\ln x + \ln|C|,$$

即

$$xu + \sqrt{x^2 + x^2 u^2} = C.$$

将 $u = \dfrac{y}{x}$ 代回上式, 得当 $x > 0$ 时的通解为

$$y + \sqrt{x^2 + y^2} = C \quad (C \text{ 为任意常数}).$$

当 $x < 0$ 时, 方程可变为

$$\frac{\mathrm{d}y}{\mathrm{d}x} = \frac{y}{x} + \sqrt{1 + \left(\frac{y}{x}\right)^2}.$$

类似地, 可得当 $x < 0$ 时的通解为

$$-y + \sqrt{x^2 + y^2} = Cx^2 \quad (C \text{ 为任意常数}).$$

二、伯努利方程

形如

$$\frac{\mathrm{d}y}{\mathrm{d}x} + P(x)y = Q(x)y^n \quad (n \neq 0,1) \tag{6-26}$$

的方程称为伯努利(Bernoulli)方程. 当 $n = 0$ 或 $n = 1$ 时，式(6-26)就是线性微分方程. 而当 $n \neq 0$，$n \neq 1$ 时，方程(6-26)是非线性的，通过变量代换，可把它化为一阶线性微分方程.

用 $(1-n)y^{-n}$ 乘方程(6-26)的两端，得

$$(1-n)y^{-n}\frac{\mathrm{d}y}{\mathrm{d}x} + (1-n)P(x)y^{1-n} = (1-n)Q(x), \tag{6-27}$$

因为 $\dfrac{\mathrm{d}(y^{1-n})}{\mathrm{d}x} = (1-n)y^{-n}\dfrac{\mathrm{d}y}{\mathrm{d}x}$，令 $z = y^{1-n}$，则式(6-27)化为

$$\frac{\mathrm{d}z}{\mathrm{d}x} + (1-n)P(x)z = (1-n)Q(x). \tag{6-28}$$

这是以 z 为函数，x 为自变量的一阶非齐次线性微分方程. 求出该方程的通解后，再以 y^{1-n} 代替 z 便得到伯努利方程的通解.

例 6-15　求微分方程 $\dfrac{\mathrm{d}y}{\mathrm{d}x} + xy = x^3y^3$ 的通解.

解　这是 $n = 3$ 的伯努利方程，方程两端乘 $(1-n)y^{-n} = -2y^{-3}$，得

$$-2y^{-3}\frac{\mathrm{d}y}{\mathrm{d}x} - 2xy^{-2} = -2x^3,$$

因为 $\dfrac{\mathrm{d}(y^{-2})}{\mathrm{d}x} = -2y^{-3}\dfrac{\mathrm{d}y}{\mathrm{d}x}$，令 $z = y^{-2}$，则上述方程为

$$\frac{\mathrm{d}z}{\mathrm{d}x} - 2xz = -2x^3.$$

其通解为

$$z = \mathrm{e}^{-\int -2x\mathrm{d}x}\left(\int -2x^3\mathrm{e}^{\int -2x\mathrm{d}x}\mathrm{d}x + C\right) = 1 + x^2 + C\mathrm{e}^{x^2}.$$

以 y^{-2} 代回 z，得所求微分方程的通解为

$$y^2 = \frac{1}{1 + x^2 + C\mathrm{e}^{x^2}}.$$

对例 6-15 利用 Mathematica 求解如下：

```
In[1]:=DSolve[y'[x]==-x*y[x]+x^3*y[x]^3,y[x],x]
Out[1]={{y[x]→ -————————————},{y[x]→ ————————————}}
             √(1+x²+eˣ²C[1])        √(1+x²+eˣ²C[1])
```

例 6-16　求微分方程 $x^2y\mathrm{d}x - (x^3 + y^4)\mathrm{d}y = 0$ 的通解.

解　若把原方程化为 $\dfrac{\mathrm{d}y}{\mathrm{d}x} = \dfrac{x^2y}{x^3 + y^4}$，则对它直接求解有困难，但可将方程变形为

$$\frac{\mathrm{d}x}{\mathrm{d}y} = \frac{x^3 + y^4}{x^2 y},$$

即

$$\frac{\mathrm{d}x}{\mathrm{d}y} - \frac{1}{y}x = y^3 x^{-2},$$

这是以 x 为未知函数, $n = -2$ 的伯努利方程. 方程两端乘 $(1-n)x^{-n} = 3x^2$, 得

$$3x^2 \frac{\mathrm{d}x}{\mathrm{d}y} - \frac{3}{y}x^3 = 3y^3,$$

即

$$\frac{\mathrm{d}(x^3)}{\mathrm{d}y} - \frac{3}{y}x^3 = 3y^3.$$

令 $z = x^3$, 得关于未知函数 z 的线性微分方程

$$\frac{\mathrm{d}z}{\mathrm{d}y} - \frac{3}{y}z = 3y^3.$$

易求得其通解为

$$z = \mathrm{e}^{-\int \frac{-3}{y}\mathrm{d}y}\left(\int 3y^3 \mathrm{e}^{\int \frac{-3}{y}\mathrm{d}y}\mathrm{d}y + C\right) = 3y^4 + Cy^3.$$

故原方程的通解为

$$x^3 = 3y^4 + Cy^3.$$

三、利用变量代换求解其他类型一阶微分方程举例

除了前面两类方程可通过特定的变量代换求解外, 某些其他形式的微分方程也可以通过变量代换来改变方程的形式, 使其转化成可求解的方程.

例 6-17 求微分方程 $y' = \sin(x - y)$ 的通解.

解 作代换 $u = x - y$, 则 $y' = (x-u)' = 1 - u'$, 代入方程, 有

$$1 - u' = \sin u,$$

分离变量并积分

$$\int \frac{\mathrm{d}u}{1 - \sin u} = \int \mathrm{d}x,$$

因

$$\int \frac{\mathrm{d}u}{1 - \sin u} = \int \frac{1 + \sin u}{\cos^2 u}\mathrm{d}u = \tan u + \sec u + C,$$

故得通解

$$\tan(x - y) + \sec(x - y) = x + C.$$

例 6-18 求微分方程 $x + yy' = (x^2 + y^2 + 1)\tan x$ 的通解.

解 作代换 $u^2 = x^2 + y^2$, 对 x 求导得 $uu' = x + yy'$, 则方程可变为

$$uu' = (1 + u^2)\tan x,$$

分离变量并积分

$$\int \frac{u}{1+u^2}\,\mathrm{d}u = \int \tan x\,\mathrm{d}x,$$

得

$$\frac{1}{2}\ln(1+u^2) = -\ln|\cos x| + \frac{1}{2}\ln C,$$

于是原方程的通解为

$$(1+x^2+y^2)\cos^2 x = C.$$

例 6-19　求微分方程 $xy' - y\ln y = x^2 y$ 的通解.

解　方程变形为

$$\frac{y'}{y} - \frac{1}{x}\ln y = x,$$

令 $u = \ln y$ ，则

$$u' - \frac{1}{x}u = x.$$

这是以 u 为未知函数的一阶非齐次线性微分方程，易求得其通解为

$$u = x^2 + Cx,$$

于是原方程的通解为

$$\ln y = x^2 + Cx.$$

习　题　6-4

1. 求下列齐次方程的通解.

(1) $\dfrac{\mathrm{d}y}{\mathrm{d}x} = \dfrac{x+y}{x-y}$;

(2) $xy' = y(\ln y - \ln x)$;

(3) $xy' = y + \sqrt{y^2 - x^2}\ (x > 0)$;

(4) $\left(x\sin\dfrac{y}{x} - y\cos\dfrac{y}{x}\right)\mathrm{d}x + x\cos\dfrac{y}{x}\mathrm{d}y = 0.$

2. 求下列齐次方程满足所给初始条件的特解.

(1) $y' = \mathrm{e}^{\frac{y}{x}} + \dfrac{y}{x},\ y(1) = 0$;

(2) $y' = \dfrac{y^2 - 2xy - x^2}{y^2 + 2xy - x^2},\ y(1) = 1$;

(3) $(x^3 + y^3)\mathrm{d}x - 3xy^2\mathrm{d}y = 0,\ y(1) = 0.$

3. 求下列伯努利方程的解.

(1) $y' - 3xy = xy^2$;

(2) $\dfrac{\mathrm{d}y}{\mathrm{d}x} - \dfrac{4}{x}y = x\sqrt{y}$;

(3) $2y'\sin x + y\cos x = y^3\sin^2 x$;

(4) $(y^4 - 3x^2)\mathrm{d}y + xy\mathrm{d}x = 0.$

4. 设曲线 L 位于 xOy 平面的第一象限内，L 上任意一点 M 处的切线与 y 轴总相交，交点记为 A .已知 $|\overline{MA}| = |\overline{OA}|$ ，且 L 过点 $\left(\dfrac{3}{2}, \dfrac{3}{2}\right)$ ，求 L 的方程.

5. 作适当的变量代换，求下列微分方程的通解.

(1)　$y' = \cos(x - y)$;　　　　　　　　(2)　$y' = 3x - 2y + 5$;

(3)　$y' = (x + y)^2$;　　　　　　　　　(4)　$xy' + y = y\ln(xy)$.

6. 试证: 作变换 $u = ax + by + c$, 可将方程 $\dfrac{\mathrm{d}y}{\mathrm{d}x} = f(ax + by + c)$ 化为可分离变量的方程, 并求方程 $y' = \sin^2(x - y + 1)$ 的通解.

7. 求满足方程 $f(x) = \mathrm{e}^x\left[1 + \displaystyle\int_0^x f^2(t)\mathrm{d}t\right]$ 的连续函数 $f(x)$.

8. 试证明: 当 $a_1 b_2 \neq a_2 b_1$ 时, 总能找到适当的常数 h 与 k, 作变换 $x = X + h, y = Y + k$, 把方程 $\dfrac{\mathrm{d}y}{\mathrm{d}x} = f\left(\dfrac{a_1 x + b_1 y + c_1}{a_2 x + b_2 y + c_2}\right)$ 化为齐次方程. 并用此法解方程 $\dfrac{\mathrm{d}y}{\mathrm{d}x} = \dfrac{4 - 2x - y}{x + y - 1}$.

第五节　可降阶的高阶微分方程

本节仅讨论几种特殊类型的高阶微分方程的求解方法, 其基本思想是通过某种变换来逐步降低方程的阶数, 从而可用前面所介绍的方法求解.

一、$y^{(n)} = f(x)$ 型微分方程

微分方程

$$y^{(n)} = f(x) \tag{6-29}$$

的特点是方程中不显含 $y, y', \cdots, y^{(n-1)}$. 这类方程可通过逐次积分降低方程的阶数. 将方程(6-29)两端对 x 积分一次, 得

$$y^{(n-1)} = \int f(x)\mathrm{d}x + C_1,$$

再积分一次, 得

$$y^{(n-2)} = \int\left[\int f(x)\mathrm{d}x + C_1\right]\mathrm{d}x + C_2.$$

如此继续进行, 连续积分 n 次, 便得到原方程的含有 n 个任意常数的通解.

例 6-20　求三阶微分方程 $y''' = \mathrm{e}^{2x} + \sin x$ 的通解.

解　对所给方程连续积分三次, 分别可得

$$y'' = \frac{1}{2}\mathrm{e}^{2x} - \cos x + 2C_1,$$

$$y' = \frac{1}{4}\mathrm{e}^{2x} - \sin x + 2C_1 x + C_2,$$

$$y = \frac{1}{8}\mathrm{e}^{2x} + \cos x + C_1 x^2 + C_2 x + C_3.$$

这就是所求的通解.

对例 6-20 利用 Mathematica 求解如下:

```
In[1]:=DSolve[y'''[x]==Exp[2x]+Sin[x],y[x],x]
```

$$\text{Out[1]}=\{\{y[x]\to C[1]+xC[2]+x^2C[3]+\frac{1}{4}(\frac{e^{2x}}{2}+4Cos[x])\}\}$$

二、$y'' = f(x, y')$ 型微分方程

微分方程

$$y'' = f(x, y') \tag{6-30}$$

的特点是方程中不显含未知函数 y. 令 $y' = p(x)$, 则 $y'' = \dfrac{\mathrm{d}p}{\mathrm{d}x} = p'(x)$, 代入方程得

$$p' = f(x, p),$$

这是一个关于变量 x, p 的一阶微分方程. 若其通解为

$$p = \varphi(x, C_1),$$

即

$$\frac{\mathrm{d}y}{\mathrm{d}x} = \varphi(x, C_1),$$

两端再积分, 则得到方程(6-30)的通解

$$y = \int \varphi(x, C_1)\mathrm{d}x + C_2.$$

例 6-21 求微分方程 $xy'' + y' + x = 0$ 的通解.

解 方程不显含 y, 令 $y' = p(x)$, 则 $y'' = p'$, 代入原方程, 有

$$xp' + p + x = 0,$$

即

$$\frac{\mathrm{d}p}{\mathrm{d}x} + \frac{1}{x}p = -1.$$

这是以 $p(x)$ 为未知函数的一阶非齐次线性微分方程, 其通解为

$$p = \frac{C_1}{x} - \frac{x}{2},$$

即

$$\frac{\mathrm{d}y}{\mathrm{d}x} = \frac{C_1}{x} - \frac{x}{2},$$

两端积分, 得原方程的通解为

$$y = C_1 \ln|x| - \frac{1}{4}x^2 + C_2.$$

对例 6-21 利用 Mathematica 求解如下:
```
In[1]:= DSolve[x*y''[x]+y'[x]+x==0,y[x],x]
```

$$\text{Out[1]}=\{\{y[x]\to -\frac{x^2}{4}+C[2]+C[1]Log[x]\}\}$$

例 6-22 求微分方程 $(1 + x^2)y'' = 2xy'$ 满足初始条件 $y(0) = 1$, $y'(0) = 3$ 的特解.

解 令 $y' = p$, 则 $y'' = p'$, 代入原方程并分离变量, 得

$$\frac{\mathrm{d}p}{p} = \frac{2x}{1+x^2}\mathrm{d}x,$$

两端积分, 得

$$\ln|p| = \ln(1+x^2) + C,$$

即

$$p = y' = C_1(1+x^2) \qquad (C_1 = \pm\mathrm{e}^C).$$

由初始条件 $y'(0) = 3$, 得 $C_1 = 3$, 所以

$$y' = 3(1+x^2).$$

两端再积分, 得

$$y = x^3 + 3x + C_2.$$

由初始条件 $y(0) = 1$, 得 $C_2 = 1$, 于是所求方程的特解为

$$y = x^3 + 3x + 1.$$

对例 6-22 利用 Mathematica 求解如下:

```
In[1]:= DSolve[{(1+x^2)*y''[x]==2x*y'[x],y[0]==1,y'[0]==3},y[x],x]
Out[1]={{y[x]→1+3x+x^3}}
```

例 6-23　有一均匀分布、不可伸缩的柔软绳索, 两端固定, 绳索在重力作用下自然下垂, 求该绳索在平衡状态下的曲线方程.

解　设绳索最低点为 O, 将过点 O 铅直向上的轴作为 y 轴, 并在绳索所在的平面内建立 x 轴, 如图 6-3 所示. 在曲线上任取一点 M, 分析弧段 $\overset{\frown}{OM}$ 上的受力情况: 自身重力为 $G = \rho sg$ (ρ 是线密度, s 为弧长, g 为重力加速度), 方向向下; 点 O 处的张力 H 沿水平线方向向左; 点 M 处的张力 T 沿该点处切线斜向上方且与 x 轴正向夹角为 θ. 将作用在弧段 $\overset{\frown}{OM}$ 上的力沿铅直及水平线方向分解, 根据静力平衡条件, 可得

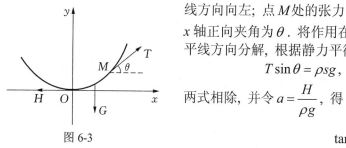

图 6-3

$$T\sin\theta = \rho sg, \qquad T\cos\theta = H.$$

两式相除, 并令 $a = \dfrac{H}{\rho g}$, 得

$$\tan\theta = \frac{1}{a}s.$$

又由于 $\tan\theta = y'$ 及 $s = \displaystyle\int_0^x \sqrt{1+(y')^2}\,\mathrm{d}x$, 代入上式即得

$$y' = \frac{1}{a}\int_0^x \sqrt{1+(y')^2}\,\mathrm{d}x,$$

两边对 x 求导, 得

$$y'' = \frac{1}{a}\sqrt{1+(y')^2}.$$

这是一个不显含 y 的二阶微分方程, 令 $y' = p$, 则 $y'' = \dfrac{\mathrm{d}p}{\mathrm{d}x}$, 于是方程成为

$$\frac{\mathrm{d}p}{\sqrt{1+p^2}} = \frac{\mathrm{d}x}{a},$$

且有初始条件 $y'(0) = p(0) = 0$. 将方程两端积分, 得

$$\ln(p + \sqrt{1+p^2}) = \frac{x}{a} + C_1.$$

把 $y'(0) = p(0) = 0$ 代入, 得 $C_1 = 0$, 则上式成为 $\ln(p + \sqrt{1+p^2}) = \frac{x}{a}$, 从而解得

$$p = \frac{1}{2}\left(e^{\frac{x}{a}} - e^{-\frac{x}{a}}\right),$$

即

$$\frac{dy}{dx} = \frac{1}{2}\left(e^{\frac{x}{a}} - e^{-\frac{x}{a}}\right),$$

上式两端积分, 得

$$y = \frac{a}{2}\left(e^{\frac{x}{a}} + e^{-\frac{x}{a}}\right) + C_2.$$

把 $y(0) = 0$ 代入上式, 得 $C_2 = -a$. 于是该绳索的形状可由曲线方程

$$y = \frac{a}{2}\left(e^{\frac{x}{a}} + e^{-\frac{x}{a}}\right) - a$$

来表示, 该曲线叫作悬链线.

三、$y'' = f(y, y')$ 型微分方程

微分方程

$$y'' = f(y, y') \tag{6-31}$$

中不显含自变量 x, 令 $y' = p(y)$, 则有

$$y'' = \frac{dp}{dx} = \frac{dp}{dy}\frac{dy}{dx} = p\frac{dp}{dy},$$

将它们代入方程(6-31)得

$$p\frac{dp}{dy} = f(y, p).$$

这是一个关于变量 y, p 的一阶微分方程. 若其通解为

$$p = \varphi(y, C_1),$$

即

$$\frac{dy}{dx} = \varphi(y, C_1),$$

分离变量并积分, 可得方程 $y'' = f(y, y')$ 的通解为

$$\int \frac{dy}{\varphi(y, C_1)} = x + C_2 \quad (C_1, C_2 \text{ 为任意常数}).$$

例 6-24 求微分方程 $yy'' - (y')^2 = 0$ 的通解.

解　该方程不显含 x，故令 $y' = p(y)$，则 $y'' = p\dfrac{\mathrm{d}p}{\mathrm{d}y}$，代入原方程，得

$$yp\frac{\mathrm{d}p}{\mathrm{d}y} - p^2 = 0.$$

当 $y \neq 0, p \neq 0$ 时，约去 p 并分离变量，得

$$\frac{\mathrm{d}p}{p} = \frac{\mathrm{d}y}{y}.$$

两端积分，得 $\ln|p| = \ln|y| + \ln|C_1|$，或 $p = C_1 y$，即

$$\frac{\mathrm{d}y}{\mathrm{d}x} = C_1 y.$$

分离变量并两端积分，得 $\ln|y| = C_1 x + \ln|C_2|$，即

$$y = C_2 \mathrm{e}^{C_1 x}.$$

对例 6-24 利用 Mathematica 求解如下：

```
In[1]:= DSolve[y[x]*y''[x]-y'[x]^2==0,y[x],x]
Out[1]={{y[x]→e^{xC[1]}C[2]}}
```

例 6-25　求微分方程 $yy'' - 2yy'\ln y = (y')^2$ 满足初始条件 $y(0) = 1, y'(0) = 1$ 的特解.

解　该方程不显含 x，可令 $y' = p$，则 $y'' = p\dfrac{\mathrm{d}p}{\mathrm{d}y}$，于是原方程化为

$$yp\frac{\mathrm{d}p}{\mathrm{d}y} - 2yp\ln y = p^2.$$

由初始条件 $y(0) = y'(0) = 1$ 知，$p = y'$ 不恒为零，故上面方程两端可约去 p 化为

$$y\frac{\mathrm{d}p}{\mathrm{d}y} - 2y\ln y = p,$$

即

$$\frac{\mathrm{d}p}{\mathrm{d}y} - \frac{1}{y}p = 2\ln y.$$

这是关于变量 p 和 y 的一阶非齐次线性微分方程，由通解公式，有

$$p = \mathrm{e}^{\int \frac{1}{y}\mathrm{d}y}\left(\int 2\ln y\mathrm{e}^{-\int \frac{1}{y}\mathrm{d}y}\mathrm{d}y + C_1 \right) = y\left(\ln^2 y + C_1 \right),$$

即

$$\frac{\mathrm{d}y}{\mathrm{d}x} = y\left(\ln^2 y + C_1 \right),$$

将初始条件 $y(0) = y'(0) = 1$ 代入上式，得 $C_1 = 1$，故

$$\frac{\mathrm{d}y}{\mathrm{d}x} = y\left(\ln^2 y + 1 \right),$$

分离变量并积分，得

$$\arctan(\ln y) = x + C_2,$$

由 $y(0) = 1$ 得 $C_2 = 0$，故所求特解为

$$\ln y = \tan x .$$

例 6-26　求微分方程 $y'' - (y')^2 = 1$ 的通解.

解　所给方程既不显含 x，也不显含 y，此时作两种代换均可. 这里选用代换 $y' = p(x)$，则 $y'' = p'$，代入原方程有

$$p' - p^2 = 1,$$

分离变量并积分，得

$$\arctan p = x + C_1,$$

即

$$y' = \tan(x + C_1),$$

两端积分，得原微分方程的通解为

$$y = -\ln\left|\cos(x + C_1)\right| + C_2 .$$

习　题　6-5

1. 求下列微分方程的通解.

(1)　$y'' = x + \sin x + 1$；

(2)　$y''' = x\mathrm{e}^x$；

(3)　$xy'' + y' = 0$；

(4)　$xy'' - y' = x^2$；

(5)　$yy'' + (y')^2 = 0$；

(6)　$yy'' + y'^2 = y'$.

2. 求下列微分方程满足所给初始条件的特解.

(1)　$x^2 y'' + 1 = 0,\ y(1) = 0, y'(1) = 1$；

(2)　$y'' + 2x(y')^2 = 0,\ y(0) = 1, y'(0) = -\dfrac{1}{2}$；

(3)　$yy'' + 2(y')^2 = 0,\ y(1) = 1,\ y'(1) = \dfrac{1}{2}$.

3. 试求 $y'' = 3x + 1$ 的经过点 $M(0,1)$，且在此点与直线 $y = x + 1$ 相切的积分曲线.

4. 已知曲线 $y = f(x)$ 满足方程 $yy'' + (y')^2 = 1$，且该曲线与另一曲线 $y = \mathrm{e}^{-x}$ 相切于点 $M(0,1)$，求此曲线方程.

5. 一条长为 6 m 的均匀链条，放置在一个光滑的水平桌面上. 开始时，链条在桌边悬挂下来的长度为 1 m，问链条全部滑离桌面需要多长时间？

第六节　线性微分方程解的结构

线性微分方程在理论和实际应用中都是很重要的一类方程. 关于线性微分方程的理论与方法的研究已比较完备，它在微分方程理论中占有特殊的地位. 本节先讨论线性微分方程解的结构，后两节将重点讨论二阶线性微分方程的求解问题.

二阶线性微分方程的一般形式为

$$y'' + P(x)y' + Q(x)y = f(x).\tag{6-32}$$

当 $f(x) \not\equiv 0$ 时, 称方程(6-32)是二阶非齐次线性微分方程. 当 $f(x) \equiv 0$ 时, 称方程

$$y'' + P(x)y' + Q(x)y = 0\tag{6-33}$$

是与非齐次线性微分方程(6-32)对应的二阶齐次线性微分方程.

下面讨论二阶线性微分方程的解的性质.

定理 6-1 (解的叠加性)如果函数 $y_1(x)$ 与 $y_2(x)$ 是齐次线性微分方程(6-33)的两个解, 则

$$y = C_1 y_1(x) + C_2 y_2(x)\tag{6-34}$$

也是方程(6-33)的解, 其中 C_1, C_2 是任意常数.

证 将 $y = C_1 y_1 + C_2 y_2$ 及 y', y'' 代入方程(6-33), 注意到 y_1 与 y_2 是式(6-33)的解, 有

$$y'' + P(x)y' + Q(x)y$$
$$= [C_1 y_1'' + C_2 y_2''] + P(x)[C_1 y_1' + C_2 y_2'] + Q(x)[C_1 y_1 + C_2 y_2]$$
$$= C_1 [y_1'' + P(x)y_1' + Q(x)y_1] + C_2 [y_2'' + P(x)y_2' + Q(x)y_2] = 0.$$

可见, 将式(6-34)代入能使方程(6-33)成为恒等式, 所以它是齐次线性微分方程(6-33)的解.

称 $C_1 y_1 + C_2 y_2$ 为 y_1 和 y_2 的线性组合. 因此, 定理6-1也可简述为: 二阶齐次线性微分方程的两个解的线性组合仍是该方程的解. 这个定理表明齐次线性微分方程的解具有叠加性.

虽然 $y = C_1 y_1 + C_2 y_2$ 是二阶齐次线性微分方程(6-33)的解, 形式上看又有两个任意常数 C_1 与 C_2, 但它却不一定是齐次微分方程的通解. 例如, 设 y_1 是方程(6-33)的一个解, 则 $y_2 = 2y_1$ 也是该方程的解, 而 $y = C_1 y_1 + C_2 y_2 = (C_1 + 2C_2)y_1$ 可改写成 $y = Cy_1$, 其中 $C = C_1 + 2C_2$, 即 C_1, C_2 实际上可以合并成一个任意常数, 这显然不是二阶齐次线性微分方程(6-33)的通解.

那么, 函数 y_1 和 y_2 满足什么条件时, 它们的线性组合 $y = C_1 y_1 + C_2 y_2$ 是二阶齐次线性微分方程(6-33)的通解呢? 要解决这个问题, 还需引入函数的线性相关与线性无关的概念.

定义 6-1 设 $y_1(x), y_2(x), \cdots, y_n(x)$ 为定义在区间 I 上的 n 个函数, 如果存在 n 个不全为零的常数 $k_1, k_2, \cdots, k_n$, 使对任意 $x \in I$ 恒有

$$k_1 y_1 + k_2 y_2 + \cdots + k_n y_n \equiv 0$$

成立, 则称这 n 个函数在区间 I 上线性相关, 否则称为线性无关.

例如, 函数组 1, $\sin^2 x$, $\cos^2 x$ 在 $(-\infty, +\infty)$ 内是线性相关的. 因为可以取不全为零的常数 $k_1 = 1$, $k_2 = k_3 = -1$, 使

$$1 - \sin^2 x - \cos^2 x \equiv 0$$

成立. 又如, 函数组 $\mathrm{e}^x, \mathrm{e}^{-x}, \mathrm{e}^{2x}$ 在 $(-\infty, +\infty)$ 内是线性无关的. 因为对任意 $x \in (-\infty, +\infty)$, 要使

$$k_1 \mathrm{e}^x + k_2 \mathrm{e}^{-x} + k_3 \mathrm{e}^{2x} \equiv 0$$

成立, 必有 $k_1 = k_2 = k_3 = 0$.

特别地, 要判断两个函数的线性相关性, 根据定义 6-1, 可采用如下简便方法: 如果两个函数的比为常数, 它们就线性相关; 如果两个函数的比不为常数, 它们线性无关.

例如，对函数 $y_1 = \sin x$，$y_2 = \cos x$，因为 $\dfrac{y_1}{y_2} = \tan x \neq$ 常数，所以 $\sin x$ 和 $\cos x$ 在 $(-\infty, +\infty)$ 内线性无关；而函数 $y_1 = \ln x^3$ 与 $y_2 = \ln x$ 在 $(0, +\infty)$ 内线性相关，因为在该区间内恒有 $\dfrac{y_1}{y_2} = \dfrac{3 \ln x}{\ln x} = 3$.

定理 6-2　(二阶齐次线性微分方程通解的结构)如果函数 $y_1(x)$ 与 $y_2(x)$ 是二阶齐次线性微分方程(6-33)的两个线性无关的特解，则

$$y = C_1 y_1(x) + C_2 y_2(x)$$

是方程(6-33)的通解，其中 C_1, C_2 是任意常数.

容易验证，函数 $y_1 = x$ 与 $y_2 = \mathrm{e}^x$ 是二阶齐次线性微分方程

$$y'' + \frac{x}{1-x} y' + \frac{1}{x-1} y = 0$$

的两个解，且 $\dfrac{y_2}{y_1} = \dfrac{\mathrm{e}^x}{x} \neq$ 常数，即它们是线性无关的，则该方程的通解为

$$y = C_1 x + C_2 \mathrm{e}^x.$$

定理 6-2 可以推广到 n 阶齐次线性微分方程.

推论 6-1　如果函数 $y_1(x), y_2(x), \cdots, y_n(x)$ 是 n 阶齐次线性微分方程

$$y^{(n)} + a_1(x) y^{(n-1)} + \cdots + a_{n-1}(x) y' + a_n(x) y = 0 \tag{6-35}$$

的 n 个线性无关的解，则它们的线性组合

$$y = C_1 y_1(x) + C_2 y_2(x) + \cdots + C_n y_n(x) \tag{6-36}$$

是方程(6-35)的通解，其中 $C_1, C_2, \cdots, C_n$ 为任意常数.

定理 6-3　(二阶非齐次线性微分方程通解的结构)若 $y^*(x)$ 是二阶非齐次线性微分方程(6-32)的一个特解，$Y(x)$ 是与式(6-32)对应的齐次线性微分方程(6-33)的通解，则

$$y = Y(x) + y^*(x) \tag{6-37}$$

是二阶非齐次线性微分方程(6-32)的通解.

证　由于 $Y(x)$ 是齐次线性微分方程(6-33)的通解，则有 $Y'' + P(x)Y' + Q(x)Y = 0$；因为 $y^*(x)$ 是式(6-32)的解，所以 $y^{*''} + P(x)y^{*'} + Q(x)y^* = f(x)$. 把式(6-37)代入方程(6-32)的左端，有

$$\begin{aligned}
y'' + P(x)y' + Q(x)y &= (Y'' + y^{*''}) + P(x)(Y' + y^{*'}) + Q(x)(Y + y^*) \\
&= \left[Y'' + P(x)Y' + Q(x)Y \right] + \left[y^{*''} + P(x)y^{*'} + Q(x)y^* \right] \\
&= 0 + f(x) = f(x).
\end{aligned}$$

这说明 $y = Y + y^*$ 是非齐次线性微分方程(6-32)的解. 由于对应的二阶齐次线性微分方程(6-33)的通解 Y 中含有两个任意常数，故 $y = Y + y^*$ 中也含有两个任意常数，从而它就是二阶非齐次线性微分方程(6-32)的通解.

上述结论不仅与前面讨论的一阶非齐次线性微分方程的结论相一致，而且还可以推广到二阶以上的非齐次线性微分方程.

定理 6-4　(非齐次线性微分方程解的叠加性)设非齐次线性微分方程(6-32)的右端

$f(x)$ 是两个函数之和, 即

$$y'' + P(x)y' + Q(x)y = f_1(x) + f_2(x). \tag{6-38}$$

若 y_1^* 与 y_2^* 分别是方程

$$y'' + P(x)y' + Q(x)y = f_1(x)$$

和

$$y'' + P(x)y' + Q(x)y = f_2(x)$$

的特解, 则 $y_1^* + y_2^*$ 就是非齐次线性微分方程(6-38)的特解.

定理证明从略.

定理 6-4 也可以推广到 n 阶非齐次线性微分方程.

定理 6-5 如果函数 $y_1(x)$ 与 $y_2(x)$ 是非齐次线性微分方程(6-32)的两个解, 则

$$y = y_1(x) - y_2(x)$$

是方程(6-32)所对应的齐次线性微分方程(6-33)的解.

证 将 $y = y_1(x) - y_2(x)$ 及 y', y'' 代入方程(6-33), 注意到 y_1 与 y_2 是式(6-32)的解, 有

$$\begin{aligned}
&y'' + P(x)y' + Q(x)y \\
&= (y_1'' - y_2'') + P(x)(y_1' - y_2') + Q(x)(y_1 - y_2) \\
&= [y_1'' + P(x)y_1' + Q(x)y_1] - [y_2'' + P(x)y_2' + Q(x)y_2] \\
&= f(x) - f(x) = 0.
\end{aligned}$$

可见, 将 $y = y_1(x) - y_2(x)$ 代入能使方程(6-33)成为恒等式, 所以它是齐次线性微分方程(6-33)的解.

习 题 6-6

1. 判断下列函数组在其定义区间内的线性相关性.

(1) $2x, 3x$;   (2) e^{-x}, e^x;   (3) x, x^2, x^3;

(4) xe^x, e^x;   (5) $1, x^2$;   (6) $x\ln x, \ln x$.

2. 验证 $y_1 = \cos 2x$ 及 $y_2 = \sin 2x$ 是方程 $y'' + 4y = 0$ 的两个解, 并写出该方程的通解.

3. 已知某个二阶非齐次线性微分方程有三个特解 $y_1 = x$, $y_2 = x + e^x$ 和 $y_3 = 1 + x + e^x$, 试求这个方程的通解.

4. 验证 $y_1 = e^{x^2}$ 和 $y_2 = xe^{x^2}$ 是方程 $y'' - 4xy' + (4x^2 - 2)y = 0$ 的解, 并写出该方程的通解.

5. 已知 $y_1 = e^{2x}, y_2 = e^{-x}$ 是微分方程 $y'' + py' + qy = 0$ 的两个特解, 试写出该方程的通解, 并求满足初始条件 $y(0) = 1, y'(0) = \dfrac{1}{2}$ 的特解.

6. 设 y_1, y_2, y_3 是二阶非齐次线性微分方程的三个线性无关的解, 证明方程的通解为

$$y = C_1y_1 + C_2y_2 + (1 - C_1 - C_2)y_3.$$

7. 已知微分方程 $y'' + P(x)y' + Q(x)y = f(x)$ 有三个解 $y_1 = x, y_2 = e^x, y_3 = e^{2x}$, 求此方程满足初始条件 $y(0) = 1, y'(0) = 3$ 的特解.

第七节　常系数齐次线性微分方程

形如

$$y'' + py' + qy = 0 \tag{6-39}$$

的方程(其中 p, q 为常数), 称为二阶常系数齐次线性微分方程.

由齐次线性微分方程解的结构定理 6-2 可知, 欲求齐次线性微分方程(6-39)的通解, 可先求出它的两个线性无关的特解 y_1, y_2, 那么 $y = C_1 y_1 + C_2 y_2$ 就是方程(6-39)的通解.

由于指数函数 $y = \mathrm{e}^{rx}$ 和它的各阶导数都只相差一个常数因子, 利用这个特点, 只要适当选取常数 r, $y = \mathrm{e}^{rx}$ 就有可能满足方程(6-39). 对 $y = \mathrm{e}^{rx}$ 求导, 有

$$y' = r\mathrm{e}^{rx}, \qquad y'' = r^2 \mathrm{e}^{rx}.$$

将 y, y' 和 y'' 代入方程(6-39), 得

$$(r^2 + pr + q)\mathrm{e}^{rx} = 0,$$

因为 $\mathrm{e}^{rx} \neq 0$, 所以有

$$r^2 + pr + q = 0. \tag{6-40}$$

显然, 只要常数 r 满足代数方程(6-40), 函数 $y = \mathrm{e}^{rx}$ 就是微分方程(6-39)的解. 代数方程(6-40)叫作微分方程(6-39)的特征方程. 该特征方程是一个一元二次方程, 其中 r^2, r 的系数及常数项恰好依次是微分方程(6-39)中 y'', y' 及 y 的系数. 特征方程的根

$$r_{1,2} = \frac{-p \pm \sqrt{p^2 - 4q}}{2} \tag{6-41}$$

称为特征根. 它有三种不同情形, 微分方程的通解也相应有三种不同情形.

(1) 当 $p^2 - 4q > 0$ 时, 特征方程有两个不相等的实根 $r_1 \neq r_2$. 此时, $y_1 = \mathrm{e}^{r_1 x}$ 和 $y_2 = \mathrm{e}^{r_2 x}$ 是微分方程(6-39)的两个解, 且 $\dfrac{y_2}{y_1} = \dfrac{\mathrm{e}^{r_2 x}}{\mathrm{e}^{r_1 x}} = \mathrm{e}^{(r_2 - r_1)x}$ 不是常数, 所以 y_1 与 y_2 线性无关, 故微分方程(6-39)的通解为

$$y = C_1 \mathrm{e}^{r_1 x} + C_2 \mathrm{e}^{r_2 x}. \tag{6-42}$$

(2) 当 $p^2 - 4q = 0$ 时, 特征方程有两个相等的实根 $r_1 = r_2 = -\dfrac{p}{2}$. 这时只能得到微分方程(6-39)的一个特解 $y_1 = \mathrm{e}^{r_1 x}$. 为了得到微分方程的通解, 还需要找出另一个与 y_1 线性无关的解 y_2. 为此设 $\dfrac{y_2}{y_1} = u(x)$, 即 $y_2 = y_1 u(x) = \mathrm{e}^{r_1 x} u(x)$. 下面来求 $u(x)$.

对 y_2 求导, 有 $y_2' = \mathrm{e}^{r_1 x}(u' + r_1 u)$, $y_2'' = \mathrm{e}^{r_1 x}(u'' + 2r_1 u' + r_1^2 u)$. 将 y_2, y_2' 和 y_2'' 代入微分方程(6-39)得

$$\mathrm{e}^{r_1 x}\left[(u'' + 2r_1 u' + r_1^2 u) + p(u' + r_1 u) + qu\right] = 0,$$

约去 $\mathrm{e}^{r_1 x}$, 并整理得

$$u'' + (2r_1 + p)u' + (r_1^2 + pr_1 + q)u = 0.$$

因为 r_1 是特征方程(6-40)的二重根, 所以 $r_1^2 + pr_1 + q = 0$, 且 $2r_1 + p = 0$, 于是有

$$u'' = 0.$$

因为这里只要求得到一个不为常数的解 $u(x)$，所以不妨选取 $u(x) = x$，从而得到与 $y_1 = e^{r_1 x}$ 线性无关的另一个解

$$y_2 = y_1 u(x) = x e^{r_1 x}.$$

于是，微分方程(6-39)的通解为

$$y = C_1 e^{r_1 x} + C_2 x e^{r_1 x} = (C_1 + C_2 x) e^{r_1 x}. \tag{6-43}$$

(3) 当 $p^2 - 4q < 0$ 时，特征方程有一对共轭复根 $r_1 = \alpha + i\beta$，$r_2 = \alpha - i\beta$（这里 $\alpha = -\dfrac{p}{2}, \beta = \dfrac{1}{2}\sqrt{4q - p^2} \neq 0$），则 $y_1 = e^{(\alpha + i\beta)x}, y_2 = e^{(\alpha - i\beta)x}$ 是方程(6-39)的两个复值函数形式的解. 为得到实值函数形式的解，利用欧拉公式 $e^{i\theta} = \cos\theta + i\sin\theta$ 把 y_1, y_2 改写成

$$y_1 = e^{(\alpha + i\beta)x} = e^{\alpha x}(\cos\beta x + i\sin\beta x),$$
$$y_2 = e^{(\alpha - i\beta)x} = e^{\alpha x}(\cos\beta x - i\sin\beta x).$$

根据定理 6-2, 得到的实值函数

$$\overline{y_1} = \frac{1}{2}(y_1 + y_2) = e^{\alpha x}\cos\beta x,$$
$$\overline{y_2} = \frac{1}{2i}(y_1 - y_2) = e^{\alpha x}\sin\beta x$$

还是微分方程(6-39)的解. 又 $\dfrac{\overline{y_2}}{\overline{y_1}} = \dfrac{e^{\alpha x}\sin\beta x}{e^{\alpha x}\cos\beta x} = \tan\beta x$ 不是常数，故 $\overline{y_1}$ 和 $\overline{y_2}$ 线性无关，所以微分方程(6-39)的通解为

$$y = e^{\alpha x}(C_1 \cos\beta x + C_2 \sin\beta x). \tag{6-44}$$

综上所述，求解二阶常系数齐次线性微分方程时，可按照表 6-1 写出方程的通解.

表 6-1

特征方程 $r^2 + pr + q = 0$ 的两个根 r_1, r_2	微分方程 $y'' + py' + qy = 0$ 的通解
两个不相等的实根 r_1, r_2	$y = C_1 e^{r_1 x} + C_2 e^{r_2 x}$
两个相等的实根 $r_1 = r_2$	$y = (C_1 + C_2 x) e^{r_1 x}$
一对共轭复根 $r_{1,2} = \alpha \pm i\beta$	$y = e^{\alpha x}(C_1 \cos\beta x + C_2 \sin\beta x)$

例 6-27　求微分方程 $y'' + 2y' - 3y = 0$ 的通解.

解　所给微分方程的特征方程为

$$r^2 + 2r - 3 = 0,$$

扫码演示

其特征根 $r_1 = 1, r_2 = -3$ 是两个不相等的实根，因此，所求方程的通解为

$$y = C_1 e^x + C_2 e^{-3x}.$$

例 6-28　求方程 $\dfrac{d^2 s}{dt^2} - 6\dfrac{ds}{dt} + 9s = 0$ 满足初始条件 $s\big|_{t=0} = 2, s'\big|_{t=0} = 1$ 的特解.

解　所给方程的特征方程为

$$r^2 - 6r + 9 = 0,$$

其特征根 $r_1 = r_2 = 3$ 是两个相等的实根, 因此, 所求方程的通解为

$$s = (C_1 + C_2 t)e^{3t}.$$

将条件 $s|_{t=0} = 2$ 代入通解, 得 $C_1 = 2$, 从而

$$s = (2 + C_2 t)e^{3t},$$

将上式对 t 求导, 得

$$s' = (C_2 + 6 + 3C_2 t)e^{3t},$$

再把条件 $s'|_{t=0} = 1$ 代入上式, 得 $C_2 = -5$. 于是, 所求特解为

$$s = (2 - 5t)e^{3t}.$$

对例 6-28 利用 Mathematica 求解如下:

```
In[1]:= DSolve[{s''[t]-6s'[t]+9s[t]==0,s[0]==2,s'[0]==1},s[t],t]
Out[1]={{s[t]→ -e^{3t}(-2+5t)}}
```

例 6-29　求微分方程 $2y'' + 2y' + 3y = 0$ 的通解.

解　所给方程的特征方程为

$$2r^2 + 2r + 3 = 0,$$

其特征根 $r_{1,2} = -\dfrac{1}{2} \pm \dfrac{\sqrt{5}}{2}\mathrm{i}$ 为一对共轭复根, 这里 $\alpha = -\dfrac{1}{2}, \beta = \dfrac{\sqrt{5}}{2}$. 故所求通解为

$$y = e^{-\frac{1}{2}x}\left(C_1 \cos\frac{\sqrt{5}}{2}x + C_2 \sin\frac{\sqrt{5}}{2}x\right).$$

对例 6-29 利用 Mathematica 求解如下:

```
In[1]:= DSolve[2y''[x]+2y'[x]+3y[x]==0,y[x],x]
Out[1]={{y[x]→ e^{-x/2}C[2]Cos[√5x/2]+e^{-x/2}C[1]Sin[√5x/2]}}
```

以上求解二阶常系数齐次线性微分方程通解的方法可以推广到 n 阶常系数齐次线性微分方程. n 阶常系数齐次线性微分方程的一般形式是

$$y^{(n)} + p_1 y^{(n-1)} + p_2 y^{(n-2)} + \cdots + p_{n-1} y' + p_n y = 0, \tag{6-45}$$

其中 $p_1, p_2, \cdots, p_{n-1}, p_n$ 都是常数. 如同讨论二阶常系数齐次线性微分方程那样, 令

$$y = e^{rx},$$

代入方程(6-45), 整理得

$$(r^n + p_1 r^{n-1} + p_2 r^{n-2} + \cdots + p_{n-1} r + p_n)e^{rx} = 0,$$

由于 $e^{rx} \neq 0$, 要使 $y = e^{rx}$ 是方程(6-45)的解, 只要 r 满足 n 次代数方程

$$r^n + p_1 r^{n-1} + p_2 r^{n-2} + \cdots + p_{n-1} r + p_n = 0 \tag{6-46}$$

即可. 称方程(6-46)为 n 阶常系数齐次线性微分方程(6-45)的特征方程. 根据特征方程的根的情形, 可按表 6-2 写出其对应的微分方程的解.

表 6-2

特征方程的根	微分方程通解中的对应项
单实根 r	Ce^{rx}
一对单复根 $r_{1,2} = \alpha \pm i\beta$	$e^{\alpha x}(C_1 \cos \beta x + C_2 \sin \beta x)$
k 重实根 r	$e^{rx}(C_1 + C_2 x + \cdots + C_k x^{k-1})$
一对 k 重复根 $r_{1,2} = \alpha \pm i\beta$	$e^{\alpha x}\left[(C_1 + C_2 x + \cdots + C_k x^{k-1})\cos \beta x + (D_1 + D_2 x + \cdots + D_k x^{k-1})\sin \beta x\right]$

n 次代数方程共有 n 个根(重根按重数计算), 而特征方程的每一个根都对应着通解中的一项, 且每项各含有一个任意常数. 由此可得到 n 阶常系数齐次线性微分方程(6-45)的通解为

$$y = C_1 y_1(x) + C_2 y_2(x) + \cdots + C_n y_n(x).$$

例 6-30 求微分方程 $y''' - 3y'' + 3y' - y = 0$ 的通解.

解 这是三阶常系数齐次线性微分方程, 其特征方程为

$$r^3 - 3r^2 + 3r - 1 = 0,$$

即

$$(r-1)^3 = 0,$$

其特征根为三重实根 $r_1 = r_2 = r_3 = 1$. 因此, 所给微分方程的通解为

$$y = (C_1 + C_2 x + C_3 x^2)e^x.$$

例 6-31 求微分方程 $y^{(4)} - 2y''' + 5y'' = 0$ 的通解.

解 所给方程的特征方程为

$$r^4 - 2r^3 + 5r^2 = 0,$$

即

$$r^2(r^2 - 2r + 5) = 0.$$

它的四个根分别是 $r_1 = r_2 = 0$ 和 $r_{3,4} = 1 \pm 2i$. 因此, 所给微分方程的通解为

$$y = C_1 + C_2 x + e^x(C_3 \cos 2x + C_4 \sin 2x).$$

例 6-32 求一个以 $y_1 = e^x$, $y_2 = 2xe^x$, $y_3 = \cos 2x$ 和 $y_4 = 3\sin 2x$ 为特解的四阶常系数齐次线性微分方程, 并写出其通解.

解 根据题中给定的特解可知特征方程有根

$$r_1 = r_2 = 1, \quad r_{3,4} = \pm 2i,$$

所以特征方程是 $(r-1)^2(r^2 + 4) = 0$, 即

$$r^4 - 2r^3 + 5r^2 - 8r + 4 = 0,$$

它对应的微分方程为

$$y^{(4)} - 2y''' + 5y'' - 8y' + 4y = 0,$$

其通解为

$$y = (C_1 + C_2 x)e^x + C_3 \cos 2x + C_4 \sin 2x.$$

习　题　6-7

1. 求下列微分方程的通解.

(1) $y'' - 4y' + 3y = 0;$

(2) $y'' - 7y' + 12y = 0;$

(3) $y'' - 9y = 0;$

(4) $y'' - 2y' + y = 0;$

(5) $y'' - 4y' + 13y = 0;$

(6) $4y'' - 8y' + 5y = 0;$

(7) $4\dfrac{\mathrm{d}^2 x}{\mathrm{d}t^2} - 20\dfrac{\mathrm{d}x}{\mathrm{d}t} + 25x = 0;$

(8) $y'' + y = 0;$

(9) $y^{(4)} + 2y'' + y = 0;$

(10) $y^{(4)} - 2y''' + y'' = 0;$

(11) $y^{(4)} - 2y''' + 5y'' = 0;$

(12) $y^{(4)} + 8y' = 0.$

2. 求下列微分方程满足所给初始条件的特解.

(1) $y'' - 3y' - 4y = 0,\quad y(0) = 0, y'(0) = -5;$

(2) $4y'' + 4y' + y = 0,\quad y(0) = 2, y'(0) = 0;$

(3) $y'' + 4y' + 29y = 0,\quad y(0) = 0, y'(0) = 15;$

(4) $y''' + 9y' = 0,\quad y(0) = 1, y'(0) = y''(0) = 0.$

3. 设 $y = \mathrm{e}^x(C_1 \cos x + C_2 \sin x)$ 为某二阶常系数齐次线性微分方程的通解, 求此微分方程.

4. 方程 $y'' + 9y = 0$ 的一条积分曲线通过点 $(\pi, -1)$, 且在该点和直线 $y + 1 = x - \pi$ 相切, 求这条曲线的方程.

5. 一个单位质量的质点受力的作用做直线运动, 开始时质点在原点 O 处且速度为 v_0, 在运动过程中, 这个力的大小与质点到原点的距离成正比(比例系数 $k_1 > 0$), 而方向与初速度一致, 又知介质的阻力与速度成正比(比例系数 $k_2 > 0$), 求反映该质点运动规律的函数.

第八节　二阶常系数非齐次线性微分方程

二阶常系数非齐次线性微分方程的一般形式是

$$y'' + py' + qy = f(x),\tag{6-47}$$

其中 p, q 是常数, $f(x)$ 是给定的非零连续函数.

由第六节知, 如果 y^* 是方程(6-47)的一个特解, Y 是它所对应的齐次线性微分方程

$$y'' + py' + qy = 0\tag{6-48}$$

的通解, 那么非齐次线性微分方程(6-47)的通解就是

$$y = Y + y^*.\tag{6-49}$$

齐次线性微分方程的通解 Y 的求解方法已在第七节得到解决, 这里只针对函数 $f(x)$ 的两种特殊类型, 给出求方程(6-47)的一个特解 y^* 的方法——待定系数法.

情形 1　$f(x) = \mathrm{e}^{\lambda x} P_m(x)$ 型. 其中 λ 是已知常数, $P_m(x)$ 是已知的 m 次多项式.

因为 $f(x)$ 是多项式与指数函数的乘积, 而多项式与指数函数乘积的导数仍然是同

一类型的函数, 我们推测 $y^* = Q(x)e^{\lambda x}$ (其中 $Q(x)$ 是某个多项式)可能是方程(6-47)的一个特解. 为此, 将 $y^* = Q(x)e^{\lambda x}$, 以及

$$y^{*\prime} = e^{\lambda x}\left[\lambda Q(x) + Q'(x)\right],$$

$$y^{*\prime\prime} = e^{\lambda x}[\lambda^2 Q(x) + 2\lambda Q'(x) + Q''(x)]$$

代入微分方程(6-47)并消去 $e^{\lambda x}$, 得

$$Q''(x) + (2\lambda + p)Q'(x) + (\lambda^2 + p\lambda + q)Q(x) = P_m(x). \tag{6-50}$$

式(6-50)两端都是关于 x 的多项式, 只要比较它两端 x 同次幂的系数, 就可以确定出多项式 $Q(x)$ 的具体形式. 下面分三种情形讨论.

(1) 如果 λ 不是方程(6-48)的特征方程 $r^2 + pr + q = 0$ 的根, 即 $\lambda^2 + p\lambda + q \neq 0$, 那么式(6-50)左端的多项式次数就与 $Q(x)$ 的次数相同, 即 $Q(x)$ 应该是与 $P_m(x)$ 次数相同的一个 m 次多项式, 因此可设

$$Q_m(x) = b_0 x^m + b_1 x^{m-1} + \cdots + b_{m-1}x + b_m, \tag{6-51}$$

其中 $b_0, b_1, \cdots, b_{m-1}, b_m$ 为 $m+1$ 个待定系数. 把式(6-51)代入式(6-50), 比较等式两端 x 同次幂的系数, 就得到以 $b_0, b_1, \cdots, b_{m-1}, b_m$ 为未知数的 $m+1$ 个方程, 从而可求出 $b_i(i = 0, 1, \cdots, m)$, 即得到一个特解 $y^* = Q_m(x)e^{\lambda x}$.

(2) 如果 λ 是特征方程的单根, 即 $r^2 + pr + q = 0$, 而 $2\lambda + p \neq 0$, 那么式(6-50)左端的次数与 $Q'(x)$ 的次数相同, $Q'(x)$ 应是一个 m 次多项式, 即 $Q(x)$ 是一个 $m+1$ 次多项式, 因此可设

$$Q(x) = xQ_m(x).$$

于是, 可用同样的方法来确定 $Q_m(x)$ 的系数 $b_i(i = 0, 1, \cdots, m)$.

(3) 如果 λ 是特征方程的重根, 即 $\lambda^2 + p\lambda + q = 0$ 且 $2\lambda + p = 0$, 那么式(6-50)左端的次数就与 $Q''(x)$ 的次数相同, $Q''(x)$ 应是一个 m 次多项式, 即 $Q(x)$ 是一个 $m+2$ 次多项式, 因此可设

$$Q(x) = x^2 Q_m(x).$$

于是, 可用同样的方法来确定 $Q_m(x)$ 中的系数.

综上所述, 我们有如下结论.

如果 $f(x) = P_m(x)e^{\lambda x}$, 那么, 二阶常系数非齐次线性微分方程(6-47)具有形如

$$y^* = x^k Q_m(x)e^{\lambda x} \tag{6-52}$$

的特解, 其中 $Q_m(x)$ 是与 $P_m(x)$ 同次的多项式, 而 k 的取法如下:

$$k = \begin{cases} 0, & \lambda \text{不是特征方程的根}, \\ 1, & \lambda \text{是特征方程的单根}, \\ 2, & \lambda \text{是特征方程的重根}. \end{cases}$$

例 6-33 写出下列微分方程待定特解的形式.

(1) $y'' - y' - 2y = xe^x$;

(2) $y'' + y' - 2y = xe^x$;

(3) $y'' - 2y' + y = xe^x$.

解　这三个非齐次方程右端的 $f(x) = x\mathrm{e}^x$ 相同，这里 $P_m(x)$ 是一次多项式，$\lambda = 1$.

(1) 对应的齐次微分方程是 $y'' - y' - 2y = 0$，其特征方程为 $r^2 - r - 2 = 0$，特征根为
$$r_1 = -1, \quad r_2 = 2.$$
因为 $\lambda = 1$ 不是特征方程的根，所以 k 取 0，故待定特解的形式为
$$y^* = (ax + b)\mathrm{e}^x.$$

(2) 对应的齐次微分方程是 $y'' + y' - 2y = 0$，其特征方程为 $r^2 + r - 2 = 0$，特征根为
$$r_1 = 1, \quad r_2 = -2.$$
因为 $\lambda = 1$ 是特征方程的单根，所以 k 取 1，故待定特解的形式为
$$y^* = x(ax + b)\mathrm{e}^x.$$

(3) 对应的齐次微分方程是 $y'' - 2y' + y = 0$，其特征方程为 $r^2 - 2r + 1 = 0$，特征根为
$$r_1 = r_2 = 1.$$
因为 $\lambda = 1$ 是特征方程的重根，所以 k 取 2，故待定特解的形式为
$$y^* = x^2(ax + b)\mathrm{e}^x.$$

例 6-34　求微分方程 $y'' - y' - 2y = x^2$ 的通解.

解　方程对应的齐次线性微分方程是 $y'' - y' - 2y = 0$，其特征方程为 $r^2 - r - 2 = 0$，特征根为 $r_1 = -1, r_2 = 2$. 故原方程对应的齐次微分方程的通解为
$$Y = C_1\mathrm{e}^{-x} + C_2\mathrm{e}^{2x}.$$

因为 $f(x) = P_m(x)\mathrm{e}^{\lambda x} = x^2$，这里 $\lambda = 0$，它不是特征方程的根，所以 k 取 0. 而 $P_m(x) = x^2$ 为二次多项式，故设特解

$$y^* = ax^2 + bx + c.$$
将 $y^*, y^{*'}$ 及 $y^{*''}$ 代入所给非齐次微分方程，得
$$2a - (2ax + b) - 2(ax^2 + bx + c) = x^2,$$
即
$$-2ax^2 - (2a + 2b)x + (2a - b - 2c) = x^2.$$
比较两端 x 同次幂的系数，得 $-2a = 1$，$-2a - 2b = 0$，$2a - b - 2c = 0$. 由此求出
$$a = -\frac{1}{2}, \quad b = \frac{1}{2}, \quad c = -\frac{3}{4}.$$
于是求得方程的一个特解为
$$y^* = -\frac{1}{2}x^2 + \frac{1}{2}x - \frac{3}{4},$$
故原微分方程的通解为
$$y = Y + y^* = C_1\mathrm{e}^{-x} + C_2\mathrm{e}^{2x} - \frac{1}{2}x^2 + \frac{1}{2}x - \frac{3}{4}.$$

例 6-35　求微分方程 $y'' - 6y' + 9y = (x+1)\mathrm{e}^{3x}$ 的通解.

解　这是二阶非齐次线性微分方程，这里 $P_m(x) = x + 1, \lambda = 3$. 对应的齐次线性微分方程为
$$y'' - 6y' + 9y = 0,$$

其特征方程是 $r^2 - 6r + 9 = 0$，特征根为 $r_1 = r_2 = 3$，则对应的齐次线性微分方程的通解为
$$Y = (C_1 + C_2 x)e^{3x}.$$

由于 $\lambda = 3$ 是特征方程的二重根，故取 $k = 2$，所以应设特解
$$y^* = x^2(ax + b)e^{3x}.$$

把 y^*，$y^{*\prime}$ 及 $y^{*\prime\prime}$ 代入所求方程 $y'' - 6y' + 9y = (x+1)e^{3x}$，并整理得
$$6ax + 2b = x + 1,$$

比较两端 x 同次幂的系数，得
$$a = \frac{1}{6}, \quad b = \frac{1}{2}.$$

故有特解
$$y^* = x^2\left(\frac{1}{6}x + \frac{1}{2}\right)e^{3x}.$$

于是，所求微分方程的通解为
$$y = Y + y^* = (C_1 + C_2 x)e^{3x} + \frac{x^2}{2}\left(\frac{1}{3}x + 1\right)e^{3x}.$$

对例 6-35 利用 Mathematica 求解如下：

```
In[1]:= DSolve[y''[x]-6y'[x]+9y[x]==(x+1)Exp[3x],y[x],x]
```

$$\text{Out[1]} = \left\{\left\{y[x] \to \frac{1}{6}e^{3x}x^2(3+x) + e^{3x}C[1] + e^{3x}xC[2]\right\}\right\}$$

情形 2　$f(x) = e^{\lambda x}[P_l(x)\cos\omega x + P_n(x)\sin\omega x]$ 型．其中 λ，ω 是常数，$P_l(x)$，$P_n(x)$ 分别是 x 的 l 次和 n 次多项式．

由欧拉公式 $e^{ix} = \cos x + i\sin x$ 可知，$R_m(x)e^{(\lambda+i\omega)x}$ 的实部与虚部分别是
$$R_m(x)e^{\lambda x}\cos\omega x, \quad R_m(x)e^{\lambda x}\sin\omega x,$$

其中 $R_m(x)$ 为 x 的 m 次多项式，$m = \max\{l, n\}$．类似于情形 1 的讨论，可以推得如下结论．

二阶常系数非齐次线性微分方程
$$y'' + py' + q = e^{\lambda x}[P_l(x)\cos\omega x + P_n(x)\sin\omega x],$$

具有形如
$$y^* = x^k e^{\lambda x}[R_m^{(1)}(x)\cos\omega x + R_m^{(2)}(x)\sin\omega x] \tag{6-53}$$

的特解，其中 $R_m^{(1)}(x)$ 与 $R_m^{(2)}(x)$ 是系数待定的 m 次多项式，而 k 按 $\lambda + i\omega$（或 $\lambda - i\omega$）不是特征方程的根，或是特征方程的单根，分别取 0 或 1．

例 6-36　求微分方程 $y'' + 4y = x\cos x$ 的通解．

解　这是二阶常系数非齐次线性微分方程，方程对应的齐次线性微分方程为 $y'' + 4y = 0$，其特征方程是 $r^2 + 4 = 0$，特征根为 $r = \pm 2i$．故该齐次线性微分方程的通解为
$$Y = C_1\cos 2x + C_2\sin 2x.$$

原方程中 $f(x) = x\cos x$，这里 $\lambda = 0$，$\omega = 1$，$P_l(x) = x$，$P_n(x) = 0$．由于 $\lambda + i\omega = \pm i$ 不是特征方程的根，取 $k = 0$．故可设特解形式为
$$y^* = (ax + b)\cos x + (cx + d)\sin x.$$

将 y^* 及 $y^{*''}$ 代入微分方程 $y'' + 4y = x\cos x$，再整理可得

$$(3d - 2a)\sin x + (3b + 2c)\cos x + 3cx\sin x + 3ax\cos x = x\cos x,$$

比较两端同类项的系数，有

$$a = \frac{1}{3}, \quad b = 0, \quad c = 0, \quad d = \frac{2}{9},$$

则所求微分方程的一个特解是

$$y^* = \frac{1}{3}x\cos x + \frac{2}{9}\sin x.$$

于是所求微分方程的通解为

$$y = Y + y^* = C_1\cos 2x + C_2\sin 2x + \frac{1}{3}x\cos x + \frac{2}{9}\sin x.$$

对例 6-36 的方程利用 Mathematica 求解如下：

```
In[1]:= Simplify[DSolve[y''[x]+4y[x]==x*Cos[x],y[x],x]]
```

$$Out[1]=\{\{y[x]\to\frac{1}{3}x\text{Cos}[x]+C[1]\text{Cos}[2x]+\frac{2\text{Sin}[x]}{9}+C[2]\text{Sin}[2x]\}\}$$

例 6-37 解 RLC 电路的电振荡问题. 设电路由一个电阻 R、自感 L、电容 C 和电源 E 串联组成，其中 R, L 及 C 为常数，$E = E_m\sin\omega t$，振幅 E_m 及圆频率 ω 也是常数(图 6-4).

解 设电路中电流为 $i(t)$，电容器极板上电荷量为 $q(t)$，两极板间的电压为 U_C，自感电动势为 E_L. 由电磁学可知

$$i = \frac{\mathrm{d}q}{\mathrm{d}t}, \quad U_C = \frac{q}{C}, \quad E_L = -L\frac{\mathrm{d}i}{\mathrm{d}t},$$

根据电路电压定律，得

$$E - L\frac{\mathrm{d}i}{\mathrm{d}t} - \frac{q}{C} - Ri = 0,$$

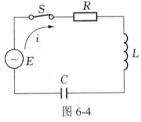

图 6-4

将 $i = \frac{\mathrm{d}q}{\mathrm{d}t} = C\frac{\mathrm{d}U_C}{\mathrm{d}t}, \frac{\mathrm{d}i}{\mathrm{d}t} = C\frac{\mathrm{d}^2 U_C}{\mathrm{d}t^2}$ 代入上式，并整理得

$$LC\frac{\mathrm{d}^2 U_C}{\mathrm{d}t^2} + RC\frac{\mathrm{d}U_C}{\mathrm{d}t} + U_C = E_m\sin\omega t,$$

或写成

$$\frac{\mathrm{d}^2 U_C}{\mathrm{d}t^2} + 2\beta\frac{\mathrm{d}U_C}{\mathrm{d}t} + \omega_0^2 U_C = \frac{E_m}{LC}\sin\omega t, \tag{6-54}$$

式中 $\beta = \frac{R}{2L}, \omega_0 = \frac{1}{\sqrt{LC}}$. 方程(6-54)是一个二阶常系数非齐次线性微分方程，称为 RLC 串联电路的振荡方程. 如果电容器经充电后撤去外电源(即 $E = 0$)，则方程(6-54)成为

$$\frac{\mathrm{d}^2 U_C}{\mathrm{d}t^2} + 2\beta\frac{\mathrm{d}U_C}{\mathrm{d}t} + \omega_0^2 U_C = 0. \tag{6-55}$$

方程(6-55)就是方程(6-54)对应的二阶常系数齐次线性微分方程. 方程(6-54)所表示的电振荡称为强迫振荡，而方程(6-55)表示的电振荡称为自由振荡.

习　题　6-8

1.　写出下列方程待定特解的形式.

(1)　$y'' - y' = x^2$;

(2)　$y'' - 2y' + y = xe^x$;

(3)　$y'' - 2y' + 2y = 3e^x \sin x$;

(4)　$y'' + 4y = x\cos 2x$;

(5)　$y'' - 4y' + 4y = e^{2x} + \sin 2x$.

2.　求下列微分方程的一个特解.

(1)　$y'' - 5y' + 6y = xe^{2x}$;

(2)　$y'' + y' + y = 2e^{2x}$;

(3)　$2y'' + 5y' = 5x^2 - 2x - 1$;

(4)　$y'' + 2y' - 3y = e^x$;

(5)　$y'' + y = x\cos 2x$;

(6)　$y'' - 2y' + 2y = e^x \sin x$.

3.　求下列微分方程的通解.

(1)　$y'' - 3y' + 2y = xe^{2x}$;

(2)　$2y'' + y' - y = 2e^x$;

(3)　$y'' - 2y' + y = x^2 + x + 1$;

(4)　$y'' + y = \sin x$.

4.　求下列微分方程满足已给初始条件的特解.

(1)　$y'' + 4y + 3\sin 3x = 0,\ y(\pi) = y'(\pi) = 1$;

(2)　$y'' - 6y' + 9y = (2x+1)e^{3x},\ y(0) = y'(0) = 1$.

5.　已知 $y_1 = xe^x + e^{2x}$, $y_2 = xe^x + e^{-x}$, $y_3 = xe^x + e^{2x} + e^{-x}$　是某二阶常系数非齐次线性微分方程的三个解, 试求此微分方程.

6.　设函数 $\varphi(x)$ 连续, 且满足 $\varphi(x) = e^x + \int_0^x t\varphi(t)\mathrm{d}t - x\int_0^x \varphi(t)\mathrm{d}t$, 求 $\varphi(x)$.

7.　在 RLC 含源串联电路中, 电动势为 E 的电源对电容器 C 充电. 已知 $E = 20\ \text{V}$, $C = 0.2\ \mu\text{F}$, $L = 0.4\ \text{H}$, $R = 1000\ \Omega$, 试求合上开关 S 后的电流 $i(t)$ 及电压 $u_C(t)$.

8.　一链条悬挂在一钉子上, 起动时一端离开钉子 8 m, 另一端离开钉子 12 m, 分别在以下两种情况下求链条滑下来所需要的时间: (1) 若不计钉子对链条所产生的摩擦力; (2) 若摩擦力的大小等于 1m 长的链条所受重力的大小.

总 习 题 六

1. 选择题.

(1)　一阶非齐次线性微分方程 $y' = p(x)y + q(x)$ 的通解是(　　).

A.　$y = e^{-\int p(x)\mathrm{d}x}\left[\int q(x)e^{\int p(x)\mathrm{d}x}\mathrm{d}x + C \right]$

B.　$y = e^{\int p(x)\mathrm{d}x}\int q(x)e^{\int p(x)\mathrm{d}x}\mathrm{d}x$

C.　$y = e^{\int p(x)\mathrm{d}x}\left[\int q(x)e^{-\int p(x)\mathrm{d}x}\mathrm{d}x + C \right]$

D.　$y = Ce^{-\int p(x)\mathrm{d}x}$

(2) 微分方程 $xy' = \sqrt{x^2+y^2} + y$ 是(　　).

　　A. 齐次方程　　　　　　　　　　　　B. 一阶线性方程

　　C. 伯努利方程　　　　　　　　　　　D. 可分离变量方程

(3) 解伯努利方程 $y' = x^3 y^3 - xy$ 时, 可作变换(　　).

　　A. $z = y^3$　　　　　B. $z = y^{-2}$　　　　　C. $z = y^2$　　　　　D. $z = x^3 y^3$

(4) 设微分方程分别为: ① $(y'')^2 + 5y' - y + x = 0$; ② $y'' + 5y' + 4y^2 - 8x = 0$; ③ $(3x + 2y)\mathrm{d}x + (x-y)\mathrm{d}y = 0$. 方程(　　).

　　A. ①是线性方程　　　　　　　　　　B. ②是线性方程

　　C. ③是线性方程　　　　　　　　　　D. 都不是线性方程

(5) 曲线过点 $(0, -2)$, 使其上每一点的切线斜率都比该点纵坐标大 5 的曲线方程是(　　).

　　　　A. $y = x^2 - 3$　　　　B. $y = x^2 + 5$　　　　C. $y = 3\mathrm{e}^x - 5$　　　　D. $y = C\mathrm{e}^x - 5$

(6) 微分方程 $\dfrac{\mathrm{d}y}{\mathrm{d}x} = \dfrac{y}{x} + \tan\dfrac{y}{x}$ 的通解是(　　).

　　　　A. $1 = Cx\sin\dfrac{y}{x}$　　　B. $\sin\dfrac{y}{x} = x + C$　　　C. $\sin\dfrac{y}{x} = Cx$　　　D. $\sin\dfrac{x}{y} = Cx$

(7) 微分方程 $2yy'' = (y')^2$ 的通解是(　　).

　　　　A. $(x-C)^2$　　　B. $C_1 + C_2(x-1)^2$　　　C. $C_1 + (x-C_2)^2$　　　D. $C_1(x-C_2)^2$

(8) 将微分方程 $F\left[x, y'', y''', y^{(4)}\right] = 0$ 降为二阶微分方程可作代换(　　).

　　　　A. $y = x$　　　B. $P = y'$　　　C. $P = y''$　　　D. $P = y^{(4)}$

(9) 方程 $y''' + y' = 0$ 的通解是(　　).

　　　　A. $y = \sin x - \cos x + C_1$　　　　　　B. $y = C_1\sin x - C_2\cos x + C_3$

　　　　C. $y = \cos x + \sin x + C_1$　　　　　　D. $y = \sin x - C_1$

(10) 若 y_1 和 y_2 是二阶齐次线性微分方程 $y'' + p(x)y' + q(x)y = 0$ 的两个特解, 则 y_1, y_2 的线性组合 $y = C_1 y_1 + C_2 y_2$ (其中 C_1, C_2 为任意常数)(　　).

　　A. 是该方程的通解　　　　　　　　　B. 是该方程的解

　　C. 是该方程的特解　　　　　　　　　D. 不一定是该方程的解

(11) 函数 $y = y(x)$ 的图形上的点 $(0, -2)$ 处的切线为 $2x - 3y = 6$, 且 $y(x)$ 满足方程 $y'' = 6x$, 则此函数为(　　).

　　A. $y = x^3 - 2$　　　　　　　　　　　B. $y = 3x^2 + 2$

　　C. $3y - 3x^2 - 2x + 6 = 0$　　　　　　D. $y = x^3 + \dfrac{2}{3}x$

(12) 通解为 $y = C_1\mathrm{e}^{-2x} + C_2\mathrm{e}^x$ 的微分方程是(　　).

　　A. $y'' + y' = 0$　　　　　　　　　　B. $y'' + 2y' = 0$

　　C. $y'' - y' - 2y = 0$　　　　　　　　D. $y'' + y' - 2y = 0$

(13) 设函数 y_1, y_2 和 y_3 都是线性微分方程 $y'' + p(x)y' + q(x)y = f(x)$ 的特解, 则对

任意常数 C_1, C_2，函数 $y = C_1 y_2 + C_2 y_3 + (1 - C_1 - C_2) y_1$　(　　).

    A. 不一定是所给方程的通解　　　　　　B. 不是通解

    C. 是所给方程的特解　　　　　　　　D. 一定是方程的通解

(14) 求方程 $yy'' - (y')^2 = 0$ 的通解时，可作代换 $y' = p$，则(　　).

    A. $y'' = p'$　　　　B. $y'' = p \dfrac{dp}{dy}$　　　　C. $y'' = p \dfrac{dp}{dx}$　　　　D. $y'' = p' \dfrac{dp}{dy}$

2. 填空题.

(1) 微分方程 $xy' + 2y = x \ln x$ 满足 $y(1) = -\dfrac{1}{9}$ 的特解为_____；

(2) 与特征方程 $9r^2 - 6r + 1 = 0$ 对应的常系数齐次线性微分方程为_____；

(3) 与积分方程 $y = \displaystyle\int_{x_0}^{x} f(x, y) dx$ 等价的微分方程初值问题是_____；

(4) 解方程 $\dfrac{dy}{dx} = f\left(\dfrac{y}{x}\right)$ 时要先作变量代换_____，将其转化成_____方程；

(5) 方程 $y^{(4)} - 4y = 0$ 的通解是 $y = $ _____；

(6) 方程 $y'' + 4y = 4\sin 2t$ 待定的特解形式是 $y^* = $ _____.

3. 求以下列各式所表示的函数为通解的微分方程(其中 C_1, C_2, C_3 为任意常数).

(1) $y = C_1 e^x + C_2 e^{-2x}$；　　　　　　　　(2) $y = (C_1 + C_2 x + C_3 x^2) e^x$.

4. 求下列微分方程的通解.

(1) $y' - \cos\dfrac{x+y}{2} = \cos\dfrac{x-y}{2}$；　　　　(2) $xy' + y = 2\sqrt{xy}$ $(x > 0)$；

(3) $\dfrac{dy}{dx} = \dfrac{y}{2(\ln y - x)}$；　　　　　　　(4) $\dfrac{dy}{dx} + xy - x^3 y^3 = 0$；

(5) $y'' + (y')^2 + 1 = 0$；　　　　　　　(6) $yy'' - y'^2 - 1 = 0$；

(7) $y'' + 2y' + 5y = \sin 2x$；　　　　　　(8) $(y^4 - 3x^2) dy + xy dx = 0$.

5. 求下列微分方程满足所给初始条件的特解.

(1) $y^3 dx + 2(x^2 - xy^2) dy = 0$，$y(1) = 1$；

(2) $y'' - ay'^2 = 0$，$y(0) = 0, y'(0) = -1$；

(3) $2y'' - \sin 2y = 0$，$y(0) = \dfrac{\pi}{2}, y'(0) = 1$；

(4) $y'' + 2y' + y = \cos x$，$y(0) = 0, y'(0) = \dfrac{3}{2}$.

6. 求满足下列条件的连续函数 $y(x)$.

(1) $y(x) = \sin x - \displaystyle\int_0^x (x - t) y(t) dt$；

(2) $y(x) = \displaystyle\int_0^{3x} y\left(\dfrac{t}{3}\right) dt + e^{2x}$；

(3) $\displaystyle\int_0^x ty(t) dt = x^2 + y(x)$.

7. 某学生忘记了乘积求导法则, 错误地认为 $\left[f(x)g(x)\right]' = f'(x)\cdot g'(x)$, 但他侥幸碰对了答案. 已知 $f(x) = e^{x^2}$, $\dfrac{1}{2} < x < +\infty$. 试问 $g(x)$ 是什么函数?

8. (船闸过船问题) 2010 年 10 月 26 日长江三峡大坝 175 m 水位蓄水成功, 三峡工程转入正常运行阶段. 为便于通航, 在坝区将水位由高到低分成五级建造船闸(图 6-5). 当船从上游向下游航行时, 将 A 闸孔打开, B 闸门关闭, 把水放入闸室. 当闸室水位升到与上游水位相同时, 打开 A 闸门, 船进入闸室后再关闭 A 闸门. 然后打开 B 闸孔, 当闸室水位降到与下游水位相同时, 打开 B 闸门, 船向下游航行. 船从下游向上游的通行过程与此相反.

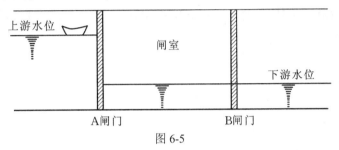

图 6-5

现设 B 闸孔出水孔的面积为 $a\ \text{m}^2$, 上游与下游的水位差为 $H\ \text{m}$, 闸室水面面积为 $S\ \text{m}^2$. 求由 B 闸孔开始放水, 至闸室水位与下游水位相同为止所需的时间(流量公式 $Q = \mu a\sqrt{2gh}$, μ 为常数, 其值为 0.6~0.7).

部分习题答案与提示

第 一 章

习题 1-1

1. (1) $(1,+\infty)$； (2) $[-1,3]$； (3) $[-2,-1)\cup(-1,1)\cup(1,+\infty)$； (4) $[-1,0)\cup(0,3)$.

2. $[a,2a]$.

3. $y=\begin{cases} x+2, & x<1, \\ 4-x, & x\geqslant 1. \end{cases}$

6. 2π.

8. $\dfrac{1}{2},0$.

9. $f(x)=x^2+1$.

10. 奇函数.

12. (1) $\begin{cases} x-1, & x\geqslant 1, \\ 1, & x<1; \end{cases}$ (2) $\begin{cases} 2, & x<0, \\ x+1, & 0\leqslant x<1, \\ 2x-1, & x\geqslant 1. \end{cases}$

13. (1) $y=\sin^2 x$，$y_0=\dfrac{1}{4}$；   (2) $y=\mathrm{e}^{x^2}$，$y_0=\mathrm{e}$.

14. $y=\begin{cases} 0.15x, & 0\leqslant x\leqslant 50, \\ 0.25x-5, & x>50. \end{cases}$

15. $y=2kx^2+\dfrac{4kV}{x}$，定义域为 $(0,+\infty)$.

习题 1-2

1. (1) 0； (2)1； (3) $+\infty$； (4) 0.

习题 1-3

3. (1) 不存在； (2) 1； (3) 0.

4. $f(x)$ 左、右极限均为 1, 极限为 1；$\varphi(x)$ 左极限为-1, 右极限为 1, 极限不存在.

5. $f(x)$ 左、右极限分别为 1 和 0.

习题 1-4

2. (1) 当 $x\to 1$ 时, $\dfrac{1}{1-x}$ 为无穷大；当 $x\to\infty$ 时, $\dfrac{1}{1-x}$ 为无穷小.

(2) 当 $x \to 0$ 时, $\dfrac{x}{1-x}$ 为无穷小; 当 $x \to 1$ 时, $\dfrac{x}{1-x}$ 为无穷大.

(3) 当 $x \to 2$ 时, $\ln(x-1)$ 为无穷小; 当 $x \to +\infty$ 时, $\ln(x-1)$ 为正无穷大; 当 $x \to 1^+$ 时, $\ln(x-1)$ 为负无穷大.

(4) 当 $x \to -\infty$ 时, e^x 为无穷小; 当 $x \to +\infty$ 时, e^x 为无穷大.

3. (1) 3; (2) 1 .

4. 不一定. 例如, x^2-9 和 $x-3$ 在 $x \to 3$ 时都是无穷小, 但 $\lim\limits_{x\to3}\dfrac{x^2-9}{x-3}=6$, $\dfrac{x^2-9}{x-3}$ 在 $x \to 3$ 时不是无穷小.

5. 不一定. 例如, $x-1$ 和 $3-x$ 在 $x \to \infty$ 时都是无穷大, 但 $x-1+3-x=2$, 在 $x \to \infty$ 时不是无穷大.

习题 1-5

2. (1) $\dfrac{9}{22}$; (2) $-\dfrac{1}{2}$; (3) ∞; (4) $\dfrac{1}{2}$; (5) $3x^2$; (6) $\dfrac{n}{2}$; (7) 0;

(8) $\dfrac{1}{2}$; (9) 2; (10) $\dfrac{1}{2}$; (11) $\dfrac{2^{10}\cdot3^{20}}{5^{30}}$; (12) $-\dfrac{\sqrt{2}}{4}$; (13) 0; (14) 0 .

3. (1) 0; (2) 0; (3) $-1,0,-\infty$.

4. $a=25,b=20$.

习题 1-6

2. (1) $\dfrac{3}{5}$; (2) 3; (3) 1; (4) 2; (5) x;

(6) $\dfrac{1}{2}$; (7) $\dfrac{4}{3}$; (8) e; (9) e; (10) 1.

3. (1) 1; (2) 0 .

习题 1-7

2. 与(1)同阶无穷小, 与(2)同阶无穷小, 与(3)不能比较.

3. $\sin x(\tan x + x^2)$.

4. 与(1)同阶无穷小, 与(2)等价无穷小.

5. (1) 3; (2) 2; (3) $\dfrac{2}{5}$.

6. $\dfrac{3}{2}$.

7. (1) $\dfrac{3}{2}$; (2) $\dfrac{1}{2}$; (3) $\dfrac{1}{2}$; (4) $-\dfrac{1}{4}$.

习题 1-8

3. (1) $x=1$ 为可去间断点, 重新定义 $y(1)=-2$; $x=2$ 为无穷间断点.

(2) $x=0$ 为可去间断点, 重新定义 $y(0)=1$;　　$x=k\pi$ $(k=\pm1,\pm2,\cdots)$ 为第二类间断点.

(3) $x=0$ 为可去间断点, 重新定义 $y(0)=0$.

4. $x=0$, 跳跃间断点.

5. (1) $x=1$, 跳跃间断点;　(2) $x=0$, 第二类间断点;　(3) $x=k\pi+\dfrac{\pi}{2}$ ($k\in\mathbf{Z}$), 跳跃间断点.

6. 0.

8. (1) 0;　(2) $\dfrac{2}{3}$;　(3) 1;　(4) $\cos a$;　(5) e;　(6) $\dfrac{1}{2}$;　(7) e^{2a};　(8) $-\dfrac{\pi}{4}$.

总习题一

1. (1) 必要;　(2) 充分;　(3) 充分必要;　(4) 充分;　(5) 必要.

2. (1) $\arcsin(1-x^2)$, $\left[-\sqrt{2},\sqrt{2}\right]$;　(2) e^6;　(3) 2,-8;　(4) -1;　(5) 一, 跳跃;

(6) 0, -1.

3. (1) C;　(2) D;　(3) D;　(4) C;　(5) A;　(6) C;　(7) A;　(8) B.

5. (1) ∞;　(2) $\dfrac{1}{2}$;　(3) $\sqrt[3]{abc}$;　(4) 1.

6. $a=-1,b=-2$.

8. (1) $\dfrac{1}{16}$;　(2) $\dfrac{1}{4}$;　(3) $-\dfrac{2}{3}$;　(4) $\dfrac{5}{3}$.

9. $a=1$.

10. ±1, 跳跃间断点.

第 二 章

习题 2-1

1. 12 m/s.

2. -20.

3. (1) $-f'(x_0)$;　(2) $f'(0)$;　(3) $3f'(x_0)$.

4. (1) $\dfrac{3}{5}x^{-\frac{2}{5}}$;　(2) $\dfrac{17}{10}x^{\frac{7}{10}}$;　(3) $(ae)^x(1+\ln a)$;　(4) $\dfrac{1}{x\ln 4}$.

6. 切线方程为 $x+2y=\sqrt{3}+\dfrac{2\pi}{3}$;　法线方程为 $2x-y=\dfrac{4\pi}{3}-\dfrac{\sqrt{3}}{2}$.

7. (1) 连续, 不可导;　(2)连续且可导;　(3) 连续且可导.

8. $f'(x)=\begin{cases}\cos x, & x<0,\\ 1, & x\geqslant 0\end{cases}$　或　$f'(x)=\begin{cases}\cos x, & x\leqslant 0,\\ 1, & x>0.\end{cases}$

9. $a=2,b=-1$.

11. (1) 1;　(2) $\dfrac{1}{2}$.

习题 2-2

1. (1) $6x^2 + \dfrac{3}{x^2}$;

(2) $\dfrac{1 - \ln x}{x^2}$;

(3) $2\mathrm{e}^x \sin x + 2\mathrm{e}^x \cos x - 10x$;

(4) $2x \arctan x + \dfrac{x^2}{1 + x^2}$;

(5) $-\dfrac{1}{1 + \sin 2x}$;

(6) $\dfrac{x - 2}{x^3} \mathrm{e}^x$;

(7) $x^2(1 + 3\ln x)$;

(8) $\mathrm{e}^x(\sin x + \cos x + x^2 + 2x - 8)$;

(9) $-\dfrac{1}{\sqrt{x}(\sqrt{x} - 1)^2}$;

(10) $\dfrac{1 - 2\sin t + \cos t}{(2 - \sin t)^2}$.

2. (1) $\dfrac{5}{2}\sqrt{2}$, $\dfrac{3}{2} + \sqrt{3}$; (2) $\dfrac{1}{4} + \dfrac{\sqrt{3}}{12}\pi$; (3) $\dfrac{3}{2}$; (4) $\dfrac{\sqrt{3} + \pi}{6}$.

3. $a = -1, b = -1, c = 1$.

4. (1) $8(4x + 3)$;

(2) $-6x\mathrm{e}^{-3x^2}$;

(3) $-2\sec^2(1 - 2x)$;

(4) $\dfrac{x}{\sqrt{x^2 - a^2}}$;

(5) $\dfrac{\mathrm{e}^x}{1 + \mathrm{e}^{2x}}$;

(6) $2x\sqrt{1 + \ln^2 x} + \dfrac{x \ln x}{\sqrt{1 + \ln^2 x}}$;

(7) $\cot x$;

(8) $\dfrac{1}{\ln \ln x \cdot \ln x \cdot x}$;

(9) $-\dfrac{x}{(x^2 + a^2)^{\frac{3}{2}}}$;

(10) $-\dfrac{1}{2}\mathrm{e}^{-\frac{x}{2}}(\cos 3x + 6\sin 3x)$;

(11) $-\dfrac{1}{|x|\sqrt{x^2 - 1}}$;

(12) $\dfrac{-2}{x(1 + \ln x)^2}$;

(13) $\dfrac{2\sqrt{x} + 1}{4\sqrt{x}\sqrt{x + \sqrt{x}}}$;

(14) $y = n\sin^{n-1} x \cos x \cos nx - n\sin^n x \sin nx$;

(15) $-\dfrac{\ln 2}{\sqrt{1 - x^2}} 2^{\arccos x}$;

(16) $\dfrac{1}{x^2}\mathrm{e}^{-\sin^2 \frac{1}{x}} \sin \dfrac{2}{x}$; (17) $\csc x$;

(18) $\dfrac{1}{x^2 + 1}$;

(19) $\csc x$;

(20) $\sec x$.

5. (1) $-2\mathrm{e}^{-2x} f'(\mathrm{e}^{-2x})$; (2) $y = \sin 2x[f'(\sin^2 x) - f'(\cos^2 x)]$; (3) $-\dfrac{f'\left(\arctan \dfrac{1}{x}\right)}{1 + x^2}$.

6. $\dfrac{f(x)f'(x) + g(x)g'(x)}{\sqrt{f^2(x) + g^2(x)}}$.

10. $-4\ln 2$.

11. $\varphi(a)$.

习题 2-3

1. (1) $\dfrac{a^2}{(a^2 + x^2)^{\frac{3}{2}}}$; (2) $2\sin x + 4x\cos x - x^2 \sin x$; (3) $2\arctan x + \dfrac{2x}{1 + x^2}$;

(4) $\dfrac{2(3x^2-1)}{(1+x^2)^3}$;　　　(5) $y=\mathrm{e}^{-2x}(3\cos x+4\sin x)$;　　　(6) $y=\dfrac{2-x^2}{(1-x^2)^{\frac{3}{2}}}$;

(7) $-\dfrac{2(1+x^2)}{(1-x^2)^2}$;　　　(8) $\dfrac{x^2+2x+2}{x^3}\mathrm{e}^{-x}$;　　　(9) $-\dfrac{1+3x}{4x^{\frac{3}{2}}(1+x)^2}$;

(10) $-\dfrac{x}{(1+x^2)^{\frac{3}{2}}}$;　　　(11) $4\mathrm{e}^{2x^2-1}(1+4x^2)$;　　　(12) $\dfrac{12\ln x-7}{x^5}$.

2. 60.

4. (1) $\mathrm{e}^{-x}[f'(\mathrm{e}^{-x})+\mathrm{e}^{-x}f''(\mathrm{e}^{-x})]$;　　(2) $\dfrac{f''(x)f(x)-[f'(x)]^2}{f^2(x)}$;

(3) $\mathrm{e}^{-f(x)}\{[f'(x)]^2-f''(x)\}$.

6. (1) $\dfrac{(-1)^n n!}{3}\left[\dfrac{1}{(x-1)^{n+1}}-\dfrac{1}{(x+2)^{n+1}}\right]$;　　(2) $2^{n-1}\cos\left(2x+n\cdot\dfrac{\pi}{2}\right)$;

(3) $\dfrac{(-1)^n(n-2)!}{x^{n-1}}$ $(n\geqslant 2)$;　　(4) $\mathrm{e}^x(n+x)$.

7. $\dfrac{2-\ln x}{x\ln^3 x}$.

习题 2-4

1. (1) $\dfrac{2x+y}{2y-x}$;　　(2) $\dfrac{2x-x^2-y^2}{x^2+y^2-2y}$;　　(3) $\dfrac{\sin(x-y)+y\cos x}{\sin(x-y)-\sin x}$;　　(4) $\dfrac{1+x}{1-x\mathrm{e}^{x+y}}\mathrm{e}^{x+y}$.

2. $-\dfrac{\cos(x+y)+y\mathrm{e}^{-xy}}{\cos(x+y)+x\mathrm{e}^{-xy}}$; $y=x$.

3. (1) $-\dfrac{x^2+y^2}{y^3}$;　　(2) $-\dfrac{2(1+y^2)}{y^5}$;　　(3) $\dfrac{\mathrm{e}^{2y}(2-x\mathrm{e}^y)}{(1-x\mathrm{e}^y)^3}$;　　(4) $\dfrac{-4\sin y}{(2-\cos y)^3}$.

4. (1) $(\ln x)^x\left[\ln(\ln x)+\dfrac{1}{\ln x}\right]$;

(2) $\dfrac{1}{2}\sqrt{\dfrac{(3-x)\sqrt{2-3x}}{\sqrt[3]{(5x-4)^2}}}\left[\dfrac{1}{x-3}-\dfrac{3}{2(2-3x)}-\dfrac{10}{3(5x-4)}\right]$;

(3) $\dfrac{1}{3}\sqrt[3]{x\sin x\sqrt{1-\mathrm{e}^x}}\left[\dfrac{1}{x}+\cot x+\dfrac{\mathrm{e}^x}{2(\mathrm{e}^x-1)}\right]$;

(4) $(1+x)^{\sin x}\left[\cos x\ln(1+x)+\dfrac{\sin x}{1+x}\right]$.

5. (1) $\dfrac{1+\sin t+\cos t}{1+\sin t-\cos t}$;　　(2) $-\tan t$.

6. (1) 切线方程为 $x-2y+2=0$, 法线方程为 $2x+y-1=0$;

(2) 切线方程为 $3x-2y-4=0$, 法线方程为 $2x+3y-7=0$.

7. (1) $\dfrac{-t+\sin t\cos t}{a\sin^3 t}$; (2) $\dfrac{3}{20}e^{7t}$; (3) $-\dfrac{2(1+t^2)}{t^4}$; (4) $\dfrac{1}{f''(t)}$.

8. 2000π cm^3/s; 400π cm^2/s.

9. $\dfrac{16}{25\pi}$ m/min.

习题 2-5

1. -1.141; -1.2.

2. (1) $\dfrac{2}{(2+x)^2}dx$; (2) $(\cos 3x-3x\sin 3x)dx$; (3) $\dfrac{6\ln(5-3x)}{3x-5}dx$;

(4) $12x\tan(1+3x^2)\sec^2(1+3x^2)dx$; (5) $x^2e^{-2x}(3-2x)dx$; (6) $-\dfrac{dx}{2\sqrt{x}\cdot\sqrt{e^{2\sqrt{x}}-1}}$;

(7) $\dfrac{e^x}{\sqrt{1+e^{2x}}}dx$; (8) $2e^x f(e^x)f'(e^x)dx$.

3. (1) $\dfrac{3}{2}x^2+C$; (2) $\dfrac{1}{2}\ln|x|+C$; (3) $-\dfrac{1}{3}e^{-3x}+C$; (4) $\dfrac{1}{2}e^{x^2}+C$;

(5) $\dfrac{1}{2}\ln(1+x^2)+C$; (6) $\dfrac{2}{3}(x+2)^{\frac{3}{2}}+C$; (7) $-\dfrac{1}{3}\cos 3x+C$; (8) $-\dfrac{1}{2}\cot 2x+C$.

4. $-\dfrac{\cos(x+y)+ye^{-xy}}{\cos(x+y)+xe^{-xy}}dx$; $-\dfrac{\cos(x+y)+ye^{-xy}}{\cos(x+y)+xe^{-xy}}$.

6. (1) 0.7954; (2) 9.9867; (3) -0.8747.

7. 约减少 43.63 cm^2; 约增加 104.72 cm^2.

8. 20.096 m^3.

总习题二

1. (1) 充分, 必要; (2) 充分必要; (3) 充分必要.

2. 2.

3. $(-1)^n n!$.

4. (1) B; (2) A; (3) B; (4) C.

5. -1.

6. (1) 连续, 不可导; (2) 不连续, 不可导; (3) 连续, 不可导.

7. $y=-x+2$.

8. $\dfrac{1}{e^2}$.

9. (1) $-\dfrac{e^x}{\sqrt{1+e^{2x}}}$; (2) $\arcsin\dfrac{x}{3}dx$; (3) $(\sin x)^{\cos x}[\cos x\cot x-\sin x\ln(\sin x)]$;

(4) $\dfrac{\sqrt[3]{x+2}(3-2x)^4}{(3x+1)^5}\left[\dfrac{1}{3(x+2)}-\dfrac{8}{3-2x}-\dfrac{15}{3x+1}\right]$.

10. (1) $-6\sin 3x - 9x\cos 3x$；　(2) $\dfrac{x^2-1}{(1+x^2)^2} - \dfrac{1}{2(x-1)^2}$．

11. (1) $\dfrac{(-1)^n n!}{3}\left[\dfrac{1}{(x-2)^{n+1}} - \dfrac{1}{(x+1)^{n+1}}\right]$；　(2) $(-1)^n \dfrac{2 \cdot n!}{(1+x)^{n+1}}$；

　　(3) $-2^{n-1}\cos\left(2x + \dfrac{n\pi}{2}\right) + 2^{2n-3}\cos\left(4x + \dfrac{n\pi}{2}\right)$．

12. $\left(\ln 2, \dfrac{\pi}{4}\right)$．

13. 1.

14. $a = 2, b = -1$．

15. e．

16. 切线方程为 $y = 2x - 12$．

第 三 章

习题 3-1

2. (1) $\xi = 0$；　(2) $\xi = 3$；　(3) $\xi = \dfrac{14}{9}$．

习题 3-2

1. (1) $\dfrac{a}{b}$；　(2) -1；　(3) 2；　(4) $-\dfrac{1}{8}$；　(5) -1；　(6) 2；　　　(7) 0；

　(8) 1；　(9) 0；　(10) 0；　(11) e^2；　(12) 1；　(13) $\sqrt[n]{a_1 a_2 \cdots a_n}$；　(14) 1；

　(15) $\dfrac{1}{2}$；　(16) 1．

4. $f''(x_0)$．

5. $m = -3$，$n = \dfrac{9}{2}$．

6. $a = 1$，$b = -\dfrac{5}{2}$．

7. 连续.

习题 3-3

1. (1) $\sin x = \dfrac{\sqrt{2}}{2}\left[1 + \dfrac{\left(x-\dfrac{\pi}{4}\right)}{1!} - \dfrac{\left(x-\dfrac{\pi}{4}\right)^2}{2!} - \dfrac{\left(x-\dfrac{\pi}{4}\right)^3}{3!} + \dfrac{\left(x-\dfrac{\pi}{4}\right)^4}{4!} + \dfrac{\left(x-\dfrac{\pi}{4}\right)^5}{5!}\right] + R_5(x)$，

其中 $R_5(x) = -\dfrac{\sin \xi}{6!}\left(x-\dfrac{\pi}{4}\right)^6$，$\xi$ 在 $\dfrac{\pi}{4}$ 与 x 之间；

(2) $e^{-x}=e^{-1}\left[1-\dfrac{(x-1)}{1!}+\dfrac{(x-1)^2}{2!}-\dfrac{(x-1)^3}{3!}+\dfrac{(x-1)^4}{4!}-\dfrac{(x-1)^5}{5!}\right]+R_5(x),$

其中 $R_5(x)=-\dfrac{e^{-\xi}}{6!}(x-1)^6$，$\xi$ 在 1 与 x 之间；

(3) $\sqrt{x}=\sqrt{3}\left[1+\dfrac{1}{6}(x-3)-\dfrac{1}{2!6^2}(x-3)^2+\dfrac{1\cdot3}{3!6^3}(x-3)^3-\dfrac{1\cdot3\cdot5}{4!6^4}(x-3)^4+\dfrac{1\cdot3\cdot5\cdot7}{5!6^5}(x-3)^5\right]+R_5(x),$

其中 $R_5(x)=-\dfrac{1\cdot3\cdot5\cdot7\cdot9}{6!2^6}\xi^{-\frac{11}{2}}(x-3)^6$，$\xi$ 在 3 与 x 之间.

2. (1) $\ln(2x+1)=2x-2x^2+\dfrac{8}{3}x^3+o(x^3)$；

(2) $e^{2x-x^2}=1+2x+x^2-\dfrac{2}{3}x^3+o(x^3)$.

3. $\cos x^2=1-\dfrac{x^4}{2!}+\dfrac{x^8}{4!}-\cdots+(-1)^n\dfrac{x^{4n}}{(2n)!}+o(x^{4n})$.

4. (1) $\dfrac{7}{12}$；(2) $\dfrac{1}{3}$.

5. $-9\,900\times(97!)$.

习题 3-4

1. (1) 单调减少区间 $(0,1]$，单调增加区间 $[1,+\infty)$；

(2) 单调增加区间 $(-\infty,+\infty)$；

(3) 单调增加区间 $(-\infty,2]$，单调减少区间 $[2,+\infty)$；

(4) 单调增加区间 $(-\infty,0]$ 和 $[2,+\infty)$，单调减少区间 $[0,2]$；

(5) 单调减少区间 $(-\infty,+\infty)$；

(6) 单调减少区间 $(-\infty,0]$ 和 $[2,+\infty)$，单调增加区间 $[0,2]$.

2. (1) 在 $x=\dfrac{\sqrt{2}}{2}$ 处取极小值 $\dfrac{3}{2}+\dfrac{\ln 2}{2}$；

(2) 在 $x=3$ 处取极大值 108，在 $x=5$ 处取极小值 0；

(3) 在 $x=2k\pi+\dfrac{\pi}{4}(k\in\mathbf{Z})$ 处取极大值 $\sqrt{2}$，在 $x=2k\pi+\dfrac{5\pi}{4}(k\in\mathbf{Z})$ 处取极小值 $-\sqrt{2}$.

4. 当 $a=2$ 时，在 $x=\dfrac{\pi}{3}$ 处取得极大值 $\sqrt{3}$.

6. $k<-54$ 或 $k>54$ 时，方程仅有一个根；$k=\pm54$ 时，方程有两个不同的根；$-54<k<54$ 时，方程有三个不同的根.

7. (1) 最大值 245, 最小值 -30；(2) 最大值 0, 最小值 -4.

8. $\dfrac{L}{4}$.

9. 30.

10. 3.

习题 3-5

1. (1) 凸区间为 $(-\infty,+\infty)$，无拐点；

　　(2) 凸区间为 $(-\infty,-1]$ 和 $[1,+\infty)$，凹区间为 $[-1,1]$，拐点为 $(-1,\ln 2)$ 及 $(1,\ln 2)$；

　　(3) 凸区间为 $(-\infty,2]$，凹区间为 $[2,+\infty)$，拐点为 $\left(2,\dfrac{2}{e^2}\right)$；

　　(4) 凸区间为 $(-\infty,0]$，凹区间为 $[0,+\infty)$，拐点为 $(0,0)$.

2. 没有拐点.

3. $a=-\dfrac{3}{2}$，$b=\dfrac{9}{2}$，凹区间为 $(-\infty,1]$，凸区间为 $[1,+\infty)$.

5. (1) 垂直渐近线为 $x=\pm\sqrt{3}$，水平渐近线为 $y=0$；

　　(2) 垂直渐近线为 $x=\dfrac{1}{2}$，斜渐近线为 $y=\dfrac{1}{2}x+\dfrac{1}{4}$；

　　(3) 垂直渐近线为 $x=-1$，水平渐近线为 $y=0$；

　　(4) 斜渐近线为 $y=\pm x$.

习题 3-6

1. $(0,3)$ 和 $(0,-3)$.

2. 曲率 $K=\dfrac{e}{(1+e^2)^{\frac{3}{2}}}$，曲率半径 $\rho=\dfrac{(1+e^2)^{\frac{3}{2}}}{e}$.

3. $K=1$，$\rho=1$.

4. 直径不得超过 2.50 单位长度.

6. $g(x)=\dfrac{1}{2}f''(0)x^2+f'(0)x$.

总习题三

1. (1) 3/4;　　(2) $y-\ln 2=x-1$ 或 $y-\ln 2=-(x-1)$；

　　(3) $y=x+\pi(x\to+\infty)$，$y=x-\pi(x\to-\infty)$；　　(4) 2.

2. (1) C;　(2) B;　(3) D.

3. (1) 6;　(2) $e^{\frac{n+1}{2}}$；　(3) $\dfrac{m-n}{2}$；　(4) $-\dfrac{e}{2}$；　(5) $\dfrac{1}{a}$.

6. $a=3,b=-9,c=8$.

7. $e^\pi>\pi^e$.

8. x_0 不是极值点，$(x_0,f(x_0))$ 是拐点.

第 四 章

习题 4-1

1. $y = -\cos x - \sin x - 1$.

2.(1) 27 m;　(2) $2\sqrt[3]{45} \approx 7.11$ s.

3. (1) $x - 2x^3 + \dfrac{9}{5}x^5 + C$;

(2) $\dfrac{2^x}{\ln 2} + \dfrac{1}{3}x^3 + C$;

(3) $-\dfrac{1}{x} - \arctan x + C$;

(4) $\dfrac{m}{m+n}x^{\frac{m+n}{m}} + C$;

(5) $\dfrac{2}{5}x^{\frac{5}{2}} + \dfrac{1}{2}x^2 + 6x^{\frac{1}{2}} + C$.

(6) $\dfrac{1}{3}x^3 + \dfrac{1}{2}x^2 - 3\ln|x| + \dfrac{3}{x} + C$;

(7) $\dfrac{1}{2}x - \dfrac{1}{2}\sin x + C$;

(8) $-\cot x - x + C$;

(9) $e^x + x + C$;

(10) $\sin x + \cos x + C$;

(11) $\dfrac{3^x e^x}{1 + \ln 3} + C$;

(12) $e^x - 2\sqrt{x} + C$;

(13) $\tan x - \sec x + C$;

(14) $\dfrac{1}{2}\tan x + C$;

(15) $-2x - \cot x + C$;

(16) $-\cot x - \csc x + C$;

(17) $\dfrac{1}{3}x^3 - x + \arctan x + C$;

(18) $\ln|x| + \arctan x + C$;

(19) $x^3 - \arctan x + C$;

(20) $2\arcsin x + C$.

习题 4-2

1. (1) $\dfrac{1}{14}(2x+1)^7 + C$;

(2) $-\dfrac{1}{4}\ln|5-4x| + C$;

(3) $-\dfrac{1}{3(3x-1)} + C$;

(4) $-\dfrac{1}{2}e^{-2x} + C$;

(5) $-e^{\frac{1}{x}} + C$;

(6) $-\dfrac{1}{3}\cos(3x-5) + C$;

(7) $-\dfrac{1}{5}\sin(1-5x) + C$;

(8) $\dfrac{2}{3}(x^2+1)^{\frac{3}{2}} + C$;

(9) $-\dfrac{1}{8}\cos^8 x + C$;

(10) $\dfrac{1}{7}\tan 7x + C$;

(11) $\dfrac{1}{\cos x} + C$;

(12) $\dfrac{1}{3}e^{x^3} + C$;

(13) $\dfrac{1}{2}\ln(x^2+2) + C$;

(14) $\dfrac{2}{3}(x^3+1)^{\frac{1}{2}} + C$;

(15) $\ln|\ln x| + C$;

(16) $\dfrac{\ln^3 x}{3} + C$;

(17) $\dfrac{2}{3}(1 + \ln x)^{\frac{3}{2}} + C$;

(18) $\ln(\mathrm{e}^x + 1) + C$;

(19) $\dfrac{2}{3}(\tan x + 1)^{\frac{3}{2}} + C$;

(20) $\arctan^2 x + C$;

(21) $\mathrm{e}^{\sin x} + C$;

(22) $\dfrac{1}{2}\ln(x^2 + 2x + 3) + C$;

(23) $\dfrac{1}{10}(x^2 + 3)^5 + C$;

(24) $-2\sqrt{1 - x^2} - \arcsin x + C$;

(25) $-\sin(\mathrm{e}^{-x}) + C$;

(26) $\dfrac{1}{5}\cos^5 x - \dfrac{1}{3}\cos^3 x + C$;

(27) $\dfrac{1}{12}\arctan\dfrac{3x}{4} + C$;

(28) $\dfrac{1}{4}\arcsin\dfrac{4x}{3} + C$;

(29) $\ln\left|\arcsin\dfrac{x}{2}\right| + C$;

(30) $\dfrac{1}{3}\tan^3 x + \tan x - x + C$;

(31) $\dfrac{1}{2}[\ln(x + \sqrt{1 + x^2})]^2 + C$;

(32) $\sqrt{x\sin x} + C$.

2.(1) $\dfrac{4}{3}\sqrt[4]{x^3} - 2\sqrt{x} + 4\sqrt[4]{x} - 4\ln(1 + \sqrt[4]{x}) + C$;

(2) $\dfrac{1}{21}\sqrt[3]{(3x + 1)^7} - \dfrac{1}{12}\sqrt[3]{(3x + 1)^4} + C$;

(3) $\dfrac{1}{8}\ln\left|\dfrac{x^2 - 1}{x^2 + 1}\right| - \dfrac{1}{4}\arctan(x^2) + C$;

(4) $-\dfrac{1}{2x^2} + \dfrac{1}{2}\ln\left(1 + \dfrac{1}{x^2}\right) + C$;

(5) $\dfrac{1}{2}\arcsin x - \dfrac{1}{2}x\sqrt{1 - x^2} + C$;

(6) $2\arcsin\dfrac{\sqrt{x}}{2} + C$ 或 $\arcsin\dfrac{x - 2}{2} + C$;

(7) $\dfrac{x}{\sqrt{x^2 + 1}} + C$;

(8) $x + 2\ln|x| + 2\sqrt{x + 1} + \ln\left|\dfrac{\sqrt{x + 1} - 1}{\sqrt{x + 1} + 1}\right| + C$;

(9) $\arctan x + \dfrac{1}{3}\arctan(x^3) + C$;

(10) $\dfrac{1}{2}\arcsin x + \dfrac{1}{2}\ln\left|x + \sqrt{1 - x^2}\right| + C$.

习题 4-3

1. (1) $x\sin x + \cos x + C$;

(2) $x^2 \sin x + 2x\cos x - 2\sin x + C$;

(3) $\dfrac{1}{6}x^3 + \dfrac{1}{2}x^2 \sin x + x\cos x - \sin x + C$;

(4) $\dfrac{1}{4}e^{-2x}(1-2x) + C$;

(5) $-e^{-x}(x^2 + 2x + 2) + C$;

(6) $-\dfrac{1}{x}(\ln|x| + 1) + C$;

(7) $x\arcsin x + \sqrt{1-x^2} + C$;

(8) $x\arctan x - \dfrac{1}{2}\ln(1+x^2) + C$;

(9) $x\ln x - x + C$;

(10) $x\ln(x^2+1) - 2x + 2\arctan x + C$;

(11) $[\ln(\ln x) - 1]\ln x + C$;

(12) $\dfrac{1}{8}x^4\left(2\ln^2 x - \ln x + \dfrac{1}{4}\right) + C$;

(13) $\dfrac{x}{2}[\sin(\ln x) + \cos(\ln x)] + C$;

(14) $\dfrac{1}{2}(\sec x\tan x + \ln|\sec x + \tan x|) + C$;

(15) $\dfrac{2}{3}(\sqrt{3x+9} - 1)e^{\sqrt{3x+9}} + C$;

(16) $x(\arcsin x)^2 + 2\sqrt{1-x^2}\,\arcsin x - 2x + C$;

(17) $\sqrt{1+x^2}\,\arctan x - \ln(x + \sqrt{1+x^2}) + C$;

(18) $x\ln(x + \sqrt{1+x^2}) - \sqrt{1+x^2} + C$;

(19) $2x\sqrt{e^x - 1} - 4\sqrt{e^x - 1} + 4\arctan\sqrt{e^x - 1} + C$;

(20) $\dfrac{1}{8}e^{3\arctan x} \cdot \dfrac{3-x}{\sqrt{1+x^2}} + C$.

2. $x + \ln|x| + C$.

3. $-2x^2 e^{-x^2} - e^{-x^2} + C$.

习题 4-4

(1) $\ln\left|\dfrac{x}{x-1}\right| - \dfrac{1}{x-1} + C$;

(2) $\dfrac{2}{5}\ln|1+2x| - \dfrac{1}{5}\ln(1+x^2) + \dfrac{1}{5}\arctan x + C$;

(3) $\dfrac{2}{7}\ln|x+3| + \dfrac{5}{7}\ln|x-4| + C$;

(4) $\dfrac{1}{2}x^2 + x + \ln|x-1| - \dfrac{1}{2}\ln(1+x^2) - \arctan x + C$;

(5) $\dfrac{1}{2}\ln(x^4 + 5x^2 + 4) + \arctan x + \dfrac{1}{2}\arctan\dfrac{x}{2} + C$;

(6) $\dfrac{1}{4}\ln\left|\dfrac{2\tan x + 1}{2\tan x - 1}\right| + C$;

(7) $\dfrac{2}{\sqrt{3}}\arctan\left(\dfrac{2\tan\dfrac{x}{2}+1}{\sqrt{3}}\right)+C$；

(8) $2\sqrt{x+1}-3\sqrt[3]{x+1}+6\sqrt[6]{x+1}-6\ln(\sqrt[6]{x+1}+1)+C$；

(9) $\dfrac{2}{9}(3x+1)^{\frac{3}{2}}-\dfrac{1}{3}(2x+1)^{\frac{3}{2}}+C$；

(10) $-2\arctan\sqrt{\dfrac{x+1}{x-1}}-\ln\left|\dfrac{\sqrt{x+1}-\sqrt{x-1}}{\sqrt{x+1}+\sqrt{x-1}}\right|+C$；

(11) $2\sqrt{1+\sqrt{1+x^2}}+C$；

(12) $x-2\sqrt{x+1}+2\ln(1+\sqrt{x+1})+C$；

(13) $3\sqrt[3]{\dfrac{x-2}{x-1}}+C$；

(14) $x-\ln(1+\mathrm{e}^x)+C$；

(15) $x-\ln\left(1+\mathrm{e}^x\right)+\dfrac{1}{1+\mathrm{e}^x}+C$；

(16) $\ln\left(\sqrt{\mathrm{e}^{2x}-1}+\mathrm{e}^x\right)+\arcsin(\mathrm{e}^{-x})+C$ 或 $\ln\left(\dfrac{\sqrt{\mathrm{e}^x+1}+\sqrt{\mathrm{e}^x-1}}{\sqrt{\mathrm{e}^x+1}-\sqrt{\mathrm{e}^x-1}}\right)-2\arctan\sqrt{\dfrac{\mathrm{e}^x-1}{\mathrm{e}^x+1}}+C$.

总习题四

1. (1) $f(x)$；　(2) $3\mathrm{e}^{\frac{x+1}{3}}+C$；　(3) $2x^2-x+C$；

　(4) $x+C$；　(5) $C\mathrm{e}^{\arctan x}$；　(6) $-\dfrac{1}{3}\sqrt{(1-x^2)^3}+C$.

2. (1) C;　(2) A;　(3) B;　(4) B.

3. (1) $\dfrac{x+\sin x}{2}+C$；　　　　　　　　(2) $-\dfrac{1}{x}+2\arctan x+C$；

　(3) $-\dfrac{2}{x\ln x}+C$；　　　　　　　(4) $\dfrac{1}{2}\ln\dfrac{|\mathrm{e}^x-1|}{\mathrm{e}^x+1}+C$；

　(5) $\dfrac{1}{3}\tan^3 x-\tan x+x+C$；　　　(6) $\dfrac{1}{2}\arctan(\sin^2 x)+C$；

　(7) $\dfrac{1}{4}\sin 2x-\dfrac{1}{8}\sin 4x+C$；　　(8) $(4-2x)\cos\sqrt{x}+4\sqrt{x}\sin\sqrt{x}+C$；

　(9) $\mathrm{e}^{2x}\tan x+C$；　　　　　　　(10) $\dfrac{x\mathrm{e}^x}{1+\mathrm{e}^x}-\ln(1+\mathrm{e}^x)+C$；

　(11) $-\cos x\ln(\tan x)+\ln|\csc x-\cot x|+C$；　(12) $-\dfrac{x^2\mathrm{e}^x}{x+2}+x\mathrm{e}^x-\mathrm{e}^x+C$；

(13) $x - 3\ln\left(1 + e^{\frac{x}{6}}\right) - \frac{3}{2}\ln\left(1 + e^{\frac{x}{3}}\right) - 3\arctan\left(e^{\frac{x}{6}}\right) + C$；

(14) 当 $a = b$ 时，$-\dfrac{1}{x-a} + C$，当 $a \neq b$ 时，$-\dfrac{n}{a-b}\sqrt[n]{\dfrac{x-b}{x-a}} + C$；

(15) $\dfrac{1}{3}\ln\left|3\tan\dfrac{x}{2} + \left(\tan\dfrac{x}{2}\right)^3\right| + C$.

4. $\displaystyle\int f(x)\mathrm{d}x = \begin{cases} 2x + C_1, & x > 1, \\ \dfrac{x^2}{2} + C_2, & 0 \leqslant x < 1, \\ -\cos x + 1 + C_2, & x < 0, \end{cases}$ 其中 C_1，C_2 为相互独立的常数.

5. $x^2\cos x - 4x\sin x - 6\cos x + C$.

第 五 章

习题 5-1

1. $e - 1$.

2. (1) 1；　(2) 0；　(3) $\dfrac{\pi}{4}a^2$；　(4) $\dfrac{\pi}{2}$.

4. (1) $\displaystyle\int_0^1 e^x \mathrm{d}x > \int_0^1 e^{x^2}\mathrm{d}x$；　　　　　(2) $\displaystyle\int_0^{\frac{\pi}{2}} x\mathrm{d}x > \int_0^{\frac{\pi}{2}} \sin x\mathrm{d}x$；

　 (3) $\displaystyle\int_1^2 \ln x\mathrm{d}x > \int_1^2 (\ln x)^2\mathrm{d}x$；　　　(4) $\displaystyle\int_0^1 x\mathrm{d}x > \int_0^1 \ln(1+x)\mathrm{d}x$.

5. (1) $e \leqslant \displaystyle\int_1^2 e^x\mathrm{d}x \leqslant e^2$；　　　　　(2) $6 \leqslant \displaystyle\int_1^3 (x^3 + 2)\mathrm{d}x \leqslant 58$；

　 (3) $\dfrac{\pi}{9} \leqslant \displaystyle\int_{\frac{1}{\sqrt{3}}}^{\sqrt{3}} x\arctan x\mathrm{d}x \leqslant \dfrac{2\pi}{3}$；　(4) $2e^{-\frac{1}{4}} \leqslant \displaystyle\int_0^2 e^{x^2-x}\mathrm{d}x \leqslant 2e^2$.

习题 5-2

1. (1) $\sqrt[3]{1 + x^2}$；　　　　　(2) $-x^2 e^{-x}$；　　　(3) $-\sin x\cos x[\ln(\cos x) + \ln(\sin x)]$；

　 (4) $-3x^2 \displaystyle\int_0^x \sin t\mathrm{d}t$；　　(5) $\cot t$；　　　(6) $\dfrac{-y\cos(xy)}{e^y + x\cos(xy)}$.

2. $x = 0$.

3. (1) $\dfrac{1}{2e}$；　(2) 4；　(3) e^{-2}；　(4) $\dfrac{1}{2}f(0)$.

4. (1) $\dfrac{57}{44}$；　(2) $\dfrac{17}{2}$；　(3) 1；　(4) $\arctan e - \dfrac{\pi}{4}$；　(5) $1 - \dfrac{\pi}{4}$；　(6) $\dfrac{\pi}{3}$；

　 (7) $2\sqrt{2}$；　(8) $\dfrac{17}{6}$；　(9) $2(\sqrt{2} - 1)$；　(10) $-\dfrac{1}{3}$.

5. $\Phi(x) = \begin{cases} \dfrac{1}{3}x^3, & 0 \leqslant x < 1, \\ \dfrac{1}{2}x^2 - \dfrac{1}{6}, & 1 \leqslant x \leqslant 2, \end{cases}$ 且 $\Phi(x)$ 在 $(0,2)$ 内连续.

6. $\Phi(x) = \begin{cases} 0, & x < 0, \\ \dfrac{1}{2}(1 - \cos x), & 0 \leqslant x < \pi, \\ 1, & x \geqslant \pi. \end{cases}$

9. $f(x) = x - 1$.

习题 5-3

1. (1) $\sqrt{2} - \dfrac{2\sqrt{3}}{3}$； (2) $\dfrac{8}{3}$； (3) $2(\sqrt{3} - 1)$； (4) $\dfrac{4}{5}$； (5) $\dfrac{\pi}{2}$； (6) $\dfrac{\sqrt{3}}{9}\pi$.

2. (1) 0； (2) $\dfrac{2\pi^3}{81}$； (3) 0； (4) $4 - \pi$.

8. (1) $1 - 2e^{-1}$； (2) $\left(\dfrac{\sqrt{3}}{3} - \dfrac{1}{4} \right)\pi - \dfrac{1}{2}\ln 2$； (3) $\dfrac{2}{5}(e^{4\pi} - 1)$； (4) $\pi - 2$.

9. 2.

10. $\dfrac{1}{e^2} - 1$.

11. $\tan\dfrac{1}{2} - \dfrac{1}{2}e^{-4} + \dfrac{1}{2}$.

习题 5-4

1. (1) $\dfrac{1}{a}$； (2) 发散； (3) π； (4) 2； (5) $\dfrac{8}{3}$； (6) π； (7) 发散； (8) $\dfrac{\pi}{2}$.

2. 当 $k \leqslant 1$ 时，$\displaystyle\int_2^{+\infty} \dfrac{\mathrm{d}x}{x(\ln x)^k}$ 发散;

   当 $k > 1$ 时，$\displaystyle\int_2^{+\infty} \dfrac{\mathrm{d}x}{x(\ln x)^k}$ 收敛，且 $\displaystyle\int_2^{+\infty} \dfrac{\mathrm{d}x}{x(\ln x)^k} = \dfrac{1}{(k-1)(\ln 2)^{k-1}}$.

习题 5-5

1. (1) $\dfrac{32}{3}$； (2) $\dfrac{3}{2} - \ln 2$； (3) $\dfrac{7}{6}$； (4) e^{-1}.

2. (1) $\dfrac{3\pi a^2}{8}$； (2) $\dfrac{2\pi}{3} - \dfrac{\sqrt{3}}{2}$.

3. (1) $\dfrac{\pi}{2}$； (2) $\dfrac{44\pi}{15}$； (3) $V_x = \dfrac{128}{7}\pi$，$V_y = \dfrac{64}{5}\pi$；

   (4) $V_x = \pi(e - 2)$，$V_y = \dfrac{\pi}{2}(e^2 + 1)$.

4. (1) $\dfrac{2}{3}\left[(1+b)^{\frac{3}{2}}-(1+a)^{\frac{3}{2}}\right]$;　(2) $6a$;　(3) $\dfrac{\sqrt{1+a^2}}{a}(\mathrm{e}^{\pi a}-1)$.

5. (1) $(1,1)$;　(2) $y=2x-1$;　(3) $\dfrac{\pi}{30}$.

6. $a=3$.

7. $\dfrac{1}{2}\pi R^2 h$.

习题 5-6

1. $\dfrac{5}{4}$ m.

2. $\sqrt{2}-1$ cm.

3. $8.25\pi\rho g$.

4. 1.65 N.

5. $\dfrac{1}{2}mR^2$.

6. 取 y 轴通过细直棒，$F_x=-\dfrac{Gm\mu l}{a\sqrt{a^2+l^2}}$, $F_y=Gm\mu\left(\dfrac{1}{a}-\dfrac{1}{\sqrt{a^2+l^2}}\right)$.

总习题五

1. (1) 必要, 充分;　(2) $\ln x-\dfrac{x^2}{\mathrm{e}^2}$;　(3) $\dfrac{7}{3}$;　(4) $\dfrac{1}{2}\ln 2$;　(5) $P<M<N$.

2. (1) B;　(2) A;　(3) C.

3. (1) $\dfrac{2}{3}(2\sqrt{2}-1)$;　(2) $2\ln 2-1$;　(3) $af(a)$;　(4) $\dfrac{\pi^2}{4}$.

5. (1) $\dfrac{\pi}{2}$;　(2) $\dfrac{\pi}{8}\ln 2$;　(3) $\dfrac{\pi}{4}$;　(4) $2(\sqrt{2}-1)$;　(5) $\dfrac{\sqrt{2}}{4}\pi$;　(6) $\dfrac{\pi}{2}$;　(7) $\dfrac{\pi}{2}\ln 2$;

(8) $\displaystyle\int_0^x \max\{t^3,t^2,1\}\mathrm{d}t=\begin{cases}\dfrac{1}{3}x^3-\dfrac{2}{3}, & x<-1,\\ x, & -1\leqslant x\leqslant 1,\\ \dfrac{1}{4}x^4+\dfrac{3}{4}, & x>1.\end{cases}$

6. π^2-2.

7. $f(x)=x^2-\dfrac{4}{3}x+\dfrac{2}{3}$.

16. $a=4$, $V_{\max}=\dfrac{32\sqrt{5}}{1875}\pi$.

17. $a=-\dfrac{5}{3}$, $b=2$, $c=0$.

18. (1) $\dfrac{1}{2}e-1$; (2) $\dfrac{\pi}{6}(5e^2-12e+3)$.

19. $\sqrt{6}+\ln(\sqrt{2}+\sqrt{3})$.

第 六 章

习题 6-1

1. (1) 二阶; (2) 代数方程; (3) 二阶; (4) 一阶; (5) 一阶; (6) 一阶.

3. $y=\dfrac{7}{9}-\dfrac{2}{3}\ln x+\dfrac{2}{9}x^3$.

4. (1) $y=x^2+C$; (2) $y=x^2+3$; (3) $y=x^2+\dfrac{5}{3}$.

5. (1) $(y-xy')^4=4a^4(y')^2$; (2) $y-xy'=x^2$.

习题 6-2

1. (1) $e^x+e^{-y}=C$; (2) $y=e^{Cx}$; (3) $\sin y\cos x=C$;

   (4) $1+y^2=C(x^2-1)$; (5) $\arctan y=x+\dfrac{1}{2}x^2+C$; (6) $\dfrac{1}{y}=a\ln|x+a-1|+C$.

2. (1) $(x+1)(2-e^y)=2$; (2) $y=e^{\tan\frac{x}{2}}$; (3) $y=1-\dfrac{x^2}{4}$; (4) $y^2-1=2\ln\dfrac{1+e^x}{1+e}$.

3. $s=\dfrac{6}{\ln(3/2)}\approx15$ (m).

4. 60 min.

习题 6-3

1. (1) $y=\dfrac{1}{x}(e^x+C)$; (2) $y=(x+C)e^{-\sin x}$; (3) $y=x^3(\sin x+C)$;

   (4) $y=\dfrac{1}{1+x^2}\left(\dfrac{4}{3}x^3+C\right)$; (5) $y=\dfrac{\sin x+C}{x^2-1}$; (6) $y=(x^2+C)e^{-x^2}$;

   (7) $x=Cy^3+\dfrac{1}{2}y^2$; (8) $2x\ln y=\ln^2 y+C$.

2. (1) $y=\dfrac{1}{x}(\pi-1-\cos x)$; (2) $y=\sin x+\cos x$; (3) $y=\dfrac{1}{2}x^3\left(1-e^{\frac{1}{x^2}-1}\right)$;

   (4) $y\cos x=x+1$.

3. $f(x)=2e^{-\sin x}+\sin x-1$.

4. $y = 2(e^x - x - 1)$.

5. $v = \dfrac{k_1}{k_2} t - \dfrac{mk_1}{k_2^2}\left(1 - e^{-\frac{k_2}{m}t}\right)$.

习题 6-4

1. (1) $\sqrt{x^2 + y^2} = Ce^{\arctan\frac{y}{x}}$;　(2) $y = xe^{Cx+1}$;　(3) $y + \sqrt{y^2 - x^2} = Cx^2$;　(4) $x\sin\dfrac{y}{x} = C$.

2. (1) $1 - e^{-\frac{y}{x}} = \ln|x|$;　(2) $x^2 + y^2 = x + y$;　(3) $x^3 - 2y^3 = x$.

3. (1) $\left(1 + \dfrac{3}{y}\right)e^{\frac{3}{2}x^2} = C$;　　　　(2) $y = x^4\left(\dfrac{1}{2}\ln|x| + C\right)^2$ 及 $y = 0$;

   (3) $y^2(C - x)\sin x = 1$;　　　　(4) $x^2 = y^4 + Cy^6$.

4. $y = \sqrt{3x - x^2}$ $(0 < x < 3)$.

5. (1) $\cot\dfrac{x-y}{2} = C - x$;　(2) $y = \dfrac{3}{2}x + \dfrac{7}{4} + Ce^{-2x}$;　(3) $y = -x + \tan(x + C)$;

   (4) $y = \dfrac{1}{x}e^{Cx}$.

6. $\tan(x - y + 1) = x + C$.

7. $f(x) = \dfrac{2}{3e^{-x} - e^x}$.

8. $2x^2 + 2xy + y^2 - 8x - 2y = C$.

习题 6-5

1. (1) $y = \dfrac{1}{6}x^3 + \dfrac{1}{2}x^2 - \sin x + C_1 x + C_2$;　　(2) $y = (x - 3)e^x + C_1 x^2 + C_2 x + C_3$;

   (3) $y = C_1 \ln|x| + C_2$;　　　　(4) $y = \dfrac{1}{3}x^3 + C_1 x^2 + C_2$;

   (5) $y^2 = C_1 x + C_2$;　　　　(6) $y - C_1 \ln|y + C_1| = x + C_2$.

2. (1) $y = \ln x$;　(2) $y = 1 + \dfrac{1}{2\sqrt{2}}\ln\left|\dfrac{x - \sqrt{2}}{x + \sqrt{2}}\right|$;　(3) $y^3 = \dfrac{3}{2}x - \dfrac{1}{2}$.

3. $y = \dfrac{1}{2}x^3 + \dfrac{1}{2}x^2 + x + 1$.

4. $y = 1 - x$.

5. $\sqrt{\dfrac{6}{g}}\ln\left(6 + \sqrt{35}\right)$ s.

习题 6-6

1. 函数组(2)、(3)、(4)、(5)、(6)是线性无关的.

2. $y = C_1 \cos 2x + C_2 \sin 2x$.

3. $y = C_1 + C_2 e^x + x$.

4. $y = (C_1 + C_2 x) e^{x^2}$.

5. $y = C_1 e^{2x} + C_2 e^{-x}$; $\quad y = \dfrac{1}{2} e^{2x} + \dfrac{1}{2} e^{-x}$.

7. $y = 2e^{2x} - e^x$.

习题 6-7

1. (1) $y = C_1 e^x + C_2 e^{3x}$;
　　　　　　　　　　　　　(2) $y = C_1 e^{3x} + C_2 e^{4x}$;

　(3) $y = C_1 e^{-3x} + C_2 e^{3x}$;
　　　　　　　　　　　　　(4) $y = (C_1 + C_2 x) e^x$;

　(5) $y = e^{2x}\left(C_1 \cos 3x + C_2 \sin 3x \right)$;
　　　　　　(6) $y = e^x\left(C_1 \cos \dfrac{x}{2} + C_2 \sin \dfrac{x}{2} \right)$;

　(7) $x = (C_1 + C_2 t) e^{\frac{5}{2} t}$;
　　　　　　　　　　　　　(8) $y = C_1 \cos x + C_2 \sin x$;

　(9) $y = (C_1 + C_2 x) \cos x + (C_3 + C_4 x) \sin x$;　　(10) $y = C_1 + C_2 x + (C_3 + C_4 x) e^x$;

　(11) $y = C_1 + C_2 x + e^x (C_3 \cos 2x + C_4 \sin 2x)$;

　(12) $y = C_1 + C_2 e^{-2x} + e^x (C_3 \cos \sqrt{3} x + C_4 \sin \sqrt{3} x)$.

2. (1) $y = e^{-x} - e^{4x}$;　　(2) $y = (2 + x) e^{-\frac{x}{2}}$;　　(3) $y = 3 e^{-2x} \sin 5x$;　　(4) $y = 1$.

3. $y'' - 2y' + 2y = 0$.

4. $y = \cos 3x - \dfrac{1}{3} \sin 3x$.

5. $x = \dfrac{v_0}{\sqrt{k_2^2 + 4k_1}} \left(e^{\frac{-k_2 + \sqrt{k_2^2 + 4k_1}}{2} t} - e^{\frac{-k_2 - \sqrt{k_2^2 + 4k_1}}{2} t} \right)$.

习题 6-8

1. (1) $y^* = x(ax^2 + bx + c)$;
　　　　　　　　　　　　　(2) $y^* = x^2 (ax + b) e^x$;

　(3) $y^* = x e^x (A \cos x + B \sin x)$;
　　　　　　　(4) $y^* = x[(ax + b) \cos 2x + (cx + d) \sin 2x]$;

　(5) $y^* = y_1^* + y_2^* = Ax^2 e^{2x} + B \cos 2x + C \sin 2x$.

2. (1) $y^* = -x\left(\dfrac{1}{2} x + 1 \right) e^{2x}$;
　　　　　　　　　(2) $y^* = \dfrac{2}{7} e^{2x}$;

(3) $y^* = \dfrac{1}{3}x^3 - \dfrac{3}{5}x^2 + \dfrac{7}{25}x$;　　　　　　(4) $y^* = \dfrac{1}{4}xe^x$;

(5) $y^* = -\dfrac{1}{3}x\cos 2x + \dfrac{4}{9}\sin 2x$;　　　　(6) $y^* = -\dfrac{x}{2}e^x\cos x$.

3. (1) $y = C_1 e^x + C_2 e^{2x} + x\left(\dfrac{1}{2}x - 1\right)e^{2x}$;　　　　(2) $y = C_1 e^{-x} + C_2 e^{\frac{1}{2}x} + e^x$;

(3) $y = (C_1 + C_2 x)e^x + x^2 + 5x + 9$;　　　　(4) $y = \left(C_1 - \dfrac{1}{2}x\right)\cos x + C_2 \sin x$.

4. (1) $y = \cos 2x + \dfrac{7}{5}\sin 2x + \dfrac{3}{5}\sin 3x$;　　　　(2) $y = \left(1 - 2x + \dfrac{1}{2}x^2 + \dfrac{1}{3}x^3\right)e^{2x}$.

5. $y'' - y' - 2y = (1 - 2x)e^x$.

6. $\varphi(x) = \dfrac{1}{2}(\cos x + \sin x + e^x)$.

7. $u_C(t) = 20 - 20e^{-5\times 10^3 t}\left[\cos(5\times 10^3 t) + \sin(5\times 10^3 t)\right]$ V;

$\quad i(t) = 4\times 10^{-2}e^{-5\times 10^3 t}\sin(5\times 10^3 t)$ A.

8. (1) $\sqrt{\dfrac{10}{g}}\ln\left(5 + 2\sqrt{6}\right)$ s;　　(2) $\sqrt{\dfrac{10}{g}}\ln\left(\dfrac{19 + 4\sqrt{22}}{3}\right)$ s.

总习题六

1. (1) C;　　(2) A;　　(3) B;　　(4) D;　　(5) C;　　(6) C;　　(7) D;

(8) C;　　(9) B;　　(10) B;　　(11) C;　　(12) D;　　(13) A;　　(14) B.

2. (1) $y = \dfrac{1}{3}x\ln x - \dfrac{1}{9}x$;　　　　　　　　(2) $9y'' - 6y' + y = 0$;

(3) $y' = f(x, y), y(x_0) = 0$;　　　　　　(4) $u = \dfrac{y}{x}$,　可分离变量;

(5) $C_1 \cos\sqrt{2}x + C_2 \sin\sqrt{2}x + C_3 e^{\sqrt{2}x} + C_4 e^{-\sqrt{2}x}$;　　(6) $x(a\sin 2t + b\cos 2t)$.

3. (1) $y'' + y' - 2y = 0$;　　　　　　(2) $y''' - 3y'' + 3y' - y = 0$.

4. (1) 当 $\cos\dfrac{y}{2} \neq 0$ 时,　$\ln\left|\sec\dfrac{y}{2} + \tan\dfrac{y}{2}\right| = 2\sin\dfrac{x}{2} + C$,

当 $\cos\dfrac{y}{2} = 0$ 时,　$y = (2n+1)\pi, n = 0, \pm 1, \pm 2, \cdots$;

(2) $x - \sqrt{xy} = C$;　　　　　　　　(3) $x = Cy^{-2} + \ln y - \dfrac{1}{2}$;

(4) $y^{-2} = Ce^{x^2} + x^2 + 1$;　　　　　　(5) $y = \ln\left|\sin(x + C_1)\right| + C_2$;

(6) $y = \dfrac{1}{2C_1}\left(e^{C_1 x + C_2} + e^{-C_1 x - C_2}\right)$;

(7) $y = e^{-x}(C_1 \cos 2x + C_2 \sin 2x) - \dfrac{4}{17}\cos 2x + \dfrac{1}{17}\sin 2x$;

(8) $x^2 = Cy^6 + y^4$.

5. (1) $x(1 + 2\ln y) - y^2 = 0$;　　　　　　(2) $y = -\dfrac{1}{a}\ln(ax + 1)$;

(3) $\tan\dfrac{y}{2} = e^x$;　　　　　　(4) $y = xe^{-x} + \dfrac{1}{2}\sin x$.

6. (1) $y = \dfrac{1}{2}\sin x + \dfrac{1}{2}x\cos x$;　　(2) $y = 2e^{3x} - e^{2x}$;　(3) $y = 2\left(1 - e^{\frac{x^2}{2}}\right)$.

7. $g(x) = Ce^x\sqrt{2x - 1}$.

8. $t = \dfrac{S}{\mu a}\sqrt{\dfrac{2H}{g}}$.

附　　录

附录一　反三角函数

因为三角函数在其定义域内具有周期性, 所以它们在其定义域内没有反函数. 但是三角函数在某单调区间上就有反函数, 通常把定义在包含锐角的单调区间上的三角函数的反函数称为反三角函数.

一、反正弦函数和反余弦函数

正弦函数 $y = \sin x$ 在 $\left[-\dfrac{\pi}{2}, \dfrac{\pi}{2}\right]$ 上是单调增加的, 其反函数称为反正弦函数, 记作 $y = \arcsin x$, 该函数的定义域为 $[-1,1]$, 值域为 $\left[-\dfrac{\pi}{2}, \dfrac{\pi}{2}\right]$, 其图形如附图 1-1 所示.

余弦函数 $y = \cos x$ 在 $[0,\pi]$ 上是单调减少的, 其反函数称为反余弦函数, 记作 $y = \arccos x$, 该函数的定义域为 $[-1,1]$, 值域为 $[0,\pi]$, 其图形如附图 1-2 所示.

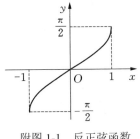

附图 1-1　反正弦函数

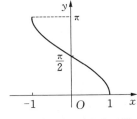

附图 1-2　反余弦函数

二、反正切函数和反余切函数

正切函数 $y = \tan x$ 在 $\left(-\dfrac{\pi}{2}, \dfrac{\pi}{2}\right)$ 上是单调增加的, 其反函数称为反正切函数, 记作 $y = \arctan x$, 该函数的定义域为 $\mathbf{R}$, 值域为 $\left(-\dfrac{\pi}{2}, \dfrac{\pi}{2}\right)$, 其图形如附图 1-3 所示.

余切函数 $y = \cot x$ 在 $(0,\pi)$ 上是单调减少的，其反函数称为反余切函数，记作 $y = \operatorname{arccot} x$，该函数的定义域为 $\mathbf{R}$，值域为 $(0,\pi)$，其图形如附图 1-4 所示.

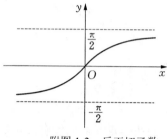

附图 1-3　反正切函数

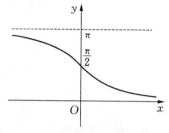

附图 1-4　反余切函数

附录二　极坐标系简介

平面坐标系的建立使平面上的点与二元有序数组之间建立了一一对应的关系，于是就可以用代数的方法来研究几何问题．这里介绍的极坐标系给出了平面上的点与另一种二元有序数组之间的对应关系．

一、极坐标系

在平面内取定一点 O，从点 O 引一条射线 Ox，再规定一个单位长度和角的正方向(通常取逆时针方向)，这样建立的坐标系叫作极坐标系(附图2-1)．其中 O 叫作极点，Ox 叫作极轴．设 P 是平面内一点，连接线段 OP，极点 O 和点 P 的距离 $|OP|$ 叫作点 P 的极径，用 ρ 表示；以极轴 Ox 为始边，以射线 OP 为终边的角 $\angle xOP$，叫作点 P 的极角，通常用 θ 表示．这样，点 P 的位置就可以用有序数组 (ρ,θ) 来确定．有序数组 (ρ,θ) 叫作点 P 的极坐标，记作 $P(\rho,\theta)$．当点 P 在极点时，它的极坐标 $\rho=0$，这时极角 θ 可以取任意值．

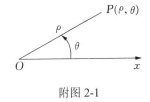

附图 2-1

极角 θ 的值一般是以弧度为单位的量数，可以取任意实数；点 P 的极径 ρ 表示点 P 与极点 O 的距离 $|OP|$，因此 $\rho\geq 0$．

由以上讨论可知，如果一个点的极坐标为 (ρ,θ)，那么 $(\rho,\theta+2n\pi)$ $(n\in\mathbf{Z})$ 都可以作为它的极坐标．但是，如果限定 $\rho>0$，$0\leq\theta<2\pi$ 或 $-\pi\leq\theta<\pi$，那么除极点外，平面上的点和极坐标就可一一对应了．

二、曲线的极坐标方程

在极坐标系中，平面内的一条曲线可以用含有 ρ,θ 这两个变量的方程 $\varphi(\rho,\theta)=0$ 来表示，这种方程叫作曲线的极坐标方程．

在极坐标系中，由于平面内一点 $P(\rho,\theta)$ 又可以表示为 $P(\rho,\theta+2n\pi)$ $(n\in\mathbf{Z})$，所以极坐标系中曲线和方程的定义为：设有方程 $\varphi(\rho,\theta)=0$ 和曲线 C，如果

(1) 曲线 C 上任意一点的所有极坐标中，至少有一对坐标适合方程 $\varphi(\rho,\theta)=0$；

(2) 坐标适合方程 $\varphi(\rho,\theta)=0$ 的点都在曲线 C 上，

则方程 $\varphi(\rho,\theta)=0$ 叫作曲线 C 的方程，曲线 C 叫作方程 $\varphi(\rho,\theta)=0$ 的曲线．

在极坐标系内，曲线上一点的所有坐标不一定都适合方程．例如，点 $P\left(\dfrac{\pi}{4},\dfrac{\pi}{4}\right)$ 适合等速螺线方程 $\rho=\theta$，但点 P 的其他坐标 $\left(\dfrac{\pi}{4},\dfrac{\pi}{4}+2n\pi\right)$ $(n\in\mathbf{Z}$，且 $n\neq 0)$ 都不适合方程

$\rho = \theta$. 因此, 一条曲线可与多个方程对应. 例如, 方程 $\theta = \alpha$ 和 $\theta = \alpha + 2n\pi$ $(n \in \mathbf{Z})$ 表示同一条射线, 但它们之间不可以互化, 即曲线和它的方程不是一一对应的.

　　求曲线的极坐标方程的方法和步骤, 与求直角坐标方程完全类似, 就是把曲线看作适合某种条件的点的集合或轨迹, 将已知条件用曲线上点的极坐标 ρ, θ 的关系式 $\varphi(\rho, \theta) = 0$ 表示出来, 并证明所得的方程是曲线的极坐标方程.

三、极坐标系与直角坐标系的关系

　　极坐标系和直角坐标系是两种不同的坐标系, 但作为同一个点的两种坐标表示法, 它们之间是有联系的.

　　如附图2-2所示, 把直角坐标系的原点作为极点, x 轴的正半轴作为极轴, 在两种坐标系中取相同的单位长度. 设 P 是平面内的任一点, 它的直角坐标为 (x, y), 极坐标为 (ρ, θ). 不难得出它们有如下关系:

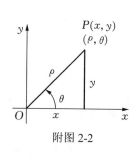

附图 2-2

$$\begin{cases} x = \rho\cos\theta, \\ y = \rho\sin\theta. \end{cases}$$

　　由上式, 易将一个点的极坐标化为直角坐标. 如果要将点的直角坐标化为极坐标, 上式可变形为

$$\begin{cases} \rho^2 = x^2 + y^2, \\ \tan\theta = \dfrac{y}{x} \quad (x \neq 0). \end{cases}$$

　　一般情况下, 由上式求 ρ, θ 的值时, ρ 取正值, θ 取最小正值, 即 $\theta \in [0, 2\pi)$.

　　利用上面关系, 可以把曲线方程由直角坐标化成极坐标, 或由极坐标化成直角坐标. 例如, 直线 $x = 5$ 可以化成 $\rho\cos\theta = 5$, 即 $\rho = \dfrac{5}{\cos\theta}$. 而 $\rho^2 = a^2\sin 2\theta$ 可化成 $(x^2 + y^2)^2 = 2a^2xy$.

附录三 曲线图

(1) 星形线 $\begin{cases} x = a\cos^3\theta, \\ y = a\sin^3\theta. \end{cases}$

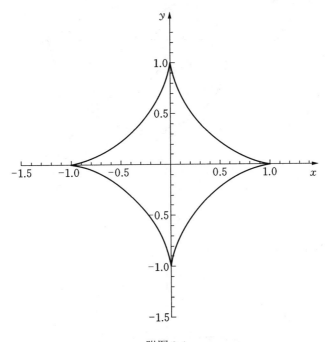

附图 3-1

(2) 摆线 $\begin{cases} x = a(\theta - \sin\theta), \\ y = a(1 - \cos\theta). \end{cases}$

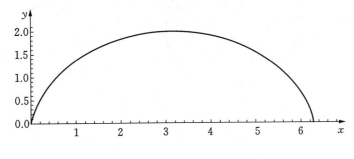

附图 3-2

(3) 阿基米德螺线 $\rho = a\theta$.

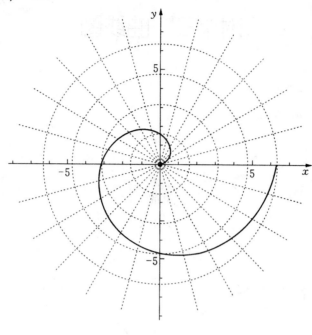

附图 3-3

(4) 心形线 $\rho = a(1-\cos\theta)$.

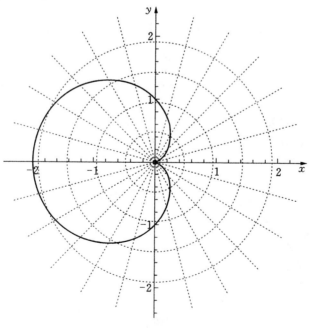

附图 3-4

(5) 心形线 $\rho = a(1 - \sin\theta)$.

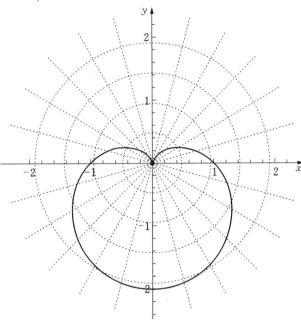

附图 3-5

(6) 圆 $\rho = a\cos\theta$.

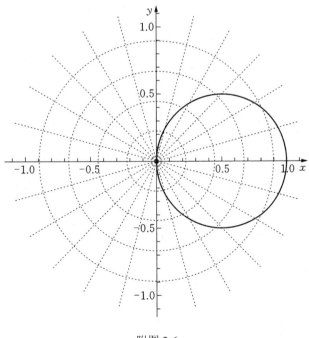

附图 3-6

(7) 圆 $\rho = a\sin\theta$.

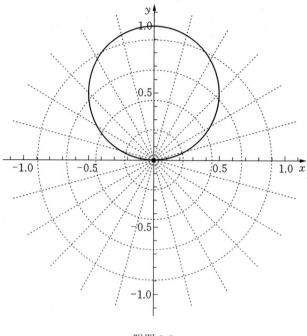

附图 3-7

(8) 伯努利双纽线 $\rho^2 = a^2\sin 2\theta$.

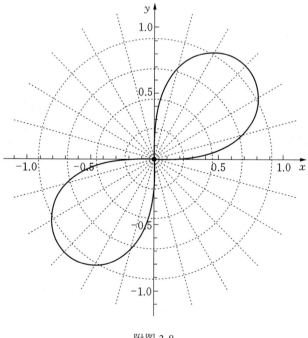

附图 3-8

(9) 伯努利双纽线 $\rho^2 = a^2 \cos 2\theta$.

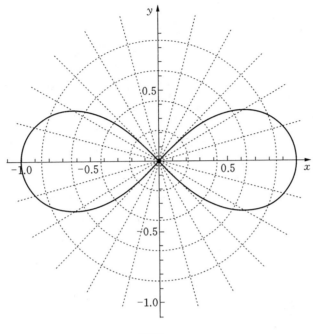

附图 3-9

(10) 三叶玫瑰线 $\rho = a \cos 3\theta$.

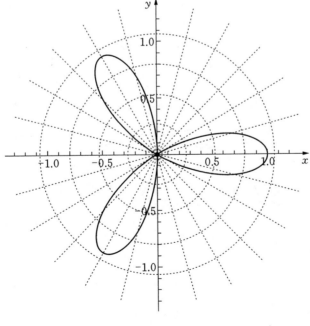

附图 3-10

(11) 三叶玫瑰线 $\rho = a\sin 3\theta$.

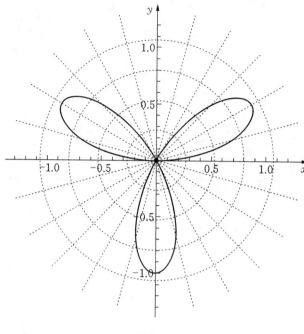

附图 3-11

(12) 四叶玫瑰线 $\rho = a\sin 2\theta$.

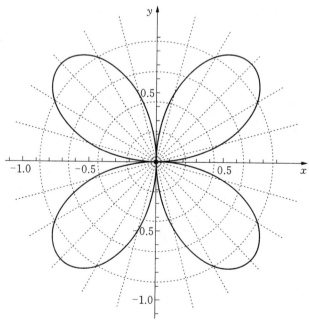

附图 3-12

(13) 四叶玫瑰线 $\rho = a\cos 2\theta$.

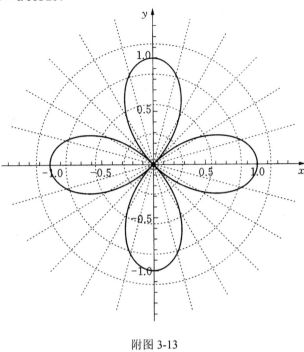

附图 3-13

注　上述所有图中参数 $a=1$.